Courtesy of S. Deiries/ESO

2007년 1월, 맥너트 혜성이

Courtesy of NASA

달에서 본 지구의 모습이다. 태양계에
하나밖에 없는 우리의 고향 행성에 대해
더 많은 사실을 알고 싶다면 제5장으로 가보자.

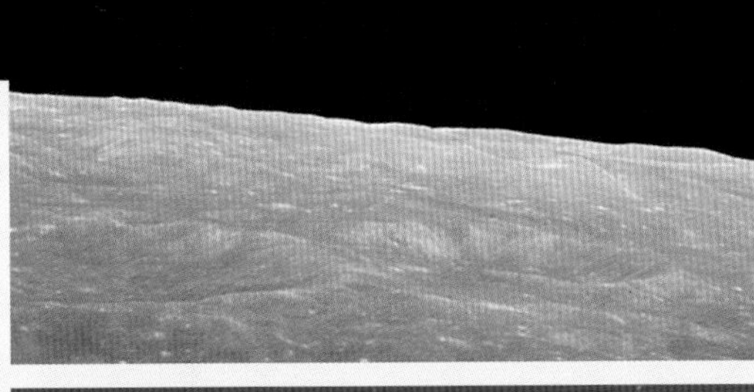

Courtesy of NASA

갈릴레오호가 목성으로 향하는 길에 찍은 달의
확대 사진. 아래쪽에 밝게 빛나는 티코 충돌 분지의
광조를 볼 수 있다. 어두운 부분은 화산암으로
덮인 충돌 분지의 모습이다.
제5장에서 달을 더 자세히 알아보자.

Courtesy of NASA

수성은 태양에서 가장 가까운 행성으로 태양 빛에
가려서 맨눈으로 관측하기는 쉽지 않다.
수성이 궁금하다면 제6장으로 가자.

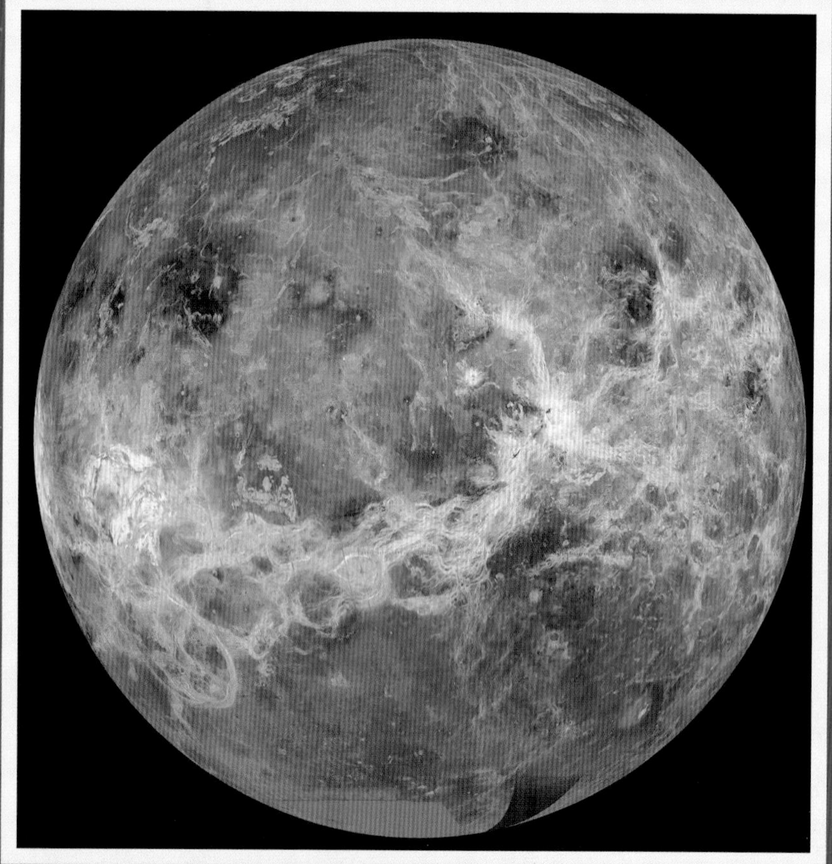
Courtesy of NASA/JPL

금성은 구름으로 덮여 있어 표면이 보이지 않지만,
레이더 장비를 사용하여 이 사진을 찍었다.
이 건조한 산성 행성에 관심이 있다면
제6장을 보도록 하자.

Courtesy of NASA/JPL-Caltech/MSSS

나사의 화성 탐사 로봇 큐리오시티 로버가 샤프산 아래에서 찍은 자가 촬영 사진이다.
화성을 더 자세히 알고 싶다면 제6장을 보라.

Courtesy of NASA/JPL /Cornell

화성의 크레이터 안에 있는 모래 언덕의 모습이다.

Courtesy of NASA

화성은 아마도 지구인이 처음으로 방문하는 행성이 될 것이다.

Courtesy of NASA

목성의 대형 위성 이오, 유로파, 가니메데, 칼리스토의 모습이다. 목성의 대적반이 보인다.
제8장에서 거대한 가스 행성인 목성과 목성의 위성들을 살펴본다.

Courtesy of NASA/ESA, and Erich Karkoschka (University of Arizona)

허블우주망원경으로 촬영한 토성의 고리이다. 소형 아마추어 망원경으로도 관측할 수 있다.
토성과 토성의 고리를 알고 싶다면 제8장으로 가자.

Courtesy of NASA/JPL/University of Colorado

토성의 고리를 정확히 관찰하기 위해 가색상을 합성한 사진이다. 청록색 고리는 대부분 얼음으로 되어 있으며 붉은색 고리는 많은 암석 입자를 포함하고 있다. 카시니호는 토성의 고리를 사람 눈에 보이지 않는 적외선으로 촬영했다.

Courtesy of NASA

토성처럼 천왕성도 고리가 있지만, 집에 있는 망원경으로는 보이지 않는다. 제9장에서 우리 태양계의 먼 곳에 있는 천왕성을 알아보자.

Courtesy of NASA

해왕성의 대기에 기다란 흰색 구름과 대흑점이 보인다. 자세한 내용은 제9장에서 알아보도록 하자.

Courtesy of NASA/Johns Hopkins University Applied Physics Laboratory/Southwest Research Institute

이제 행성의 지위를 잃고 왜소행성이 되어버린 명왕성의 모습이다. 명왕성의 표면에는 몇 가지 주목할 만한 특징이 있다. 명왕성의 환경을 더 알고 싶다면 제9장을 보기 바란다.

Courtesy of NASA/JPL-Cal tech/UCLA/MPS/DLR/IDA

돈 탐사선이 찍은 가장 큰 소행성 세레스의 모습이다. 제7장으로 가서 소행성대로 여행을 떠나 보자.

Courtesy of ESO / Y. Beletsky

우리 은하의 산개 성단인 보석상자성단이다.
남십자자리에 있으며 맨눈으로도 볼 수 있다.
성단과 우리 은하에 대해 자세히
알고 싶다면 제12장을 보라.

Courtesy of NASA, The Hubble Heritage Team, STScI, and AURA

메시에80은 수십만의 별을 가진
거대한 구상성단이다. 제12장을 보면
쌍안경이나 소형 망원경으로 최고의
구상 성단을 찾는 방법을 배울 수 있다.

Courtesy of NASA, Jeff Hester, and Paul Scowen, Arizona State University

우리 은하의 독수리 성운에서는 새로운
별이 태어난다. 제12장에서 자세히 알아보자.

Courtesy of NASA, The Hubble Heritage Team , STS ci, AURA

허블우주망원경으로 관측한 두 나선은하의 충돌이다.
제12장에서 나선은하의 구조를 분석해보자.

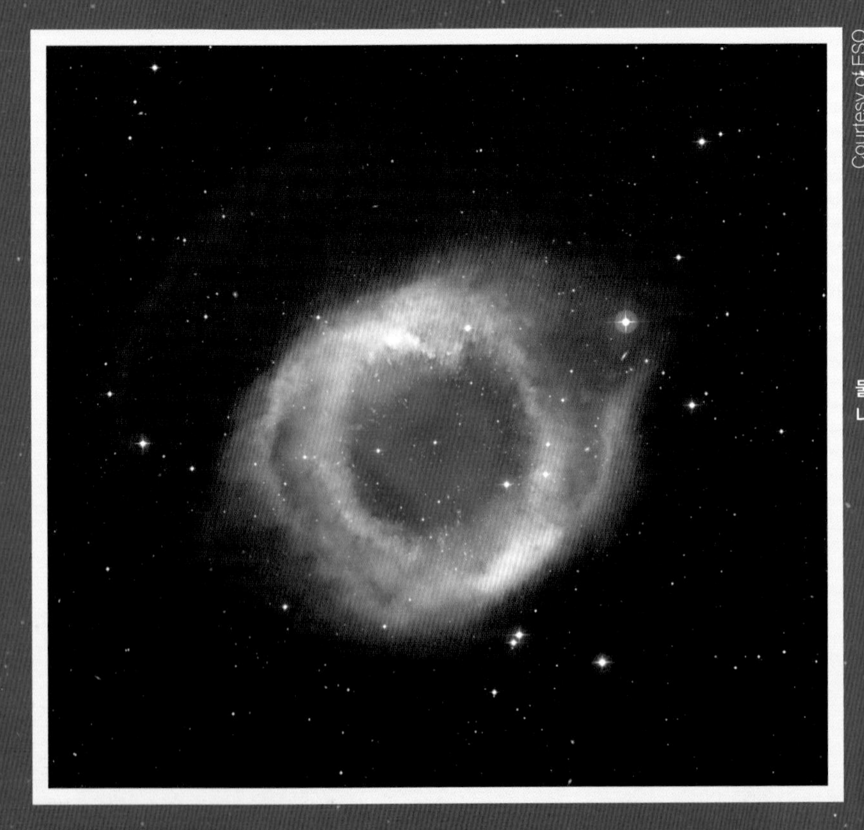
Courtesy of ESO

물병자리에 있는 행성상 성운인
나사성운이다.

더미를 위한

천문학

제4판

더미를 위한

천문학

제4판

스티븐 마랜 지음
박지웅 옮김

시그마북스
Sigma Books

더미를 위한 천문학

발행일 2019년 10월 15일 1쇄 발행
지은이 스티븐 마랜
옮긴이 박지웅
발행인 강학경
발행처 시그마북스
마케팅 정제용
에디터 이호선, 장민정, 최윤정
디자인 우주연, 최희민, 김문배

등록번호 제10-965호
주소 서울특별시 영등포구 양평로 22길 21 선유도코오롱디지털타워 A402호
전자우편 sigma@spress.co.kr
홈페이지 http://www.sigmabooks.co.kr
전화 (02) 2062-5288~9
팩시밀리 (02) 323-4197
ISBN 979-11-90257-07-7 (04440)
978-89-8445-962-5 (세트)

Astronomy For Dummies®, 4th Edition

이 도서의 국립중앙도서관 출판예정도서목록(CIP)은 서지정보유통지원시스템 홈페이지(http://seoji.nl.go.kr)와 국가자료공동목록시스템(http://www.nl.go.kr/kolisnet)에서 이용하실 수 있습니다.
(CIP제어번호: CIP2019038782)

* 시그마북스는 (주) 시그마프레스의 자매회사로 일반 단행본 전문 출판사입니다.

고개를 들어 별을 바라보라,

당신의 발만 쳐다보지 말고.

- 스티븐 호킹

들어가는 글

천문학은 하늘의 학문이자 우주 물체와 천행을 다루는 과학이며, 우리가 사는 우주의 본질을 탐구한다. 전문 천문학자는 가정용 망원경, 거대한 관측기구, 천체가 방출하는 전파를 잡아내는 전파망원경과 같은 다양한 장비를 사용해서 천문학을 연구한다. 지상에서 해결할 수 없는 문제는 인공위성의 도움을 받는다. 연구용 인공위성은 보통 지구를 돌거나, 다른 천체, 예를 들면 달이나 행성 근처에 머물러 있다. 더 심도 있는 연구가 필요할 때는 탐사 로켓이나 무인기구에 망원경을 실어 보내거나 심우주 탐사정에 몇 가지 장비를 실어서 먼 태양계로 보낸다. 이 탐사정 중 일부는 표본을 채취해서 지구로 다시 돌아온다.

천문학은 전문적이면서도 대중적인 학문이다. 전 세계에서 약 2만 5,000명의 전문 천문학자들이 우주 과학 연구에 종사하고 있으며, 대략 5만 명의 아마추어 천문학자들 또한 존재한다. 대부분의 아마추어 천문학자는 각 나라의 지방 단체나 국가 단체에 소속되어 활동한다.

전문 천문학자는 보통 태양과 태양계, 우리 은하 그리고 우주 너머에 관해 연구한다. 대학교에서 강의를 하거나 정부 시설에서 위성을 설계하며 천체 투영관을 운용하기도 한다. 대부분은 박사 학위를 가지고 있으며 일부는 여러분이 읽고 있는 것과 같은 책을 쓰기도 한다(하지만 이보다 좋은 책은 없다). 오늘날 많은 전문 천문학자들이 우주의 난해한 물리학을 공부하거나 자동 원격조종 망원경을 이용해 연구하고 있다. 그러나 별자리를 잘 알지는 못한다.

반면에 아마추어 천문학자는 별자리를 잘 알고 있으며 다른 아마추어 천문학자들과 함께 이 흥미로운 취미활동을 즐긴다. 물론 혼자 천문 관측을 하는 사람도 있겠지만, 대부분은 각종 동호회나 단체에 속해 있으며 이런 모임에서 기존 회원들은 새로운 회원들에게 자신의 경험과 지식을 나눠준다. 또한 서로 망원경과 장비를 공유하여 함께 관측하는 자리를 열어서 각자가 관측한 사실에 관해 이야기를 나누고 과학자들을 만나 강의를 듣기도 한다.

아마추어 천문학자들은 정기적으로 모임을 갖거나 특별한 천문학적 사건이 일어날 때마다 뭉친다(예 : 매년 8월에 쏟아지는 화려한 유성우나 헤일-밥 같은 밝은 혜성의 출현). 이들은 중요한 특정 천문학적 현상을 보기 위해 돈을 모으기도 하는데, 개기일식 같은 경우 전 세계에서 수천 명의 아마추어 천문학자와 수십 명의 전문 천문학자들이 경이로운 대자연의 신비를 보기 위해 개기일식 통과선으로 모인다.

이 책에 대하여

이 책은 천문학이라는 고상한 취미에 빠지기 전에 알아야 할 모든 것을 다루며, 특히 우주를 이해하는 데 필요한 과학의 기초를 제공한다. 책을 읽고 나면 최근에 우주에서 벌어지는 일을 쉽게 이해할 수 있을 것이다. 왜 나사나 다른 단체에서 토성처럼 먼 행성에 탐사정을 보내는지, 왜 로봇 탐사정이 많고 많은 행성 중 하필 화성으로 갔는지, 왜 허블우주망원경으로 우주를 관찰하는지 그리고 다른 우주 임무에 대한 정보를 어떻게 얻을 수 있는지와 같은 의문을 전부 풀 수 있다. 그뿐만 아니라 방송이나 신문에서 갑자기 천문학자들이 나타나 우주에서, 혹은 애리조나, 하와이, 칠레, 캘리포니아에 위치한 대형 망원경에서, 아니면 뉴멕시코, 푸에르토리코, 오스트레일리아 등등에 있는 관측소에서 알아낸 자신들의 연구 업적을 떠들어 대더라도 모든 연구 배경을 이해하고 그 진가를 알아볼 수 있을 것이다. 심지어 들은 내용을 여러분의 친구에게 설명할 수도 있다!

원하는 부분만, 원하는 순서대로 읽으면 된다. 재미있어 보이는 부분만 골라 읽어도 무방하며 순서는 중요하지 않다. 필자는 천문학을 즐기기 위해 알아야 할 모든 지식을 여기에 담았다. 천문학은 매혹적이며, 재미있게 즐길 수 있는 학문이다. 그러니 끝까지 읽길 바란다. 책을 읽다 보면 어느 순간 깜깜한 밤하늘에서 목성을 찾아내고, 유명한 별자리와 별들을 알아보며, 머리 위에서 빠르게 움직이는 국제우주정거장을 발견할 수 있을 것이다. 어느 순간 이웃들이 당신을 천문학자 양반으로 부르기 시작할지도 모른다. 어쩌면 경찰관이 밤에 공원에서 대체 뭘 하고 있는지, 쌍안경을 들고 지붕에 서 있는 이유가 뭔지 물어볼 수도 있다. 그럼 "난 천문학자요"라고 말하라. 납득할지는 모르겠지만(부디 그들이 믿길 바란다!).

독자에게 드리는 말씀

독자들은 하늘에서 무슨 일이 일어나는지, 우주에서 과학자들이 무엇을 하는지 궁금할 것이다. 어쩌면 천문학이 근사한 취미라는 이야기를 듣고 그 소문이 사실인지 확인하고 싶을지도 모르겠다. 벌써 어떤 장비를 사야 하는지 궁금한 사람도 있을 것이다.

밤하늘을 보는 걸 즐기며 우주의 매력을 느낄 수 있다면, 그리고 별의 진정한 아름다움을 이해하고 감상하고 싶은 욕구만 있다면 다른 건 아무것도 필요 없다.

누군가는 별을 단순히 관측하는 걸 떠나 별에 대한 더 많은 사실이 궁금할 것이다. 어쩌면 독자적인 발견을 하기를 원할 수도 있겠다. 이 책을 읽는 이유가 새로운 혜성을 찾는 것이든, 이티가 존재한다는 증거를 찾는 것이든, 그대의 목표를 이루는 데 도움이 되리라 믿는다.

아이콘 설명

책 전반에 있는 다음의 아이콘들은 특별히 유용한 정보들을 알려줄 것이다. 어떨 때는 그저 이해하기 힘든 부분은 진땀 빼지 말고 넘기라는 뜻으로 넣기도 했지만 말이다. 각 아이콘의 의미는 다음과 같다.

체크포인트

손가락 아이콘은 다음에 또 언급될 내용을 나타낸다. 이 아이콘 옆의 내용은 나중을 위해 정리해두는 게 좋다.

참고하기

이 안경 낀 괴짜는 심화 내용을 나타낸다. 빨리 밤하늘을 관측하고 싶다면 넘어가도 좋다. 과학적 배경 지식은 알아두면 좋지만, 몰라도 크게 상관없다. 초신성의 물리학이나 은하의 움직임에 관한 수학 공식과 암흑물질의 상세한 사정 따위는 몰라도 얼마든지 즐거운 천문 관측을 할 수 있다.

더미를 위한 팁

전구 아이콘은 하늘 관측을 시작하거나 천문학을 공부하기 시작하는 단계일 때 알아두면 유용한 세부정보를 담고 있다.

경고메시지

천문 관측은 얼마나 위험할까? 조심한다면 그렇게 위험하지 않다. 하지만 아무리 주의해도 지나치지 않은 부분이 있다. 이 아이콘은 다치지 않기 위해 꼭 알아야 할 내용을 나타낸다.

나아갈 방향

원하는 곳 어디서부터 읽어도 좋다. 우주의 운명이 걱정되는가? 빅뱅부터 읽으면 된다(정말 관심이 많다면 제16장을 보라).

별을 쫓으면서 궁금한 게 생길 때마다 펴봐도 좋다.

어디서부터 읽든 우주 탐험을 계속해나가면서 많은 이들이 하늘을 보며 느꼈던 즐거움, 흥분, 깨달음, 황홀감을 당신도 느낄 수 있게 되기를 바란다.

차례

제3부 태양과 다른 별들 만나기

제4부 놀라운 우주 사색하기

제5부 10으로 알아보는 사실들

제6부 부록과 용어해설

PART

1

천문학 입문하기

제1부 미리보기

- 천문학의 기본 원리와 별자리의 종류를 알아본다. 중력에 관한 특강 역시 준비되어 있다.
- 천체 관측에 도움이 되는 단체와 시설 그리고 관측 용품을 알아본다.
- 밤하늘을 수놓는 유성과 혜성, 인공위성을 살펴본다.

chapter

01

별빛을 보는 학문 : 예술과 과학의 결합, 천문학

제1장 미리보기

- 천문학적 관찰을 이해한다.
- 천문학의 언어인 빛에 집중한다.
- 중력의 의미를 이해한다.
- 우주에서 물체의 움직임을 알아본다.

맑은 날 밤에, 잠시 밖으로 나가서 하늘을 한번 보자. 도시든 한적한 시골이든 상관없이 밤하늘엔 몇십 개의, 어쩌면 몇백 개의 반짝이는 별이 보일 것이다. 한 달 중 관찰 시기에 따라 별 이외에도 보름달이나 태양을 공전하는 8개의 행성 중 5개까지도 볼 수 있다.

운이 좋다면 유성, 즉 별똥별이 떨어지는 모습을 볼 수도 있다. 사실 별똥별은 실제로 별이 떨어지는 게 아니라 작은 우주 먼지가 대기권으로 진입할 때 나오는 섬광이다.

다른 빛나는 점 하나가 천천히, 일정한 속도로 하늘을 가로지르고 있다. 허블망원경이나 국제우주정거장 같은 인공위성일까? 아니면 그저 높게 날고 있던 비행기일까?

쌍안경으로 본다면 비행기와 인공위성의 차이를 알 수 있는데, 비행기는 대부분 항행등이 있으며 기체의 형태를 눈으로 확인할 수 있다.

관측 장소가 조명이 많은 스키장이나 도시, 휴양지 근처라면 별이 잘 보이지 않겠지만 이와 반대로 시골 해안가나 평지, 산에서는 수천 개의 별이 보인다. 은하수는 마치 밤하늘을 가로지르는 아름다운 진줏빛 강처럼 보인다. 이는 사실 희미하게 빛나는 수백만 개의 별들이며 각각의 별들은 맨눈으로는 볼 수 없다. 더 좋은 관측소, 예를 들면 칠레 안데스산맥의 세로 톨롤로 천문대에서는 훨씬 더 많은 별을 볼 수 있다. 그곳에서 보는 별은 마치 칠흑같이 어두운 하늘에 매달린 밝은 전구 같은데, 반 고흐의 그림 '별이 빛나는 밤'에서처럼 반짝이지 않는 별들도 종종 볼 수 있다.

천문학은 우리 주변에 있다. 우리가 하늘을 올려다보는 행동도 천문학을 실천하는 것이다. 우리는 우리를 둘러싸고 있는 우주를 관찰하며, 눈에 들어오는 것을 이해하려고 한다. 수천 년 동안 사람들이 하늘에 대해 알아낸 사실들은 그저 하늘을 보는 것만으로 추론해낸 것이다. 천문학은 다음에 해당하는 거의 모든 것을 다룬다.

- 멀리서 보이는 물체
- 우주에 있는 물체에서 오는 빛을 연구해서 밝혀진 사실
- 우주에서 중력의 영향을 받는 물체의 움직임

이번 장에서는 이 세 가지 개념을 중심으로 다루겠다.

천문학 : 관측의 과학

천문학은 하늘의 학문이자 우주 물체와 천행을 다루는 과학이며 우리가 사는 우주의 본질을 탐구한다. 전문 천문학자는 망원경으로 별에서 나오는 빛을 들여다보거나 우주에서 오는 전파에 귀를 기울이면서 천문학을 연구한다. 관측할 때 쓰는 물건으로는 가정용 망원경이나 거대한 관측기구 또는 복잡한 인공위성이 있는데 이런 인공위성은 지면에 닿기 전 대기에 반사된 빛(예 : 자외선)을 모으면서 지구 주위를 돈다. 더 깊은 연구가 필요할 때는 무인기구나 고고도 관측 장비를 탑재한 로켓에 망원경을

그림 1-1
북두칠성은 큰곰자리를 이루는 성좌이다.

Photo © Jerry Lodriguss

실어 날려 보내거나 심우주 탐사정에 몇 가지 장비를 실어서 태양계로 보낸다.

전문 천문학자가 하는 일은 아주 다양하다! 태양과 태양계, 은하수와 우주 너머에 대해 연구하거나 대학교에서 강의를 하거나 정부 시설에서 위성을 설계하며 천체 투영관을 운용하기도 한다. 일부는 책을 쓰기도 한다('더미'들의 구세주인 저자도 여기 포함된다). 대부분은 박사학위를 취득하기 위해 몇 년씩 교육을 받았으며 그중 많은 천문학자는 복잡한 물리학을 연구하거나 눈으로 보이지 않는 밤하늘 너머까지 볼 수 있는 첨단 망원경을 사용하기도 한다. 하지만 전문 천문학자들은 별자리에 관해서는 전혀 공부하지 않으며 오히려 아마추어 천문학자나 취미로 별을 보는 사람들이 별자리에 대해서는 훨씬 많이 알고 있다. 여기서 말하는 별자리는 고대 천문학자들이 이름을 붙여준 임의의 별들의 집합이며 큰곰자리 따위를 말한다.

북두칠성이라는 이름은 이미 들어봤을 것이다. 북두칠성은 큰곰자리를 이루는 성좌이며 독립적인 별자리가 아니기 때문에 천문학자들이 만든 88개의 별자리에 속하지 않는다. 북두칠성처럼 성좌 하나가 별자리 하나에 속할 때도 있지만, 성좌 하나에 2개 이상의 별자리의 별들이 포함된 것도 있다. 예를 들어 가을의 대사각형은 큰 성좌로 페가수스자리의 3개의 별과 안드로메다자리 별 하나로 이루어져 있다. 그림 1-1은 밤하늘에 떠 있는 북두칠성의 모습이다(영국에 사는 어떤 이들은 북두칠성을 쟁기라고도 부른다).

전 세계에 대략 3만 명 정도 되는 전문 천문학자 외에도 하늘을 관측하는 걸 즐기는 수십만의 아마추어 천문학자들이 있다. 아마추어 천문학자들은 보통 별자리에 관해 잘 알고 있으며 길을 찾을 때 하늘에서 눈, 쌍안경, 그리고 망원경으로 찾은 별자리를 이정표로 사용한다. 많은 아마추어 천문학자는 천문학의 발전에 의미 있는 공헌을 한다. 이들은 변광성의 밝기 변화를 기록하거나 소행성, 혜성, 그리고 별의 폭발을 찾아내며 소행성이 밝은 별을 지날 때 그림자를 드리우는 순간을 잡기 위해 온 세계를 누비고 다닌다(이는 전문 천문학자들이 소행성의 형태에 대한 정보를 얻는 데 많은 도움을 준다). 심지어 가정용 컴퓨터와 스마트폰으로 시민 과학 프로젝트를 통해 전문적인 연구에 참여하기도 하는데, 이에 관해서는 제2장과 책 전반에서 설명하도록 하겠다.

제1장의 나머지에서는 어떻게 하면 드넓은 하늘을 효율적이고 즐겁게 관측할 수 있을지를 이야기하겠다.

우리가 보는 것 : 빛의 언어 이해하기

빛은 훌륭한 정보원이다. 우리 태양계의 행성, 달, 혜성 더 나아가 우리 은하계의 별, 성단 그리고 성운과 그 너머의 물질들까지, 빛을 관측하면 아주 많은 사실을 알아낼 수 있다.

고대인들은 물리학이나 별의 화학적 성질 같은 건 전혀 몰랐지만 북두칠성이나 악마성, 달 표면의 사람처럼 보이는 반점들, 태양을 삼켜 일식을 만드는 용에 대한 전설과 신화를 믿었으며 이들을 후대에 전했다. 이야기는 문화권에 따라 조금씩 달라졌지만 하늘에 대한 관심이 커진 사람들은 별들이 일정하게 움직인다는 사실을 발견했다. 폴리네시아에서 숙련된 항해사들은 지형지물 하나 없는 수백만 마일의 대양을 나침반도 없이 노를 저어서 건넌다. 이를 가능케 하는 건 조류와 탁월풍에 대한 지식과 별과 태양의 천문학적 이해다.

고대인들은 별을 보면서 별의 밝기와 위치, 그리고 별빛의 색을 기록했다. 이런 정보는 사람들이 하늘에서 한 천체를 다른 천체와 구별할 수 있게 도와주었고 고대인들은(현대인들도) 천체들을 오래된 친구처럼 친숙하게 여기게 되었다. 하늘의 물체들을 구별하고, 기록하기 위해 알아야 할 기본은 다음과 같다.

- » 별과 행성의 차이 이해하기
- » 별자리와 별 그리고 다른 천체들의 이름 알기
- » 광도의 개념을 알고 별의 밝기 관측하기
- » 광년의 개념 이해하기
- » 하늘에서의 위치 정의하기(특별한 단위인 적경과 적위를 사용해서)

매혹적인 방랑자 : 행성과 별의 차이점 알아보기

행성을 뜻하는 영어 단어 *planet*의 어원은 '방랑자'를 뜻하는 고대 그리스어 *planetes*에서 왔다. 그리스인을 포함한 고대인들은 5개의 밝은 점이 별들 사이로 하늘을 가로질러 움직인다는 걸 알아차렸다. 어떤 것들은 주기적으로 움직였고, 어떤 것들은 가끔 왔던 길을 되돌아가기도 했다. 하지만 그렇다는 사실만 알아냈을 뿐 아무도 그 이유를 밝혀내지 못했다. 그리고 이 빛나는 점들은 다른 별과는 달리 전혀 반짝이지 않았는데 역시 그 이유는 아무도 몰랐다. 문화권마다 이 빛나는 점들을 다르게 불렀으며 오늘날 우리는 행성이라고 칭한다. 영어 이름은 머큐리, 비너스, 마르스, 주피터, 새턴이다. 이 방랑자들은 실제로 이리저리 마구 돌아다니는 건 아니다. 행성은 우리 태양계의 중심별, 태양을 가운데 두고 공전한다.

이 행성들의 크기는 지구와는 어느 정도 비슷하지만, 태양에 비하면 아주 작다. 우리 태양계의 행성들은 지구와 가까워서 망원경으로 자세히 볼 수 있으며 생김새와 크기도 알 수 있다. 이와 달리 지구에서 멀리 떨어진 별은 아주 성능 좋은 망원경으로 봐도 그저 빛나는 점으로 밖에 보이지 않는다(태양계 안의 행성은 제2부에서, 태양계 너머의 행성은 제4부에서 자세히 서술한다).

큰곰자리가 보인다면, 이제 시작이야 : 별과 별자리의 이름 외우기

천체 투영관에서 근무할 때 나는 목을 길게 빼고 머리 위의 별을 보려고 애쓰던 관중에게 이렇게 말하곤 했다. "큰곰자리가 안 보이시나요? 걱정하지 마세요. 걱정은 볼 줄 아는 사람들이 해야죠. 아직 찾을 별자리가 산더미인데!"

고대 천문학자들은 밤하늘의 별을 이어서 상상의 그림을 그렸다. 예를 들면 곰 모양의 큰곰자리, 백조가 날개를 편 형태의 백조자리, 묶여 있는 여인의 모습을 한 안드

그림 1-2

안드로메다자리는 사슬에 묶인 여인이라고도 한다.

로메다자리, 메두사의 머리를 든 영웅인 페르세우스자리가 있다. 사실 대부분의 사람에게 안드로메다자리는 사슬에 묶인 여인은커녕 그 비슷한 모습으로도 보이지 않는다(그림 1-2를 보라).

오늘날의 천문학자들은 눈에 보이는 모든 별을 사용하여 하늘을 88개의 별자리로 나눠놓았다. 국제천문연맹에서 별자리의 경계를 정해 어느 별이 어느 별자리에 속하는지 논란의 여지가 없도록 했다. 이전에는 만든 천문학자에 따라 별자리 지도의 내용이 달랐다. 하지만 용어가 통일된 지금은 어떤 책에서 타란툴라 성운이 만새기자리(황새치자리, 제12장을 보라) 안에 있다는 사실을 읽었다면, 이 성운이 보고 싶을 때 남반구의 금어, 만새기를 찾기만 하면 된다.

가장 큰 별자리는 바다뱀자리이며 가장 작은 별자리는 남십자성이다. 북십자성도 있지만 백조자리의 일부를 이루는 성좌이며 독립된 별자리로는 취급하지 않는다. 대부분의 천문학자가 별자리의 이름에 이견이 없지만 그 이름이 무엇을 의미하는지에 대해서는 의견이 각기 다르다. 예를 들면 어떤 천문학자는 도라도(dorado)라는 이름의 한 별자리를 만새기 자리가 아니라 황새치자리로 부르는데 난 그 이름이 마음에 들지 않는다. 뱀자리는 다른 별자리들과 달리 둘로 나뉘어 있는데 뱀주인자리를 중심으로 서쪽엔 뱀 머리가, 동쪽엔 뱀 꼬리가 있다.

한 별자리 안에 있는 별들은 지구에서 볼 때 서로 붙어 있다는 것 빼고는 아무 관련이 없는 경우가 많다. 같은 별자리에 속하지만 어떤 별은 지구와 상대적으로 가깝고, 어떤 별은 저 멀리 있는 식이다. 하지만 지구에서 볼 때는 다 같이 모여 재밌는 모양을 이룬다.

하나의 규칙으로, 고대 그리스인과 후대 천문학자는 별자리에서 상대적으로 밝은 별들을 그리스 알파벳으로 불렀다. 별자리마다 가장 밝은 별은 그리스 알파벳의 첫 번째 글자인 알파, 그다음 밝은 별은 두 번째 글자인 베타, 가장 어두운 별은 스물네 번째 글자인 오메가로 부르는 식이다(천문학자들은 오직 그리스 알파벳의 소문자만 사용했으며, 이 책에서도 다음과 같이 사용하겠다 α, β … ω).

큰개자리를 보도록 하자. 밤하늘에서 가장 밝게 빛나는 별인 시리우스는 큰개자리에 속하며 큰개자리 알파성으로 불린다. 표 1-1에 그리스 알파벳의 기호와 이름을 정리해 두었다.

천문학자들은 성도를 만들 때 각각의 별에 큰개자리 알파성, 큰개자리 베타성 하는 식으로 하나하나 이름을 붙이는 대신 별을 묶어서 별자리들을 먼저 정하고, 그 별자리 안에서 알파성, 베타성을 정했다. 다른 책, 예를 들어 천문학 잡지에 실려 있는 별

표 1-1 그리스 알파벳

기호	이름	기호	이름
α	알파	ν	뉴우
β	베타	ξ	크사이
γ	감마	ο	오미크론
δ	델타	π	파이
ε	엡실론	ρ	로오
ζ	지타	σ	시그마
η	이타	τ	타우
θ	씨타	υ	입실론
ι	요타	ϕ	화이
κ	카파	χ	카이
λ	람다	ψ	프사이
μ	뮤우	ω	오메가

목록을 보면 (제2장을 보라) 별을 약어로 표시해 둔 걸 볼 수 있다. 일반적으로 공간을 절약하기 위해 약어를 사용한다. 표 1-2에 모든 별자리의 약어를 정리해두었다.

천문학자들은 큰개자리의 모든 별에 시리우스처럼 멋진 이름을 지어주지 않았다. 나머지 별은 멋없는 그리스 알파벳이나 알 수 없는 부호로 된 이름을 지니고 있다. 사실 꼭 이름이 있어야 하는 건 아니며 이름 없는 별로만 이루어진 별자리도 있다(돈을 주면 별에 원하는 이름을 붙여 준다며 광고하는 사람들이 있다. 속지 마라. 국제천문연맹은 인정하지 않는다). 다른 별자리에도, 그리스 알파벳을 사용해 별에 이름을 붙이려고 했지만 그러기에는 별이 너무 많았다. 대안으로 아라비아 숫자나 로마자를 사용해서 이름을 지었다. 61Cygni, b Vulpeculae, HR 1516 같은 별이 그 예이다. RU Lupi나 YY Sex와 같이 아주 이상한 이름을 가진 별도 있다(물론 내가 만든 건 아니다). 이름만 보면 별이라고 생각하기 힘들지만 이들도 다른 별들과 마찬가지로 하늘에서의 위치나, (별 목록을 참조하라) 밝기, 색 혹은 다른 특징으로 알아볼 수 있다.

하늘에서 별자리를 관측하다 보면 별자리 내에서 상대적인 별의 밝기가 반드시 그리스 알파벳 순서가 아니라는 걸 알게 될 텐데 그 이유는 다음과 같다.

- 그리스인들은 정확한 관측기구 없이 눈대중으로 별의 밝기를 정했다.
- 시간이 지나면서 천문학자들이 성도를 조금씩 수정했고, 이미 이름이 붙여진 별을 다른 별자리로 옮기기도 했다.
- 그리스 시대가 한참 지난 뒤 어떤 천문학자들은 남반구에 작은 별자리들을 새로 만들었고, 그들 중 작명 관행을 따르지 않는 사람도 있었다.
- 시간이 흐르면서 별들의 밝기가 변했다.

좋은 예(어떻게 보면 나쁜 예)로는 여우자리가 있는데 알파성을 제외한 나머지 별에는 그리스 알파벳 이름이 없다.

앞서 말한 대로 이름에 알파가 들어간다고 해서 반드시 별자리에서 가장 밝은 별을 의미하는 건 아니다. 천문학자들은 이를 대체할 새로운 단어가 필요했고, '환한', '반짝이는'이라는 뜻을 가진 라틴어인 *lucidus*에서 뜻을 따 수성(lucida)이라고 불렀다.

다시 큰개자리로 돌아가 보자. 큰개자리는 수성과 알파성이 같다. 수성은 시리우스이며 다른 이름은 큰개자리 알파성이다. 수성과 알파성이 다른 별자리는 오리온자리와 작은사자자리가 있다. 오리온자리의 수성은 리겔이며, 리겔은 오리온자리 베타성이다. 작은사자자리(아주 어두운 별자리에 속한다)의 수성은 작은사자자리 46이다.

표 1-2에 88개 별자리의 약어, 수성과 그 광도를 정리해두었다. 광도는 별의 밝기를 측정하는 천문학 단위다(광도에 관해서는 나중에 '작을수록, 더 밝다: 광도의 핵심을 파헤친다'에서 다루겠다). 수성과 알파성이 같은 경우 이름으로 표기했다. 예를 들면 마차부자리의 수성인 마차부자리 알파성은 카펠라로 표기했으며 수성이 알파성과 다른 경우에는 괄호 안에 그리스식 이름을 따로 표기했다. 게자리의 경우 알 타르프(게자리 베타성)로 표기했다.

만약 이 책의 오래된 독자라면(최소 이전 3판 중 하나를 가지고 있는) 아마 표 1-2가 조금 바뀐 것을 알아챘을 것이다. 2016년에 국제천문연맹은 몇몇 수성에 대한 새 이름을 발표했으며, 그 결과 7개의 별이 철자가 조금 바뀌거나 새 이름을 얻었다. 한 예로 공작자리 알파성이 있는데 별자리의 이름을 그대로 따와서 붙였다. 공작자리 알파성은 이제 공작별로 불린다.

표 1-2 별자리와 수성

이름	약어	수성	광도
안드로메다	And	알페라츠	2.1
공기펌프	Ant	공기펌프자리 알파	4.3
극락조	Aps	극락조자리 알파	3.8
물병	Aqr	사달수드(물병자리 베타)	2.9
독수리	Aql	알타이르	0.8
제단	Ara	제단자리 베타	2.9
양	Ari	하말	2.0
마차부	Aur	카펠라	0.1
목동	Boo	아르크투루스	-0.04
조각칼	Cae	조각칼자리 알파	4.5
기린	Cam	기린자리 베타	4.0

표 1-2 별자리와 수성(계속)

이름	약어	수성	광도
게	Cnc	알타르프(게자리 베타)	3.5
사냥개	CVn	코르카롤리	2.9
큰개	CMa	시리우스	−1.5
작은개	CMi	프로키온	0.4
염소	Cap	데네브 알게디(염소자리 델타)	2.9
용골	Car	카노푸스	−0.7
카시오페이아	Cas	쉐다르	2.2
켄타우루스	Cen	리길 켄타우루스	−0.01
세페우스	Cep	알데라민	2.4
고래	Cet	디프다(고래자리 베타)	2.0
카멜레온	Cha	카멜레온자리 알파	4.1
컴퍼스	Cir	컴퍼스자리 알파	3.2
비둘기	Col	팍트	2.6
머리털	Com	머리털자리 베타	4.3
남쪽왕관	CrA	알페카 메리디아나	4.1
북쪽왕관	CrB	알페카	2.2
까마귀	Crv	기에나흐(까마귀자리 감마)	2.6
컵	Crt	컵자리 델타	3.6
남십자	Cru	아크룩스	1.3
백조	Cyg	데네브	1.3
돌고래	Del	로타네브(돌고래자리 베타)	3.6
황새치(만새기)	Dor	황새치자리 알파	3.3
용	Dra	엘타닌(용자리 감마)	2.2
조랑말	Equ	키탈파	3.9
에리다누스	Eri	아케르나르	0.5
화로	For	화로자리 알파	3.9

표 1-2 별자리와 수성(계속)

이름	약어	수성	광도
쌍둥이	Gem	폴룩스(쌍둥이자리 베타)	1.1
두루미	Gru	알나이르	1.7
헤르쿨레스	Her	코르네포로스(헤르쿨레스자리 베타)	2.8
시계	Hor	시계자리 알파	3.9
바다뱀	Hya	알파르드	2.0
물뱀	Hyi	물뱀자리 베타	2.8
인디언	Ind	인디언자리 알파	3.1
도마뱀	Lac	도마뱀자리 알파	3.8
사자	Leo	레굴루스	1.4
작은사자	LMi	프라에키푸아(작은사자자리46)	3.8
토끼	Lep	아르네브	2.6
천칭	Lib	주벤에샤마리(천칭자리 베타)	2.6
이리	Lup	이리자리 알파	2.3
살쾡이	Lyn	살쾡이자리 알파	3.1
거문고	Lyr	베가	0.0
테이블산	Men	테이블산자리 알파	5.1
현미경	Mic	현미경자리 알파	4.7
외뿔소	Mon	외뿔소자리 베타	3.7
파리	Mus	파리자리 알파	2.7
직각자	Nor	직각자자리 감마	4.0
팔분의	Oct	팔분의자리 뉴우	3.8
뱀주인	Oph	라스 알하게	2.1
오리온	Ori	리겔(오리온자리 베타)	0.1
공작	Pav	공작별	1.9
페가수스	Peg	에니프(페가수스자리 엡실론)	2.4
페르세우스	Per	미르파크	1.8

표 1-2 별자리와 수성(계속)

이름	약어	수성	광도
불사조	Phe	안카	2.4
화가	Pic	이젤	3.2
물고기	Psc	물고기자리 에타	3.6
남쪽물고기	PsA	포말하우트	1.2
고물	Pup	나오스(고물자리 제타)	2.3
나침반	Pyx	나침반자리 알파	3.7
그물	Ret	그물자리 알파	3.4
화살	Sge	화살사리 감마	3.5
궁수	Sgr	카우스 오스트랄리스(궁수자리 엡실론)	1.9
전갈	Sco	안타레스	1.0
조각가	Scl	조각가자리 알파	4.3
방패	Sct	방패자리 알파	3.9
뱀	Ser	우누칼하이	2.7
육분의	Sex	육분의자리 알파	4.5
황소	Tau	알데바란	0.9
망원경	Tel	망원경자리 알파	3.5
삼각형	Tri	삼각형자리 베타	3.0
남쪽삼각형	TrA	아트리아	1.9
큰부리새	Tuc	큰부리새자리 알파	2.9
큰곰	UMa	알리오스(큰곰자리 엡실론)	1.8
작은곰	UMi	북극성	2.0
돛	Vel	돛자리 감마	1.8
처녀	Vir	스피카	1.0
날치	Vol	날치자리 감마	3.8
여우	Vul	안서	4.4

망원경으로 봤을 때 별 옆에 이름표가 나타난다고 생각해보자. 원하는 별을 찾는 작업이 한결 수월하지 않을까? 스마트폰을 쓰는 독자라면, 천문 관측 애플리케이션(스카이 사파리, 스타 워크, 구글 스카이 맵)을 사용하여 상상을 현실로 만들어보자. 천문 관측 앱을 실행하고 휴대폰 카메라를 하늘을 향하게 들면 별자리가 나타나고, 화면의 별들을 건드리면 이름이 나타난다(제2장에서 천체 관측 앱에 관해 더 자세히 다루었다. 별에 대한 자세한 내용은 제11장을 참조하라).

하늘에 뭐가 보이는가? 메시에 목록과 다른 천체 관측하기

별에 이름을 붙이는 일 정도는 천문학자들에게 어렵지 않다. 하지만 은하, 성운, 성단과 다른 천체(제3부 참조)는 어떨까? 프랑스 천문학자 샤를 메시에(1730~1817)는 약 100개의 흐릿한 천체를 정리한 목록을 만들었다. 이는 메시에 목록으로 알려져 있으며, 안드로메다 성운의 학명 M31은 메시에 목록에서 31번째에 있다는 뜻이다. 메시에 목록에는 현재 110개의 천체가 있다.

SEDS(Students for the Exploration and Development of Space)의 홈페이지 messier.seds.org에서 메시에 목록과 메시에 천체들의 사진을 볼 수 있다. 천문 관측에 자신이 있다면 아마추어 천문학자들이 만든 대형 단체 '천문 리그(Astronomical League)'의 홈페이지 www.astroleague.org/al/obsclubs/messier/mess.html에서 메시에 천체를 관측하여 증명서를 받는 방법을 읽어보길 권한다.

숙련된 아마추어 천문학자들은 종종 메시에 마라톤에 참여하는데 실제로 우주를 뛰어다닐 필요는 없으며 하룻밤 안에 메시에 목록에 있는 모든 천체를 관측하면 된다. 마라톤을 완주하고 싶다면 모든 천체를 빠르게 찾아내야 한다. 조언을 하나 하자면, 꼭 시간 내에 해낼 필요는 없다. 천천히, 메시에 천체들의 아름다움을 음미한다면 그걸로 족하다. 메시에 천체를 다룬 책으로는 스티븐 제임스 오마라의 『깊은 우주의 동반자들: 메시에 천체, 제2판(*Deep-Sky Companions: The Messier Objects*, 2nd Edition)』(케임브리지 대학교 출판)이 있는데 메시에 천체를 관측하는 데 도움을 줄 저자의 특별 팁이 들어 있다. 메시에 마라톤에 흥미가 있다면 읽어보는 걸 추천한다.

메시에 이후, 후대 천문학자들은 수천 개의 심원천체를 발견했다. 심원천체는 아마추어 천문학자들이 성단, 성운, 은하를 통틀어 부르는 말로 태양계의 다른 천체들과 구별하기 위해 쓰는 용어다. 심원천체는 메시에 목록에 없기 때문에 천문학자들이 다른 목록을 만들어서 번호를 붙였다. 이를 NGC(New General Catalogue) 항성목록, IC(Index Catalogue) 항성목록이라고 한다. 예를 들어 페르세우스자리의 밝은 이중 성단이 NGC 목록에 들어가는데, NGC 869와 NGC 884로 부르는 식이다.

작을수록 밝다 : 광도의 핵심을 파헤친다

성도나 별자리에 관한 자료를 보면 별의 광도를 볼 수 있다. 광도는 별의 밝기를 나타내는 단위다. 고대 그리스 수학자 히파르코스는 자기 눈에 보이는 모든 별의 밝기를 6단계로 분류했다. 가장 밝은 별을 1등성, 그다음은 2등성으로 부르는 식으로 가장 어두운 등급인 6등성까지 묶었다.

일반적인 측정 단위들과는 달리 광도는 등급의 숫자가 작을수록 밝다는 사실을 기억해 두길 바란다. 다재다능한 그리스인이라고 모두 완벽하지는 않았으며 위대한 히파르코스 역시 마찬가지였다. 이 수학자는 정밀히 측정했을 때 1등성보다 밝은 별들을 위한 등급을 만들지 않았다.

따라서 오늘날 우리는 이런 별을 0등성, 더 밝은 별은 마이너스 등성으로 부른다. 예를 들면 시리우스는 -1.5등급이며 가장 밝은 행성인 금성은 보통 -4등급이다(금성의 밝기는 계속 변한다. 금성의 밝기는 지구와 금성 사이의 거리와 태양에 대한 금성의 위치에 따라 달라진다).

히파르코스의 또 한 가지 실수는 어두워서 맨눈으로 볼 수 없는 별의 등급을 매기지 않았다는 것이다. 사실 당시에는 망원경이 없어서 앞서 말한 별들이 보이지 않았다. 오늘날까지, 천문학자들은 맨눈으로는 관측이 불가능한 수십억 개의 별을 발견했으며 이러한 별들은 6등성보다 더 높은 등급으로 나타낸다. 7, 8등성은 쌍안경으로, 10, 11등성은 쓸 만한 소형 망원경을 통해 쉽게 볼 수 있다. 광도가 21까지 올라가는 별들은 팔로마산 천문대에서나 보이며 허블우주망원경은 31등성까지 볼 수 있다.

광년의 개념

우리 태양계 너머에 있는 별과 천체들의 거리는 광년을 기준으로 나타내며 1광년은 약 9조 5,000억 킬로미터이다.

【 수학으로 알아보는 별의 밝기 】

1등성은 6등성보다 대략 100배 정도 밝다. 더 자세히 말하자면 1등성은 2등성보다 2.512배 밝고 2등성은 3등성보다 2.512배 밝다(6등성으로 가면 숫자가 좀 커진다). 수학을 좋아하는 독자라면 이게 '등비수열의 형태'라는 걸 알아차렸을 거다. 한 등급이 낮아질 때마다 5루트 100, 즉 2.512배 밝아진다(2.512×2.512×2.512×2.512×2.512, 즉 1등성과 6등성의 밝기 차이는 2.512^5=100, 100배 차이). 직접 계산해보면 답이 약간 다를 텐데 소수 첫째 자리에서 반올림하면 같은 값이 나온다.

두 별의 상대적인 밝기를 계산하는 방법을 배웠다. 두 별의 밝기 차이가 5등급이라면 2.512^5을 하면 된다. (아까 했던 계산대로) 여러분의 계산기가 고장이 나지 않았다면 100이 찍힐 것이다. 같은 방식으로 만약 6등급 차이가 난다면 250배 밝다고 보면 되겠다. 1등성과 11등성의 밝기 차이를 구하고 싶다면 2.512^{10}, 아까 했던 계산을 사용하면 100^2=10,000이 된다. 1등성이 11등성보다 만 배 더 밝다는 뜻이다.

허블우주망원경으로 관측할 수 있는 가장 어두운 별의 광도는 맨눈으로 보이는 별의 광도와 25등급 차이가 난다(일반적인 시력과 관찰 능력을 전제로 한 값이다. 7등성을 볼 수 있다고 주장하는 일부 전문가와 거짓말쟁이, 허풍쟁이들은 논외로 한다). 아까 했던 계산 값을 다시 사용하자. 5등급 차이였을 때 100배 밝았으니 25등급 차이가 나면 100의 5승만큼 밝다는 의미이다. 허블망원경은 100×100×100×100×100, 즉 사람의 눈으로 관찰할 수 있는 별보다 100억 배 더 어두운 별도 볼 수 있다. 천문학자들은 10조 원짜리 망원경이면 그 정도 기능은 해야 한다고 생각한다.

하지만 여러분은 질 좋은 망원경을 아무리 비싸도 100만 원 밑으로 살 수 있으며, 10조 원짜리 망원경이 찍은 멋진 사진을 hubblesite.org에서 무료로 볼 수도 있다.

이름에 '년' 이 들어가기 때문에 시간의 단위로 착각하는 사람이 있는데 광년은 거리 단위이며 진공에서 빛이 초속 30만 킬로미터로 1년 동안 진행한 거리를 의미한다.

우주에 있는 천체를 본다는 건 천체에서 나오는 빛을 본다는 의미다. 다음 예시를 보자.

> » 천문학자들이 태양 표면의 폭발을 관측한다고 가정해보자. 태양에서 나온 빛이 지구에 도착하는 데 8분이 걸린다. 즉 방금 일어난 것처럼 보이는 폭발은 사실 8분 전에 일어난 것이다.
>
> » 태양에서 가장 가까운 항성인 프록시마 센타우리는 태양으로부터 4광년 정도 떨어져 있으며, 이 말은 즉 우리가 보는 프록시마는 4년 전의 모습이

라는 것이다.

» 별다른 장비 없이 관측 가능한 천체 중 가장 멀리 있는 안드로메다 은하는 가을의 맑고 어두운 하늘에서 볼 수 있다. 안드로메다 은하에서 출발한 빛이 우리 눈에 들어오는 데 약 250만 년이 걸리며 당장 내일 안드로메다에 무슨 일이 생기더라도 우리는 거의 200만 년이 지나서야 알 수 있다(제12장에 안드로메다나 다른 유명한 은하들을 보는 팁을 적어두었다).

요약하면,

» 눈에 보이는 우주는 과거의 모습이다.
» 천문학자들은 우주에 있는 물체가 지금 어떤 모습인지 정확히 알 방법이 없다.

먼 은하에 있는 밝은 별을 볼 때 그중 일부는 실제로 존재하지 않을 가능성을 염두에 두어야 한다. 제11장에서 설명하겠지만, 질량이 큰 별들은 겨우 1,000만 년에서 2,000만 년밖에 살지 못한다. 5,000만 광년 떨어진 은하에서 보이는 질량이 큰 별은 이미 존재하지 않는다는 말이다. 우리가 보는 건 죽은 별의 과거 모습이다.

만약 허블이나 주력 우주망원경으로 볼 수 있는 은하 중 가장 먼 곳에 빛을 쏘아 보낸다면, 그 빛이 은하에 도달하는 데 수십억 년이 걸린다. 하지만 천문학자들은 태양이 대략 50억 년에서 60억 년 뒤에 팽창하여 그 열로 인해 지구가 멸망한다고 보고 있다. 따라서 누군가가 그 빛을 보고 우리 문명의 존재를 알아차린다고 해도 이미 우

【 특별한 천문단위, AU 】

지구는 태양에서 대략 1억 5,000만 킬로미터 떨어져 있다. 이 거리를 1AU, 1천문단위라고 하며 태양계 내에 있는 천체 사이의 거리를 나타낼 때 주로 사용한다.

천문학자들은 공식적인 자리나 언론, 책을 통해 별과 은하의 연구 결과를 발표할 때 보통 '지구'로부터 얼마나 떨어져 있는지로 설명한다. 반면에 자기들끼리 혹은 기술 관련 학술지에서는 태양계의 중심인 태양으로부터의 거리를 기준으로 나타낸다. 별의 거리를 1AU보다 더 정밀하게 측정할 수 없기 때문에 위와 같은 혼용으로 문제가 생길 일은 거의 없다. 하지만 천문학자들은 일관성을 위해 두 단위를 사용하는 범위를 구별한다.

리는 숯덩이가 되고도 남았을 것이다.

별들의 끊임없는 움직임 이해하기

과거 천문학자들은 별을 '항성(恒星)'이라고 부름으로써 계속 움직이는 행성과 구별했다. 하지만 행성과 마찬가지로 별도 끊임없이 움직이는데 이는 명백한 사실이다.

지구가 자전하기 때문에 하늘 전체가 회전한다. 별도 태양과 달처럼 뜨고 지지만 별의 대형은 변하지 않는다. 큰곰자리의 꼬리별이 작은개자리나 물병자리 안으로 들어갈 일은 없다는 말이다.

관측 시간과 날짜, 장소에 따라 하늘의 별자리가 달라진다. 사실 큰곰자리의 별들(다른 별자리도 마찬가지)은 초속 수백 킬로미터로 움직인다. 하지만 이 별들은 지구와 너무 멀리 떨어져 있기 때문에 마치 멈춰 있는 것처럼 보이며, 움직임을 정확히 파악하는 데 오랜 시간이 필요하다. 지금으로부터 2만 년 뒤에 큰곰자리는 지금과는 다른 모습일 것이다(어쩌면 진짜 곰처럼 보일지도 모른다).

한편 천문학자들은 수백만 개의 별의 위치를 기록했고, 그중 대다수가 목록이나 천문도에 기록되어 있다. 별의 위치는 적경(RA)과 적위(Dec)라는 천문학적 단위를 사용하여 나타낸다.

> » 적경은 별의 위치를 동서 방향으로 나타낸 값이다(영국 그리니치 천문대의 본초자오선을 기준으로 측정하는 경도와 비슷하다).
>
> » 적위는 별의 위치를 남북 방향으로 나타낸 값이다(적도를 기준으로 북경, 남경으로 나누는 위도와 비슷하다).

천문학자들은 보통 적경을 시간 단위를 사용해 시, 분, 초로 나타내며 적위는 도, 각분, 각초로 표기한다. 구체적으로 90도는 직각이라고 하며 60각분은 1도를 이루고 60각초는 1각분이다.

몇 가지 간단한 예시를 보고 나면 적경과 적위의 개념과 천문도를 읽는 방법을 이해할 수 있을 것이다(그림 1-3).

【 적경과 적위를 자세히 알아보자 】

적경 2h00m00s의 별은 적위에 상관없이 적경 0h00m00s의 별보다 2h만큼 동쪽에 위치한다. 적경은 춘분점을 지나는 시간권(천구의 북극과 천구의 남극을 이은 대원)을 기준으로 0h00m00s부터 시작해 서쪽에서 동쪽으로 갈수록 증가한다. 첫 번째 별의 적위를 +30°, 두 번째 별의 적위를 −15°25′12″로 둬도, 동서 방향으로는 여전히 2h 차이가 난다(하지만 남북 방향으로는 약 45°25′12″만큼 벌어진다). 천구의 북극과 천구의 남극을 중심으로 하늘이 돌아가는 것처럼 보이며 별이 뜨고 진다.

적경과 적위에 대해 아래에서 더 자세히 설명해두었다.

- 적경에서 1h는 천구의 적도에서 15도에 해당한다. 적경의 24h는 천구의 적도에서 24x15=360도이며 완전한 원 모양이다. 적경에서 60m은 1h이다. 1h는 15도이니 1m는 4분의 1도로 나타낼 수 있다. 적경의 초는 s로 나타내며 60s는 1m와 같다. 시간을 나타낼 때와 마찬가지로 1시간은 60분이며 1분은 60초라는 뜻이다.
- 적위는 각도로 나타내며 원에서의 각도, 호에서의 각분, 각초에 해당한다. 1도는 대략 보름달의 겉보기 크기의 두 배이며 1도는 60각분과 같다. 하늘에 떠 있는 태양과 보름달은 약 32각분(32′) 크기로 보인다. 물론 태양은 실제로 달보다 훨씬 크다. 마찬가지로 1각분은 60각초(60″)로 나뉜다. 가정용 망원경을 최대배율로 설정하고 보면, 난기류 때문에 별의 상이 흐릿하게 보인다. 좋은 관측 조건(난기류가 거의 없을 때)에서 상의 크기는 대략 1″~2″이다. 다시 말해 1각초에서 2각초 사이라는 말이다. 센터미터와 혼동하면 안 된다.

» 천구의 북극은 지구의 자전축이 북쪽 천구와 만나는 점이다. 북극점 위에서 있다면, 천구의 북극 바로 아래에 있다고 볼 수 있다(만약 그렇다면, 산타에게 내 안부를 전해 달라. 이때 북극에는 땅이 없기 때문에 얇은 얼음을 밟아서 바다에 빠지지 않도록 발밑을 조심해야 한다).

» 천구의 남극은 지구의 자전축을 끝없이 연장했을 때 남쪽에서 천구와 만나는 점이다. 남극점 위에 있다면, 천구의 남극 바로 아래에 있다고 할 수 있다. 옷을 잘 챙겨 입자, 남극은 아주 춥다!

» 같은 적경을 가진 점끼리 잇는다고 생각해보자. 천구의 북극과 천구의 남극을 연결하는 반원들이 그려질 것이다. 가상의 선이지만, 편의를 위해 천문도에 표시되어 있다.

» 같은 적위를 가진 점끼리 이어서 가상의 선을 그린다고 생각해보자. 예를 들어 적위 +30도를 가진 점끼리 이으면 점마다 위도가 다를 것이다. 지구

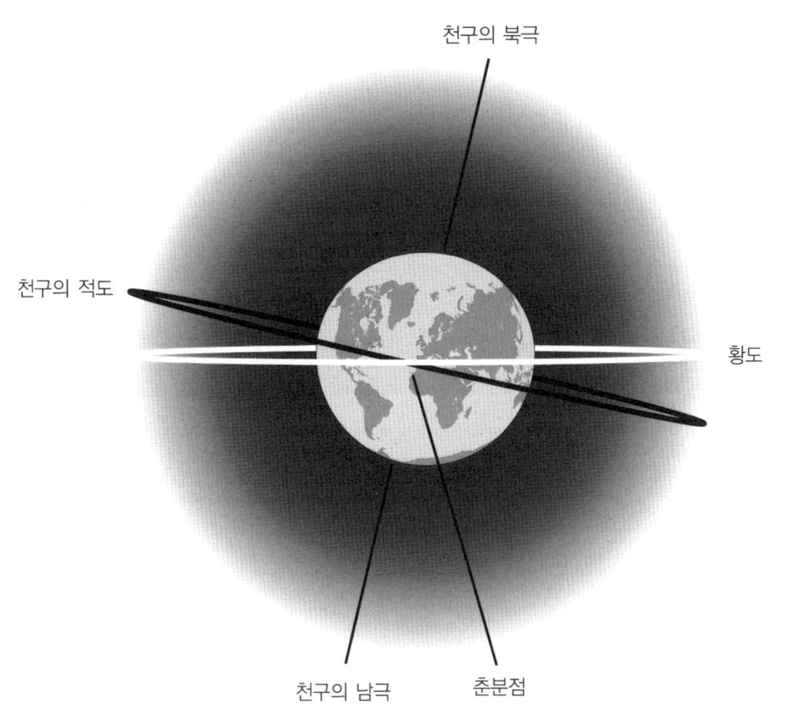

그림 1-3
우주에서 방향을 찾기 위해 천구를 이해한다.

> 가 자전함에 따라 적경은 바뀌지만, 북위 41도인 뉴욕은 항상 적위 +41도의 가상의 점에 대응한다. 같은 적위의 점끼리 이은 선 역시 적경과 마찬가지로 천문도에 나타난다. 보통 적위환을 사용한다.

뒷마당에서 천구의 북극을 관측하려고 한다고 하자. 관측 지역의 위도가 x라고 가정하면, 지평선과 x도를 이루는 북쪽 하늘을 바라보면 된다. 북아메리카나, 유럽, 아니면 북반구 어딘가에 있다고 전제하에 세운 가정이다. 남반구에 산다면 천구의 북극을 볼 수 없다. 하지만 같은 방법으로 천구의 남극은 볼 수 있다.

거의 대부분의 천문학 책에서 ″는 인치가 아니라 각초를 의미한다. 하지만 내가 강의했던 모든 대학교에서 기초천문학 실험 보고서에 "별의 상은 지름 1센티미터였다"라고 쓰는 학생이 꼭 한 명씩 있었다. 어떤 경우에도 이해가 암기보다 낫지만, 현실적으로 불가능할 때도 있다.

머리가 아프기 시작하는가? 단지 별자리나 행성을 찾고 싶은 거라면 적경이나 적위를 꼭 알아야 할 필요는 없다. 그냥 관측 시간에 해당하는 천도를 찾으면 된다(제2장에서 언급할 스카이 앤드 텔레스코프 홈페이지나 다른 잡지 홈페이지에서 찾을 수 있다. 아니면 컴퓨터로 천문관 프로그램을 설치하거나 앱을 다운받으면 된다. 프로그램, 웹사이트, 그리고 앱 역시 제2장에서 다루겠다). 하지만 항성목록과 별자리표를 이해하고, 희미한 은하들을 망원경으로 직접 살펴보고 싶다면, 이 체계를 이해하는 게 도움이 될 것이다.

컴퓨터 제어 기능이 있는 세련되면서도 놀랍도록 저렴한 망원경(제3장 참조)이 있다면 최근에 발견된 혜성의 적경과 적위를 입력하는 방식으로 손쉽게 혜성을 관측할 수 있다(천체력이라는 작은 표를 보면 새로 발견된 혜성의 예상 적경과 적위를 알 수 있다).

중력 : 누구도 거스를 수 없는 힘

영국인 과학자 아이작 뉴턴(1642~1727)의 업적 이후 천문학의 모든 것은 중력을 중심으로 돌아갔다. 뉴턴은 중력을 두 물체 사이에 작용하는 힘이라고 주장했다. 뉴턴에 따르면 중력은 질량과 거리에 영향을 받는다. 물체의 질량이 클수록, 인력은 더 강해진다. 물체 사이의 거리가 멀수록, 인력은 약해진다. 확실히 뉴턴은 천재였다!

알버트 아인슈타인은 기존의 중력이론을 개선했는데 뉴턴의 이론이 설명할 수 없던 부분까지 설명할 수 있었다. 뉴턴의 이론은 일반적으로 경험하는 중력, 예컨대 사과가 떨어진다던가(정말 뉴턴의 머리에 맞았을까?)에 대해서는 들어맞았다. 하지만 다른 관점에서 보면 뉴턴의 이론은 틀렸다. 아인슈타인의 이론은 질량이 큰 물질 근처, 즉 중력이 아주 강한 곳에서 일어나는 현상을 예측했다. 아인슈타인은 중력은 힘이 아니라 별처럼 질량이 아주 큰 물체 주위에서 일어나는 시공간의 왜곡이라고 보았다. 생각만 해도 머리가 아프다.

뉴턴의 중력 법칙은 다음을 설명할 수 있다.

- 달이 지구를, 지구가 태양을, 태양이 은하의 중심을 도는 이유, 그리고 그 외 많은 천체가 공전을 하는 이유

» 왜 별이나 행성이 모두 둥근 모양인지
» 우주의 기체와 먼지가 모여서 별을 만드는 원리

아인슈타인의 중력이론은 일반 상대성 원리라고 불리며 뉴턴의 이론이 설명하지 못한 아래 사항을 말끔하게 해결했다

» 개기일식 동안 태양 주변의 별들이 원래 위치에서 벗어난 것처럼 보이는 현상
» 블랙홀의 존재
» 아주 먼 우주를 바라볼 때 나타나는 중력 렌즈 효과
» 지구가 자전하면서 뒤틀린 시공간을 달고 다니는 이유(이 현상은 과학자들이 지구를 도는 인공위성을 사용해 입증했다)
» 두 블랙홀의 합병이 어떻게 수십억 광년 떨어진 곳까지 영향을 미치는 중력파를 생성하는지

제11장과 제13장에서 블랙홀을 다루었다. 제11장, 제14장, 제15장을 읽으면 일반 상대성이론의 완벽한 이해 없이도 중력렌즈 현상이 무엇인지 알 수 있다.

이 책을 모두 읽는다면 당신은 아주 똑똑해질 것이다. 이제 머리를 기르고, 지저분한 낡은 스웨터를 입고 다니면서 사진을 찍을 때마다 혓바닥을 빼어 물면 여러분의 친구들이 당신을 아인슈타인이라고 불러줄지도 모른다.

멈추지 않는 우주

우주의 모든 천체는 끊임없이 움직이며 돌고 있다. 정적인 천체는 존재하지 않는다. 중력으로 인해 다른 천체는 항상 별, 행성, 은하 또는 우주선을 끌어당긴다. 사람은 자기중심적인 데 반해, 우주에는 중심이 없다.

지구로 예를 들어 살펴보자

» 자전축을 중심으로 회전 – 천문학자들은 이를 자전이라고 한다 – 하는데, 한 번 회전하는 데 하루가 걸린다.

» 태양 주변을 돈다. 이 현상을 공전이라고 하며 한 번 도는 데 1년이 걸린다.

» 태양과 함께 우리 은하의 중심 주변을 돈다. 한 번 도는 데 2억 5,000만 년이 걸리며 이 시간을 은하년이라고 한다.

» 우리 은하와 함께 수십 개의 은하들로 이루어진 국부 은하군의 중심을 돈다.

» 허블의 법칙, 즉 빅뱅으로 인한 우주의 팽창으로 인해 국부 은하군의 일부로서 우주를 여행한다.

  빅뱅은 우주에 생명을 불어넣었으며 폭발적인 속도로 팽창시켰다. 빅뱅에 관한 자세한 이론들은 이 이론들이 세워졌을 때 관측되지 않았던 현상까지 예측하고 당시 관측되었던 많은 현상의 원인을 설명했다(빅뱅과 다른 우주의 비밀이 궁금하다면 제4부를 보자).

진저 로저스를 아는가? 로저스는 프레드 아스테어와 함께 출연한 영화의 한 장면에서 아스테어의 춤을 정반대로 추었다. 진저와 프레드처럼, 달은 지구의 모든 움직임을 따라한다(반대로는 아니지만). 하지만 지구의 자전은 예외다. 달의 자전 속도는 지구보다 느리며 대략 한 달에 한 번꼴로 자전한다. 달은 자전함과 동시에 지구를 공전한다(달의 공전속도와 자전속도는 같다).

당신 역시 지구의 일부로써 지구의 자전, 공전, 그리고 국부 은하군과 함께 떠나는 여행을 지구와 함께 하고 있다. 미처 느끼지 못하겠지만, 출근길에서도 지구와 같이 운동하고 있는 것이다. 따라서 다음에 지각을 한다면, 위와 같은 얘기를 직장 상사에게 잘 얘기하고 양해를 구해보자.

chapter

02

새 친구를 찾아보자 : 천체 관측 활동과 천문학 참고자료

제2장 미리보기

- 천체 관측에 도움이 될 만한 동호회, 인터넷 사이트, 앱을 찾는다.
- 천문대와 천체투영관을 구경한다.
- 별 축제, 일식 여행, 망원경 모텔, 밤하늘 공원을 즐긴다.

천문학은 세계적으로 사랑받는 학문이다. 별은 선사시대부터 지금까지 선망의 대상이 되어왔다. 먼 옛날에는 하늘을 관측하여 우주와 권력의 승계, 별, 행성, 혜성의 움직임에 대한 온갖 종류의 이론을 만들어냈다. 지금 하늘을 한번 쳐다보자. 전 세계 수십만 명의 사람들이 같은 행동을 하고 있다. 천체 관측을 하는 사람은 당신 혼자가 아니다. 우주의 섭리를 푸는 위대한 학문을 공부하면서 많은 사람, 기관, 책, 웹사이트, 스마트폰 앱, 그리고 다른 여러가지 참고자료를 통해 언제든지 도움을 받을 수 있다.

이번 장에서, 천문학을 시작하는 데 도움이 될 만한 참고자료의 종류와 천체 관측을 어떻게 시작하는지 알려주겠다. 나머지는 당신 하기에 달렸다. 일단, 시작해보자!

천문학을 빠르게 이해하는 데 도움이 되는 참고자료들, 단체나 시설, 장비에 관한 정

보들을 알고 있다면 과학으로서의 천문학, 깊은 우주의 천체나 현상의 원리를 연구하는 단계로 한결 수월하게 나아갈 수 있을 것이다. 천체 관측을 시작하기 위해 필요한 장비는 제3장에서 다루었다.

혼자가 아니야 : 천체 관측 클럽, 인터넷 사이트, 스마트폰 앱

천문학을 시작하거나 천문 활동을 하면서 많은 정보, 단체, 사람, 시설을 통해 쉽게 원하는 지식을 얻을 수 있다. 천문학 협회와 활동에 가입해서 별과 행성을 쫓는 전문가들의 연구에 도움을 주는 것도 가능하다. 천문학 동아리 모임, 천문학 강의에 참석하면 망원경을 빌려 쓰거나 다른 이들과 함께 밤하늘을 볼 수 있는 관측 장소에 대한 정보를 얻을 수도 있다. 잡지, 웹사이트, 책, 컴퓨터 프로그램, 스마트폰 앱으로 천문학의 기본적인 상식이나 지금 하늘에서 어떤 일이 일어나고 있는지에 대해 알아보는 것도 가능하다.

천체 관측 고수들과 함께하는 동아리 활동

가장 손쉽게 천문학에 입문하는 방법은 천문학 동아리 가입이다. 동아리 모임에서는 오래된 회원들이 관측기술과 장비를 입문자에게 전수하고 강의를 위해 과학자들을 초빙한다. 동아리 회원들은 중고 망원경이나 쌍안경을 싸게 구하는 방법을 잘 알고 있으며 어떤 장비가 괜찮은지 추천해줄 수도 있다(천문학 장비 관련 내용은 제3장에 있다).

뿐만 아니라 천문학 동아리는 천체 관측 모임을 주최하는데 보통은 주말 밤에 모이지만, 가끔 유성우나 다른 좋은 관측 거리가 있을 때도 만난다. 관측 모임은 집에서 공부한 내용을 실전에 적용해 보거나 필요한 장비가 뭔지 알아내기 위한 최적의 장소이다. 꼭 망원경을 들고 갈 필요는 없다. 대부분의 천문학 동아리 사람들은 자기 망원경을 기꺼이 빌려줄 것이다. 그냥 편한 신발과 쌀쌀한 밤공기를 대비한 벙어리 장갑, 따뜻한 모자 그리고 뻔뻔한 미소만 있다면 충분하다.

도시에 산다면 조명 때문에 하늘이 밝아 천체 관측이 어려울 수 있다. 어두운 지역을 돌아다니면서 관측 조건이 좋은 곳을 찾아보는 게 좋다. 지역 동아리에 가입하면 좋은 관측 장소를 쉽게 알 수 있으며 외딴 지역으로 이동하는 경우에도 동아리 사람들과 함께하면 더 안전하다.

만약 대도시나 대학가에 산다면, 천문학 동아리가 근방에 있을 확률이 높다. 미국에 거주하고 있는 독자라면 나사 나이트 스카이 워크(NASA Night Sky Network)의 홈페이지 nightsky.jpl.nasa.gov.에 접속하고 도시 이름을 입력해서 가까운 동아리를 찾아보자. 지도에는 근처 동아리의 위치가, 달력에는 예정된 동아리 활동이 나타난다.

아니면 미국의 천문 리그(Astronomical League)의 홈페이지 www.astroleague.org에 들어가면 최소 240개 이상의 동아리가 주별로 정리되어 있다.

더 많은 나라의 천문학 협회가 궁금하다면 스카이 앤드 텔레스코프의 홈페이지에 들어가 보자. https://www.skyandtelescope.com에 접속 후 메뉴의 community를 클릭하고 Clubs and Organization으로 들어간 뒤 나라 이름이나 미국의 주를 입력하면 된다. 미주리주를 검색하면 20개 이상의 동아리 이름을 살펴볼 수 있으며 뉴질랜드의 경우 천체투영관과 천문대를 포함해서 총 9개의 단체가 등록되어 있다.

【 세계를 둘러보다 : 유명한 천문학 협회 】

태평양 천문학회(The Astronomical Society of the Pacific, www.astrosociety.org)는 샌프란시스코에 본사를 두며 분기별로 아마추어를 위한 디지털 잡지인 「머큐리(*Mercury*)」를 발행한다. 또한 매년 정기모임을 여는데, 보통은 미국 서부 지역에서 주최하지만, 보스턴이나 토론토까지 갈 때도 있다. 그리고 이 협회는 교사들에게 천문학 교육 자료를 무료로 제공한다.

캐나다에 사는가? 캐나다 왕립 천문학회(The Royal Astronomical Society of Canada)는 천문학 협회치고는 아주 근사한 이름을 가지고 있으며 29개의 지점이 있다. 근처 대학의 전문가들이 자주 활동에 참여하는 편이다. 근처 지점을 찾고 싶다면 www.rasc.ca로 가보자.

영국에는 1890년에 만들어져 현재까지 명성을 이어가는 영국천문학회(British Astronomical Association)가 있다. 홈페이지 주소는 britastro.org이다. 대중천문학회(Society for Popular Astronomy)는 자칭 '영국에서 가장 명석한 천문학회'이며 천체 현상 뉴스, 행성, 유성을 주로 다룬다. 더 자세한 내용을 알고 싶다면 www.popastro.com을 참조하자.

이 외에도 거의 모든 나라에 천문학 협회가 있다. 확실히 천문학은 세계적으로 인기 있는 학문이다.

웹사이트 잡지, 프로그램, 앱 확인하기

천문학을 공부하는 건 쉽다. 참고자료의 종류가 많기 때문인데 인터넷 홈페이지부터, 스마트폰 앱, 컴퓨터 프로그램이나 잡지까지 아주 다양하다. 이제 믿을 만한 정보를 찾는 방법에 대한 몇 가지 팁을 알려주겠다.

인터넷 검색 이용하기

인터넷을 이용하면 천문학의 모든 주제에 대한 정보를 얻을 수 있으며 참고자료의 종류 역시 천문학적인 속도로 늘어나고 있다! 책을 읽다 보면 많은 웹사이트의 주소를 보게 될 것이다. 행성과 혜성, 유성, 일식에 대해 궁금한 점이 있다면, 인터넷에서 좋은 정보를 얻을 수 있다.

「스카이 앤드 텔레스코프」 잡지의 편집자들이 질 좋은 정보를 얻을 수 있는 웹사이트를 운영하고 있으니 www.skyandtelescope.com에서 확인해보자. "This Week's Sky at a Glance"를 참고해서 관측을 시작하는 것도 괜찮은 생각이다. 기사가 매주 올라오는데 보기 편한 그림과 함께 요일별로 행성이나 혜성 혹은 다른 우주 현상을 알려준다.

영국의 잡지 「아스트로노미 나우」의 홈페이지에 들어가면 "Observing"이라는 탭이 있는데 쉽게 관측 가능한 천체현상을 정기적으로 게시하는 코너이다. Astronomynow.com으로 접속해보자.

출판물 정복하기

천문학에 대한 지식을 넓히거나 실전 기술을 익히고 싶다면 천문학 잡지를 사는 게 좋다. 아마추어 천문학자라면 대부분 하나 이상의 천문학 잡지를 정기구독 하는 편이다. 지역 천문학 동아리에 가입하면, 아마도 회원 할인을 받을 수 있을 것이다(이번 장의 앞부분에 있는 '천체 관측 고수들과 함께하는 동아리 활동'에서 동아리에 관한 내용을 다루었다).

가장 잘나가는 천문학 잡지, 「스카이 앤드 텔레스코프」와 「아스트로노미」를 추천한다. 두 잡지를 모두 본 다음에, 마음에 드는 걸로 하나만 구독하는 게 좋다. www.skyandtelescope.com과 www.astronomy.com에서 구독 신청을 할 수 있으며 둘 다 전자책과 출판본 버전을 제공한다.

캐나다의 독자라면 격월로 나오는 잡지인 「스카이뉴스: 캐나다의 천문학과 천체 관측(*SkyNews: The Canadian Magazine of Astronomy & Stargazing*)」도 읽어볼 만하다.

이 화려한 잡지는 www.skynews.ca에서 구독 신청할 수 있다. 영국의 천문학 애호가들은 「아스트로노미 나우」나 「파퓰러 아스트로노미(*Popular Astronomy*)」 중 하나를 고르는 게 좋겠다. 홈페이지 주소는 각각 Astronomynow.com, www.popastro.com이다.

프랑스에 산다면 내용도 완벽하고 보기 좋은 사진이 많은 잡지인 「시엘 앤드 에스파스(*Ciel & Espace*)」(www.cieletespace.fr)를 구독하면 되겠으며 호주에서는 「오스트레일리아 스카이 앤드 텔레스코프(*Australian Sky & Telescope*)」의 잡지와 연감을 추천한다. 독일은 「스턴 운트 웰트럼(*Sterne und Wltraum*)」(www.sterne-und-weltraum.de)이 적당하겠다.

어디에 살든 간에 캐나다 왕립 천문학회에서 출판하는 전자책인 『관측자를 위한 안내서(Observer's Handbook)』를 인터넷으로 볼 수 있는데 아주 요긴하다. 수십 명의 전문가들이 모여서 만든 이 안내서는 하늘을 즐기는 데 도움이 될 것이다.

컴퓨터 프로그램과 앱 찾아보기

천문 프로그램, '컴퓨터용 천체투영관'을 집 컴퓨터에서 사용한다면 실력 향상에 도움이 된다. 스마트폰이나 태블릿 컴퓨터 전용 앱 역시 마찬가지다. 이런 프로그램이나 앱은 매일 밤 집에서 보는 하늘의 실제 모습이 어떤지 알려준다. 다가오는 날짜나, 다른 지역에서 보이는 하늘의 모습도 알 수 있기 때문에 관측 날짜나 장소를 계획할 때 사용하기에 유용하다. 직접 밖에 나가서 하늘을 보기 전에 사용하기 좋은 프로그램이다. 실제로 일부 천문학자들이 관찰 계획을 짤 때 위의 프로그램을 사용하기도 한다. 보통 망원경과 쌍안경을 섞어서 시간별로 천체 관찰 계획을 짜는데, 이는 시간이 흐름에 따라 하늘의 어둡기가 달라지기 때문에 관측에 좋은 시간을 효율적으로 사용하기 위해서다. 컴퓨터 제어가 가능한 망원경 기종을 사용하는 아마추어들은 천체투영관 프로그램을 사용하면 보고 싶은 별이나 행성, 천체를 쉽게 관측할 수 있다.

컴퓨터용 천문 프로그램은 가격과 성능이 천차만별이다(무료 프로그램도 물론 있다). 천문이나 과학 관련 잡지와 홈페이지(앞에서 다루었다)를 둘러보다 보면 프로그램 광고를 볼 수 있는데 성능 향상을 위해 이따금 업데이트를 해줘야 한다. 이런 프로그램은 하나면 족하며 앞으로도 계속 입문할 때 썼던 프로그램 그대로 사용하면 된다. 천문 프로그램을 고르는 가장 현명한 방법은 당신의 동아리에 있는 숙련된 아마추어 천문학자들의 의견을 들어보는 것이다. 다른 사람들이 대체로 만족하는 프로그램은 아마 당신에게도 잘 맞을 확률이 높다.

일반 컴퓨터나 노트북에서 모두 사용 가능한 프로그램인 스텔라리움으로 시작하기를 권한다. 무료 오픈 소스 프로그램이며 대부분의 운영체제에서 실행 가능하다. 설정한 시간과 장소에서 보이는 하늘의 모습을 알 수 있으며 시간을 조정하면 원하는 날짜의 밤하늘을 볼 수 있다. 스텔라리움의 홈페이지 www.stellarium.org에서 설치할 수 있으며 여러 가지 기능을 배우거나 샘플 스크린샷을 볼 수 있다.

스마트폰이나 태블릿 컴퓨터에서 사용하는 천문학 앱이 꽤 많은데 그중에서 몇 가지 괜찮은 앱만 소개하도록 하겠다.

- **크레이터사이즈엑스라지**(CraterSizeXL) : 아이패드와 아이폰 전용 앱이며 지구로 향하는 지구위협천체의 위험성을 계산할 수 있다(지구위협천체는 제7장에서 다루었다). 가상 천체의 정보를 입력하면 히로시마 원자폭탄 기준으로 충격 에너지, 크레이터의 크기 따위를 계산해준다. 실제로 소행성이 지구에 충돌한다면 예상 피해액은 1,000조 원이 넘어가겠지만 이 애플리케이션을 설치하는 데는 1,000원 정도면 충분하다.
- **스카이 가이드**(Sky Guide) : 핍스 스타 랩스(Fifth Star Labs)가 개발한 이 앱은 음악과 함께 즐길 수 있는 아름다운 하늘 지도를 밤하늘에 그려준다(음소거 기능도 있다). 산책하다가 이름 모를 별을 발견한다면? 앱을 실행하고 나침반 아이콘을 누른 다음 휴대폰 카메라를 하늘로 향하게 하면 된다. 별을 이어서 별자리의 형태를 보여주며, 별자리의 이름과 각 별자리의 수성을 알려준다. 물론 행성이나 그 밖의 다른 천체도 감상할 수 있다. 아이폰, 아이패드, 애플와치에서 실행 가능하다. 개발자 홈페이지 www.fifthstarlabs.com을 확인해보자.
- **갤럭시 주**(Galaxy Zoo) : 안드로이드와 애플 휴대폰, 그리고 태블릿에서 무료로 사용할 수 있다. 허블우주망원경(그리고 다른 망원경)이 찍은 엄청나게

많은 은하의 사진들을 서로 구별하는 작업을 도와줌으로써 천문학의 발전을 바라는 시민 과학자들을 위한 프로그램이다. 전 세계 250만 명이 넘는 봉사자들이 참여하고 있으며 당신도 이 작업에 참여할 수 있다(은하와 갤럭시 주 프로젝트를 컴퓨터, 스마트폰, 태블릿으로 참여하는 방법에 대한 설명은 제12장에서 하겠다).

» **구글 스카이맵**(Google Sky Map) : 안드로이드 휴대폰이나 태블릿이 있다면 이 무료 앱을 사용하면 된다. 하늘에 있는 별이나 행성의 이름을 찾거나 나사와 다른 기관에서 제공하는 천체 사진을 즐길 수 있다.

» **고샛와치**(GoSatWatch) : 아이폰과 아이패드 사용자들은 이 앱을 통해 인공위성의 위치를 알아보거나 언제 어디서 인공위성이 지나갈지 미리 알 수 있다(인공위성에 대한 설명은 제4장에서 하겠다). 세틀라이트 사파리(Satellite Safari)는 이와 비슷한 앱인데 안드로이드와 애플 기기 모두에서 사용 가능하다.

» **스카이사파리 5**(SkySafari 5) : 이 천문 앱은 판매 순위가 높은 편인데 1달러짜리 가장 단순한 기능의 버전부터 20달러의 고급 버전까지 가격과 성능이 다양하다(아이폰, 아이패드에서 사용 가능). 당연히 더 많은 돈을 쓸수록 많은 기능을 사용할 수 있다. 가장 낮은 버전에도 휴대폰을 하늘로 향하게 들면 해당 방향에 떠 있는 천체를 알려주는 기능이 있다. 우선 제일 단순한 버전부터 사용해보도록 하자.

» **스타 차트**(Star Chart) : 아이폰과 안드로이드 모두 사용 가능한 무료 앱인데 별과 별자리의 정체를 아주 간단하게 알아낼 수 있다.

천문대와 천체투영관 방문하기

연구용 천문대(천문학자나 과학자들이 관리하며 우주를 연구하는 데 사용하는 대구경 망원경이 있는 곳)와 천체투영관(어두운 공간에서 별과 다른 천체의 모습을 투영하며 천체 현상을 간단하게 설명해주는 장소)을 방문하여 망원경, 천문학, 그리고 연구 프로그램에 관한 정보를 얻을 수 있다.

천문대와 친해지기

미국이나 다른 몇몇 나라에는 수십 개의 연구용 천문대를 찾아볼 수 있다. 이러한 천문대의 일부는 대학이나 정부 기관에서 운영하는 연구 시설로 사용한다. 미국 해군성 천문대(U.S Naval Observatory)는 워싱턴 D.C의 중심부에 있는데 폐쇄적인 곳이라 미리 견학 신청을 해야 한다. 보통 월요일 밤에 견학 일정이 있으며 자세한 사항은 www.usno.navy.mil/USNO에서 확인하도록 하자. 외딴 산꼭대기에 있는 시설도 있다. 덴버대학교에서 운영하는 마운틴 에번스 마이어-웜블 천문대(Mt. Evans Meyer-Womble Observatory)는 해발 4,312미터에 있는데 '서부에서 가장 높은 천문대'로 꼽힌다. 천문대 홈페이지(Mysite.du.edu/~rstencel/MtEvans)에 자세한 정보가 나와 있다. (이 책 출판 당시에는 천문대를 운영하지 않았다. 살인적인 폭풍이 천문대의 돔과 망원경을 망가뜨려 2011~2012년 사이의 겨울에 수리 중이었다).

공교육이나 대중을 위한 천문대도 있다. 도시, 나라, 학교 프로그램, 비영리단체에서 주로 이러한 시설을 이용한다. 그중 괜찮은 몇 군데를 소개하겠다.

» **그리니치 왕립천문대-영국 런던** : 세계에서 가장 유명한 천문대로 한때 왕립천문대라는 이름으로 불렸으며 그 당시에는 연구용 천문대였다. 본초자오선의 '고향'이며 경도의 기준이다. 또한 세계 시간의 기준인 그리니치 평균시의 주인공이기도 하다.

» **로웰 천문대-애리조나주 플래그스태프의 마스 힐** : 연구용 천문대의 경우 개방 정도가 조금씩 다르지만, 로웰 천문대의 경우 특히 개방적인 편이다. 특별한 날에는 야간에도 개방하며 행성이나 별을 볼 수도 있다. 광고 멘트는 "퍼시벌 로웰이 화성의 그림을 그릴 때 쓰던 망원경을 들여다보거나 클라이드 톰보가 명왕성을 발견한 망원경을 만져보세요"이다(하지만 명왕성을 발견할 때 사용했던 망원경은 수리 문제로 2017년에 관측돔에서 치웠다). 방문객들을 위한 극장, 전시관이 있으며 견학 일정도 자주 있다. www.lowell.edu에서 자세한 정보를 확인하기 바란다(퍼시벌 로웰과 화성은 제6장, 명왕성은 제9장에서 다루겠다).

» **미국 국립태양관측소-뉴멕시코주 선스팟** : 앨라모고도와 클라우드크로프트 근방에 있는 시설이며 링컨 국유림에 있는 태양 관측 망원경을 운영한

다. 방문객 센터(낮에만 개방)에 들려보거나 천문대 근처를 둘러볼 수 있다. nsosp.nso.edu/pr에서 자세한 정보를 찾아보자.

» **윌슨산 천문대-캘리포니아주 로스앤젤레스 근방의 샌버너디노산맥** : 윌슨산 천문대는 태양의 자성과 우주의 팽창을 밝혀낸 장소로, 과학의 역사에서 상징적인 의미를 가지며 알버트 아인슈타인이 방문하기도 한 곳이다. 그렇다고 해서 아인슈타인만큼 머리가 좋아야 즐길 수 있는 곳은 아니며 입장료도 따로 없다. 단체 가이드는 주말에 있으며 돈을 내야 한다. 친구와 함께 돈을 (많이) 모으면 허블이 우주가 팽창한다는 사실을 밝혀낼 때 사용했던 구경 254센티미터 망원경을 둘러보는 시간을 가질 수 있다. www.mtwilson.edu로 들어가서 자세한 정보를 알아보자.

» **그리피스 천문대-캘리포니아주 로스엔젤레스** : 로스앤젤레스의 그리피스 시립공원에서 운영하며 오로지 일반인을 위한 시설이다. 야간 관측과 천체투영 쇼를 여는데 한 번쯤 가볼 만하다. www.griffithobservatory.org를 참고하자.

» **팔로마 천문대-캘리포니아주 샌디에이고 근방** : 수십 년간 세계에서 가장 크고 성능 좋은 망원경이었던 지름 5.08미터짜리 망원경을 볼 수 있다. 지금은 그 타이틀을 내려놨지만, 개조를 통해 여전히 천문학에 큰 공헌을 하고 있다. 투어는 따로 없으며 알아서 주변을 돌아다니면 된다. www.astro.caltech.edu/palomar에서 방문하기 전에 둘러보도록 하자. 팔로마 천문대는 해가 지는 시간보다 훨씬 빨리 닫으며 산 정상의 날씨나 도로 상황에 따라 관광객을 받지 않는 경우도 종종 있다. 작은 박물관과 기념품 가게가 있으니 관심이 있다면 들려보도록 하자.

» **키트 피크 국립천문대-애리조나주 투산에서 서쪽으로 약 90킬로미터 근방 소노란 사막 내 인디언 보호구역**(토호노 오오담 부족) : 내가 이곳에서 일했던 1960년대에는 오직 낮에만 외부인 출입을 허용했다. 관광 안내소(천문학 박물관)부터 시작해서 다양한 관측돔까지 몇 가지 볼거리가 있었다. 시간이 흐르는 동안 시설에 많은 변화가 있었는데 미국 남서부 지역을 간다면 꼭 우선순위에 넣도록 하자. 낮 동안에는 단체 투어에 끼거나 혼자 천문대를 돌아보면 된다. 밤에는 천문대에서 제공하는 망원경을 사용해서 하늘을 관측해보자. 물론 사전에 예약을 반드시 해야 한다. 더 자세한 사항

은 www.noao.edu/kpno에 접속해서 'Visiting Kitt Peak'를 클릭하고 안내 사항을 읽어보면 된다. 하나 명심해야 할 점은 키트 피크로 가는 길에 출입국 관리소를 지날 텐데, 외국인이라면 여권을 소지해야 한다는 것이다.

» **MMT 천문대-애리조나 투산에서 남쪽으로 약 59킬로미터 근방 코로나도 국유림의 홉킨스산 소재** : 산 아래의 프레드 로렌스 휘플 관광 안내소(Fred Lawrence Whipple Visitor center)에서 전시장을 둘러보고 천문대 투어를 신청할 수 있다. 천문대로 올라가면 지름 6.5미터 반사망원경이 있는데 미대륙에서 가장 큰 망원경이다. 떠나기 전에 MMT 투어 홈페이지 www.mmto.org/node/289에서 관광안내소의 개장 시간, 투어 일정, 가격을 알아보고 가길 바란다.

» **마우나케아 천문대-하와이섬** : 미국에서 가장 큰 '망원경들의 마을'은 미국과 다른 여러 나라의 망원경이 있는 곳이다(유일하게 칠레의 유럽 남방천문대가 비슷한 수의 대형 망원경들을 보유하고 있다). 마우나케아는 가볼 만한 곳이지만 4,205미터로 고도가 높은 지역이기 때문에 아픈 곳이 있으면 안 되며 가기 전에 홈페이지에 있는 지시사항을 반드시 숙지해야 한다(www.ifa.hawaii.edu/mko의 "Visiting the Summit" 참조). 내가 처음으로 마우나케아 천문대에 갔을 때 계단을 올라가다가 몸에 이상이 생겨 주최 측 직원이 나에게 산소 마스크를 씌우고 낮은 고도에 있는 시설로 데려가서 간호해주었던 기억이 있다. 해발 약 2,800미터에 관광안내소가 있는데 보통 천문대에 올라오기 전에 들리는 곳이며 이곳에서 야간 천문 관측 프로그램을 신청할 수 있다.

전파 천문대는 과학자들이 별이 방출하는 전파 신호를 '청취'하거나 외계 문명이 보내는 전파를 찾는 장소이다. 개인적인 순위는 다음과 같다.

» **미국 국립전파천문대의 장기선 간섭계-뉴멕시코** : 성 어거스틴 평야 너머 소코로 근처에 있다. 지름 25미터의 접시형 전파망원경 27개를 모아 만든 전파 간섭계가 있다. 조디 포스터가 등장하는 영화 〈콘택트〉의 촬영지가 바로 이곳이다. 근처의 관광안내소와 기념품 가게를 둘러보고 와도 되지만 투어가 하고 싶다면 매달 첫째 주 토요일에 와야 한다. 투어 시간과 다른 세부사항은 www.vla.nrao.edu/에서 확인하면 된다. 1년에 두 번 있는

공개일에 방문하면 입장료가 없다.

» **그린뱅크 천문대-웨스트버지니아주 그린뱅크** : 미국 국립전파차단지대에 해당하는 산맥 근처에 있다. 조종이 가능한 망원경 중 세계에서 가장 큰 구경 100미터짜리 로버트 버드 그린뱅크 망원경이 있는 곳이다. 그린뱅크 과학센터에서 쌍방향 전시회를 열거나 투어를 진행하기도 한다(투어는 유료). 주위를 다 둘러보고 스타라이트 카페에 들려서 목을 축이는 것도 좋은 생각이다. Greenbankobservatory.org/visit/science-center에서 자세한 정보를 얻을 수 있다.

» **조드럴 뱅크 전파천문대-영국 체셔 구스트리** : 맨체스터대학교에서 운영하는 이 천문대에서는 역사적인 지름 76미터짜리 러벌 망원경을 볼 수 있는데 이 접시형 망원경은 한때 소련이 발사한 스푸트니크 1호를 추적하는 용도로 사용되었다. 조드럴 뱅크 디스커버리센터는 일종의 관광안내소로 우주 체험관, 행성 여행, 은하 미로, 세계에서 가장 큰 태양계 모형(기계장치를 달아 실제 태양계 행성의 움직임을 구현한 모형)과 같이 다양한 즐길 거리를 제공한다. 일부 공휴일에는 문을 열지 않으며 방문하기 전에 홈페이지를 확인해보길 바란다(www.jodrellbank.net/visit/plan-a-visit).

» **파크스 천문대-오스트레일리아 뉴사우스웨일스주 파크스 근방** : 호주에 갈 일이 있다면 지름 76미터 접시형 망원경을 보러가는 것도 좋은 생각이다. 천문학자들 사이에서는 원래 유명한 망원경이지만 나사의 아폴로 우주인이 임무 중 달에서 보낸 전파를 수신함으로써 대중들에게 알려졌다. 파크스 천문대 디스커버리 센터에서 전시관, 3D 영화관, 그리고 디시라는 이름의 카페에서 음료를 즐길 수 있다. 궁금한 게 있다면 홈페이지에서 찾아보도록 하자(www.atnf.csiro.au).

천문관 맛보기

천문관은 막 천문학에 입문한 아마추어 천문학자들이 들리기 좋은 곳이다. 유익한 전시회나 실내 투영관에서 아름다운 밤하늘의 모습을 영상으로 감상할 수 있다. 대다수의 천체투영관에서 소형 망원경을 이용한 야간 관측 프로그램을 운영하는데 주차장, 작은 관측돔, 국립공원에 모여서 다 같이 별을 보는 활동이다. 최신 천문학 서적이나, 잡지, 별자리표를 파는 매장이 있는 경우가 많다. 시설 직원에게 물으면 근처 천문학 동아리에 대해 정보를 얻을 수도 있다.

나는 어린 시절에 뉴욕에 있는 미국자연사박물관 부설 헤이든 천문관에서 많은 시간을 보냈다. 고백하건대, 가끔 입장료를 내지 않고 몰래 숨어들어간 적도 많다. 센스 있는 박물관 담당자가 나를 불러 50주년 기념일에 박물관에서 연설하게 해주었다(물론 무료로). 이제 옛날 건물은 철거되고, 멋진 새 건물이 들어왔다. 이제 로즈 지구 우주센터 소속인 이 천문관은 뉴욕에 방문할 예정이 있다면 꼭 들려보길 바란다. 입장료가 비싸긴 하지만 브로드웨이 쇼보다 훨씬 저렴하며 별들은 절대로 큐 사인을 놓치거나 음이탈을 하는 경우가 없다(나처럼 몰래 들어가지는 말고)! 방문 정보는 박물관 홈페이지 www.amnh.org/plan-your-visit 에서 확인하도록 하자

미국에 있는 천문관에 대한 정보는 http://www.go-astronomy.com/planetariums.htm으로 들어가서 찾아보면 된다. 전 세계의 천문관이 궁금하다면 국제천체투영관협회 홈페이지에서 제공하는 대략 400페이지가량의 목록을 참고하도록 하자. 주소는 http://www.ips-planetarium.org/?page=dir이다.

별과 함께 떠나는 휴가 : 별 축제, 일식 여행, 밤하늘 공원

천문학 휴가는 눈과 마음을 배부르게 한다. 게다가 별과 함께 떠나는 여행이 판에 박히고 식상한 휴가보다 더 저렴할 때도 있다. 별로 좋아하지도 않는 직장 상사에게 잘 보이려고 사람 많은 곳으로 떠날 필요도 없다. 대신에 평생 기억에 남을 기억을 가지고 신나게 떠들면서 집으로 돌아올 수 있다. 먹고 쓰기만 하는 여행이 아니라 보고 느끼는 여행이 더 즐겁지 않을까?

천문학 여행은 경우에 따라 돈이 많이 들기도 한다. 일식 유람선 여행이 대표적인데 하지만 일반적인 유람선 여행을 생각해보면 크게 비싸지도 않다. 평범한 유람선 여행을 떠나면 쓰는 돈은 비슷하지만, 천문학적 보상이 전혀 없다. 잘 찾아보기만 하면 아주 싸게 일식을 보고 올 수도 있으며 별 축제, 망원경 모텔, 밤하늘 공원 방문은 추가적인 옵션이다. 이제부터 하나씩 설명하도록 하고, 가방 싸서 떠나자!

즐겨보자! 별 축제 참여하기

별 축제는 아마추어 천문학자들을 위한 야외 경연이다. 여러 종류의 망원경(직접 만든 망원경도 일부 있다)을 경연장에 설치하고, 망원경마다 순서를 정해서 하늘을 관측한다(여기저기서 다양한 탄성 소리를 들을 수 있다). 직접 만든 망원경의 순위를 매기는 게임도 하는데 심판이 나와서 그날의 망원경을 뽑는 식이다. 우승자는 소정의 명예를 얻으며 간혹 상품을 주는 곳도 있다. 저녁에 비가 내린다면, 참가자들은 큰 텐트나 근처 강당으로 모여서 슬라이드 쇼를 본다. 숙박은 알아서 해결하는 편인데 대부분은 근처 마땅한 장소에서 캠핑을 하고 일부는 저렴한 숙소를 빌리거나 가까운 모텔에서 묵는다. 별 축제는 하루에서 이틀에 걸쳐 열리는데 일주일까지 계속되는 경우도 있다. 수백에서 수천의(잘못 적은 게 아니다. 정말 수천 명이 몰린다!) 망원경 제작가들과 아마추어 천문학자들에게 관심의 대상이다. 규모가 큰 별 축제의 경우에는 홈페이지에 지난번 축제의 사진과 다가오는 축제를 홍보하기도 한다. 별을 관측한다는 점과 유명한 연사가 온다는 부분에서 나중에 언급할 우주 축제와 비슷하다.

미국에서 유명한 별 축제는 다음과 같다.

- » **스텔라페인** : 버몬트에서 열리는 축제로 1926년부터 지금까지 여전히 인기가 많다(stellafane.org).
- » **텍사스 스타 파티** : 텍사스의 프루드 랜치에서 별과 교감해보자(texasstarparty.org).
- » **RTMC 천문학 박람회** : 가 볼만한 축제 중 하나로 캘리포니아 샌버나디노산맥 빅베어 시티 근방에 있는 YMCA 캠프 오크스에서 열린다(www.rtmcastronomyexpo.org).
- » **인챈티드 스카이스 스타 파티** : 뉴멕시코의 마그달레나 근방 사막의 밤하늘 아래서 별을 관측하고 훌륭한 연사들의 연설을 들어보자(enchantedskies.org).
- » **네브래스카 스타 파티** : '광해가 전혀 없는 청량한 여름의 밤하늘'이 주 무기다(www.nebraskastarparty.org).

영국의 볼만한 축제들은 다음과 같다.

» **LAS 이쿼녹스 스카이 캠프** : 노퍽의 캘링히스에서 열리며 자칭 '영국에서 가장 큰 별 축제'이다(las-skycamp.org).
» **킬더 스타 캠프**(Kielder Star Camp) : 노섬벌랜드 국제 밤하늘 보호 공원에서 1년에 두 번 열리는 축제로 '영국에서 가장 어두운 하늘 아래에서 열리는 별 축제'로 불린다(sites.google.com/a/richarddarn.com/kielder-forest-star-camp-bookings/).

남반구에 살거나 방문할 생각이 있다면 다음의 별 축제도 알아두자.

» **남태평양 별 축제** : 오스트레일리아 뉴사우스웨일스의 일포드에서 열리며 뉴사우스웨일스 천문학협회에서 관리한다(www.asnsw.com/node/712).
» **센트럴 별 축제** : 뉴질랜드의 북섬에 있는 인적이 드문 길에서 열린다(www.censtar.party).

언젠가는, 위의 별 축제 중 최소 한 군데는 가보기를 권한다. 축제를 기다리는 동안 지역 천문학 동아리 사람들에게 비슷하거나 혹은 더 작은 규모의 축제가 열리는 곳이 근처에 있는지 확인해야 한다.

우주 축제 참가하기

유명한 천문학자의 강연을 듣고, 과학책을 쓴 저자를 만나고, 천문학 애호가들을 위한 박람회에서 최신 우주 소식을 들을 수 있다. 천문 단체에서 박람회를 개최하고, 대중, 학생, 교육자들에게 알린다. 이런 행사를 우주 축제라고 하는데 보통 천문학과 우주 연구에 대한 이야기를 설명하거나 아마추어 천문학자들이 관심 있을 만한 첨단 장비를 진열하고, 일부는 실제로 시연한다. 유럽이나 오스트레일리아에서는 우주 축제(AstroFest)라는 이름으로 잘 알려져 있다. 즐겨 쓰는 검색 엔진을 써서 근처에서 열리는 우주 축제가 있는지 확인해보기 바란다. 미국에서 열리는 많은 별 축제(앞부분에서 설명했다)와 낮에 주최자와 연사의 연설을 듣는다는 점은 똑같지만, 우주 축제는 밤에 별을 관측하지 않는다.

아스트로노미 온 탭 참석하기

이 책에서 설명한 거의 모든 천문학 활동에서 아이들을 환영하지만, 아스트로노미 온 탭(Astronomy on Tap) 행사는 술집에서 열리며 성인만 참여할 수 있다. 간단한 강의와 술, 천문학 상식 퀴즈 같은 펍 게임이 열린다. astronomyontap.org에서 근처에서 열리는 행사가 있는지 살펴보자. 적당히 마시고(가능하다면), 참석할 때 술을 마시지 않는 친구를 데려가서 대리기사로 써먹는 것도 나쁘지 않은 생각이다. 2016년까지, 아스트로노미 온 탭 프로그램은 전 세계 20곳에서 열리고 있으며 점점 늘어나고 있다.

개기일식 통과선으로 : 일식 유람선과 단체 여행

태양의 개기일식이 일어나는 장소에 가려면 유람선과 육로, 둘 중 하나를 선택해야 한다. 천문학자들은 언제 어디서 개기일식이 일어나는지 미리 알아낼 수 있다. 개기일식은 바다와 땅에 걸친 얇은 띠 모양의 지역에서만 볼 수 있는데 이 지대를 개기일식 통과선이라고 부른다. 집에 있으면서 개기일식이 근처로 올 때까지 기다려도 되지만, 그런 일이 벌어질 확률은 아주 희박하며 기다리다가 죽을 때까지 못 볼지도 모른다. 그 정도로 참을성이 넘쳐나는 사람이 아니라면, 개기일식 통과선으로 떠나보는 게 어떨까?

단체 여행을 예약해야 하는 합리적인 이유

일식이 일어나는 장소가 집 근처라면, 따로 여행을 준비할 필요는 없다(하지만 이런 경우는 드물다. 제10장 표 10-1에 있는 다가오는 개기일식 목록을 살펴보라). 외국에 나가본 경험이 많다면, 멀리 떨어진 개기일식 통과선으로 혼자 떠나도 괜찮다.

하지만 한 가지는 명심하자. 기상학자와 천문학자들은 보통 일식이 일어나기 몇 년 전에 가장 좋은 관측 장소를 미리 선점한다. 대개 개기일식이 보이는 곳은 작은 도시이며 숙박시설이 많지 않다. 당신은 태양이 무작위로 선정한 지대로 여행을 떠나야 한다. 전문가들이 좋은 관측 장소를 먼저 차지하고 나면, 여행사나 요령 있는 사람들이 남은 숙박 시설이나 관측 장비를 예약한다. 신출내기들, 특히 혼자 여행하는 사람들은 운이 따라주지 않을지도 모른다.

여행사는 보통 기상학자와 몇몇 전문적인 천문학자(나도 따라간 경험이 있다)를 함께 보낸다. 여행사를 통해 일식을 보러 간다면 기상학자가 당일 날씨를 보고 최적의 관측 장소를 정해주며 천문학자들은 일식을 안전하게 관측하고, 사진을 찍는 방법을 알려준다. 태양과 우주에 최근에 밝혀진 사실들이나 오래된 일식 전설 따위를 얘기해주는 강사가 따라가는 경우도 있다.

일식이 끝난 밤에는 각자 낮에 촬영한 일식 동영상, 대낮인데도 둥지로 돌아가는 새들, 얼뜨기들이 가장 중요한 순간에 망원경을 넘어뜨리는 모습, 그리고 많은 관중들이 탄성을 지르는 소리 등이 녹화된 동영상을 돌려본다. 그리고 각자의 카메라 안에 담긴 일식의 모습을 몇 번이고 반복해서 돌려보며 감상한다.

내가 묘사한 일식 여행의 모습을 읽고도 마음이 동하지 않는다면, 한 가지만 생각해보자. 외국에 갈 때는 혼자 떠나는 여행보다 단체 여행이 더 저렴한 경우가 있다(그리고 집 근처에 영영 오지 않을지도 모르는 일식을 기다리느라 몇 년씩 웅크리고 있는 것보다 훨씬 보람차다). 그리고 단체 여행에서 일식과 천체 관측에 대한 당신의 열정을 함께 나눌 친구를 만들 수 있다. 적어도, 나는 그랬다.

유람선 여행의 좋은 점 알아보기

유람선 여행은 일반 단체 여행보다 장점이 많지만 비싸다. 바다에서 선장과 항해사는 자기 뜻대로 할 수 있는 게 거의 없다. 만약 일식 전날에 기상학자가 "남서쪽으로 300킬로미터 내려가세요"라고 말하면, 선장은 지시에 따라야 한다(일식 전날에는 구름이 없는 곳을 속보로 알려준다). 반대로 육상의 경우 버스를 타고 이동하게 되는데 도로가 당신이 원하는 목적지까지 뚫려 있지 않는 경우도 있다. 리비아에 개기일식을 보러 갔을 때 내가 타고 있던 버스 행렬은 물, 이동식 화장실, 보안요원 *그리고* 티셔츠 상인들이 있는 도로를 벗어나 황량한 사막을 가로질렀다. 유람선의 경우 갑판 위에 있는 의자에 느긋하게 누워서 카메라를 들고 개기일식을 기다리기만 하면 된다.

많은 일식을 관측해온 경험을 바탕으로 조언을 하자면, 육지에는 일식 진행 시간의 대략 절반 정도만 또렷하게 볼 수 있지만 바다에 있다면 놓치는 구간이 거의 없다.

옳은 결정 내리기

천문학 잡지, 인터넷을 보다 보면 일식 여행이나 유람선 여행 광고를 쉽게 볼 수 있다. 천문학 동아리나 대학 동문회에서 단체로 일식 여행을 예약하기도 한다.

바다로 가든 땅으로 가든 당신에게 맞는 여행을 하기 위해서는 아래의 사실을 알아야 한다.

> » **천문학 잡지 꼼꼼하게 읽기** : 일식은 대부분 일어나기 몇 년 전에 미리 알 수 있다. 잡지에서 추천하는 관측 지역을 우선순위에 두자.
>
> » **여행사 광고를 통해 알아보기** : 여행사마다 상품이 조금씩 다르다. 책자를 받아서 자세히 비교해보도록 하자. 프로모터들은 예전 여행에서 찍은 사진을 공개하기도 하는데 잘 살펴보면 대략적인 성격을 미리 알 수 있다.

망원경 모텔로 향하기

망원경 모텔은 상대적으로 하늘이 어두운 곳에 있는 숙박 시설로 망원경을 사용해서 하늘을 관측하기에 안성맞춤인 곳에 있다. 망원경을 무료로 대여해주는 곳이 대다수지만, 추가 요금을 받는 경우도 있다. 무거운 장비 없이 가벼운 마음으로 별을 보고 싶다면, 망원경 모텔은 좋은 선택이 될 수 있다.

미국의 괜찮은 망원경 모텔은 다음과 같다.

> » **옵저버스 인** : 한때 금광촌이었던 유서 깊은 도시, 캘리포니아 줄리언에 있다. 천문대와 여행객들이 개인 망원경을 놓을 수 있는 콘크리트 패드를 제공하며, 자세한 사항은 www.observersinn.com에서 확인하도록 하자.
>
> » **프림랜드** : 버지니아의 메도스 오브 댄 근처 블루 리지 마운틴에 있다. 사실 모텔이 아니라 고급 휴양지인데 자체 관측소에서 별을 관측할 수 있다(primland.com 참조). 부자 친척과 함께 가서 돈을 내달라고 졸라보자.
>
> » **오아시스 앳 데스벨리** : 별을 보기에 완벽한 주변 환경을 가진 캘리포니아 데스밸리 국립공원으로 떠나보자. 개인 망원경을 가져가거나 라스베이거스 천문학회에서 열리는 별 축제에 참여하면 된다. 자세한 정보는 홈페이지를 참조하라(https://www.oasisatdeathvalley.com/plan/stargazing/).

【 너도 할 수 있어! 과학 연구 참여하기 】

귀중한 과학 데이터를 모으는 세계적인 작업에 참여한다면 당신의 천문학 연구를 좀 더 유익하고, 재미있게 만들 수 있다. 켁 천문대에 설치된 구경 10미터짜리 망원경 한 쌍에 비하면 당신의 망원경은 보잘것없지만, 천문대 근방의 하늘에 구름이라도 끼면 아무리 큰 망원경이라도 고철 덩어리일 뿐이다. 만약 화려한 불덩어리 유성이 당신 집 근처에 나타난다면, 당신이 유성의 모습을 관측한 유일한 천문학자일지도 모른다.

미국 국방부의 비밀 위성 관계자들과 아마추어 영화 제작자가 글레이셔 국립공원에서 역대 최고의 유성 영상을 찍었다. 방송에 나오는 유성, 소행성, 혜성과 관련된 모든 과학 프로그램에서 이 영상을 내보냈다. 확실히 때와 장소를 맞추는 건 아주 중요하다. 어쩌면, 당신도 이런 일을 해낼지도 모른다.

다른 아마추어 천문학자들과 함께 소위 시민 과학 프로젝트에 참여하고 이 책에서 추천하는 프로젝트를 즐겨보는 게 어떤가? 우주에서 보내온 화성의 표면 사진을 분류함으로써 지질학자의 수고를 덜어줄 수 있으며 허블우주망원경이 찍은 은하의 사진에서 어린 별들을 골라내도 된다. 그게 싫다면 다른 나사 위성에서 보내온 데이터를 통해 우리 은하의 지도를 만드는 작업을 거들어도 좋다. 중력파라고 불리는 우주의 파문을 찾아다니는 물리학자를 도와줄 수 있으며 세티(Search for Extraterrestrial Intelligence, SETI) 프로젝트에 참여해도 된다. 참여 가능한 프로젝트는 시간에 따라 달라지지만 대부분은 참여 가능한 편이다(www.zooniverse.org). 인터넷 접속이 가능한 컴퓨터와 약간의 지능만 있다면 언제든지 환영이다.

다른 나라에 있는 추천할 만한 망원경 모델 목록이다.

- **아스트로 어드벤처스** : 영국에 있다면, 노스 데번에 있는 이 숙소에서 머무르는 건 어떨까? 천문대와 2개의 산장, 와이파이, 그리고 수영장이 있다(계절별로 다름). www.astroadventures.co.uk를 참고하자.
- **까를로 마뇨 호텔 스파 리조트**(Carlo Magno Hotel Spa Resort) : 이탈리아의 마돈나 디 캄파글리오의 스키 마을 내에 있는 시설로 하이델베르크대학교에서 박사 학위를 받은 천문학자의 지도 아래 호텔에 비치된 망원경으로 하늘을 관측할 수 있다. 홈페이지 http://www.hotelcarlomagno.com/en/hotel/astronomy에서 자세히 알아보자.
- **COAA**(Centro de Observação Astronómica no Algarve) : 포르투갈의 남쪽에 있으며 망원경, 스위트룸, 유성을 탐색하는 레이더 장치를 제공한다. www.coaa.co.uk에서 확인하라.

» **하코스 농장** : 나미비아의 외곽에 있는 외딴 사막 마을에서 밝은 별과 어두운 밤하늘의 모습을 즐겨보자. 객실 바로 옆에 천문대가 있다. 홈페이지를 확인하고 가도록 하자(www.hakos-astrofarm.com/hakos_e.htm).

» **SPACE**(San Pedro de Atacama Celestial Explorations) : 칠레의 산페드로에 있으며 가이드(영어, 스페인어, 프랑스어)와 망원경을 제공한다. 해발 2400미터의 아타카마 사막에 있는 이 천문대는 세계에서 손꼽히는 관측 환경을 자랑한다(www.spaceobs.com 참조).

밤하늘 보호 공원에서 캠핑하기

국제밤하늘협회(IDA, darksky.org)는 별이 쏟아질 듯 많이 보이면서도 인공조명의 영향을 거의 받지 않는 국유지를 밤하늘 보호 공원으로 지정한다. 밤하늘 보호 공원은 망원경을 대여하지 않는 곳도 있지만 개인 망원경을 가지고 가서 하늘을 관측하기에 아주 좋은 곳이다.

미국에 있는 밤하늘 보호 공원 중에 추천할 만한 곳은 다음과 같다.

» **내추럴 브리지 국립 기념물** : 유타에 있으며 "수천 개의 별이 하늘에 창문을 만들고 그 빛은 땅에 그림자를 드리울 만큼 밝다." 더 자세한 사항은 www.nps.gov/nabr/index.htm을 참조하라.

» **빅벤드 국립공원** : 텍사스 리오 그란데에 있다. 홈페이지를 확인해보자(www.nps.gov/bibe/index.htm).

» **지아거 카운티 공원 천문대** : 오하이오에 있는 공원으로 망원경이 비치되어 있으며 지진과 기상 관측소가 있다(www.geaugaparkdistrict.org/parks/observatorypark.shtml).

» **체리 스프링 주립 공원** : 펜실베이니아의 서스퀴해녹 국유림에 있는 밤하늘 보호 공원으로 종종 별 축제를 개최하기도 한다(www.dcnr.state.pa.us/stateparks/findapark/cherrysprings).

» **클레이턴 호수 주립 공원** : 호수의 천문대에서 뉴멕시코의 밤하늘을 감상하거나 천문학자들이 들려주는 하늘 이야기에 귀를 기울여보자(www.emnrd.state.nm.us/SPD/claytonlakestatepark.html).

- **골든데일 주립공원 천문대** : 워싱턴에 있으며 하늘을 관측하거나 천문대 주변을 둘러봐도 좋다(parks.state.wa.us/512/Goldendale-Observatory).
- **헤드랜즈 국제 밤하늘 보호 공원** : 북부 미시간주의 맥키노해협 위의 별을 관측해보자(www.midarkskypark.org/).
- **스티븐 포스터 주립공원** : 조지아의 명소로 근처에 검은색 강물로 유명한 오키페노키 습지가 있다. 어두운 밤하늘을 덕분에 국제 밤하늘 보호 공원으로 지정되었다. 홈페이지(www.gastateparks.org/StephenCFoster)에서 "해가 지기 전까지 오커페노키 습지에서 카누나 카약을 체험해보세요. 관리인이 함께합니다!"라고 광고하는 투어를 신청해도 된다. 추가 요금이 붙으며 보트마다 탈 수 있는 인원이 한정되어 있다.

유럽의 경우 아래의 목록을 참고하라.

- **갤러웨이 삼림공원** : 스코틀랜드에서 가장 큰 삼림공원이다(www.gallowayforestpark.com).
- **사크 밤하늘 공동체** : 노르망디해협에서 멀리 떨어져 있는 채널 제도에 있다. 소크에는 가로등이 없고 트랙터 외에는 자동차도 없다(https://www.darksky.org/our-work/conservation/idsp/communities/sark/).
- **익스무어 국립공원**(Exmoor National Park) : 잉글랜드의 남서부 지방에 있으며 유럽에서 첫 번째로 국제 밤하늘 보호 공원으로 지정되었다(www.exmoor-nationalpark.gov.uk/enjoying/stargazing).
- **호르토바지 국립공원** : 헝가리의 국립공원으로 빙하기 이후로 거의 훼손되지 않은 근처의 환경을 둘러보기에도 좋은 곳이다(https://www.darksky.org/our-work/conservation/idsp/parks/hortobagy/).
- **라우에르스메이르 국립공원** : 네덜란드의 간척지에 지은 공원이다. 광해가 심한 네덜란드에서 상대적으로 어두운 지역에 있다(https://www.darksky.org/lauwersmeer-national-park-becomes-second-dark-sky-park-named-in-the-netherlands/).

남반구에 있다면, 아오라키 맥켄지 국제 밤하늘 보호구역에 들려볼 수 있다. 뉴질랜드 남섬에 있으며 약 4,000제곱킬로미터의 넓은 면적을 자랑한다(https://www.darksky.

org/our-work/conservation/idsp/reserves/aorakimackenzie/).

국제 밤하늘 보호 공원을 즐기고 나면, '불을 끄는 것'이 얼마나 좋은 일인지 몸으로 느끼게 될 것이다.

chapter

03

하늘을 관측하는 훌륭한 도구들

제3장 미리보기

- 밤하늘과 친해진다.
- 맨눈으로 천체를 관측한다.
- 올바른 쌍안경과 망원경 사용법을 배운다.
- 구체적인 관측 계획을 세운다.

한 번이라도 밤하늘을 쳐다본 경험이 있는가? 그렇다면 맨눈으로 별이나 다른 천체들의 모습을 관측했다는 뜻이다. 맨눈으로도 천체가 내는 색을 구별할 수 있으며 원하는 별을 찾아볼 수도 있다. 북두칠성을 이용해 북극성을 찾는 것처럼 말이다.

맨눈 관측부터 시작해서 천천히 다른 광학기구를 사용하여 더 희미한 별들을, 더 자세히 보는 단계로 나아가면 된다. 첫 단계가 쌍안경이고, 그다음이 망원경이다. 망원경을 정복한다면? 천문학자가 되는 거지!

방금 건 너무 앞서 나간 것 같다. 우선, 우주를 자세히 들여다보면서 신비로움과 아름다움을 혼자 느껴봐야 한다. 세 가지 도구의 도움을 받을 수 있는데 이 중 최소 하나는 이미 당신이 가지고 있다.

눈, 쌍안경, 망원경, 세 가지 도구 모두 목적에 따라 각기 다른 효율을 낸다.

» **사람의 눈** : 유성, 오로라, 행성끼리의 합(2개 이상의 행성이 서로 겹치는 것처럼 보이는 현상) 혹은 행성과 달의 합을 관측할 때 적합하다.

» **쌍안경** : 망원경으로 보기에는 비교별(다른 별의 밝기가 얼마나 변하는지 측정하는 기준이 되는 별, 밝기가 거의 변하지 않는다) 사이의 간격이 넓은 변광성을 보는 데 적합하다. 쌍안경은 시야가 넓기 때문에 우리 은하를 전체적으로 둘러보거나 산재해 있는 성운과 성단을 관측하기 편하다. 더 밝은 은하, 예를 들면 안드로메다의 M31이나 마젤란 은하, 삼각형 자리의 M33 같은 천체를 관측하는 경우에 쌍안경이 최적의 선택이 되겠다.

» **망원경** : 은하를 자세히 들여다보는 경우나, 가까이 붙어 있는 이중성의 모습을 관측할 때, 그리고 그 외 많은 경우에 사용한다(이중성은 아주 가까이 붙어 있는 것처럼 보이는 두 별이며 겉보기에만 붙어 있을 뿐 멀리 떨어져 있는 경우도 있다. 실제로 붙어 있는 경우는 쌍성계를 이룬다).

이번 장에서는 위에서 설명한 관측 도구를 다루며 밤하늘의 지리학을 알려줄 속성 입문서와 천문학으로 더 깊이 들어가기 위한 간단한 계획에 대해 설명하겠다. 오래 지나지 않아 하늘을 손쉽게 관측할 수 있을 것이다.

별 관측 : 하늘의 지리학 입문서

북반구에서 보는 하늘은 마치 천구의 북극을 중심으로 회전하는 것처럼 보인다. 북극성은 천구의 북극에 근접해 있으며 밤새도록 떠 있기 때문에(낮에도 떠 있지만 태양 때문에 보이지 않는다) 별을 보는 사람들에게 좋은 이정표가 된다.

이제 북극성을 이용하는 요령과 별자리에 대한 몇 가지 사실을 알려주겠다.

지구가 자전함에 따라…

지구는 돈다. 그리스 철학자 헤라클레이데스 폰티쿠스가 기원전 4세기에 했던 말이다. 하지만 사람들은 헤라클레이데스의 관측을 믿지 않았다. 만약 지구가 돈다면, 빠르게 움직이는 회전목마나 빙글빙글 돌아가는 마차에 타 있는 것처럼 사람들이 어지러움을 느껴야 한다고 생각했다. 실제로 지구가 회전함에 따라 나타나는 현상을 느끼지 못했기 때문에 자전의 개념을 상상할 수조차 없었다. 대신에 고대인들은 태양이 하루에 한 번, 지구 주변을 돈다고 생각했다(당신이나 나와 마찬가지로, 고대인들은 지구의 회전을 느끼지 못했다. 자전에 의해 나타나는 효과는 알아차리기엔 너무 작았기 때문이다).

지구가 자전한다는 증거는 1851년, 헤라클레이데스의 출연 이후 2,000년이 넘게 지나서야 나타났다(과거의 과학자들은 지금과 달리 정부 지원금을 거의 받지 못했으며 연구 속도도 느렸다). 프랑스의 과학자 푸코가 파리 천문대의 천장에 금속으로 된 공을 매달았다. 그 뒤 파리에 있는 판테온 신전의 천장에도 67미터 길이의 줄에 금속 공을 달았다. 푸코는 푸코의 진자라고 불리는 이 장치를 통해 지구의 자전을 처음으로 증명해냈다. 하루 온종일 진자의 움직임을 바라보고 있으면, 바닥이 회전함에 따라 진자의 운동면이 움직이는 모습을 볼 수 있다. 바닥이 돌았다는 건, 지구가 회전했다는 뜻이다.

지구가 자전한다는 사실을 믿지 못하겠다면, 혹은 큰 진자를 좋아하는 사람이라면 로스앤젤레스에 있는 그리피스 천문대의 원형 구조물에 위치한 108킬로그램짜리 푸코 진자 모형을 보러 가도록 하자(www.griffithobservatory.org/exhibits/centralrotunda_foucaultpendulum.html). 포틀랜드에 있는 오리건 컨벤션 센터에는 세계에서 가장 큰 푸코 모형이 있는데 프린키피아라고 부르며 예술품으로 추앙받는다. 아마 홈페이지 www.oregoncc.org/visitors/public-art-collection에서 사진을 보면 이해가 될 것이다. 외부인들에게 개방되어 있으며 따로 등록할 필요는 없다. 잉글랜드에도 맨체스터대학교에 푸코 전자 모형이 있다.

지구가 자전한다는 사실을 이미 믿고 있다면, 좋아하는 음료수를 한 잔 가지고 태양이 서쪽으로 지는 모습을 감상하면서 다시 한 번 지구의 자전을 생각해보면 되겠다.

제1장에서 설명했듯이 자전축을 중심으로 지구가 회전함에 따라 별이나 다른 천체들은 동쪽에서 서쪽으로 움직이는 것처럼 보인다. 그리고 태양은 1년에 걸쳐 하늘에

일정한 궤도를 그리며 움직이는데, 이 원을 **황도**라고 부른다(만약 낮에도 별이 보인다면, 매일매일 태양이 별들 사이로 조금씩 움직이는 모습을 볼 수 있을 것이다). 황도는 천구의 적도에서 23.5도 기울어져 있는데 직각에서 지구의 자전축이 공전궤도면과 이루는 각도를 뺀 값과 같다.

행성들은 황도 근처에서 움직인다. 황도의 12개 별자리를 배경으로 일정하게 움직이는데 이 별자리들(양, 황소, 쌍둥이, 게, 사자, 처녀, 천칭, 전갈, 사수, 염소, 물병, 물고기자리)을 통틀어서 황도 12궁이라고 부른다(사실 13번째 별자리인 뱀주인자리 역시 황도 위에 있었지만, 고대인들은 황도궁에 넣지 않았다).

지구가 끊임없이 공전함에 따라 밤하늘의 모습이 조금씩 바뀌었다(태양이 황도를 따라 움직이며 태양의 배경이 되는 별자리가 바뀌는 이유와 같다). 별은 하룻밤 동안, 혹은 1년 내내 지평선을 기준으로 같은 위치에 머무르지 않는다(북극성은 예외로, 거의 모든 장소에서 매일 밤 같은 곳에 떠 있다). 황혼쯤에 하늘 높이 떠 있는 별자리가 한 달이 지나면 해가 지고 난 뒤에 서쪽 낮은 곳에서 보인다. 만약 해 뜨기 전에 동쪽 낮은 곳에 있는 별자리가 있다면, 몇 달 뒤 자정에는 높은 하늘에 있을 것이다.

별자리의 움직임을 파악하기 위해, 「스카이 앤드 텔레스코프」나 「아스트로노미」 같은 월간 천문학 잡지에 붙어 있는 별자리 지도를 사용하자(잡지에 대한 정보는 제2장 참조). 저렴한 별자리 판을 사도 좋다. 별자리판은 사각형 틀에 돌릴 수 있는 원 모양의 구멍 뚫린 판이 장착된 기구로, 구멍 사이로 보이는 별자리가 당신의 시야를 나타낸다. 관측 지역의 위도에 맞거나 비슷한 별자리 판이 필요할 것이다.

괜찮은 별자리 판은 다음의 세 가지다.

- 더 나이트 스카이(The Night Sky)는 데이비드 챈들러의 작품으로 크기도 다양하고 지원하는 위도도 많다. 영어, 일본어, 스페인어 버전이 있다. 관측 지역의 위도에 맞는 제품으로 고르면 되는데 가능하면 큰 제품으로 사도록 하자. www.davidchandler.com을 확인하라.
- 데이비드 레비 가이드 투 더 스타스(Daivid H. Levy Guide to the Stars)는 화려한 제품으로 아이들이 사용하기 좋다. 미국이나 북위 30도에서 60도 사이에서 사용하면 된다. 지금 이 글을 적는 시점에서, 아마존에서 4달러로 할인

중이다.

» 스타휠(Star Wheel)은 스카이 앤드 텔레스코프에서 판매한다(www.shopatsky.com). 북반구와 남반구를 합해서 총 네 가지 종류를 제공한다.

별자리 판을 사용하면 시간과 장소에 따라 별의 움직임을 이해하는 데 도움이 된다. 별자리 판에 별 관심이 없으며 단지 하늘에 어떤 별자리가 떠 있는지만 궁금하다면 제2장에 설명했던 적당한 앱을 스마트폰이나 태블릿 컴퓨터에 설치하는 게 더 좋을 것이다. 특히 앱은 반대편 반구로 여행을 떠났을 때 도움이 되는데 기존에 알던 별자리들은 전부 반대로 보이며, 나머지는 전부 처음 보는 별자리들이기 때문이다.

북극성 주시하기

밖에 나가서 하늘에 있는 별을 한번 보자. 지금 보이는 별을 알아볼 수 있는가? 내일 같은 별을 찾으려면 어떻게 하겠는가? 그 이유는? 그 별을 가지고 뭘 할 수 있을까?

북반구의 밤하늘에서 길을 찾는 가장 오래된 방법은 북극성에 집중하는 것이다. 북극성은 거의 움직이지 않는다. 일단 북쪽을 찾으면, 나머지 별은 쉽게 찾을 수 있다. 남반구에 있다면 켄타우로스자리 알파와 베타를 먼저 찾으면 남반구의 이정표 역할을 하는 남십자성을 쉽게 찾을 수 있다(남반구의 별자리 판, 스마트폰 애플리케이션, 간단한 별자리표를 사용하면 더 쉽다).

큰곰자리 안에 있는 북두칠성을 이용하면 북극성을 쉽게 찾을 수 있다(그림 3-1을 보라). 북두칠성은 상대적으로 알아보기 쉬운 편에 속한다. 미대륙, 캐나다, 영국에 산다면 매일 밤 북두칠성을 볼 수 있다.

북두칠성의 국자 머리를 이루는 가장 밝은 두 별, 두베와 메라크는 북극성으로 가는 길을 알려준다. 북두칠성의 위치를 알아냈다면 목동자리의 아르크투루스를 쉽게 찾을 수 있다. 그냥 국자의 손잡이에서 부드럽게 포물선을 그려주면 된다(그림 3-1).

북극성에 가까운 별들은 영국이나, 비슷한 위도의 북아메리카에서는 수평선 아래로 지지 않는다. 이들은 **주극성**, 다시 말해 북극성 주위를 도는 별이다. 큰곰자리 역시 주극별자리인데 거의 모든 북반구에서 볼 수 있다. 주극성이 되는 범위는 위도에 따라 달라진다. 북극에 가까울수록 주극성이 많아진다고 보면 된다. 남반구의 경우 남

그림 3-1
북두칠성은 하늘의 이정표 역할을 한다.

극에 가까워질수록 주극성이 많아진다. 한 별자리가 북반구에서 주극이라면 남반구에서는 주극이 되지 않으며 역도 성립한다.

오리온은 북반구에 겨울이 오면 저녁쯤에 보이는 별자리다. 오리온의 벨트를 이루는 3개의 별을 잇는 직선을 그리면 큰개자리의 시리우스로 이어지고, 반대 방향에는 황소자리의 알데바란을 지난다. 오리온자리에는 1등성인 베텔게우스와 리겔이 있으며 이 두 별은 오리온자리를 찾는 지표가 된다(그림 3-2를 보자). 광도의 개념이 궁금하다면 제1장으로 가보자.

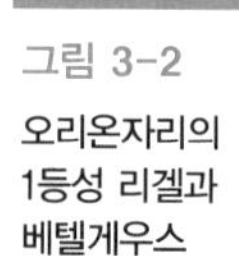
그림 3-2
오리온자리의 1등성 리겔과 베텔게우스

부록 A에 있는 별자리표를 보고 별을 찾다 보면, 밤하늘의 모습에 익숙해질 것이다. 살고 있는 도시의 거리에 익숙해지면 길을 찾는 게 빨라지듯이 별자리를 안다면 원하는 천체를 찾는 데 도움이 된다. 또한 시간에 지남에 따라 나타나는 별의 겉모습 변화와 움직임을 추적하는 데도 한결 수월하다.

맨눈으로 시작하기

우선 방위를 먼저 찾아야 한다. 동서남북을 정확히 알아야 원하는 천체를 찾을 수 있다. 관측 장소의 방위를 알아냈다면, 스카이 앤드 텔레스코프 홈페이지(www.skyandtelescope.com)에서 관측할 만한 천체를 찾아보거나 별자리 판, 천문앱, 컴퓨터용 천문관 프로그램을 사용해서 관측하고자 하는 시간에 어떤 행성을 볼 수 있는지, 가장 밝은 별이 무엇인지 알아보자(더 많은 천문학 참고자료가 필요하다면 제2장이나 이번 장의 '별 관측 : 하늘의 지리학 입문서'를 찾아보자). 밝은 별을 찾아내고 나면, 주변의 어두운 별들을 찾아내서 별자리로 이어내는 일은 비교적 쉽다.

표 3-1은 밤하늘에서 볼 수 있는 밝은 별들과 그 별을 포함하는 별자리, 그리고 광도(별의 밝기를 측정하는 단위, 제1장 참조)를 실었다. 대부분은 미대륙, 영국과 캐나다에서 볼 수 있다. 어떤 별들은 남반구에서만 보이는데 따라서 미국에서 보이지 않는 별은 호주에서 선명하게 보일 것이다. 별의 스펙트럼형에 대해서는 제11장에서 다루었는데 이는 별의 색과 온도를 결정한다(B형의 경우에는, 백색이며 온도가 높다. 반대로 M형은 붉은색이며 상대적으로 온도가 낮다).

이번 장의 앞에서 언급한 참고자료를 참고해서 관측을 시작하자. 밝은 별을 위주로 얼마나 많은 별을 찾아낼 수 있는지 확인해보라. 이 작업이 끝나면, 찾아냈던 별과 같은 별자리에 속하는 상대적으로 어두운 별들을 찾아보자. 수성, 금성, 화성, 목성, 토성(제6장과 제8장에서 다루었다)과 같은 밝은 행성을 같이 관측해도 좋다.

북반구 대부분의 지역에서 여름과 겨울에 은하수가 하늘 높게 떠오른다. 은하수가 넓고, 희미하게 빛나는 띠처럼 보인다면, 별을 관측하기 나쁘지 않은 장소라는 뜻이다. 은하수가 환하게 보인다면, 천체 관측에 최적인 관측 환경으로 제2장에서 설명

표 3-1 지구에서 봤을 때 아주 밝은 별들

명칭	겉보기 등급	별자리 내 명칭	분광형
시리우스	-1.5	큰개자리 알파성	A
카노푸스	-0.7	용골자리 알파성	A
아르크투루스	-0.04	목동자리 알파성	K
리길 센타우루스	-0.01	센타우로스자리 알파성	G
베가	-0.0	거문고자리 알파성	A
카펠라	0.1	마차부자리 알파성	G
리겔	0.1	오리온자리 베타성	B
프로키온	0.4	작은개자리 알파성	F
아케르나르	0.5	에리다누스자리 알파성	B
베텔게우스	0.5	오리온자리 알파성	M
하다르	0.6	센타우로스자리 베타성	B
알타이르	0.8	독수리자리 알파성	A
알데바란	0.9	황소자리 알파성	K
안타레스	1.0	전갈자리 알파성	M
스피카	1.0	처녀자리 알파성	B
폴룩스	1.1	쌍둥이자리 베타성	K
포말하우트	1.2	남쪽물고기자리 알파성	A
데네브	1.3	백조자리 알파성	A
아크룩스	1.3	남십자자리 알파성	B

한 밤하늘 보호 구역과 비슷한 수준이다.

맨눈 관측에서 가장 중요한 부분은 인공적인 불빛에서 최대한 벗어나는 것이다. 근처에 어두운 지역이 없다면, 뒷마당이나 건물 옥상 같은 상대적으로 덜 밝은 장소를 찾아보자. 하늘에 물든 빛을 지워내지는 못하더라도 나무나 건물 벽은 가로등 같은 주변 환경에서 눈에 들어오는 빛을 막아주기 때문에 눈부심이 덜하다. 10~20분 정도 지나 암순응이 되고 나면 더 희미한 별들을 볼 수 있다.

나는 1996년에 뉴욕 북부에 있는 핑거호 근처의 작은 도시에서 아름다운 하쿠다케 혜성을 관측했다. 그때 주변 조명이 닿지 않는 건물 구석에 있으면 혜성이 더 밝게 보인다는 사실을 알아챘다.

이상적인 장소라고 하면 보통 탁 트인 지평선과 근처에 나무와 작은 건물밖에 없는 장소를 생각할 텐데 도심에서 이런 곳을 찾기란 현실적으로 불가능하다.

어디를 가도 지평선이 잘 보이지 않는다면, 그나마 남쪽이 잘 보이는 곳으로 고르는 게 좋다(북반구 기준이다). 북반구에서 볼 때 남쪽에 관찰하기 좋은 천체들이 많다(왼쪽이 동쪽이고 오른쪽이 서쪽이다). 남쪽을 바라보면, 별은 왼쪽에서 뜨고 오른쪽으로 진다. 남반구에서 별을 본다면 반대로 생각하면 된다. 북쪽을 보고 섰을 때 동쪽(오른쪽)에서 뜨고 서쪽(왼쪽)으로 진다.

【 밝으면 얼마나 밝나요? 】

제1장에서 광도가 무엇인지 설명했지만, 천문학자들이 광도를 사용하는 목적에 따라 다르게 정의할 수 있다는 걸 알아두자.

- **절대등급**은 천체를 기준 거리인 32.6광년에서 봤을 때의 밝기를 말한다. 천문학자는 이 밝기를 '진짜' 등급이라고 생각한다.
- **겉보기 등급**은 지구에서 보이는 별의 밝기를 뜻하며 지구와 천체 사이의 거리에 따라 절대등급과 차이가 날 수 있다. 실제로는 더 어두운 별이라도 지구와의 거리에 따라 밝아 보일 수 있다는 말이다.
- **한계등급**은 망원경으로 관측할 수 있는 가장 어두운 별의 겉보기 등급이다. 관찰하는 시점의 기상 조건과 하늘의 밝기에 따라 달라진다. 아주 밝은 별이라도 구름이 끼면 보이지 않는다. 관측 환경이 좋은 날에는 맨눈으로도 볼 수 있는 별도 광해가 심하거나 보름달이 뜬다면 보이지 않을 수도 있다. 한계등급은 유성이나 심원 천체 관측에서 특히 중요하다. 맑고, 어두운 하늘에서 한계등급은 6등급까지 나오며 관측 환경이 좋지 않은 도시의 경우 한계등급은 3등급이나 4등급밖에 되지 않는다.

별자리표에서는 겉보기 등급을 사용해 실제로 보이는 밝기를 나타낸다.

항상 시계와 공책, 어둡거나 붉은빛이 나오는 손전등을 가지고 다니면서 관측일지를 쓰도록 하자. 처음부터 붉은색 전구가 끼워져 있는 손전등을 사든지, 아니면 문방구에서 빨간색 셀로판지를 사다가 감으면 된다. 암순응이 된 뒤에 밝은 빛을 보면 어두운 별이 다시 잘 보이지 않지만, 희미한 붉은빛은 영향을 끼치지 않는다.

어릴 적, 내가 봤던 어떤 아마추어 천문학자들은 휴대용 녹음기를 가지고 다니면서 실시간으로 관찰한 사실을 녹음했다. 녹음으로 기록을 남기면 하늘에서 눈을 떼지 않아도 된다. 다시 말해 유성을 보면서 잘 보이지도 않는 붉은빛 조명 아래 뭔가를 적거나 찬바람에 얼어버린 손가락을 움직이려고 애쓸 필요가 없다는 말이다. 도전해 볼 생각이 있다면 스마트폰의 녹음기 앱을 사용해보도록 하자.

쌍안경과 망원경 입문하기

다른 취미와 마찬가지로, 고가의 장비를 사기 전에 충분한 조사를 하고 신중하게 결정해야 한다. 여러 종류의 망원경을 다뤄보고, 다른 관측자의 생각을 들어본 뒤에 사는 걸 추천한다. 이제부터 당신에게 맞는 쌍안경과 망원경 고르는 방법을 알려주겠다.

이번 장의 '태양을 안전하게 관측하는 방법'과 제10장에서 자세히 설명하겠지만, 적절한 안전 절차와 특수 장비 없이 광학 도구를 사용해 태양을 봐서는 안 된다. 자칫하면 영구적인 시력 손상으로 이어질 수 있다.

쌍안경 : 밤하늘을 훑어보다

쓸 만한 쌍안경은 천체 관측에 필수다. 망원경으로 넘어가기 전에 사든 빌리든 꼭 써 보기 바란다. 쌍안경은 여러 종류의 관측에 쓸 수 있으며 천문학을 그만둔다고 하더라도(그러지 않으리라 생각하지만) 쓸모가 많다. 그리고 쌍안경을 빌려 쓰는 일이 생긴다면 주인이 의심의 눈초리로 쳐다보기 전에 꼭 제때 돌려주도록 하자.

쌍안경은 변광성 관찰이나 밝은 혜성과 신성을 찾아보는 데 제격이며 밤하늘을 넓

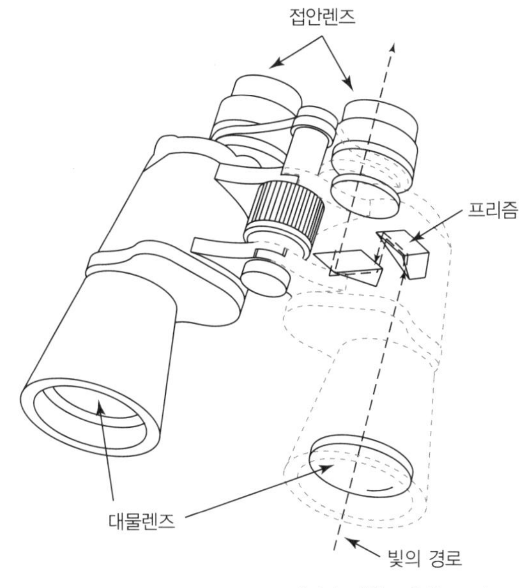

그림 3-3
쌍안경은 두 눈을 모두 사용할 수 있게 한 쌍의 망원경을 붙여놓은 기구이다.

게 훑어볼 때도 쓰인다. 당신이 새로운 혜성을 발견하지는 못하겠지만 이미 알려진 밝은 혜성을 자세히 관찰하고 싶을 땐 쌍안경만 한 게 없다.

이제부터 쌍안경의 부품을 설명하고 당신에게 필요한 쌍안경을 찾아내기 위한 몇 가지 과정을 알려주겠다. 그림 3-3에서 쌍안경의 부위별 명칭을 알아보자.

프리즘, 유리, 형태

프리즘은 대물렌즈를 통해 들어오는 빛을 굴절시켜 접안렌즈로 보내는 역할을 한다. 접안렌즈 사이의 간격은 눈 사이 간격보다 더 멀어질 수가 없기 때문에 프리즘은 쌍안경에서 없어서는 안 될 부품이다. 프리즘이 없다면 접안렌즈 2개를 동시에 볼 수 없다. 관측 대상은 언제나 당신 눈의 크기보다 크기 때문에 멀리 떨어진 거리에서 관측해야 한다. 그러니 쌍안경으로 들어오는 빛은 굴절되어야 하는 것이다.

쌍안경에 사용하는 두 가지 기본 프리즘은 다음과 같다.

> » **루프 프리즘**은 얇고 긴 쌍안경에 들어간다. 이런 쌍안경은 새를 관찰할 때 주로 사용한다.

» **포로 프리즘**은 상대적으로 크고 짧은 쌍안경에 사용하며 같은 크기의 렌즈라도 상이 밝게 보이기 때문에 천체 관측에 좋다. 쌍안경의 폭이 넓으면 더 안정적으로 잡을 수 있다.

유리의 재질은 보통 아래 두 가지를 쓴다.

» **붕규산 크라운 유리**(BK-7 glass)는 붕규산 유리의 일종으로 저렴한 쌍안경에 사용한다.
» **바륨 크라운 유리**(BaK-4 glass)는 고급 쌍안경에 사용하며 희미한 천체의 상을 밝게 만들어준다.

쌍안경에 사용하는 암호 해독하기

쌍안경의 크기와 종류는 매우 다양하다. 각각의 쌍안경에는 성능을 나타내는 번호가 적혀 있는데 7×35, 7×50, 16×50, 11×80 이런 식으로 표기한다('7에 35'로 읽는다. '7 곱하기 35'가 아니다). 무슨 뜻인지 궁금하면 다음을 보자.

» 앞의 숫자는 배율을 의미한다. 7×35나 7×50짜리 쌍안경을 사용하면 맨눈으로 보는 것보다 상을 일곱 배 더 크게 볼 수 있다.
» 뒤의 숫자는 대물렌즈의 지름이며 밀리미터 단위로 나타낸다. 대물렌즈가 클수록 들어오는 빛의 양이 많아지기 때문에 상을 더 선명하게 볼 수 있다. 7×35 쌍안경과 7×50 쌍안경은 배율은 똑같지만 지름이 큰 7×50 쌍안경을 사용하면 7×35 쌍안경으로 보이는 별보다 더 어두운 별도 볼 수 있다.

다음의 내용도 중요하다.

» 쌍안경이 클수록 더 어두운 천체를 볼 수 있다. 대신 무겁고 오랫동안 들고 있기 힘들다.
» 고배율 쌍안경, 예를 들어 10×50이나 16×50 같은 경우 저배율 쌍안경보다 보이는 상이 선명하며 잡기도 편하지만, 시야가 좁아서 원하는 천체를 찾기가 불편하다.
» 11×80, 20×80 그 이상의 쌍안경을 대형 쌍안경이라고 부르는데 무겁고

안정적으로 잡기 힘들다. 삼각대나 스탠드 없이는 잘 사용하지 않는다. 일부 대형 쌍안경은 전용 스탠드가 없으면 관측할 수 없으며 전용 스탠드가 별매인 경우도 있다. 이런 쌍안경의 경우 100만 원은 족히 넘어가며 확실히 입문자에게는 적합하지 않다.

» 고배율과 대형 쌍안경 사이, 8×40이나 9×56 같은 중형 망원경도 있다.

개인적인 생각 : 7×50이 대부분의 천문 관측에 적합하며 입문용으로 추천한다. 7×50보다 작은 쌍안경은 별보다는 새를 보는 데 쓰는 게 좋다. 대부분의 천문학자는 7×50 쌍안경을 삼각대나 스탠드 없이 사용하지만 보다 안정된 관측을 위해 보조기구를 사용하는 사람도 간혹 있다. 7×50보다 큰 쌍안경은 쓸데없는 돈 낭비다.

쌍안경이 잘 맞는지 확인하라

무엇보다 쌍안경은 무조건 써보고 사야 한다. 다음의 체크리스트를 통해 괜찮은 쌍안경인지 확인해보자.

» 하늘을 봤을 때 별이 선명하게 보여야 한다.

» 당신의 시력에 맞아야 한다. 최소 하나 이상의 접안렌즈(쌍안경을 썼을 때 들여다보게 되는 작은 렌즈) 초점 조절 장치가 있는 제품으로 고르자.

» 초점을 조절할 때, 천천히 신중하게 맞춰야 한다. 별의 상은 초점이 맞을 때는 작고 선명한 점으로, 초점이 나가면 흐린 원형으로 보인다.

» 많은 망원경의 대물렌즈(큰 렌즈)에 특수 투명 코팅이 되어 있다. 멀티 코팅이라고 하면 렌즈에 여러 겹으로 코팅을 했다는 뜻이며 일반 렌즈보다 깨끗한 상을 얻을 수 있다. 풀 멀티 코팅은 모든 렌즈와 프리즘에 다중코팅을 했다는 의미다. 당연히 풀 멀티 코팅이 더 좋다.

어떤 천문학자들은 쌍안경으로 별을 볼 때 안경을 쓴다. 반면에 나를 포함한 다른 천문학자는 안경을 벗고 쌍안경을 사용하는 게 더 편하다. 쌍안경을 낄 때 안경을 쓰지 않는다면 당신이 일지를 쓰거나 별자리표를 읽을 때 불편할지도 모른다. 쌍안경을 고를 때 안경을 끼고 착용할 수 있는지 반드시 확인해야 한다. 다음에서 설명하겠다.

안경을 쓰는 독자라면 쌍안경을 고를 때 '눈동자 거리'를 확인해야 한다. 눈동자 거리는 밀리미터 단위로 나타내며 접안렌즈의 바깥 면에서 상이 맺히는 지점까지의 거리를 말한다. 만약 눈이 눈동자 거리보다 멀리 있다면 시야가 좁아진다. 이런 현상은 안경알의 두께 때문에 눈이 눈동자 거리 밖으로 밀리면서 자주 일어난다. 조언을 하나 하자면 마음에 드는 쌍안경을 살 때 적혀 있는 눈동자 거리나 점원의 설명 따위는 무시하고 다음과 같은 시험을 하자.

1. **안경을 벗고 쌍안경으로 조금 떨어진 곳(혹은 하늘)에 초점을 맞춘다.**
   눈에 보이는 모습을 기억해둔다.
2. **안경을 쓴다.**
   만약 접안렌즈에 고무가 붙어 있다면 안경을 쓴 채로 얼굴을 붙일 수 있게 잠시 접어놓는다.
3. **같은 곳에 초점을 맞춘다.**
   안경을 쓰기 전의 시야와 차이가 난다면 당신이 쓰기에는 쌍안경의 눈동자 거리가 짧다는 뜻이다.

좋은 쌍안경은 광학도구나 과학물품 전문점에서 판매한다. 일부 대형 카메라 매장에서도 괜찮은 물건을 찾을 수 있다. 하지만 백화점은 피하는 게 좋다. 질이 낮은 물건이 많으며 다른 곳에 비해 가격이 지나치게 비싸다. 그리고 장담하건대 백화점 판매원은 당신보다 쌍안경을 모른다.

괜찮은 7×50 쌍안경의 가격은 수십만 원에서 비싸면 수백만 원이다. 발품을 조금 팔면 15만 원이나 그 밑으로 적당한 물건을 찾을 수 있다(전당포나 군용품 판매소에 있을 가능성이 높다). 중고 쌍안경은 괜찮은 선택이 될 수 있지만, 사기 전 반드시 상태를 확인해야 한다.

많은 천문학자들이 천문학 잡지와 인터넷(자세한 사항은 제2장 참조)의 광고를 보고 전문 소매업자나 제조사에서 쌍안경을 산다. 온라인이나 우편으로 주문하고 싶다면 같은 천문 동아리의 경험 많은 아마추어들이나 천문관의 직원에게 믿을 만한 판매처를 추천받는 게 좋다.

평이 좋은 회사로는 부쉬넬, 캐논, 셀레스트론, 후지논, 미드, 니콘, 오리도, 펜탁스, 빅센이 있다. 캐논이나 니콘의 고급 쌍안경에는 흔들림 방지 기능이 있는데 보다 안정된 관측을 보장한다. 흔들리는 배 위나 지상의 많은 상황에서 유용하다.

망원경 : 정밀한 관측이 필요할 때

달의 크레이터, 토성의 고리, 목성의 대적점(모두 제2부에서 다루겠다)을 보고 싶다면 망원경이 필요하다. 아주 밝은 은하나 행성상성운(제11, 12장 참조)으로 불리지만 행성과는 아무 관련이 없는 아름다운 성운 외에 희미한 변광성이나 다른 천체의 관측에도 마찬가지다.

태양이나 태양 앞을 지나는 천체를 관측하기 전에 제10장의 특별 수칙을 읽고 당신의 소중한 시력을 지키도록 하자.

이제부터 망원경의 종류와 가대, 그리고 당신의 목적에 맞는 망원경을 고르는 팁을 알려주겠다.

망원경의 종류 알아보기

망원경은 크게 세 가지로 나뉜다.

- 굴절망원경은 렌즈를 이용해 빛을 모은다(그림 3-4 참조). 대부분의 경우 대물렌즈와 접안렌즈가 일직선상에 있다.
- 반사망원경은 거울을 이용해 빛을 모은다(그림 3-5 참조). 반사망원경에는 여러 가지 종류가 있다.
  - 뉴턴식 반사망원경은 경통과 수직을 이루는 접안렌즈를 통해 상을 본다.
  - 카세그레인식 망원경은 몸체의 아랫부분에 있는 접안렌즈를 통해 상을 본다.
  - 돕슨식 반사망원경은 비슷한 구경(빛을 모으는 힘)의 다른 망원경보다 저렴하다. 하지만 접안렌즈를 들여다보려면 뭔가를 밟고 올라서야 한다. 돕슨식은 다른 아마추어 망원경보다 큰 편이며(돕슨식 망원경은 크게 가성비가 좋다) 경통 위에 있는 접안렌즈를 통해 상을 본다.
- 슈미트-카세그레인식 망원경과 막스토프-카세그레인식 망원경은 거울과 렌즈를 섞어서 사용한다. 둘 다 비슷한 구경의 반사망원경보다 비싸지만, 휴대성이 좋아 관측 여행을 떠날 때 챙기기 쉽다.

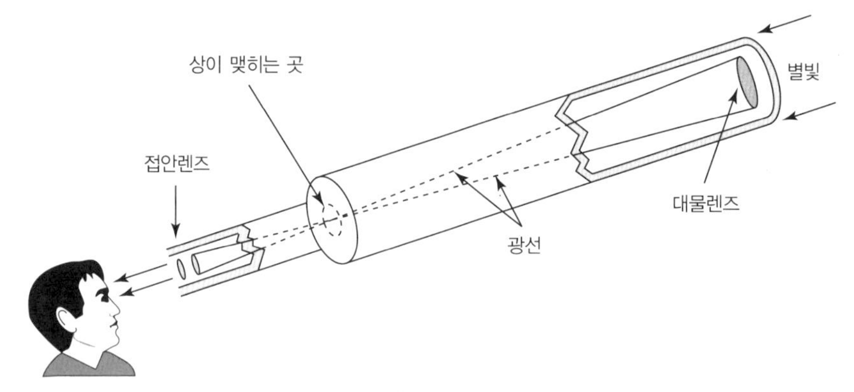

그림 3-4
굴절망원경은 렌즈를 사용해 빛을 모은다.

Dinah L. Moché/Astronomy: A Self-Teaching Guide, Seventh Edition

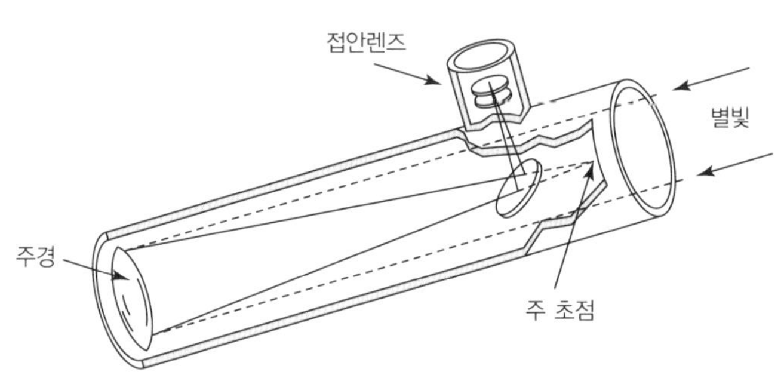

그림 3-5
반사망원경은 거울을 사용해 빛을 모은다.

Dinah L. Moché/Astronomy: A Self-Teaching Guide, Seventh Edition

보통 위의 세 가지 안에서 다양한 제품이 나온다. 그리고 모든 아마추어용 망원경은 접안렌즈, 다시 말해 맺힌 상을 확대하는 렌즈가 있다. 사진을 촬영하고 싶으면 접안렌즈를 빼고 카메라를 대서 찍으면 된다.

현미경이나 카메라처럼 거의 모든 망원경도 접안렌즈를 바꿀 수 있다. 망원경은 만들지 않지만 여러 종류의 망원경용 접안렌즈를 전문으로 생산하는 회사도 있다.

초보자들은 최대한 고배율로 접안렌즈를 사려고 하는 경향이 있는데, 이는 돈을 버리는 아주 좋은 방법이다. 개인적으로 중간 배율이나 그 이하의 접안렌즈를 추천하는데 이는 배율이 높을수록 시야가 좁아지고, 흐릿한 물체(밝은 물체도 포함)를 추적하기 힘들기 때문이다. 소형 망원경에서는 200x나 그보다 높은 렌즈가 아니라 25x나 50x를 쓰는 게 제일 좋다(x는 '배율'을 의미한다. 25x는 맨눈으로 보는 것보다 25배 더 크게 보인다는 뜻이다). 만약 '고배율'이라고 광고하는 망원경을 본다면 잘 모르는 사람들에

【 망원경의 배율 계산하기 】

망원경의 접안렌즈는 쉽게 바꿀 수 있지만 대물렌즈는 교체가 거의 불가능하다. 따라서 접안렌즈에 따라서 망원경의 배율이 달라진다. 대물렌즈의 초점거리를 안다면 접안렌즈가 달라져도 망원경의 배율을 계산할 수 있다. 다음을 참조하라.

1. 대물렌즈의 초점거리를 확인한다.

알고 있다면 바로 3번으로 넘어간다.

우선 제품정보에 쓰여 있는 f/숫자를 찾는다. f/5.6이나 f/8 이런 식으로 적혀 있다. f 뒤의 값에 주경이나 대물렌즈의 지름을 곱한다. 예를 들어 지름이 6인치이고 f/8이면 망원경의 초점거리는 6×8=48인치다.

2. 초점거리를 인치에서 밀리미터로 전환한다.

1인치는 25.4밀리미터이다. 예를 들어 48인치를 밀리미터로 바꾸면 48×25.4=1,219.2밀리미터다.

3. 대물렌즈의 초점거리를 접안렌즈의 초점거리로 나눈다.

대물렌즈의 초점거리가 1,219.2밀리미터이고 접안렌즈의 초점거리가 25밀리미터라면 망원경은 49배율이 된다(1,219.2×25=48.768).

게 그저 그런 물건을 팔아넘기려는 수작이라고 생각하면 된다. 그리고 자주 가는 망원경 가게에 고배율이라고 무작정 추천하는 판매원이 있다면 다른 가게를 알아보는 게 좋다.

소형 망원경의 관측에서 상이 흐리게 보이는 이유는 접안렌즈의 낮은 배율 때문이 아니다. 난기류(별이 반짝이는 것처럼 보이는 이유)나 바람에 의한 망원경의 흔들림이 상의 정밀도를 낮춘다.

망원경 가대 조사하기

망원경을 사용할 때 쓰는 스탠드나 삼각대를 가대라고 하는데 두 가지로 나뉜다.

» 경위대식 가대는 망원경을 고도각(위아래)과 방위각(좌우) 방향으로 움직일 수 있게 해준다. 같은 별을 관측하고 싶다면 자전으로 하늘이 돌아간 만큼 두 축 모두 조정해야 한다. 돕슨식 반사망원경은 항상 경위대식 가대를 사용한다.

【 우주를 칠해보자 】

쌍안경이나 망원경으로 본 우주는 어떤가? 장엄한 별과 행성 그리고 천체들이 사진에서 봤던 것처럼 다채로운 색으로 빛나는가? 아닐걸!

놀려서 미안하지만, 실제로 본 별과 천체는 사진처럼 색상이 진하지 않다. 쌍안경이나 망원경으로 보는 대부분의 별은 백색이나 황백색으로 보인다. 근접한 별들끼리 색상의 대조가 일어날 때 별의 색이 가장 선명하게 보이는데 일부 쌍성에서 쉽게 볼 수 있다.

대부분의 천체 사진은 인위적으로 색을 첨가한 것이며 이러한 가짜 색을 가색상이라고 부른다. 천문학자들은 우주가 그 자체로 보기 좋다고 생각하기 때문에 굳이 가짜 색을 입히지 않는다. 가색상은 먼 우주의 모습을 아름답게 보이게 하기 위해서 쓰는 게 아니다. 가색상을 입히는 작업을 거치면 사진에서 더 많은 정보를 알아낼 수 있다. 현미경으로 세포를 관찰할 때 염색약을 뿌리면 세포의 모습을 더 자세히 볼 수 있는 것과 같은 이유다.

가색상 합성은 관측 방법과 합성 방식의 차이에 따라 같은 천체의 사진이 현저히 다르게 보이기도 한다. 하지만 색을 입힌 사진을 보고 천체의 구조, 구성 물질 그리고 현재 어떤 현상이 일어나고 있는지 알아낼 수 있다. 또한 많은 천문 사진은 눈에 보이지 않는 빛을 이용하여 촬영하기 때문에(예를 들면 전파, 자외선, 적외선, 엑스선) 세밀한 관측을 위하여 천문학자들은 알아볼 수 있는 색을 인위적으로 집어넣는다.

> » 적도의식 가대는 가격이 상대적으로 비싼 편이다. 관측 지역에 따라 천구의 북극이나 남극을 향하게 적경축을 조정하면 된다. 관측 대상을 찾은 뒤에 자전 속도에 맞춰 적경축을 회전시키면 천체가 계속 시야에 들어온다. 관측 장소가 바뀌면 적경축을 다시 맞춰야 한다는 사실을 잊지 말자.

경위대식 가대는 안정적이고 사용하기 쉬워서 초보자가 쓰기 좋다. 하지만 별을 지속적으로 추적하는 부분에서는 적도의식 가대가 편하다. 컴퓨터 제어 기능이(앞에서 짧게 언급했다) 있다면 자동으로 천체를 추적해주기 때문에 어떤 가대를 쓰던 상관없다.

쌍안경과 다르게 망원경으로 보는 물체는 위아래가 뒤집혀 있다. 물론 관측에 큰 지장은 없겠지만 이 사실을 알아두는 게 좋다. 렌즈를 하나 더 넣어서 상이 똑바로 보이게 할 수 있기는 한데, 들어오는 빛이 줄어들고 상이 흐려지기 때문에 하지 않는 게 좋다. 적도의식 가대에 장착한 망원경을 통해 관측하면, 별이 뜨고 지는 것과 상

【 태양을 안전하게 관측하는 방법 】

망원경이나 쌍안경, 다른 어떤 광학기기를 통해 태양을 잠깐이라도 볼 경우 눈에 심각한 손상을 입는다. 믿을 만한 제조사에서 만든 특수 태양 필터만 사용해야 하며 설명서대로 정확하게 장착해야 한다.

수성이 태양 앞을 지나가는 장면을 볼 때도 태양 필터를 반드시 장착해야 한다(수성의 태양면 통과는 제6장에서 다루었다). 해를 등지는 물체를 보는 건 결국 해를 보는 거랑 마찬가지기 때문에 특별한 관측 기법이 필요하다. 뉴턴식 반사망원경이나 돕슨식 반사망원경이 있다면 투영법을 시도해볼 수 있다. 제10장에서 구체적인 태양 관측과 눈을 보호하는 방법에 대해 다루겠다.

관없이 시야에 보이는 별은 같다. 하지만 경위대식 가대를 쓰면 지구의 자전 때문에 시야에 들어오는 별이 달라진다. 밤이 깊어감에 따라 하늘 높이 떠 있던 별이 옆으로 움직인다는 뜻이다.

똑 부러지게 망원경 사기

싸구려 망원경은 보통 잡화점이나 백화점에서 판매하는데 대부분의 경우에는 돈 낭비다. 최소 수십만 원에서 수백만 원까지 들어간다.

좋은 망원경을 신제품으로 사려면 수백만 원에서 천만 원까지 올라간다. 더 비싼 망원경도 있다. 합리적인 대안은 다음과 같다.

- 중고 망원경은 보통 천문 동아리 소식지나 천문학 잡지의 광고를 통해 살 수 있다. 망원경의 상태를 확인해보고 마음에 드는 물건을 찾으면 사도록 한다. 좋은 망원경은 10년까지도 쓸 수 있다.
- 많은 지역에서 아마추어 천문학자들은 천문학 동아리나 천문관 혹은 공립 천문대에서 운영하는 대형 망원경을 이용하여 하늘을 관측할 수 있다.

아마추어용 망원경에 사용하는 기술은 빠른 속도로 발전하고 있으며 예전 세대의 꿈의 장비가 요즘 세대에서는 한물간 고물이다. 품질과 성능은 갈수록 올라가며 가격은 합리적이다. 괜찮은 제조사들끼리 당신 지갑을 열려고 경쟁하고 있기 때문이다.

망원경의 구경이 같다면 보통 굴절망원경이 반사망원경보다 선명한 상을 얻을 수 있다. 구경은 대물렌즈나 주경의 지름을 의미하며 더 복잡한 망원경의 경우에는 실제로 빛이 통과하는 부분의 크기를 말한다. 좋은 굴절망원경은 비슷한 성능의 반사망원경보다 더 비싸다.

막스토프-카세그레인식 망원경과 슈미트-카세그레인식 망원경은 저렴한 반사망원경과 성능이 좋지만 비싼 굴절망원경의 절충안이다. 이름에 하이픈이 들어가면 많은 천문학자들에게 사랑받는 망원경이라고 봐도 무방하다.

인기 많은 소형 망원경으로는 Meade ETX-90이 있는데 3.5인치 구경이며 입문자용 소형 망원경 중에서는 제일 작다(만약 좋은 품질, 합리적인 가격에 2.5인치 이상의 구경을 찾을 수 있다면, 특히 굴절망원경이라면 구매하는 것도 나쁘지 않다).

ETX-90은 45만 원 성노에 살 수 있으며 자동 추적 장치와 삼각대가 포함되어 있다. 추적 장치에 현 시간과 장소에서 볼 수 있는 천체를 입력하면 자동으로 움직여서 목표물을 포착한다. 추적 장치를 사용하여 움직이는 천체(행성 같은)도 찾을 수 있으며 당신이 번거롭게 조작하지 않아도 최적의 상을 보여준다.

ETX-90과 비교할 만한 망원경으로는 Celestron SkyProdigy 90이 있다. 비슷한 크기와 성능을 가지고 있으며 역시 원하는 천체를 입력하면 자동으로 찾아주는 기능이 탑재되어 있다. 가격은 70만 원 전후반이다.

비싼 망원경을 살 때는 천문학 동아리나 별 축제(제2장을 참조하라)에서 직접 사용해 보고 구매하는 게 현명하다. 망원경은 비싸봐야 고급 카메라와 부속 렌즈 두어 개를 합친 가격과 비슷하다. 천문학 잡지에 있는 광고를 잘 살펴보면 적은 돈으로도 더 큰 망원경을 살 수 있다. 하지만 대형 망원경을 제대로 사용하려면 많은 노력이 필요하다.

일부 유명한 브랜드의 망원경은 전문적인 지식이 있는 판매원을 통해 판매한다. 하지만 판매원의 말을 너무 믿지는 말자.

망원경의 정보를 찾아볼 만한 사이트는 아래와 같다.

» 셀레스트론은 오랫동안 수천 명의 천문학자들이 가장 선호하는 회사였다 (www.celestron.com).

【 시상이 나빠질 때 】

난기류는 당신 눈에 보이는 별의 선명도에 영향을 끼친다. 별이 반짝이는 것도 이 때문이다. '시상'이라는 용어는 지구 대기의 상태를 말하며 이는 상의 흔들림과 직결된다. 공기가 안정하고 상이 흔들리지 않을 때 시상이 좋다고 한다. 하루의 열기가 가시고 난 늦은 밤이 별을 관측하기에 가장 좋다. 시상이 나쁘면 상이 '깨진다'. 상이 나쁠 때 망원경으로 이중성을 보면 흐린 별 하나로 보인다. 수평선이 시상이 가장 안 좋은데 수평선에 가까운 별은 언제나 반짝이고 있다.

밝은 행성인 수성, 금성, 화성, 목성, 토성은 맨눈으로 봐도 반짝이지 않는다. 이들은 지구에서 봤을 때 별처럼 빛나는 한 점이 아니라 면으로 보이기 때문이다. 각 면은 수많은 빛나는 점으로 이루어져 있다. 개별적인 한 점은 반짝이지만 면 단위로 모이면 안정적으로 빛을 발하는 것처럼 보인다.

따뜻한 실내에서 가지고 나온 망원경을 사용해 차가운 밤공기 아래서 관측하면 시상이 나쁘게 보인다. 이럴 때는 잠깐 망원경을 식혀주면 더 선명하게 볼 수 있다. 상황에 따라 다르지만 보통 30분 정도면 차이를 체감할 수 있다.

» 미드 인스트루먼트 코퍼레이션(www.meade.com)
» 오리온 텔레스코프 앤드 바이노큘러스(www.telescope.com)

위의 주소로 들어가면 다양한 망원경의 모습과 조작설명서를 볼 수 있다. 망원경을 사기 전에 설명서를 꼭 읽어보고 문제가 생겼을 때 혼자 해결할 수 있을지 판단해보기를 바란다.

미국에 사는 독자가 아니라면, 다른 괜찮은 망원경 제조사를 찾아야 할 것이다. 런던의 와이드 스크린 센터는 셀레스트론, 미드, 오리온 망원경을 전부 취급하고 있다(www.widescreen-centre.co.uk). 호주의 바이노큘러앤드텔레스코프샵은 시드니와 멜버른에 지점이 있다. 역시 위의 세 가지 종류를 모두 판매한다(www.bintel.com.au).

천문학에 입문하기 위한 계획

나는 당신이 천문학이라는 취미에 천천히 빠져들었으면 한다. 자신에게 맞는 장비를 찾을 때까지 최대한 지출을 줄이는 게 중요하다. 기본적인 관측 기법을 익히고 필요한 장비를 구하는 과정은 다음과 같다.

1. **컴퓨터에 저렴한 천문관 프로그램을 설치하라.**
   스마트폰에 천문관 앱을 설치할 수 있다면 금상첨화다(추천 앱과 프로그램은 제2장 참조). 일찍 일어나는 사람이라면 해 질 녘이나 동트기 전의 하늘을 맨눈으로 관측하는 것부터 시작하자. 행성과 별자리 관측 계획을 짤 때「스카이 앤드 텔레스코프」의 홈페이지(www.skyandtelescope.com)에서 볼 만한 천체를 찾아봐도 된다. 컴퓨터가 없다면「아스트로노미」나「스카이 앤드 텔레스코프」를 봐도 상관없다.

2. **한두 달 관측을 해보고 괜찮은 취미라고 생각이 들면 쓸 만한 7x50 쌍안경을 하나 사라.**

3. **밝은 별과 별자리를 관찰할 때 사용할 별자리표를 하나 사자. 성단과 성운, 그리고 관측하기 힘든 많은 희미한 별을 찾아볼 수 있다.**
   로저 시놋의『스카이 앤드 텔레스코프 포켓 스카이 아틀라스(*Sky&Telescope's Pocket Sky Atlas*)』(Sky Publishing, 2007)는 좋은 선택이다. 같은 품질에 더 큰 별자리표를 가지고 싶다면 같은 저자와 출판사의 책인『대형 포켓 스카이 아틀라스(*Jumbo Pocket Sky Atlas*)』(Sky Publishing, 2016)가 대안이 될 수 있다. 크기만 다르다고 보면 된다. 별자리표에 있는 적경과 적위를 이용해 별자리표에 있는 천체의 모습과 실제로 밤하늘에 보이는 풍경을 비교해보자(적경과 적위는 제1장 참조). 별자리표를 보는 데 익숙해지면 좌표 체계를 이해하는 데 감이 잡힐 것이다.

4. **근처의 천문학 동아리에 가입하고 망원경을 잘 아는 사람과 가까이 지내자(동아리 찾는 방법은 제2장 참조).**

5. **위의 과정을 끝냈으며 계속 천문학을 하고 싶다면, (당연한 얘기지만) 2.5~4인치 사이로 질 좋은 망원경을 장만하라.**
   이번 장의 앞부분에서 설명했던 망원경 제조사의 홈페이지에 들어가거나 천문학 잡지에 있는 광고를 통해 망원경에 대한 정보를 얻을 수 있다. 천문학 동아리의 사람들에게 물어보는 게 가장 좋으며 새 망원경을 고르는 데 도움을 받거나 중고 망원경 판매자를 소개받을 수도 있다.

어쩌면 초보자용 망원경을 빌려다가 집에서 사용해볼 수도 있다. 뉴햄프셔 천문학회(New Hampshire Astronomical Society, NHAS)는 망원경을 일부 공공 도서관에 배치하는 운동을 하고 있다. NHAS는 망원경을 사다가 초보자들이 사용하기 편하게 손을 좀 본 뒤, 도서관에 기증한다. 기증하는 망원경 기종은 Orion StarBlast 4.5인데 소매가는 대략 25만 원 정도다. 가대에 장착해서 쓰는 망원경이지만 그대로 써도 크게 상관없다.「스카이 앤드 텔레스코프」에 따르면 NHAS는 2016년 말까지 100개가 넘는 망원경을 뉴햄프셔주의 여러 도서관에 배치했다. 세인트루이스 천문학회는 미주리주와 일리노이주의 도서관에 130개 이상의 망원경을 기부했으며 다른 지역의 천문학회 역시 도서관에 망원경을 후원하기 시작하고 있다. 인터넷으로 근처에 망원경이 있는 도서관이 있는지 확인해보자. 어쩌면 25만 원짜리 망원경을 거저 쓸 수도 있다!

몇 년 뒤에 당신이 어느 정도 천문학을 즐기기 시작한다고 느끼면, 6~8인치 망원경으로 갈아타는 걸 생각해봐야 한다. 처음엔 사용하기 어렵겠지만 쓰다 보면 자연스럽게 익숙해진다. 대형 망원경을 사용하면 보다 많은 별과 다른 천체를 볼 수 있다. 더 큰 망원경을 사기 전에 다른 아마추어 천문학자들의 망원경 추천을 받거나 다양한 종류의 망원경을 체험해볼 수 있는 별 축제에 참석해서 정보를 얻어야 한다(별 축제는 제2장에서 다루었다).

chapter

04

지나갑니다 : 유성, 혜성, 인공위성

제4장 미리보기

- 유성, 유성체, 운석을 빠르게 알아본다.
- 혜성을 이해한다.
- 인공위성을 찾아본다.

낮에 하늘에서 뭔가 움직이는 걸 본 적이 있는가? 아마 새나 비행기 어쩌면 슈퍼맨이었을지도 모른다. 하지만 밤하늘에서 빛나는 이리디움 위성과 유성을 구별할 수 있는가? 반짝이는 밤하늘을 배경으로 서서히, 하지만 분명하게 움직이는 물체들 사이에서 혜성과 소행성을 구별할 수 있을까?

이번 장에서는 밤하늘을 휩쓸고 다니는 많은 천체의 정의를 설명하겠다(태양, 달, 행성들도 별과 마찬가지로 하늘을 돌아다니지만, 별보다 더 품위 있게 움직인다. 제2부와 제3부에서 자세히 설명하겠다). 밤에만 볼 수 있는 이 천체들을 구별하는 방법을 익히면, 밤이 기다려질 것이다.

유성 : 소원을 들어주는 별똥별

천문학 용어에서 가장 오용하는 단어가 유성이다. 아마추어 천문학자들 심지어 과학자들도 유성을 유성체나 운석과 혼동한다. 세 단어의 정확한 의미를 알아보자.

» 유성은 우주에 있는 작은 고체 물질(유성체)이 우연히 지구의 대기를 지날 때 발생하는 섬광을 말한다. 사람들이 흔히 '별똥별'이라고 부르는 물체가 유성이다.

» 유성체는 우주에 있는 작은 고체 물질이며 보통 태양을 도는 소행성이나 혜성에서 떨어져 나온 작은 조각이다. 가끔 달이나 화성에서 깨져 나온 유성체도 있다.

» 운석은 우주에서 지표로 떨어진 고체를 말한다. 날마다 약 100톤의 운석이 지구로 떨어진다(그 이상이라고 추정하기도 한다).

유성체가 지구의 대기로 진입하면, 눈에 보일 정도로 밝은 빛을 낸다. 큰 유성체가 대기 중에서 전부 타버리지 않고 지구로 떨어지면 운석이 된다. 운석은 과학자와 수집가들에게 높은 가격에 팔리기 때문에 많은 사람들이 운석을 사냥하러 다닌다.

유성체는 기원에 따라 크게 두 가지로 나뉜다.

» 혜성에서 나온 유성체는 혜성에서 떨어져 나온 작은 먼지 입자이다.

» 소행성에서 나온 유성체는 아주 미세한 입자부터 시작해서 바위만 한 크기까지 다양하며 소행성에서 떨어져 나온 부스러기다. 소행성은 태양을 공전하는 자은 천체를 말한다(소행성은 제7장에서 설명하겠다).

과학박물관에 전시된 운석은 소행성의 조각일 가능성이 높다(드문 경우지만 달이나 화성이 대형 충돌체와 부딪혀 깨져 나온 파편일 수도 있다). 소행성에서 태어난 운석은 암석이나 철 성분으로 이루어져 있다(사실 운석은 니켈과 철의 합금으로 녹이 거의 슬지 않는다). 천문학계에서 잘 없는 일이지만(거의 없다), 단순하게 구성 성분에 따라 석질 운석, 철질 운석, 석철질 운석이라고 부른다.

이번에는 유성의 세 가지 종류인 산발 유성, 폭발 유성, 불덩어리 유성을 설명하겠다. 유성우는 보너스다.

유성의 관측, 기록, 발표하는 방법이 궁금하다면 영국 천문학회의 홈페이지 www.britastro.org/section_front/19에서 'Meteor'를 클릭하면 된다. 인터넷 검색을 하다가 심심하면 국제유성기구(International Meteor Organization, IMO)의 홈페이지 www.imo.net으로 들어가 보라. 불덩어리 유성(다음에서 설명하겠다)의 최근 관측 소식과 사진, IMO 회원들이 올려둔 다른 유성 사진과 영상을 볼 수 있다.

【 우주먼지를 찾고 싶다면 머리를 빗어보자 】

만약 한 천문학자가 유성진(현미경이 없으면 보이지 않는 아주 작은 운석)을 발견한다고 치자. 그 유성진은 혜성이나 아주 작은 소행성에서 떨어져 나온 운석일 것이다.

유성진은 아주 작기 때문에 지표면으로 떨어지는 동안 마찰로 인해 사라지지 않으며 아주 천천히 땅으로 내려앉는다. 지금 당신의 머리 위에 한두 개 정도 있을지도 모른다. 하지만 당신 머리 위에 있는 백만 개도 넘는 먼지 사이에서 유성진을 찾아내는 일은 불가능에 가깝다(악의는 없다).

과학자들은 고고도 비행을 하는 제트기에 무균 집진기를 실어서 유성진을 채집하거나 해저의 진흙에 있는 철성분 유성진을 자성을 가진 갈퀴를 사용해 긁어모은다. 옥상의 홈통에 고여 있는 오물을 모으면 당신도 유성진을 발견할 수 있다. 몇 백 킬로그램의 더러운 쓰레기를 첨단 실험실로 가져가서 분석하기만 하면 된다. 실제로 연구원들이 노르웨이의 오슬로, 프랑스의 파리에 있는 건물 지붕에서 수집한 300킬로그램의 먼지와 진흙을 분석한 결과 48개의 유성진을 발견하는 성과를 거뒀다. 누군가 당신에게 왜 쭈그리고 앉아서 더러운 홈통을 뒤지고 있냐고 물어보면 운석을 찾고 있다고 자랑스럽게 말해주면 된다.

2004년 1월 2일에 나사의 우주 탐사정 스타더스트가 빌트 2혜성(대략 6년에 한 번꼴로 화성의 공전궤도를 가로지르는 혜성, 탐사정을 보내기 쉽다)에 탐사정을 보내서 우주먼지를 채취했다. 탐사정은 우주먼지가 든 캡슐을 지구로 쏘아 보내고 다시 우주로 향했다. 2006년 1월 15일, 미국 유타주에 낙하산을 탄 캡슐이 떨어졌고 200명의 과학자가 분석에 들어갔다. 분석 결과 먼지의 일부는 다른 항성 근처에서 왔지만, 대부분은 태양에 아주 근접한 지역에서 형성되었으며 스타더스트 팀 소속 과학자 도널드 브라우니는 '벽돌도 증발할 정도로 뜨거운 곳'에서 만들어진 먼지도 있다고 밝혔다. 스타더스트 넥스트로 개명한 우주 탐사정은 2011년 밸런타인데이에 템펠 1혜성 근처를 지나가면서 사진을 찍었다. Stardustnext.jpl.nasa.gov/에서 확인해보도록 하자.

산발 유성, 불덩어리 유성, 폭발 유성 찾기

어두운 밤, 별똥별(추락하는 유성체에서 보이는 섬광)이 떨어지는 모습을 봤다면 산발 유성일 가능성이 높다. 만약, 많은 유성이 한 지점에서 튀어나오는 것처럼 보인다면, 당신은 지금 **유성우**를 보고 있다. 유성우는 아주 화려한 천체 현상으로 이번 장의 뒷부분을 이들에게 바치겠다.

유난히 눈부시게 빛나는 유성을 **불덩어리 유성**이라고 부른다. 불덩어리 유성은 따로 공식적인 정의가 없지만 많은 천문학자들이 금성보다 밝은 유성을 불덩어리 유성이라고 생각한다. 하지만 밝은 유성이 떨어질 때 금성이 보이지 않는다면 방금 본 유성이 불덩어리 유성인지 어떻게 판단할 수 있을까?

니만의 판별법 : 어떤 유성을 보고 일반적인 감탄사를 외치면(모든 사람들이 밝은 유성을 보면 소리를 지른다) 그 유성은 그냥 밝은 유성이다. 하지만 다른 방향을 보고 있다가 하늘이 순간적으로 빛나는 걸 느끼거나 주변의 모습이 밝아지는 걸 알아차렸다면, 불덩어리 유성이다. 딘 마틴의 노래 가사처럼, 유성이 당신 눈에 마치 큰 피자처럼 보인다면, 그게 불덩어리 유성이랍니다!

불덩어리 유성은 그렇게 드물진 않다. 한 번에 몇 시간씩 본다는 가정하에 규칙적으로 관측하면 1년에 두 번은 볼 수 있다. 불덩어리 유성을 낮에 봤다면, 행운아라고 생각해도 좋다. 어마어마하게 밝은 불덩어리 유성을 봤다는 얘기다. 잘 모르는 사람이 낮에 불덩어리 유성을 보면 비행기나 미사일이 땅으로 떨어지고 있다고 생각한다.

아주 밝은 불덩어리 유성(반달의 밝기와 비슷하거나 더 밝다)이나 낮에 보이는 불덩어리 유성은 땅에 불시착할 가능성이 높다. 떨어지고 얼마 지나지 않은 운석은 과학적으로 높은 가치가 있으며 아주 비싸게 팔린다. 운석이 될 것 같은 유성을 본다면 아래 단계에 따라 기록해두도록 하자. 과학자들의 운석 수색 작업에 참고가 되거나 근원지를 밝혀내는 데 도움을 줄 수 있다.

1. **관측 시간을 남겨라.**
   가능한 한 빨리, 시계를 보고 관측 시간을 기록한다. 미국 해군성 천문대의 홈페이지(www.usno.navy.mil/USNO)로 들어가면 정확한 시간을 알 수 있다. 휴대폰으로 시간을 확인해도 좋다. 휴대폰 시계의 오차는 1분 이하이다.

2. **관측 장소를 정확히 기록해라.**
GPS 수신기가 있다면(아이폰의 Compass 같은 GPS앱도 괜찮다) 위도와 경도를 확인한다. 정확한 위치를 알 수 없다면 불덩어리 유성을 봤을 때 어디에 있었는지 간단하게 지도를 그려놓는다. 길, 건물, 큰 나무나 눈에 띄는 건물을 기록하면 된다.

3. **하늘의 모습, 즉 수평선과 불덩어리 유성의 추락 경로를 그려라.**
관측한 장소의 방위를 모르더라도 관측 장소와 유성이 떨어지는 경로를 기록하면 과학자들이 불덩어리 유성의 궤도를 찾고 운석이 어디쯤 떨어졌는지 예측하는 데 도움이 된다.

낮에도 보일 만큼 밝은 불덩어리 유성이나 밤에 보이는 아주 밝은 불덩어리 유성이 떨어지면 과학자들이 목격자를 찾는 광고를 낸다. 서로 다른 장소에서 유성을 목격한 사람들의 증언을 비교해 가장 유력한 낙하 지점을 찾는다. 아주 밝은 불덩어리 유성이라도 땅에 떨어질 때쯤에는 손바닥만 한 작은 돌 크기밖에 되지 않는다. 따라서 과학자들은 목격자들의 증언을 통해 수색 범위를 줄여야 발견 확률을 높일 수 있다. 불덩어리 유성이 떨어지고 난 뒤에도 목격자를 찾는다는 소식이 들리지 않는다면 가까운 천문관이나 자연사 박물관을 찾아가자. 아마 당신이 보고서를 작성해서 제출하면 관련 부서로 대신 보고해줄 것이다. 아니면 관측한 내용을 미국유성협회(American Meteor Society, www.amsmeteors.org)의 홈페이지에 접속해서 오른쪽에 크게 보이는 'Report a Fireball'을 클릭해서 보고하면 된다.

폭발 유성은 실제로 폭발하거나 산산조각이 나지 않더라도 큰 소음을 내는 불덩어리 유성을 말한다. 사실 적어도 나는 그렇게 생각한다는 뜻이다. 어떤 사람은 폭발 유성과 불덩어리 유성을 같은 의미로 쓴다(권위 있는 참고문헌들도 의미를 제각기 다르게 표기하며 현재까지 공식적인 정의는 없다). 폭발 유성이 내는 굉음은 유성이 소리보다 빠른 속도로 낙하하면서 발생하는 음속폭음이다.

불덩어리 유성이 부서질 때 한 번에 2개 이상의 밝은 유성이 생기며 서로 가까이 붙어서 같은 방향으로 떨어지는 걸 볼 수 있다. 유성이 떨어지면서 박살이 나는 이유는 공기력 때문인데 이상이 생긴 비행기가 높은 곳에서 추락할 때 폭발하지 않았음에도 산산조각이 나는 이유와 같다.

종종 밝은 유성은 뒤에 빛나는 꼬리를 달고 있다. 유성은 몇 초 뒤면 더 이상 보이지 않지만, 유성이 지나간 흔적, 유성흔은 수십 초에서 수 분 정도 남아 있다. 시간이 지나면 바람 때문에 서서히 모양이 흐려지는데 곡예 비행에서 비행기가 그린 글씨가 천천히 지워지는 것과 같다.

지방시 기준으로 자정이 지나면 유성을 볼 수 있는 확률이 높아진다. 자정에서 정오까지 관측자는 지구 공전 방향을 향하게 되는데 이 시간 동안 지구가 우주를 휩쓸면서 마주치는 모든 유성체가 유성이 된다. 반면에 정오부터 자정까지는 관측자는 지구가 움직이는 반대편을 보게 되며 지구의 공전 속도보다 빨리 움직이는 유성체가 지구에 뛰어들어야만 유성을 볼 수 있다. 자동차 앞 유리에 부딪히는 벌레를 생각해 보자. 고속도로에서 드라이브를 한바탕 즐기고 나면, 뒷 유리보다는 앞 유리에 벌레 사체가 많다. 자동차가 움직이는 경로 앞에 있는 모든 벌레는 앞 유리에 부딪혀 죽지만, 벌레가 뒤에서 충돌하려면 자동차보다 빨리 움직여야 한다.

하늘에서 내리는 빛 : 유성우 감상하기

보통 한 시간 내내 하늘을 쳐다봐도 유성은 거의 보이지 않는다. 그나마 자정 이후, 그리고 (북반구 기준) 봄보다 가을에 많이 보인다. 하지만 1년마다 돌아오는 특정한 시기에, 어두운 장소로 가면 달이 뜨지 않는다는 가정하에 시간당 10개, 20개 어쩌면 50개 이상의 유성을 볼 수 있다. 많은 유성이 비처럼 내리는 현상을 유성우라고 하는

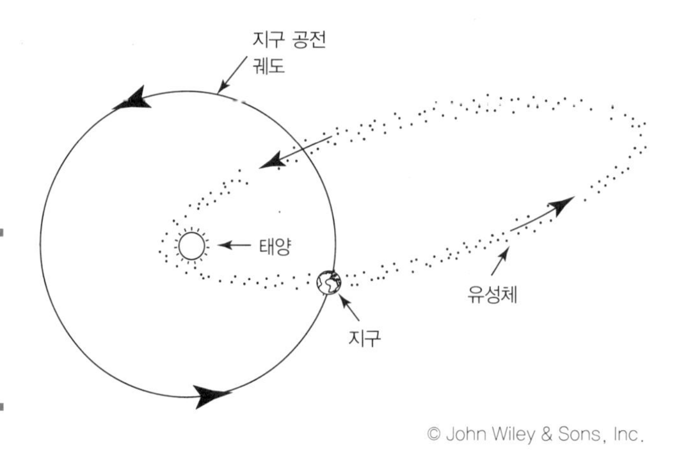

그림 4-1
지구가 유성체 흐름을 통과할 때 유성우가 발생한다.

데 지구가 혜성이 지나간 자리에 남아 있는 수십억의 유성체로 이루어진 띠를 통과할 때 나타난다(혜성은 이번 장의 뒤에서 다루겠다). 그림 4-1은 유성우가 일어나는 환경이다.

우주나 지구의 하늘에서 유성우가 흩뿌려지기 시작하는 한 지점을 방사점이라고 한다. 가장 유명한 유성우는 페르세우스 유성우이며 한 시간에 최대 80개의 유성을 볼 수 있다(유성우의 이름은 보통 방사점 근처의 별자리나 밝은 별의 이름을 따서 짓는다. 각각의 예로는 페르세우스 유성우와 물병자리 에타 유성우가 있다).

페르세우스 유성우 외에도 대형 유성우가 일부 있긴 하지만 관측하는 사람은 거의 없다. 페르세우스 유성우는 8월에 찾아오는데 북아메리카와 유럽은 천문 관측하기에 더할 나위 없이 좋은 날씨다. 하지만 쌍둥이자리나 용자리 유성우 같은 경우는 12월이나 1월에 나타나는데 북반구에서 관측하기엔 날씨가 너무 춥다.

표 4-1에 매년 나타나는 대형 유성우를 실었다. 예정일은 유성우가 절정에 달하는 날짜를 나타낸다. 유성우가 보이는 시간은 며칠에서 몇 주까지 다양하지만 정점이 지나면 보이는 유성의 수가 줄어든다. 용자리 유성우는 짧으면 몇 시간에서 길면 하루까지 지속된다.

사분의자리 유성우의 방사점은 목동자리의 북동쪽 구석에 있다. 이 유성우는 19세

표 4-1 유명한 유성우

이름	예정일	시간당 유성 수
사분의자리 유성우	1월 3~4일	90
거문고자리 유성우	4월 21일	15
물병자리 에타 유성우	5월 4~5일	30
물병자리 델타 유성우	6월 28~29일	25
페르세우스자리 유성우	8월 12일	80
오리온자리 유성우	10월 21일	20
쌍둥이자리 유성우	12월 13일	100

기까지는 존재했지만 지금은 삭제된 별자리의 이름을 따서 지어졌다. 과거의 천문학자들은 이름을 바꿔버린 것도 모자라 2003년까지는 유성우의 모혜성이 사라졌다고 생각했다. 하지만 2003년 피터 제니스킨스가 2003 EH_1 혜성이 사분의자리 유성우의 모혜성일 가능성을 제기했다.

쌍둥이자리 유성우는 혜성보다는 소행성대와 관련이 크다. 소행성도 엄밀히 말하면 죽은 혜성, 즉 더는 형태를 유지할 만한 가스와 먼지가 존재하지 않는 혜성이다. 2003 EH_1 혜성은 사분의자리의 모혜성이라고 여겨지며 지금은 수명을 다한 것으로 보인다(혜성은 뒤에서 설명하겠다).

사자자리 유성우는 매년 11월 17일 전후로 나타나는 독특한 유성우로 보통은 크게 화려하지는 않다. 하지만 33년 주기로 평소보다 많은 유성이 떨어지며 기세가 몇 해를 이어가기도 한다. 사자자리 유성우가 장관을 이루었을 때는 1966년, 1999년, 2000년, 2001년, 2002년 11월이 있다. 2032년에 다시 볼 수 있을 텐데 부디 놓치지 않기를 바란다.

표 4-1에 나타난 유성우는 실제 관측과는 차이가 있다. 공식 자료는 관측 조건이 아주 좋은 장소에서 측정한 값이며 일반적인 사람의 관측 환경과는 차이가 크다. 강우량과 마찬가지로 떨어지는 유성의 수는 매년 다르다. 따라서 표에 있는 예상 유성 수와 비슷할 때도 있으며 아주 드문 경우지만 더 많은 유성이 떨어지기도 한다. 실제와 다른 관측값에 불만이 있다면, 개인적으로 정확하게 관측한 결과를 제출함으로써 과학의 발전에 이바지해보도록 하자.

다가오는 유성우에 대한 자세한 정보는 미국유성협회 홈페이지 www.amsmeteors.org를 참고하라.

남반구에 사는 독자라면 뉴질랜드 왕립 천문학회의 홈페이지 rasnz.org.nz/in-the-sky/meteor-showers에서 남반구의 유성우를 알아보자.

유성 관측에 필요한 준비물은 정확한 시계, 관측 일지 그리고 어두운 손전등만 있으면 된다.

천체 관측에 가장 적합한 조명은 적색 손전등이다. 따로 사도 되고, 평범한 손전등에 붉은색 셀로판지를 감아도 상관없다. 전구에 붉은색 매니큐어를 얇게 칠해서 쓰는 천문학자도 있다. 일반적인 백색 손전등에서 나오는 빛은 눈부심을 유발하며 한 번 밝은 조명에 노출되면 상황에 따라 10~30분까지 어두운 별과 유성을 관측하기 힘들다. 어두운 곳에 눈이 적응되는 과정, 즉 암순응은 천문 관측에 있어서 필수다.

유성을 관측하는 가장 좋은 자세는 푹신한 의자에 편하게 기대앉는 것이다(베개를 베고 이불 안에 들어가는 것도 좋지만, 자칫 졸았다가 가장 멋진 부분을 놓쳐 버릴 수 있다). 시선을 지평선보다 천정에 조금 더 가깝게 두면 더 많은 별똥별을 찾을 수 있다(그림 4-2 참조). 이제 준비는 끝났다. 노트를 꺼내고 따뜻한 커피를 마시면서 관측을 시작하자!

많은 사람들이 유성우를 관측할 때 방사점을 쳐다보지만 꼭 그렇게 할 필요는 없다. 유성은 하늘 전체를 수놓을 것이고, 방사점에서 떨어진 곳에서 관측되는 유성도 많다. 유성의 궤도를 반대로 추적하면 방사점으로 향한다. 방사점의 여부를 확인하는 방법으로 유성우와 산발유성을 구별할 수 있다.

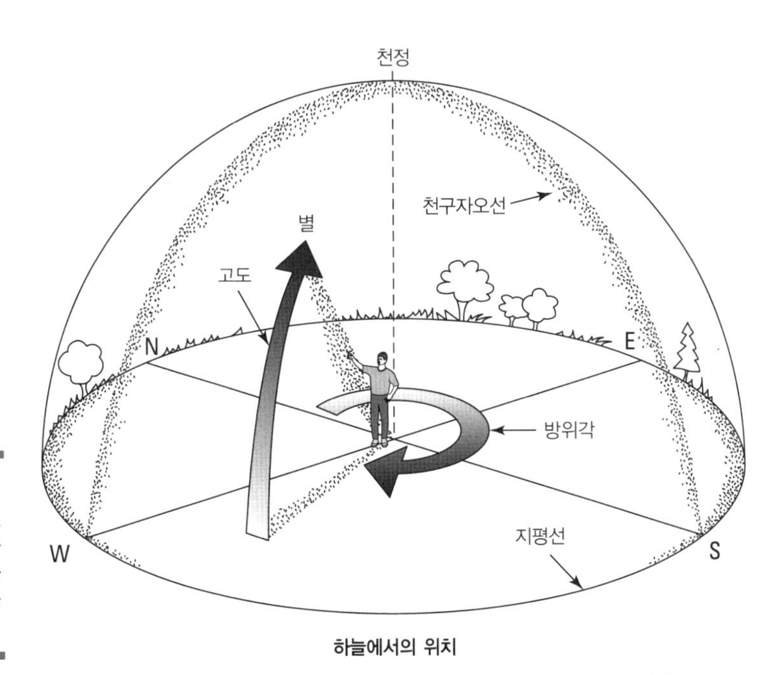

그림 4-2
시선을 지평선보다 천정에 더 가깝게 두는 게 가장 많은 유성을 볼 수 있다.

【 반짝하고 끝날 줄 알았지! 】

2013년 2월 15일 낮, 어마어마한 크기의 폭발 유성이 나타났다. 시베리아 첼랴빈스크의 평화로운 아침에, 엄청난 크기의 운석이 떨어지면서 발생한 충격파로 도시의 창문이 파손되었으며 유리 조각에 많은 사람이 다쳤다. 운석에 직접적으로 상해를 입은 사람은 없었지만, 도시의 초등학생들을 포함해 1,000여 명의 부상자가 발생했다. 목격자들은 유성이 태양보다 훨씬 컸다고 증언했다. 유성체가 지표에 부딪히면서 운석이 되었지만 대부분의 기자들은 이 미묘한 용어의 차이를 알지 못했다. 나중에, 얼음으로 덮인 체바르쿨강에 큰 구멍이 뚫려 있다는 제보가 들어왔으며(시베리아의 겨울을 생각하면 보통 일이 아니다) 여덟 달 뒤에 잠수부들이 강바닥에서 역대 최대 크기의 운석을 끌어 올렸다. 무게가 653킬로그램에 달하며 쪼개지기 전에는 훨씬 컸던 것으로 보인다.

첼랴빈스크 사건은 1908년 이후 가장 심각한 운석 충돌 사건이었다. 1908년 6월 30일, 시베리아의 외딴 삼림 상공에서 폭발이 일어나 2000제곱킬로미터에 달하는 구역을 날려버렸다. 다행히 사람이 거의 없는 지역이었으며 사망자는 없었다. 피해 지역은 포트카멘나야 퉁구스카강 일대인데 문명으로부터 고립된 지역이라 조사단이 도착할 때까지 8년이 걸렸다. 일명 '퉁구스카' 사건의 충돌체가 아주 커다란 유성체인지(거의 작은 소행성급인) 아니면 작은 혜성인지에 대해서 천문학자들의 의견이 갈렸다. 뭐가 되었든 간에 마치 지진처럼 땅을 뒤흔들었고 수천 킬로미터 떨어진 곳에서도 땅의 진동을 느낄 수 있었으며 밝은 빛을 내는 미세 입자들이 높은 고도에서 떠돌았는데 머나먼 영국의 저녁 하늘에서 보일 정도였다. 유성체든 혜성이든 퉁구스카 물체는 예고 없이 찾아왔으며 아주 넓은 지역을 파괴했다. 인구가 많은 도시에 떨어졌더라면 수백 아니 수천만 명의 사람을 죽일 수도 있었다.

소행성이나 이따금 지구에 위협을 가하는 지구 근접 천체에 대한 정보를 더 알고 싶다면, 제5장으로 넘어가라.

방사점을 보고 있으면, 아주 밝게 빛나지만 금방 사라지는 유성이 있다. 유성의 궤적이 금방 사라지는 이유는 유성이 당신을 향해 떨어지고 있기 때문이다. 다행히 유성우에서 떨어지는 유성들은 아주 작기 때문에 땅으로 떨어지는 경우는 드물다.

유성우에 관한 역사적 사건들, 정보, 관측 팁이 궁금하다면 「스카이 앤드 텔레스코프」 홈페이지(www.skyandtelescope.com)로 들어가서 검색창에 'Shooting Stars'를 검색해보자. 『슈팅 스타즈(*Shooting Star*)』라는 전자책을 무료로 받을 수 있다(이메일 주소를 입력해야 한다).

【 유성과 유성우 촬영하기 】

디지털카메라는 유성 촬영에 많이 쓰인다. 하지만 인터넷에 괜찮은 사진을 올리려면 DSLR이 필요한데 가격이 비싸고 만족할 만한 사진을 찍을 수 있을 때까지 수많은 시행착오를 겪어야 한다(컴팩트 카메라나 휴대폰 카메라는 아주 밝은 불덩어리 유성이 아니고서야 사진이 잘 나오지 않는다). 그리고 장노출 사진을 찍거나 인터벌로미터, 즉 '디지털 타이머 릴리즈'를 사용하기 위해서는 DSLR이 필요하다.

유성 사진에 적합한 기종을 사려면 다른 천체 관측에 사용하는 소형 망원경보다 돈을 더 써야 한다. 하지만 카메라는 천체 관측 말고도 다용도로 활용할 수 있으니 돈을 아끼지 않는 게 좋다.

유성 촬영에 도움이 되는 몇 가지 지침은 다음과 같다.

- 도시의 빛에서 최대한 멀리 떨어진 어두운 장소에서 찍는다.
- 달이 뜨기 전에 찍는다.
- 튼튼한 삼각대를 사용해서 장노출 사진을 찍을 동안 카메라가 흔들리지 않게 한다.
- 광각렌즈(표준 렌즈보다 시야가 넓어서 한 번에 더 많은 유성을 찍을 수 있다)를 사용하는 게 좋다. 망원렌즈는 적합하지 않다.
- 인터벌로미터를 사용하면 원하는 간격으로 물체를 촬영할 수 있고 사진을 찍을 때 카메라가 흔들리지 않게 해준다.
- 도시의 불빛이나 다른 방해가 되는 조명이 최대한 없는 방향을 보고 카메라를 지평선과 천정의 중간에, 아니면 천정에 조금 더 가깝게 겨눈다.
- 실전에서 최적의 사진을 찍기 위해서 시행착오를 겪어야 한다. 설정을 바꿔가면서 어떤 환경에서 어떤 설정을 해야 원하는 사진이 나오는지 확인하라(설정값을 하늘의 밝기에 따라 다르게 설정해야 최상의 결과물을 얻을 수 있다). 촬영 예정지에 미리 가서 노출 시간을 10초, 20초, 30초로 설정해두고 시험 촬영을 해보라. 사진에 노이즈가 생기지 않는 선에서 어느 정도로 노출 시간을 줘야 하는지 미리 확인하는 것이다(보통 노출 시간이 길수록 좋다). 설정 감도를 두세 가지 정해놓고 노출 시간을 다르게 하면서 위의 과정을 반복한다. 각 감도에 맞는 최적값을 찾는 것이다(감도가 높아질수록 희미한 유성을 찍을 수 있지만, 감도가 올라갈수록 과다 노출이 발생해 노이즈가 심해진다. 따라서 감도가 높다고 무조건 좋은 것만은 아니다). 이런저런 시도를 해보면서 촬영 장소와 렌즈에 맞는 최적의 노출 시간과 감도를 찾아내야 한다.
- 유성 촬영에 대한 전문가들의 조언이 궁금하다면 www.amsmeteors.org/meteor-showers/how-to-photograph-meteors-with-a-dslr/에서 확인해보자.

산발 유성도 앞서 말했던 방식으로 찍을 수 있지만 유성우만큼 하룻밤 사이에 많은 유성이 떨어지지 않는다. 유성우의 경우에는 달이 없는 날 떨어지면 평소보다 많은 유성을 볼 가능성이 높다. 하지만 달이 뜨면 보이는 유성의 수는 얼마 되지 않는다. 유성우의 방사점(유성우가 내리기 시작하는 것처럼 보이는 하늘의 한 지점)이 수평선에서 40도 이상 높은 곳에 있을 때 촬영하는 게 가장 좋다. 기준인 지평선이 0도이며 천정은 90도다. 중간 지점은 45도이며 지평선과 하늘 사이의 3분의 2 지점은 60도가 된다.

혜성 : 알고 보면 더러운 얼음 덩어리

먼 우주 공간에서 날아오는 혜성은 얼음과 먼지가 섞인 거대한 덩어리이며 마치 복슬복슬한 공이 면사포를 쓰고 뛰어다니는 것처럼 보인다. 혜성은 관심을 아주 많이 받는 천체이다. 가장 유명한 혜성인 핼리 혜성은 75년에서 77년 주기로 우리 은하에 들어온다. 1986년에 보지 못한 사람이 있다면 2061년에 꼭 보도록 하자. 그동안 도저히 기다릴 수가 없다면 다른 멋진 혜성을 관찰하고 있으면 되겠다. 조금 덜 유명한 혜성이 몇 개 있는데 그중 하나인 헤일-밥 혜성은 1995년에 처음 관측되었으며 핼리 혜성보다 훨씬 밝다.

많은 사람이 유성과 혜성을 혼동하는데 아래 기준을 보면 쉽게 구분할 수 있다.

- 유성은 몇 초 동안 보인다, 혜성은 며칠, 몇 주, 몇 달씩 보인다.
- 유성은 빠르게 떨어지며 약 160킬로미터 밖까지 보인다. 혜성은 몹시 천천히 하늘을 가로지르며 160만 킬로미터 밖에서도 관측된다. 망원경으로 보지 않으면 마치 몇 시간 동안 제자리에 멈춰 있는 것처럼 보일 때도 많다.
- 유성은 맨눈으로 보기 쉽다. 반면에 맨눈으로 볼 수 있는 혜성은 평균적으로 1년에 하나 정도다.

천문학자는 혜성이 외행성 부근, 즉 목성의 궤도에서 해왕성의 궤도 근방 사이에서 생겨난다고 믿는다. 목성과 토성 사이의 혜성은 행성의 중력에 영향을 받아 태양계 밖으로 튕겨 나간다. 이러한 혜성들이 모여서 오르트 구름이라고 부르는 구 모양의 지대를 이룬다. 오르트 구름은 태양으로부터 대략 10,000AU 떨어진 명왕성의 바깥쪽에 있다(1AU, 1천문단위는 약 1억 5,000만 킬로미터다). 다른 혜성들은 카이퍼 벨트(제9장에서 설명하겠다)에서 만들어지며 근방을 떠돌거나 다른 곳으로 떠난다. 카이퍼 벨트는 해왕성의 궤도 근처에서부터 시작해 태양으로부터 50AU, 혹은 명왕성으로부터 10AU 떨어진 지점에 있다. 이따금 지나가는 항성의 중력이 카이퍼 벨트에서 잠자던 소행성에 영향을 주면 궤도를 이탈하게 되는데 이런 천체가 지구와 태양 근처를 지나가면 우리가 관측하는 혜성이 된다.

아래에서 혜성의 구조, 이때까지 관측되었던 유명한 혜성, 혜성을 찾을 때 사용하는 방법을 알려주겠다.

혜성의 구조 이해하기

혜성은 얼음, 얼어붙은 기체(고체화된 이산화탄소와 일산화탄소), 그림 4-3에 있는 먼지의 혼합물이다. 오랫동안 천문학자들은 혜성이 머리와 꼬리, 혹은 꼬리들로 구성되었다고만 생각했지만, 추가적인 연구를 통해 혜성의 구조를 명확하게 알게 되었다.

혜성의 핵

옛날 천문학자들은 혜성의 머리 안에서 빛을 내는 부분을 핵이라고 정의했다. 오늘날 우리는 핵이 혜성 자체이며 더러운 얼음 덩어리라는 사실을 알고 있다. 핵을 제외한 혜성의 나머지 부분은 그저 핵에서 나오는 발산물일 뿐이다.

태양에서 먼 거리에 있는 혜성은 머리나 꼬리 없이 핵만 존재한다. 핵의 지름은 최대

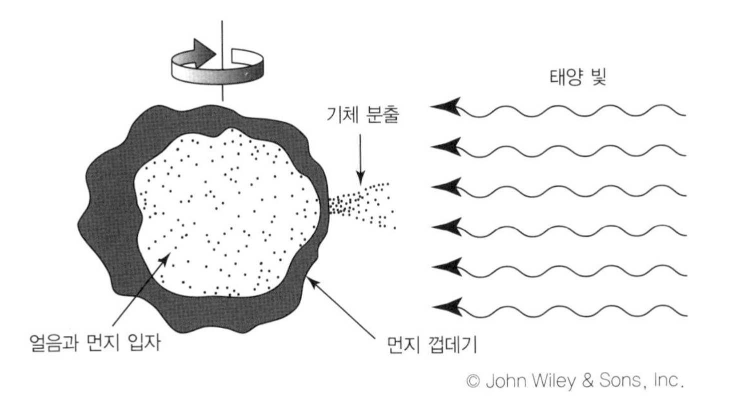

그림 4-3
혜성은 사실 먼지 낀 얼음 덩어리다.

수십 킬로미터, 적으면 2, 3킬로미터 정도 된다. 다른 우주 물체들에 비하면 아주 작은 크기이며, 핵은 태양 빛을 받을 때만 빛나기 때문에 지구에서 멀리 떨어져 있는 혜성은 잘 보이지 않으며 찾기도 힘들다.

1986년에 유럽우주기구가 보낸 탐사정이 근접 촬영한 핼리 혜성의 핵은 끊임없이 회전하는 우툴두툴한 얼음 공이 짙은 색의 껍질에 싸여 있는 모습이었다. 고급 식당에서 후식으로 나오는 타르투포(초콜릿으로 코팅한 동그란 바닐라 아이스크림)와 비슷하게 생겼다. 혜성은 그다지 맛있지 않지만(내 생각이다), 눈으로 즐길 수 있다. 영상에서 본 핼리 혜성은 핵 여기저기에 있는 지구의 간헐천과 같은 지형에서 가스와 먼지가 분출되고 있었다. 태양열로 인해 뜨거워진 표면에서 내용물이 튀어 나가는 것이다! 2004년 나사의 스타더스트호는 빌트 제2 혜성의 핵을 확대해서 촬영한 영상을 보내왔다. 핵은 충돌체가 부딪쳐 생긴 크레이터와 얼음으로 된 산으로 뒤덮여 있었다. 이건 명백한 사실이다.

모든 혜성의 핵이 핼리 혜성의 핵처럼 생긴 것은 아니다. 2014년 8월에 로제타호가 67P/추류모프-게라시멘코, 알 만한 사람들(나 포함)에게는 67P로 알려진 혜성에 접근했다. 로제타는 유럽우주기구의 탐사 임무가 끝나는 2016년 9월까지 혜성의 주위를 돌며 영상을 보내왔다. 이 영상을 통해 67P의 핵이 마치 짝짝이 아령처럼 생겼다는 사실을 알게 되었다. 천문학자들은 67P의 핵을 '역기'라고 불렀는데 역기처럼 2개의 큰 덩어리가 '목'이라고 하는 얇은 구조물로 연결되어 있었기 때문이다. 몇몇 과

【 로제타호의 탐사 일지 】

과학자들은 로제타호가 보낸 사진을 보고 67P 혜성의 표면을 19개의 지역으로 나누었으며 고대 이집트 신의 이름을 따서 지명을 붙였다. 이름을 따온 신으로는 성스러운 소 아피스, 하늘의 여신 누트, 역사적인 인물이자 사후에 신으로 숭배된 임호테프가 있다(우주 부동산에 당신의 이름을 붙이면 집안의 자랑거리가 되지 않을까? 스포츠 경기장에 이름을 붙이는 것보다 훨씬 기분 좋을 것 같다. 내 생각은 그렇다).

모선인 로제타는 100킬로그램의 착륙선 필래를 혜성으로 보냈지만 불행히도 두 번이나 튕겨져 나가 한 절벽의 그늘에 떨어졌다. 로제타는 혜성이 태양과 가까워지면서 받는 태양열이 많아짐에 따라 핵에 나타나는 변화(예를 들면 우주로 방출되는 다양한 가스의 종류와 양)를 촬영하기도 했다.

학자들이 사력을 다해 알아낸 결과에 따르면 이런 이상한 모양의 혜성 핵은 낮은 속력으로 움직이던 두 물체의 충돌로 만들어진 것이다.

코마

혜성이 태양에 가까이 갈수록 더 많은 열을 받게 되는데 이에 따라 얼어 있던 기체들이 증발하면서 먼지와 함께 우주로 흩어진다. 핵을 둘러싸고 있는 이런 기체와 먼지의 혼합물이 흐릿하게 빛나는 구름처럼 보이는데 이 부분을 코마라고 한다(라틴어로 머리카락이라는 뜻이며 혼수상태를 칭하는 코마와는 다르다). 많은 사람이 코마와 혜성의 머리를 혼동한다. 엄밀히 말하자면 코마와 핵을 모두 포함해서 혜성의 머리라고 부른다.

코마에서 보이는 빛은 코마를 이루는 원자와 분자가 내는 희미한 빛과 수백만의 작은 먼지 입자가 반사하는 태양 빛이 합쳐진 것이다.

2개의 꼬리

혜성이 태양 근처로 접근하면 코마에 있는 먼지와 기체가 밖으로 흩날리면서 꼬리를 형성하는데 이를 각각 '먼지 꼬리'와 '이온 꼬리'라고 부른다(보통 하늘에 있는 혜성을 보면 꼬리가 하나지만 운이 좋은 경우, 꼬리가 2개인 혜성을 볼 수 있다).

태양의 복사압은 혜성의 먼지 입자를 태양 반대 방향으로 밀어내어 먼지 꼬리를 만든다(그림 4-4). 먼지 꼬리는 태양의 빛을 반사해서 빛나며 다음과 같은 특징이 있다.

- 질감이 이온 꼬리보다 부드러우며 이따금 살짝 휘어진 모습도 보인다.
- 희미한 노란빛을 띤다.

두 번째 꼬리는 이온 꼬리이다(가스 꼬리로도 부른다). 코마를 이루던 기체 일부가 태양 자외선의 영향을 받아 이온화, 즉 전하를 띠게 된다. 태양은 보이지 않는 전자와 양성자의 태풍을 방출하는데 이온화된 기체들이 이 태양풍의 압력을 받아 태양 반대 방향으로 밀려나게 되며 이를 이온 꼬리라고 한다(태양풍은 제10장에서 설명하겠다). 이온 꼬리는 혜성을 관측하는 천문학자에게 태양풍의 방향을 알려주기 때문에 공항의 풍향계와 같은 역할을 한다.

먼지 꼬리와 대조되는 이온 꼬리의 특징은 다음과 같다.

» 질감이 거칠며 꼬이거나 혹은 끊어진 모양이다.
» 푸른색을 띤다.

때때로 이온 꼬리가 끊어져서 우주로 날아갈 때도 있다. 꼬리가 끊어진 혜성은 도마뱀처럼 새로운 꼬리를 만든다. 꼬리의 길이는 백만 킬로미터에서 수백만 킬로미터까지 다양하다.

혜성이 태양을 향하여 움직일 때, 꼬리는 혜성의 뒤로 늘어진다. 혜성이 태양을 돌아서 태양계 밖으로 향할 때는 꼬리가 태양의 반대 방향을 향하며 혜성이 꼬리를 따라간다. 혜성은 마치 황제를 모시는 신하처럼, 등을 주군에게 보이는 법이 없다. 그림 4-4에서 혜성의 진행 방향은 시계 방향도, 시계 반대 방향도 될 수 있다. 어느 쪽이

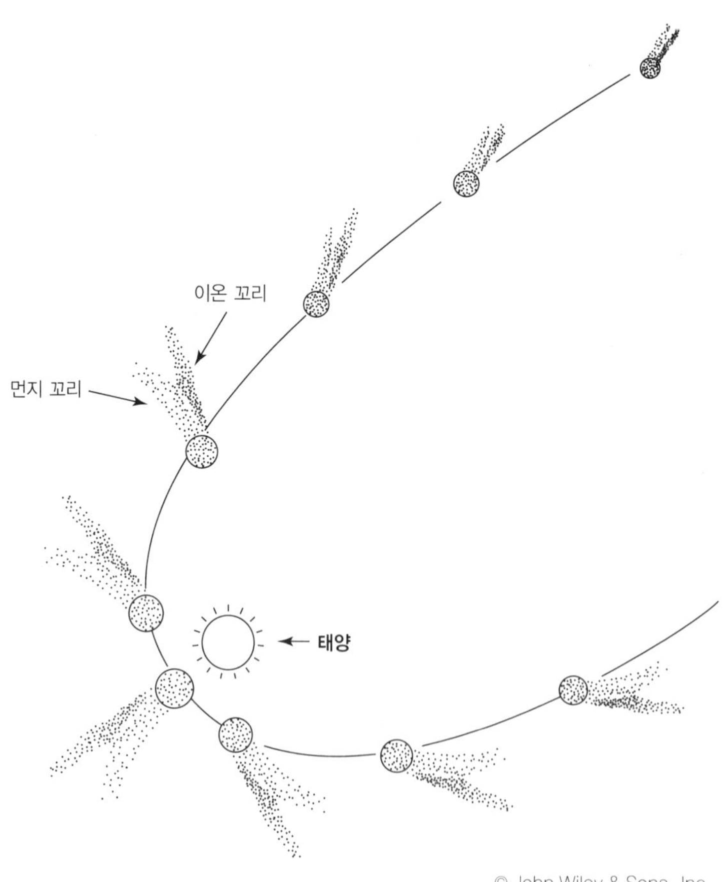

© John Wiley & Sons, Inc.

그림 4-4
혜성의 꼬리는 태양이 없는 방향으로 생성된다.

【 또 코마? 】

혜성 관측의 첫 번째 법칙, 도시에서 떠나라! 핵의 지름은 8~16킬로미터 정도지만 핵을 둘러싸고 있는 코마는 수십에서 수천, 어쩌면 수십만 킬로미터에 이른다. 마치 타들어 가는 담배에서 나오는 연기처럼 핵에서 방출된 기체들이 뿌연 공기층을 이룬다. 바깥쪽으로 갈수록 코마는 희미해지고 눈에 잘 보이지 않는다. 따라서 눈에 보이는 코마의 크기는 혜성이 내뿜는 물질의 양과는 크게 상관이 없다. 중요한 건 시력과 카메라의 성능이다. 또한 코마의 겉보기 크기는 하늘의 어둡기와도 관련이 있다. 같은 혜성이라도 밝은 도시보다는 어두운 시골에서 훨씬 크게 보인다.

든 꼬리는 언제나 태양이 없는 방향으로 생긴다.

혜성의 코마와 꼬리는 영원하지 않다. 핵에서 방출된 가스와 먼지는 코마와 꼬리를 형성하면서 우주로 흩어진다. 혜성이 목성의 궤도 너머에 있는 혜성의 고향에 도착할 때쯤, 핵을 빼고는 아무것도 남지 않는다. 그리고 핵은 방출했던 가스와 먼지 때문에 크기가 조금 작아진다. 혜성이 뿌렸던 먼지들이 지구의 공전궤도와 겹치면 유성우가 일어난다(이번 장의 앞에서 다루었다).

죽어가는 혜성의 좋은 예로는 핼리 혜성을 들 수 있다. 핼리 혜성은 75년~77년 주기로 태양 주변을 지나는데 한 번 방문할 때마다 최소 1미터씩 핵이 작아지고 있다. 지금 핼리의 핵은 10킬로미터밖에 남지 않았으며 계산을 해보면 대략 1,000바퀴, 7만 5,000년 뒤에는 사라질 것이다. 핼리 혜성이 뿌린 먼지에서 물병자리 에타와 오리온자리 유성우가 일어난다. 표 4-1에서 언급했다.

'세기의 혜성'을 기다리며

몇 년에 한 번씩, 관측하기 좋은 위치에 맨눈이나 쌍안경으로도 쉽게 볼 수 있을 만큼 아주 밝은 혜성이 나타난다. 정확히 언제 이런 혜성이 등장하는지는 아무도 모른다. 천문학자들이 정확히 예측할 수 있는 혜성은 그다지 밝지 않은 소형 혜성들뿐이다. 밝고 흥미로운 혜성은 대부분 새로 발견되는 경우가 많다.

핼리 혜성은 천문학자들이 아주 정확하게 예측할 수 있는 혜성 중 유일하게 밝은 혜성이다. 하지만 지구에 자주 오지는 않는다. 1910년에 천문학자들은 핼리 혜성의 출현을 예측해서 전 세계 사람들에게 알렸으며 모두 좋은 구경을 했다. 같은 해에 더 밝은 혜성이 출몰했는데 반대로 이 혜성의 등장은 아무도 예측하지 못했다. 이제껏 발견하지 못한 새로운 혜성을 찾기 위해서는 포기하지 않고 하늘을 감시하는 방법밖에 없다. 우선 뒤에서 다룰 천문학 잡지와 관련 인터넷 사이트에서 새로운 혜성에 대한 소식을 알아보고, 지시하는 관찰 방법에 따라 관측해보자. 운이 좋다면, 언젠가 당신이 직접 새로운 혜성을 발견하게 될지도 모른다. 이런 경우에는 국제천문연맹에서 당신의 이름을 따서 혜성의 이름을 지을 것이다.

5년이나 10년마다 아주 밝은 혜성이 나타나면 천문학자들은 '금세기 최고의 혜성'으로 묘사한다. 사람들은 혜성을 쉽게 잊는다. 관심을 잃지 않는다면 당신에게도 근사한 혜성을 볼 기회가 올 것이다.

- 1965년, 이케야-세키 혜성이 대낮에 나타났는데 엄지로 태양을 가리면 태양 바로 옆에서도 보였다. 그 웅장한 모습과 내 엄지에 입은 화상을 영원히 잊지 못할 것 같다.
- 1976년에 나타난 웨스트 혜성은 내가 아는 최악의 관측 장소 중 하나인 로스앤젤레스 시내의 밤하늘에서도 맨눈으로 볼 수 있었다. 나는 로스앤젤레스에서 봤지만, 애리조나에서 본 모습이 훨씬 아름다웠다고 한다.
- 1983년에는 아이라스-아라키-알코크 혜성이 밤하늘을 가로지르는 모습을 맨눈으로 볼 수 있었다(대부분의 혜성은 아주 천천히 움직이며 움직임을 알아차리려면 최소 한 시간 이상 관측해야 한다). 내가 워싱턴의 한 학교 주차장에서 본 모습은 마치 작은 구름이 떠다니는 것처럼 보였다.
- 1990년대에는 하쿠다케 혜성과 헤일-밥 혜성이 예고 없이 나타났으며 전 세계 수백만의 사람들이 목격했다. 잘 모르는 사람들, 특히 라디오를 너무 많이 들은 사람들은 외계인이 타고 있는 미확인 비행물체가 혜성 뒤에 숨어서 지구로 향하고 있다고 주장했다. 캘리포니아의 한 종교 단체 소속 신도 39명은 외계인이 타고 있는 우주선으로 순간 이동할 목적으로 집단 자살을 했다. 물론 그런 우주선은 없었다. 부디 믿을 만한 출처에서 혜성에 대한 정보를 얻기를 바란다. 이 책에서 추천한 참고자료는 믿어도 좋다.
- 2007년, 맥노트 혜성은 1965년 이케야-세키 혜성 이후로 최고로 밝았던

혜성이다. 남반구의 일부 운 좋은 사람들은 낮에도 볼 수 있었다.

- 2011년에 나타난 러브조이 혜성은 호주의 한 아마추어 천문학자가 발견했으며 태양에 아주 근접한 궤도를 타면서 코로나를 뚫고 지나갔다. 코로나는 태양 대기의 일부로 온도가 아주 높다(코로나는 제10장에서 설명하겠다). 당시 나는 러브조이가 코로나에 타죽을까 봐 걱정했으나, 아주 간신히 살아나왔다.

다음 대혜성은 언제든지 올 수 있다. 계속 찾아보도록 하자. 다음 혜성을 발견할 주인공은 당신이 될지도 모른다!

대다수의 인터넷 사이트에 현재 관측 가능한 혜성들의 정보와 아마추어나 전문 천문학자들이 촬영한 사진이 올라와 있다. 대부분의 혜성은 너무 어두워서 숙련된 아마추어 천문학자들만이 망원경으로 볼 수 있다. 아래 참고자료 중 마음에 드는 한두 개를 정해서 정기적으로 최신 소식을 알아보라.

- 코맷 체이싱의 홈페이지에 들어가면 해당 달에 관측할 수 있는 혜성의 세부 정보와 파인더 차트를 볼 수 있다. 북위 55도에서 남위 30도 사이 지역에 사는 사람이라면 Cometchasing.skyhound.com으로 접속해보자. 파인더 차트는 혜성의 예상 경로가 나타나 있는 일종의 하늘 지도다. 굵은 선으로 혜성의 경로를 나타내며 나열된 숫자는 혜성을 관측할 수 있는 날짜를 의미한다.
- 서던 스카이 와치의 홈페이지는 오스트레일리아에서 보이는 혜성과 다른 천체에 대한 정보를 제공한다. www.users.on.net/~reynella/skywatch/ssky.htm에서 확인하라.
- 헤븐스-어보브의 홈페이지에 들어가면 별자리표와 현재 관측 가능한 혜성을 알 수 있다. www.heavens-above.com을 확인하라.

대혜성을 찾아서

혜성을 찾는 일은 어렵지 않다. 하지만 아무도 찾지 못했던 혜성을 발견하고 싶다면 아주 오랜 시간이 걸릴 것이다. 데이비드 레비는 유명한 혜성 사냥꾼으로 9년간 우주를 꼼꼼히 수색한 끝에 첫 번째 혜성을 발견했다. 레비는 첫 번째 발견 이후 20개가 넘는 혜성을 더 찾아냈다.

혜성 수색에 적합한 망원경은 단초점 망원경인데 빠른 망원경이라고도 부른다. 망원경의 스펙에서 낮은 f값을 가진 제품들을 통틀어 부르는 말인데(카메라 렌즈를 나타낼 때 쓰는 f와 같은 의미다) f/5.6이면 쓸 만하고 f/4면 더 좋다. 저배율 접안렌즈도 필요한데 20x나 30x 정도면 충분하다(제3장을 보라). 낮은 f값을 가진 망원경과 저배율 접안렌즈를 조합하면 시야가 상당히 넓어진다(이런 식으로 시야를 최대한 늘려서 관측하는 방식을 광시야 관측이라고 한다). 우주에 당신이 관측할 수 있을 정도로 밝은 혜성은 거의 없다. 따라서 최대한 넓은 시야로 수색해야 발견 가능성이 높아진다.

혜성 사냥을 시작하기에 추천할 만한 품질 좋고 저렴한 망원경으로는 80밀리미터 대물렌즈가 장착된 OrionShortTube 80-A Equatorial Refractor가 있다. 초점비는 5.0이며 포함된 광시야 접안렌즈는 혜성 관측에 아주 적합하다. 가격은 오리온 텔레스코프 앤드 바이노큘러의 홈페이지 www.telescope.com에서 약 22만 원 정도로 살 수 있다. 망원경을 장착할 가대도 필요하다. Orion EQ-1 Equatorial Telescope Mount는 14만 원 정도에 팔리며 가격 대비 쓸 만하다(굴절식 망원경, 구경, 대물렌즈, 같은 망원경 관련 용어는 제3장에서 다루었다). 셀레스트론사는 질 좋고, 저렴한 망원경을 판매하는데 Cometron 114AZ 역시 혜성 수색에 적합한 망원경이다. 114밀리미터 구경의 뉴턴식 반사망원경이며(무슨 말인지 모르겠다면 제3장을 보라) 경위식 가대와 삼각대를 묶어서 판매한다. 다 합쳐서 약 20만 원에 가져갈 수 있다. www.celestron.com을 참조하라.

알려지지 않은 혜성을 찾는 방법은 두 가지다. 하나는 편한 방법이고, 다른 하나는 체계적인 방법이다. 두 가지 방법과 혜성을 보고하는 절차를 알아보도록 하자.

쉬운 방법으로 혜성 찾기

지금 소개하는 방법을 사용하면 별다른 노력을 기울이지 않아도 된다. 그저 쌍안경이나 망원경으로 밤하늘의 별이나 다른 천체를 관측할 때 주변에 흐릿한 물체가 보이는지 조금만 주의를 기울이면 된다. 하늘에서 어렴풋하게 보이는 물체를 찾아라(초점이 나간 쌍안경으로 보는 별의 모습과 비슷하게 보인다). 만약 흐릿한 물체를 찾았다면 성도를 보고 해당 지점에 성운이나 은하같이 혜성과 비슷하게 보일만 한 천체가 있는

지 확인하라. 만약 헷갈릴 만한 천체가 없다면, 진짜 혜성일지도 모른다. 하지만 흥분하지 말고 혜성으로 의심 가는 천체가 근처 별들의 움직임과 다르게 이동하는지 확인하기 위해 몇 시간 지켜봐야 한다. 해가 뜨거나 구름이 끼어서 관측이 어렵다면 다음 날 밤까지 기다리자. 혜성이 맞다면, 근처 별의 위치에 대해 이동한 모습을 확인할 수 있을 것이다. 게다가 그 혜성이 충분히 밝은 편이라면, 꼬리가 보일 텐데 이는 당신이 혜성을 발견했다는 결정적인 증거다.

체계적인 방법으로 혜성 찾기

하늘은 가능한 한 어두워야 하고 혜성은 최대한 밝아야 관측이 가장 쉽다는 점을 이용한 방법이다. 혜성은 태양과 가까울수록 밝게 빛나지만 하늘은 태양이 있는 방향에서 비켜날수록 어두워진다.

절충안으로, 동트기 전에 아래의 두 조건을 만족하는 동쪽 하늘에서 찾아보도록 하자.

- 태양으로부터 40도 이상 떨어진 하늘(태양이 지평선 아래에 있을 때)
- 태양으로부터 90도 이상 떨어지지 않은 하늘

360도면 지평선을 따라 한 바퀴 도는 것이며 90도는 전체 하늘의 4분의 1에 해당한다는 사실을 기억하라.

컴퓨터용 천문관 프로그램을 사용하면 혜성 수색에 적합한 날을 쉽게 찾을 수 있다(천문관 프로그램의 종류는 제2장에서 다루었다). 태양과의 거리에 대한 두 가지 규칙을 지킨다면 해 질 녘의 서쪽 하늘에서 혜성을 찾아도 상관없다. 내 경험상 당신이 사냥을 시작하고 얼마 되지 않아 찾아낸 '혜성'들은 태양 빛을 받아 빛나는 비행운일 가능성이 높다. 당신이 관측하는 곳에서 태양이 수평선 아래에 있다고 하더라도 비행운의 고도가 높으면 충분히 일어날 수 있는 일이다.

한구석을 시작점으로 정하고 구역을 정해서 천천히 하늘을 수색하자. 망원경을 위아래로 움직이면서 다음 구역으로 넘어가면 된다. 왼쪽 구석에서 오른편으로 혹은 오른쪽 구석에서 왼편으로, 한 방향으로 수색해도 되고 방향을 교대로 바꿔가면서 찾아도 좋다.

【 천체 이름 외우기 게임 】

당신이 혜성을 발견한다면, 국제천문연맹은 당신과 당신이 발견한 혜성을 보고해준 사람의 이름을 따서 혜성의 이름을 짓는다.

당신이 유성을 발견했다면, 사라지기 전에 이름을 지어줄 시간이 없다. "존"이라고 크게 외쳐 볼 수는 있겠지만, 아무도 그 이름을 써주지 않으며, 어쩌면 주변 사람들의 지나친 관심을 받을 수도 있다. 많은 사람들이 목격한 특별한 유성만이 이름을 얻는다. 보통 '1972년 8월 10일의 대낮에 나타난 대형 불덩어리 유성' 같은 이름을 붙이는 편이나 아직까지 이름을 정하는 공식적인 절차는 없다.

당신이 운석을 발견했다면, 운석의 이름은 운석이 떨어진 지역이나 도시 이름을 따서 명명한다. 소유권의 경우 발견된 땅의 주인이 가져가며 만약 미국 정부시설인 국립공원이나 국유림에서 운석을 찾으면 해당 운석은 스미스소니언 협회에게 돌아간다(운석의 소유권에 대한 기준은 나라마다 다르다. 한국은 첫 발견자가 운석의 주인이 된다-역주).

당신이 소행성을 발견했다면 소행성에 붙일 이름을 제안할 권리는 있지만 본인의 이름은 추천할 수 없다. 하지만 다른 사람이 소행성을 찾으면, 그 사람이 당신 이름으로 짓자고 제안할 수는 있다(제7장에서 소행성에 관해 다루었다).

실제로 혜성을 발견하는 것보다 당신의 혜성 수색 프로젝트에 대해 설명하는 게 친구들에게 더 깊은 인상을 줄지도 모른다. 아마 친구들은 당신의 자존심을 한껏 올려줄 것이다(당신이 취해서 헛소리를 한다고 생각하지 않는다면).

혜성 발표하기

혜성을 발견하면, 국제천문연맹 천문전보국(전보는 더 이상 쓰지 않지만)의 홈페이지에 안내되어 있는 절차에 따라 이메일로 보고하면 된다. 주소는 www.cbat.eps.harvard.edu이다.

해당 단체는 허위 신고를 좋아하지 않는다. 따라서 보고하기 전에 증인이 되어줄 친구가 필요하다. 보고 사실이 검증되면 당신은 해당 혜성의 발견자가 되며 에드거 윌슨 상의 상금 일부 혹은 전부를 받을 자격이 주어진다. 천문 전보국 홈페이지에 들어가면 상에 대한 설명을 볼 수 있다.

하지만 혜성을 발견하지 못하더라도 실망하지 않아도 된다. 거의 모든 천문학자들도 해내지 못하는 일이며 다른 사람이 찾아낸 혜성을 보고 즐기면서 친구들에게 혜성에 얽힌 재미있는 이야기를 해주면 그것으로 충분하다.

인공위성 : 애증의 관계

인공위성은 사람이 만들어 우주 공간으로 쏘아 올린 물체로 지구나 다른 천체 주위를 돈다. 지구를 공전하는 인공위성은 날씨 예측, 엘니뇨 현상 관측, 위성방송, 대륙간탄도미사일 발사 감시 등의 임무를 맡고 있다. 일부는 천문학 관측에도 쓰인다.

허블우주망원경은 천문학자들에게 많은 사랑을 받는 인공위성이다. 허블우주망원경을 통해 멀리 떨어진 별과 은하의 모습도 선명하게 관측할 수 있으며 자외선이나 적외선을 사용해 우주의 모습을 촬영하기도 한다. 지상에서는 지구의 대기에 막히기 때문에 불가능한 일이다(나사는 허블우주망원경을 예상 수명보다 조금 더 오래 작동시킬 계획이나 늦어도 2020년대에는 궤도를 이탈해서 바다로 떨어질 것으로 보인다).

인공위성은 우주에 있기 때문에 지상에 있는 관측자에게는 이미 져버린 태양에서 나오는 빛을 받아 빛나기도 한다. 따라서 깜깜한 밤에도 태양 빛을 반사하며 빛을 내며 돌아다니는데 이따금 천문학자들이 촬영하고 있는 희미한 항성 근처로 지나갈 때도 있다. 천문학자들은 이런 식으로 방해받는 걸 좋아하지 않는다. 게다가 어떤 인공위성은 천문학자들이 우주에서 오는 전파를 잡기 위해 설치한 '대형 접시'나 다른 전파 안테나에 간섭을 일으키는 주파수를 방출하기도 한다. 우주 전파는 어쩌면 50억 광년 떨어진 퀘이사에서 나오는 전파거나, 우리 은하의 다른 태양계에서 5,000년을 걸려서 날아온, 우리에게 암의 치료법을 알려줄 만큼 자애로운 외계인의 인사일 수도 있다. 하지만 전파 관측소 위로 인공위성이 지나가면 인공위성의 전파가 우주 전파를 간섭하면서 해석할 수 없게 된다. 어쩌면 외계인이 보내는 소식을 영원히 듣지 못할 수도 있다.

따라서 인공위성은 천문학자와 애증의 관계에 있다고 볼 수 있다. 쓸모 있는 부분도 있지만, 관측을 방해하기도 한다. 그나마 좋은 점 중 하나는 일부 열정이 넘치는 아마추어 천문학자에게 관측하고 사진을 찍을 대상이 하나 더 생겼다는 점이다.

하늘에서 인공위성 찾기

수백 개의 인공위성이 수천 개의 우주 쓰레기와 함께 지구를 공전하고 있다. 인공위성의 궤도 근처에는 버려진 인공위성, 인공위성 발사 추진체의 상단부, 부서지거나 폭발한 인공위성의 잔해들, 인공위성과 로켓에서 떨어져 나온 작은 페인트 조각이 지구를 돌고 있다.

이따금 커다란 인공위성이나 우주 쓰레기가 빛을 반사해 하늘에서 순간적으로 빛나기도 한다. 성능 좋은 레이더는 아주 작은 조각까지 감지할 수 있다.

인공위성 관측을 시작하고 싶다면 나사의 국제우주정거장이나 허블우주망원경처럼 덩치가 큰 위성이나 이리디움 통신위성같이 작지만 밝게 빛나는 위성부터 찾아보면 된다.

크거나 밝은 인공위성을 찾는 작업은 초보 천문학자의 자신감을 키워준다. 혜성이나 유성우의 예측은 이따금 빗나가는데, 일반적인 혜성은 당신 생각만큼 밝게 보이지 않으며 유성우의 경우 알려진 것보다 적은 수의 유성이 떨어지는 게 대부분이다. 하지만 인공위성의 위치 예보는 대부분 들어맞는다. 이를 잘 이용하면 친구를 놀라게 해줄 수 있는데 맑은 날 초저녁쯤에 밖으로 데리고 나가서 시계를 흘끔거리다가 이렇게 말하면 된다. "아, 국제우주정거장이 저기쯤 지나가겠는데(미리 알아본 방향을 손으로 가리켜야 한다)." 그러면 그 자리에 불빛이 지나간다!

지구에서 어떤 인공위성이 보이는지 궁금한가? 이미 준비해 두었다. 당신 눈에 보일 만큼 크고 밝은 위성의 이름과 특징은 다음과 같다.

- 허블우주망원경이나 국제우주정거장 같은 대형 인공위성은 저녁쯤에 한 점의 빛으로 나타나는데 서쪽 하늘에서 서쪽에서 동쪽으로 일정한 속도로, 빠르게 움직인다. 유성으로 보기에는 느리고 혜성으로 착각하기에는 빠르다. 맨눈으로도 쉽게 볼 수 있으니 소행성과 헷갈릴 일도 없다. 게다가 지구에서 봤을 때, 소행성은 인공위성보다 훨씬 느리게 움직인다.
- 가끔 높이 날고 있는 비행기를 인공위성과 혼동하기도 한다. 하지만 쌍안경이 있다면 구별할 수 있다. 비행기라면 항행등이 보이며 밤하늘의 어두운 빛에 어렴풋하게 비행기의 윤곽이 비칠 때도 있다. 조용한 곳이라면, 비

행기 소리가 들린다. 인공위성이 내는 소리는 우리 귀에 들리지 않는다.

» 이리디움 인공위성의 모습은 완전히 다르다. 눈에 잘 띄는 한 줄기 빛의 형태로 보이며 환하게 빛나다가 몇 초 뒤에 사라진다. 이리디움 위성은 유성보다 천천히 움직인다. 이리디움 위성의 섬광은 이리디움 플레어로 불리는데 달 다음으로 밝게 보이는 금성보다 환하게 빛나기도 한다. 태양이 당신의 지평면 아래에 있을 때 이리디움 위성에 꽂힌 가정집 방문 크기만 한 안테나가 빛을 반사하면 이 섬광을 볼 수 있다. 별 축제에서 사람들이 이리디움 플레어를 보면 꼭 일반인들이 불덩어리 유성을 볼 때처럼 환호한다. 상황에 따라 낮에도 이리디움 섬광을 볼 수 있다.

» 알아두어야 할 사실이 하나 있다. 현재 60대가 넘는 이리디움 위성이 지구를 공전하고 있다. 이들이 천문학 연구에 방해가 되기 때문에 전문 천문학자들은 이리디움 위성이 사라져 버리면 좋겠다고 생각한다. 하지만 지금까지 이리디움 위성은 플레어라는 좋은 구경거리를 보여주었다. 기존 위성들을 대체할 새로운 위성인 이리디움 넥스트 위성들은 현재 발사 진행 중이며(2017년 1월에 첫 번째 발사가 있었으며 10대를 쏘아 올렸다) 이리디움 플레어를 즐기던 아마추어 관측자들에게는 안됐지만, 신세대 위성은 안테나 디자인이 변경되어 기존 위성만큼 많은 빛을 반사하지 않는다. 좋은 소식은 구세대 위성이 은퇴하기까지 시간이 조금 걸리며 이들이 역사의 뒤안길로 사라지기 전에 이리디움 위성 관측을 시작한다면 아름다운 플레어를 감상할 수 있다는 것이다.

인공위성 예보 찾아보기

일부 신문이나 일기예보 방송에서 인공위성이 보이는 지역을 미리 알려준다. 더 자세한 정보를 얻고 싶다면 아래의 사이트를 참조하라.

» 국제우주정거장과 허블우주망원경에 관한 정보는 「스카이 앤드 텔레스코프」의 홈페이지에서 제공하는 추적기를 이용하자. 우선 www.skyandtelescope.com에 들어가서 회원으로 등록한다(무료). 상단 메뉴에서 Observing에 마우스를 대면 보이는 Interactive Tools로 들어간다.

» 페이지 하단부에 있는 Satellite Tracking Tool을 클릭하고 파란색 글씨

Satellite Tracker!를 클릭하면 새로운 창이 나타난다. 이제 나라와 도시, 그리고 위도와 경도를 입력하고 보고 싶은 위성을 선택하면 위성의 위치가 나타난다. 과정이 복잡해 보이겠지만 직접 위성의 경로를 계산하는 수고에 비하면 아무것도 아니다.

» 이리디움 통신위성의 위치는 헤븐스-어보브의 홈페이지 www.heavens-above.com에서 알 수 있다. 이리디움 플레어 페이지를 연 뒤에 반드시 위치 정보를 입력해야 위치에 맞는 예보가 나온다. 위치를 입력하지 않으면 기본값으로 설정된다. 잊지 말라.

» 헤븐스-어보브는 허블우주망원경의 관측 정보도 제공한다. Satellites 밑에 있는 Hubble Space Telescope 페이지를 열고 위치 정보를 입력하면 관측 가능한 시간이 나타난다.

밝은 인공위성의 위치를 알려주는 앱도 있다.

» 아이폰이라면 고 샛 와치나 스카이 사파리를 사용하라.

» 안드로이드는 스카이 사파리를 사용하면 된다.

밝은 인공위성을 찾는 데 성공했다면 사진을 찍어보자. 이번 장의 앞부분에 있는 '유성과 유성우 촬영하기'에서 알려준 지시사항을 따르면 된다. 인공위성이나 유성을 촬영할 때는 컴팩트 카메라를 사용하지 않는 게 좋다. 예외로 국제우주정거장은 아주 밝기 때문에 컴팩트 카메라로 찍어도 상관없다.

PART

2

태양계 한 바퀴 산책하기

제2부 미리보기

- 우리의 고향 행성인 지구와 지구의 위성인 달을 알아본다.
- 지구의 가까운 이웃 : 수성, 금성, 화성을 방문한다.
- 소행성대로 여행을 떠나며 지구가 이 커다란 돌멩이에 부딪힐 가능성에 대해 생각해본다.
- 왜 그렇게 많은 사람이 목성과 토성이라는 거대한 가스 공에 매료되었는지 확인한다.
- 태양에서 멀리 떨어져 있는 두 행성인 천왕성과 해왕성의 특징과 그 너머에 있는 왜소행성, 명왕성에 대해 자세히 알아본다.

chapter

05

잘 어울리는 한 쌍 : 지구와 달

제5장 미리보기

- 행성으로서 지구를 바라본다.
- 지구의 시간, 계절, 나이를 알아본다.
- 달의 상과 특징에 집중한다.

사람들은 흔히 화성이나 목성 같은 행성을 하늘에 떠 있는 물체로 생각하고는 했다. 고대 그리스인, 그리고 그 후 몇 세기 동안 사람들은 지구를 우주와 행성들의 중심으로 여겼다. 지구는 행성이 아니며, 행성은 빛을 내면서 지구를 주위를 도는 물체라고 본 것이다.

오늘날 우리가 알고 있는 사실은 조금 다르다. 지구도 행성이며, 우주의 중심도 아니다. 심지어 우주의 일부분인 태양계에서도 중심을 차지하고 있지 않다. 태양이 우리 태양계의 중심에 있다. 달과 인공위성(제4장 참조)만이 지구 주위를 돈다. 그게 전부다. 지구는 태양계의 다른 일곱 행성, 명왕성처럼 '왜소행성'으로 부르는 천체들, 행성 주변을 도는 수많은 위성, 소행성대, 100만 개의 혜성, 그리고 그 밖의 많은 천체들과 함께 태양을 공전한다. 태양계는 아주 많은 천체로 이루어져 있지만, 우리가 아는 한 태양계에서 생명이 존재하는 곳은 지구밖에 없다.

지구는 한때 우주의 중심이라는 왕좌에 추대되었으나 사람들이 진실을 발견한 이후 평범한 행성이 되었다. 하지만 지구는 하나밖에 없는 우리의 고향이며 지구와 똑같은 행성은 태양계 어디에도 없다.

천문학자들은 지구를 **지구형** 행성으로 분류한다. 일종의 순환 정의인데 **지구형**이라는 말이 결국 '지구 같은'이라는 뜻이기 때문이다. 과학에서 지구형 행성의 정의는 암석으로 이루어져 있으며 태양을 공전하는 행성을 말한다.

태양에 가까운 네 행성이 지구형 행성에 속하며 거리순으로 수성, 금성, 지구, 화성이다.

어떤 사람들은 지구-달 계를 이중행성계라고 생각한다. 저 말이 맞다면 우리를 만나고 싶어 하는 외계인들에게 길을 알려줄 때 도움이 될 것 같다. "일단 오리온자리의 팔 49,832구역에 있는 상아색의 별로 오세요. 그리고 태양으로부터 세 번째 행성입니다. 이중행성계라서 찾기 쉬울 거예요."

현미경으로 보는 지구

지구는 아주 특별한 행성이다. 이제부터 지구가 다른 행성과 어떤 점에서 다른지, 그리고 이 차이가 시간과 계절 같은 천문학적 현상에 어떤 식으로 영향을 미치는지 간략하게 설명하도록 하겠다. 지구가 어떻게 생겼는지 잊어버렸다면 컬러 부록에서 나사가 촬영한 지구와 달의 모습을 보고 오자.

둘도 없는 행성 : 지구의 특별한 점

지구가 어디가 그렇게 특별할까? 첫째로, 아래와 같은 특징을 가진 행성은 태양계에서 우리가 사는 지구가 유일하다.

» **지표면의 액체** : 알려진 행성 중에 유일하게 물로 이루어진 호수, 강, 바다가 있다. 불행히도 이 때문에 허리케인과 쓰나미가 일어나기도 한다. 지구 표면의 70퍼센트는 바다로 되어 있다.

» **산소가 풍부한 대기** : 대기의 21퍼센트는 산소이다. 우리가 아는 어떤 행성에서도 산소의 흔적 이상의 것을 발견하지 못했다(대기의 대부분을 이루는 기체는 질소로 78퍼센트를 차지한다).

» **판 구조론**(대륙 이동설로 알려져 있다) : 지각은 여러 개의 움직이는 암석판으로 되어 있다. 판이 움직여서 서로 부딪히면 지진이 일어나며 새로운 산이 생겨난다. 중앙해령이라고 부르는 깊은 바다 아래의 지형에서 새로운 지각이 생성된다(이 흥미로운 해저에 대해 자세히 알고 싶다면 이번 장의 뒤에서 설명할 '해저와 자기적 성질' 참조).

» **활화산** : 뜨겁게 녹은 암석들이 지하 깊은 곳에서부터 솟아오르면서 하와이 군도 같은 거대한 화산지형을 만든다. 화산은 지구의 어딘가에서 매일 쉬지 않고 폭발한다.

» **지능이 있는 생명체와 그렇지 않은 것들** : 지적 생명체의 기준은 당신의 판단에 맡기겠다. 그 밖에 단세포 생물인 아메바, 박테리아, 바이러스부터 꽃과 나무, 물고기와 새, 그리고 곤충과 포유류까지, 지구는 수많은 생명의 보금자리다.

연구자들은 화성이나 금성에서 한때 존재했을지도 모르는 생명체의 흔적을 찾고 있다(제6장을 보라). 하지만 우리가 아는 한 현재 화성에 생명체는 없으며 과거에 있었다는 증거도 없다.

과학자들은 지구의 표면에 존재했던 액체 상태의 물이 지구에 생명이 피어날 수 있었던 주 원인이라고 믿는다. 당신은 아마 텔레비전이나 영화를 통해 다른 행성의 진보된 문명의 생물체가 대략 어떤 모습일지 알고 있을 것이다. 하지만 당신이 봤던 외계인은 모두 사람의 상상력에서 나왔다. 과학자들은 지구 외의 장소에 생명체가 존재하거나 했다는 사실을 뒷받침할 믿을 만한 증거를 전혀 찾아내지 못했다(우주 어딘가에 생명체가 존재할 가능성과 외계 지적 생명체 탐사에 대한 자세한 정보가 궁금하다면 제14장을 보라).

지구의 영토 : 지구를 구성하는 영역

그림 5-1은 우주에서 본 지구의 모습이다. 선명하게 보이는 육지, 바다 그리고 구름이 지구의 무늬를 만든다.

【 북극광 즐기기 】

오로라는 밤하늘에서 펼쳐지는 절경이며 실제로 본 사람은 드물다. 북반구에서는 북극광을, 남반구에서는 남극광을 볼 수 있다.

오로라는 지구의 자기장을 뚫고 쏟아지는 전자의 흐름이 대기 중의 산소나 다른 원자들을 자극해서 빛나는 현상이다. 밤하늘에 나타나는 이 기묘한 빛은 몇 분에서 몇 시간씩 원래 모습 그대로 떠 있거나 수시로 모습이 변한다(초보 관측자는 오로라의 변화를 알아차리기 힘들다). 하늘에서 어둡게 빛나며 일렁거리거나 환하게 빛날 때도 있다. 오로라는 여러 가지 형태로 나타나는데 가장 흔한 다섯 가지를 다음에 정리했다.

- **은은한 불빛** : 가장 단순한 오로라다. 마치 얇은 구름이 달빛이나 도시의 불빛을 받아 빛나는 것처럼 보인다. 하지만 구름이 아니라 오로라에서 나오는 으스스한 빛이다.
- **원호 모양** : 무지개처럼 생겼지만 태양 빛이 없어도 볼 수 있다. 꾸준히 일렁이는 초록색 오로라가 이 유형에서 가장 흔하며 간혹 희미한 붉은 오로라가 나타나기도 한다.
- **커튼** : 장막이라고도 하며, 이 화려한 오로라는 극장의 무대에 달린 커다란 커튼이 일렁이는 모습과 비슷하다. 하지만 이 신비로운 장막은 사람이 아니라 자연이 만들었다.
- **줄무늬** : 하늘에 떠 있는 하나 이상의 길고 얇은 밝은 광선이다. 마치 하늘에서 내려오는 희미한 기둥처럼 보인다.
- **코로나** : 하늘 높은 곳에 떠서 사방으로 빛을 발하는 왕관처럼 생겼다.

오로라는 극지방 인근에서 주로 나타난다. 우주에서 보면 오로라는 타원형의 띠 모양으로 발생하는데 이 띠를 '오로라 타원체'라고 한다. 오로라 타원체 아래의 사람들은 매일 오로라를 볼 수 있다. 하지만 태양풍(제10장 참조)이 지구의 자기권과 부딪히면 오로라 타원체가 적도 쪽으로 움직인다. 기존의 오로라대(오로라 타원체 밑의 지역)의 사람들은 사라진 오로라를 그리워하겠지만 적도 부근의 천문학자들은 진귀한 구경을 하게 될 것이다. 오로라대 이외의 장소에서도 오로라를 관측할 수 있는데, 관측 확률이 높은 기간은 태양 흑점 주기의 절정 이후 수년간이다. 따라서 2024년부터 몇 년 동안은 오로라대 밖에서도 오로라가 보인다. 잘 찾아보도록 하자.

팁 : 만약 오로라가 보였다면 관측일지를 간단하게 적어서 과학자들에게 보내주길 바란다. 시민 과학 사이트 aurorasaurus.org에 접속해서 Did you see then aurora? 옆에 Yes를 클릭하고 간단한 설문지를 작성하면 끝난다.

오로라가 집 근처로 올 때까지 못 기다리겠다면, 고위도 지방으로 가자. 오로라 타원체 아래의 지역에서는 날씨만 좋다면 거의 매일 밤 오로라를 볼 수 있다. 유명한 오로라 관측 장소는 다음과 같다.

- **알래스카 페어뱅크스**(fairbanks-alaska.com/northern-lights-alaska.htm)

- **캐나다 옐로나이프** : 캐나다 노스웨스트 준주의 주도이며 오로라 빌리지의 아늑한 천막에서 휴식을 취할 수 있다. '따뜻한 장작 난로 앞에서 몸을 데우거나 뜨거운 음료를 실컷 마시며' 아름다운 오로라를 감상할 수 있다(auroravillage.com).
- **노르웨이 트롬쇠** : 오로라가 뜨기 전까지 북극광 캠프에서 스노모빌이나 사슴 썰매를 탈 수 있다(Norway-lights.com/#tromso).

북쪽 지방의 장점은 아주 멋진 오로라가 보인다는 건데 (날씨가 나쁘지 않다면) 단점은 오로라가 제일 잘 보이는 때가 혹한기인 12~3월 사이라는 것이다. 이 시기를 놓치면 밤이 짧아지며, 관측 가능성이 낮아진다.

북반구에 사는 독자라면 알래스카대학교 지구물리학 연구소(University of Alaska Geophysical Institute) 홈페이지에서 오로라 일기예보를 확인해보자. www.gi.alaska.edu/AuroraForecast/NorthAmerica. 스마트폰에 마이 오로라 폴캐스트(My Aurora Forecast)를 설치하면 더 편하게 오로라 관측 정보를 얻을 수 있다(아이폰과 아이패드에서 무료). 유료 버전인 마이 오로라 폴캐스트 프로(My Aurora Forecast Pro, 2달러)도 쓸 만하다.

만약 오로라가 보이지 않는 지역에 산다면, 오로라대 알리미 홈페이지 auroranotify.com에 접속해서 'Webcams, Links,& Apps'를 클릭하자. 알래스카, 북미대륙, 캐나다, 스웨덴, 노르웨이, 핀란드 그리고 다른 여러 나라에 설치된 카메라를 선택하면 라이브 영상을 볼 수 있다. 심지어 태즈메이니아와 남극에도 카메라가 있다. 한 가지 알아야 할 점은 이따금 일부 카메라가 작동하지 않는 경우가 있으며 촬영지가 낮이거나 구름이 꼈을 경우에는 영상을 보내지 않는다.

그림 5-1
심우주 기후관측 위성으로 촬영한 지구

Courtesy of NASA

과학자들은 지구의 영역을 다음의 범주로 나누었다.

- » **지권** : 암석으로 이루어진 지역
- » **수권** : 바다, 호수, 그리고 지구 전체에 있는 물
- » **빙하권** : 얼어붙은 지역, 예를 들면 북극과 그린란드의 만년설
- » **기권** : 지표면으로부터 수백 킬로미터까지 존재하는 대기
- » **생물권** : 지상, 대기, 물, 지하를 포함한 지구에 사는 모든 생명체

따라서 당신은 생물권의 일부이며 지권에 생활하고 수권에서 물을 마시며, 기권으로 호흡한다(빙하권에 갈 수도 있다). 우주 어디를 가도 이 모든 일이 한꺼번에 가능한 행성은 없다.

방금 설명한 5개의 영역 외에 자기권이라는 중요한 영역이 하나 더 있다. 자기권은 태양이 방출하는 위험한 물질에서 지구를 보호하는 역할을 한다. 전하를 띤 입자가 자기권을 이루는데 대부분은 전자와 양성자다. 이들은 자기장에 갇혀서 지구 위를 이리저리 튀어 다닌다. 이 구역을 지구의 복사대(또는 밴앨런 복사대)라고 부른다(밴앨런 복사대는 미국의 첫 번째 인공위성 익스플로러 1호를 통해 이 지역을 발견한 미국의 물리학자 밴앨런의 이름을 따서 지었다).

가끔 일부 전자가 탈출하여 지구로 진입하는데 이때 대기의 분자와 충돌을 일으키면서 빛을 발한다. 이 빛을 오로라라고 한다(앞에서 설명한 '북극광 즐기기'에서 자세한 내용을 알아보자). 그리고 당신이 지금 밟고 있는 지구의 단단한 표면이 지각이다. 지각 아래에는 맨틀과 핵이 있다. 핵은 대부분 철과 니켈로 이루어져 있으며 온도가 아주 뜨거운데 중심부는 거의 6,000도에 육박한다. 핵에는 2개의 층이 있으며 각각 외핵과 내핵으로 부른다. 외핵은 액체 상태지만, 내핵은 고체이다.

겹겹이 쌓인 많은 층들이 가하는 어마어마한 압력은 내핵 속 뜨거운 액체 상태의 철을 굳어지게 만든다. 앞으로 지구가 수백만 년 동안 식어감에 따라 액체 상태의 외핵이 굳어가면서 핵에서 고체가 차지하는 부분이 점점 커질 것이다. 냉동실에 넣은 물이 얼면서 얼음의 크기가 커지는 모습을 생각해보자.

핵은 우리가 생활하는 지각과 아주 멀리 떨어진 지구 깊은 곳에 있지만, 지표면의 모든 사람이 느낄 수 있는 현상을 일으킨다. 외핵에 있는 액체 상태의 철이 흐름이 자

기장을 만들며 지구 전체와 우주 일부까지 영향을 미치는데 이를 지구 자기장이라고 한다.

지구 자기장의 역할은 다음과 같다.

» 나침반의 바늘을 북쪽을 향하게 한다.
» 전서구와 철새, 거북, 연어, 개미와 벌(다른 곤충도), 바다 박테리아들에게 보이지 않는 이정표가 된다.
» 지구 바깥까지 자기권을 형성한다.
» 태양풍과 우주선(태양 표면의 폭발이나 먼 우주에서 빠르게 날아오는 높은 에너지를 가진 입자)과 같은 우주에서 날아오는 전하를 띤 입자에서 지구를 보호한다.

지구 자기장은 행성 단위의 자기장이다. 다시 말해 지구 전체를 둘러싸고 있으며 끊임없이 생성된다는 의미다. 화성, 금성, 달은 지구같이 광범위한 자기장이 없다. 다른 행성에서 나타나지 않는 자기장은 과학자들이 행성의 핵을 연구하는 데 도움을 주는 중요한 정보이다. 달의 핵에 대해서 자세히 알고 싶다면 이번 장에서 설명할 '꽤 충격적인 : 달의 기원에 대한 이론'에서 확인해보자.

【 해저와 자기적 성질 】

지구물리학적 조사 결과에 따르면 중앙해령 양쪽에 있는 해저에서 자기장을 띤 암석이 존재하는 것으로 밝혀졌다. 이 암석들은 마그마가 굳어지면서 생성되었으며 완전히 굳기 전에 새겨진 지구 자기장의 흔적을 그대로 가지고 있다. 따라서 해저 암석을 조사해 생성 연대를 알아내면 당시 지구 자기장의 세기와 방향을 알아낼 수 있다. 암석이 완전히 굳으면 자기장의 흔적은 변하지 않는다. 공룡 화석에 형태가 그대로 남아 있는 것처럼, 자기장의 모습을 알려주는 자기장 화석이 되는 것이다.

중앙해령 근처에 자기력이 남아 있는 암석을 조사한 결과 수백만 킬로미터에 달하는 퇴적층은 해령과 평행한 방향으로 늘어서 있었으며 층마다 남아 있는 자극의 방향이 달랐다. 다시 말해 한 퇴적층이 북극을 향하고 있었다면, 다음 층은 남극을 향하는 식으로 자극의 방향이 주기적으로 변하는 모습이 보였다.

극이 번갈아 가면서 바뀌는 지층은 중앙해령에서 새로운 암석이 생기고, 식으면서 자기장의 흔적이 남고, 또 다른 암석이 올라오면서 기존의 암석을 양 옆으로 밀어내는 과정을 반복하여 만들어진 결과다. 지층마다 남아 있는 자기력 방향이 다른 이유는 지구 자기장이 마치 당신이 180도 돌려버린 막대자석처럼 극이 바뀌었기 때문이다. 막대자석과는 다르게 지구 자기장이 반대로 바뀌려면 1,000년에서 수백만 년이 걸린다.

비밀스러운 어떤 과정을 통해, 핵 깊은 곳에서 발생한 자기장의 방향이 이따금 바뀌어 왔다. 해저 바닥에 있는 자기장 화석과 한때 바다 밑에 깔려 있었다가 대륙 위로 올라온 암석에 이 기묘한 현상의 흔적이 남아 있다.

왜 천문학 책에서 바다 밑바닥 이야기를 하냐고? 왜냐면 지구에서만 보이는 이 특징이 화성에서 관측된 한 현상과 관련이 있을지도 모르기 때문이다. 과학자들이 지구형 행성에서 얻어낸 정보를 분석한 결과 지구형 행성들 사이의 유사점과 차이점을 찾아냈는데 이는 이들의 정체를 밝히는 실마리를 찾는 데 도움이 된다. 이런 연구를 '비교행성학'이라고 하며 화성과 금성에 대한 설명과 함께 제6장에서 다루도록 하겠다.

지구의 시간, 계절, 나이 알아보기

사람의 시간 체계는 원래 지구의 자전을 기준으로 했으며 우리는 지구의 공전과 자전축의 기울기가 어떤 식으로 계절을 만들어내는지 알고 있다. 지구는 지금까지 대략 46억 년 동안 태양 주위를 돌았다.

멈추지 않는 지구의 자전

오늘날, 과학자들은 정밀한 원자시계를 사용하여 시간을 측정한다. 하지만 먼 옛날부터 현대에 이를 때까지 사용했던 시간 체계는 지구의 자전을 기준으로 했다.

시간이 흐르는 원리

지구는 자전축을 중심으로 24시간에 한 번 회전한다. 자전 방향은 서쪽에서 동쪽이다(북극점 위의 우주에서 봤을 때 시계 반대 방향). 하루의 길이는 24시간으로 태양이 일주운동을 하는 데 걸리는 평균 시간이다. 이 길이를 평균 태양시라고 부르며 당신 시계에 나타난 표준시간과 같다.

따라서 하루는 평균 태양시로 24시간이다. 그리고 1년은 대략 365일인데 지구가 태양 주위를 완전히 한 바퀴 도는 데 걸리는 시간과 같다.

지구가 태양 주위를 돌기 때문에 태양이 뜨는 시간은 지구의 자전과 지구의 궤도 운동에 달려 있다.

지구는 별을 기준으로 23시간 56분 4초마다 한 번 회전한다. 이를 **항성일**이라고 한다.

24시간과 23시간 56분 4초 사이에 발생하는 차가 3분 56초, 하루 길이의 365분의 1과 같다는 사실에 주목하라. 우연의 일치가 아니다. 지구가 하루에 공전궤도의 365분의 1만큼 태양을 공전하기 때문이다.

천문학자들은 과거에 항성시계라고 하는 특별한 시계를 사용했다. 위에서 설명한 대로 항성시는 평균 태양시와 3분 56초의 오차가 나기 때문에 항성시의 시, 분, 초는 같은 단위의 태양시보다 조금 짧았다. 항성시계를 이용해 천문학자들은 망원경으로 별을 정확하게 쫓을 수 있었다. 하지만 이제 항성시계는 더 이상 필요하지 않다. 오늘날에는 컴퓨터를 사용해 망원경을 움직이고 제2장에서 설명했던 천문관 프로그램을 사용해 하늘의 모습을 파악한다. 계산은 기계에 맡기고 편하게 표준시를 기준으로 별이나 별자리를 찾으면 된다.

한편 천문학자들은 여전히 천문학적 관측을 발표할 때 관습적으로 **세계시**(Universal Time, UT)나 **그리니치 표준시**를 사용한다. 세계시는 간단히 잉글랜드 그리니치의 표준 시간을 의미한다. 북미 대륙의 표준시는 항상 그리니치 천문대의 표준시보다 빠르다. 예를 들어 뉴욕의 태양은 그리니치보다 5시간 늦게 뜬다. 따라서 그리니치에서 오전 6시일 때 뉴욕의 시계는 오전 1시를 가리킨다. 더 정밀한 시간의 기준인 **협정세계시**(Coordinated Universal Time, UTC)는 국제 표준 시간으로 쓰인다.

윤초를 찾아서

지구가 태양을 한 바퀴 도는 데 걸리는 시간은 365과 4분의 1일이다. 하지만 일반적인 달력은 365일만 인쇄되어 있다. 따라서 우리는 4년마다 2월 29일을 만들어 하루를 더해줘야 한다. 2월 29일이 있는 해를 **윤년**이라고 하고 하루를 더함으로써 달력을 지구의 움직임에 맞춘다.

지구의 자전 속도와 우리가 정한 하루의 길이 사이에도 동기화가 필요하다. 이따금 지구가 평소보다 느리게 자전하는데, 이로 인해 엘니뇨 같은 기상 현상이 일어난다. 이런 차이가 서서히 누적되면 지구의 자전을 기준으로 하는 표준시와 원자시 사이에 간격이 생긴다. 이럴 경우 국제기관은 윤초를 선언하고 협정세계시에 1초를 더한다. 아주 미세한 조정이지만, 윤초가 선언되면 전 세계의 기술자들은 심장이 쪼그라들어서 GPS나 항공 교통 관제와 같이 시간에 민감한 체계에서 문제가 발생하지 않기를 빈다.

이런 이유로 몇몇 나라들은 윤초를 폐지하고 원자시계를 유일한 시간의 기준으로 삼자고 주장한다. 만약 윤초를 폐지하면 우리의 시간 체계는 지구의 움직임과 맞지 않게 되고 결국 낮이나 오후에 해가 뜨는 날이 올 것이다. 2016년 12월 31일에 윤초가 추가되었다. 윤초를 폐지하자고 주장하는 나라 사람들은 이번 윤초가 인류 역사상 마지막 윤초라고 생각하지만, 그건 두고 보면 알 것이다.

정확한 시간 맞추기

워싱턴의 미국 해군성 천문대는 미국의 시간을 담당한다. 홈페이지(www.usno.navy.mill/USNO)에서 언제든지 협정세계시를 확인할 수 있다.

다른 나라의 표준시간을 확인하거나 세계시로 치환하고 싶다면 타임존맵의 홈페이지(www.timeanddate.com/time/map)로 들어가 보자.

일광 절약 시간제(영국에서는 서머 타임으로 부른다)는 낮 시간을 효율적으로 활용하기 위해 표준시에서 한 시간을 앞당기는 제도이다. 모든 나라와 지역에서 이 제도를 실행하지는 않는데 대표적인 예시인 애리조나는 1년 내내 많은 양의 햇빛을 받기 때문에 굳이 필요가 없다.

기울기가 만드는 계절

학생들에게 계절이 생기는 이유를 설명하는 것은 천문학 교수의 과업 중 가장 좌절감을 느끼는 일이다. 관측자와 태양 사이의 거리는 계절의 변화와는 전혀 상관이 없다고 아무리 정성들여 가르쳐도 많은 학생들이 이해하지 못한다. 하버드대학교 졸업시험 결과는 명문대 학생들도 여름은 지구와 태양 사이의 거리가 가장 가까운 기간이며, 지구와 태양 사이의 거리가 가장 멀어질 때 겨울이 온다고 생각한다는 사실을 보여준다.

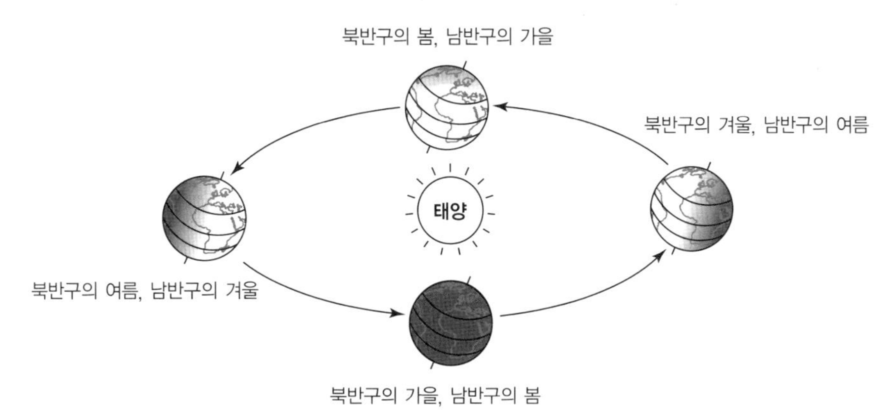

그림 5-2

지구 자전축의 기울기로 인해 계절이 생긴다.

학생들은 북반구에 여름이 올 때 남반구는 겨울이라는 사실을 잊어버린다. 호주에서 여름에 서핑을 할 때, 미국인들은 겨울 코트를 입고 있다. 하지만 호주와 미국은 같은 행성에 있다. 지구는 태양에서 가장 멀어짐과 동시에 가장 가까워질 수 없다. 지구는 마술사가 아니라 행성이다.

계절이 발생하는 진짜 이유는 지구의 자전축이 기울었기 때문이다(그림 5-2 참조). 자전축은 북극과 남극을 관통하는 가상의 선인데 공전궤도에 대하여 수직에서 23과 2분의 1도만큼 기울어 있다. 자전축은 북쪽 하늘, 북극성 근처를 가리킨다(당분간이다. 자전축이 가리키는 방향은 조금씩 변한다. 따라서 한 시대의 북극성도 먼 미래에는 평범한 별이다).

오늘날의 북극성은 작은곰자리 알파성이다. 만약 당신이 길을 잃었을 때 북쪽으로 가고 싶다면 북극성이 있는 방향으로 걸으면 된다(북극성 찾는 방법은 제3장을 보라).

지구의 자전축은 위로는 북극을, 아래로는 남극을 지난다. 지구가 공전궤도의 한 지점에서 태양을 비스듬히 가리킬 때 북반구의 정오에는 태양이 하늘 높게 뜰 것이다. 6개월 뒤에는 자전축이 태양 반대편을 향하게 된다. 자전축은 항상 여전히 같은 방향을 향하지만, 지구는 태양의 반대편으로 움직였다.

북반구의 여름은 북극 자전축이 태양 쪽을 가리킬 때 발생한다. 여름에 정오의 태양은 다른 계절의 같은 시간보다 높게 뜬다. 따라서 북반구를 더 직접적으로 비추며 많은 열을 내뿜는다. 이때 남극 자전축은 태양의 반대편을 가리키며, 남반구에서 정오의 태양은 다른 계절보다 낮게 뜨고 직접 들어오는 햇빛의 양이 줄어든다. 이런 경우 호주에는 겨울이 온다.

여름에는 태양이 높게 뜨기 때문에 일광욕을 더 오래 즐길 수 있다. 태양이 최고점으로 올라가는 데 더 오래 걸리며 수평선 너머로 지기까지 걸리는 시간도 길다.

지구가 태양을 공전함에 따라 우리 눈에는 태양이 황도라고 부르는 둥근 궤도를 따라 하늘에서 움직이는 것처럼 보인다. 황도는 적도에 대하여 지구의 자전축의 기울기인 23과 2분의 1도 만큼 기울어져 있다. 북반구를 기준으로 태양의 일주에서 중요한 기점은 다음과 같다.

» **춘분점** : 봄의 시작이며, 태양이 적도 아래(남쪽)에서 위(북쪽)로 올라온다.
» **하지점** : 태양이 황도에서 가장 북쪽에 위치한다.
» **춘분점** : 태양이 적도 아래로 내려가고 가을이 시작된다.
» **동지점** : 태양이 황도에서 가장 먼 남쪽에 위치한다.

북반구 기준으로 하지점에서 태양이 가장 높게 뜨며, 정점까지 뜨고 지는 데 걸리는 시간이 가장 길기 때문에 하지는 1년 중 가장 태양 빛을 많이 받는 날이다. 같은 이유로 동지에는 가장 태양 빛을 적게 받는다.

지금까지 시간과 계절을 결정하는 핵심을 설명했다.

지구의 나이 측정하기

방사능 측정은 지구나 태양계 내 다른 오래된 물질의 연대를 측정하는 정확한 방법이다. 우라늄처럼 불안정한 일부 원소를 방사성 동위원소라고 부른다. 방사성 동위원소는 시간이 지나면 같은 원소의 동위원소나 아예 다른 원소로 바뀌는데, 변화에 걸리는 시간을 방사성 동위원소의 반감기라고 한다. 만약 반감기가 100만 년이라면, 원래 있던 방사성 동위원소의 절반이 다른 물질(자원자라고 한다)로 바뀌는데 100만 년이 걸리며 바뀌지 않은 나머지 절반은 그대로 방사성을 가지고 있다. 다시 100만 년이 흐르면 방사성을 가진 나머지 동위원소의 절반이 자원자로 바뀐다. 따라서 200만 년 뒤에는 처음에 있던 방사성 동위원소의 25퍼센트만이 존재할 것이다. 300만 년 후에는 12와 2분의 1퍼센트만이 남는다.

모원자라고 부르는 기존의 방사성 원자가 자원자와 함께 운석 같은 암석이나 금속 물체에 갇혀 버리면 과학자들은 방사능 연대측정이라고 불리는 과정을 통해 원자 간의 상대적인 함량을 알아내어 물질이 얼마나 오래되었는지 밝혀낸다.

과학자들은 방사능 연대측정을 통해 지구에 존재하는 가장 오래된 암석이 40억 년 전에 생성되었다는 사실을 확인했다. 하지만 지구는 확실히 40억 년보다는 더 오래되었다. 먼 옛날부터 침식, 조산 운동, 화산활동(새로운 화산의 생성이나 지구 깊은 곳에서 녹아내린 암석의 분출)과 같은 현상이 지표면의 암석을 파괴해왔다. 따라서 지구의 기존 지표면을 이루고 있던 암석은 오래전에 사라졌을 것이다.

반면 운석은 방사능 연대측정 결과가 46억 년 전으로 나온다. 운석은 소행성의 잔해이며 소행성은 행성이 생성되었던 초기 태양계의 일부라고 추측된다. 그러니 운석과 지구는 거의 동시에 생겨났을 것이다(운석은 제4장에서 다루었다. 소행성을 더 자세히 알고 싶다면 제7장을 보라).

따라서 과학자들은 지구와 다른 행성의 나이가 대략 46억 년이라고 생각한다. 달은 이들보다 조금 젊은데 이제부터 설명하겠다.

달 이해하기

달의 지름은 3,476킬로미터이며, 지구 지름의 4분의 1보다 조금 크다. 달은 대기라고 할 물질이 거의 없다. 아주 조금의 수소, 헬륨, 네온 그리고 아르곤 원소와 더 희박한 여러 가지 물질이 모여 달의 대기를 이룬다. 달의 대부분은 단단한 암석이며(그림 5-3을 보라) 어떤 전문가들은 어쩌면 녹은 철로 이루어진 작은 핵이 있을지도 모른다고 생각한다. 질량은 지구의 81분의 1, 그리고 밀도는 물의 3.3배이며 지구보다 현저히 낮다(지구의 밀도는 물의 5.5배이다).

이제부터 달의 위상, 지질학적 기원, 월식에 대해 설명하겠다(달의 다양한 지형을 볼 때 쓸 수 있는 팁도 포함해서). 달의 기원에 관한 이론도 준비했다.

그림 5-3
달은 암석과 실개천, 크레이터, 그리고 용암 평원으로 이루어져 있다.

Courtesy of NASA

늑대가 될 준비 : 달의 위상 구별하기

월식(곧 설명하겠다)이 일어날 때를 제외하고는 달의 절반은 언제나 낮이고 나머지 절반은 영원한 밤이다. 통념과는 반대로 지구에서 가까운 부분이 달의 밝은 면이고 지구에서 먼 부분이 달의 어두운 면이 아니다. 사실 지구를 향하고 있는 면과 지구를 등지고 있는 면은 변하지 않는다. 태양을 보는 면이 낮이 되고 태양을 보지 않는 면이 밤이 된다. 달이 지구를 공전함에 따라 태양 빛을 보는 부분이 바뀐다(그림 5-4).

삭은 삭망월이라고 부르는 달 주기 변화의 첫 번째 단계이다. 이때 지구를 보고 있는 달의 면은 태양의 반대편에 있기 때문에 어둡게 보인다. 몇 시간에서 며칠 뒤에 태양 빛을 받는 면이 넓어지면서 초승달이 된다. 다시 말해 달이 지구를 공전하면서 태양-지구 사이를 빠져나왔다는 뜻이다. 달의 절반은 항상 태양 빛을 받아 빛나지만, 초승달 동안에는 빛을 받는 면 대부분이 지구에서 등을 돌리기 때문에 달 일부분만 볼 수 있다.

달이 공전함에 따라 지구-달을 잇는 선분이 지구-태양을 잇는 선분과 직각을 이루게 된다. 이때 우리는 반달을 보게 된다.

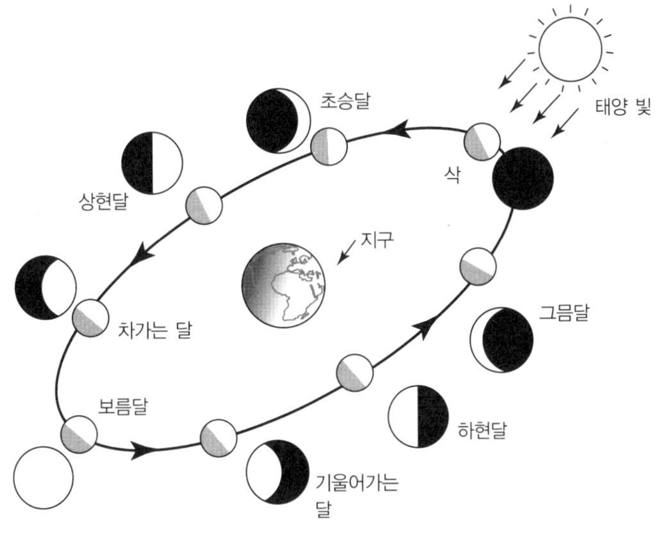

그림 5-4
달의 위상

2분의 1과 4분의 1이 같을 수 있을까? 수학적으로는 불가능하지만, 천문학자에게는 쉬운 일이다. 지구를 보고 있는 달의 반쪽이 빛을 받아 빛나면 사람들은 이를 반달이라고 한다. 하지만 우리가 보는 달의 빛나는 부분 역시 달에서 태양 빛을 받는 면적의 절반이며 절반의 절반은 4분의 1이다. 친구들에게 2분의 1이 4분의 1과 같을 수 있다고 내기를 걸어서 잔돈을 좀 벌어보도록 하자.

눈에 보이는 빛나는 부분이 조금씩 커져서 반달보다는 크고 보름달보다는 작은 달을 차가는 달이라고 한다.

달이 태양에서 가장 멀리 떨어진 공전궤도 끝에 가게 되면 지구를 바라보는 달의 반쪽 면 전부가 태양 빛을 받아 빛나는데 이를 보름달이라고 한다. 달이 계속 공전을 하면서 빛나는 부분이 줄어들게 되는데 빛나는 면적이 하현달보다는 크고 보름달보다 작은 달을 기울어가는 달이라고 한다. 곧 달은 다시 반달 모양이 되는데 이를 하현달이라고 한다. 달이 지구와 태양 사이 지점에 가까워지면 그믐달이 된다. 곧 다시 새로운 달이 뜨면, 삭의 변화가 다시 시작된다.

삭에서 다음 삭까지 걸리는 기간을 삭망월이라고 하며 평균 29일 12시간 44분이 걸린다.

달이 우리를 떠나고 있다는 걸 알면 실망할지도 모르겠다. 달은 지구 주변을 돌면서 조금씩 멀어지고 있다. 매년 달은 약 4센티미터만큼 멀어지고 있으며 지구를 한 바퀴 도는 데 걸리는 시간도 조금씩 길어지고 있다.

달의 상에 관한 믿을 만한 정보를 얻고 싶다면 영국 항해력 연구소의 홈페이지(astro.ukho.gov.uk/nao/online)에 접속해서 스크롤을 아래로 내리면 Astronomical and Calendarial Data Sheets가 있다. 상 변화를 알고 싶은 연도를 클릭하면 삭, 상현달, 보름달, 하현달을 볼 수 있는 시간과 날짜가 나타난다. 그 외에 재미있는 정보도 있

【 기분이 우울하다고? 슈퍼문을 보자 】

슈퍼문과 블루문이 겹치는 일은 잘 일어나지 않지만, 달 착시는 아주 흔하게 일어나는 현상이다. 슈퍼문, 블루문, 달 착시의 정의는 아래와 같다.

- 슈퍼문은 달이 보름달이면서 동시에 지구와 가장 가까운 지점(근지점)에 있을 때 일어난다. 평소보다 거리가 가깝기 때문에 다른 때보다 크고 밝게 보인다. 슈퍼문은 평범한 달보다 7퍼센트가량 크다. 이번 슈퍼문이 평소보다 14퍼센트가량 크다고 하는 기사의 의미는, 가장 작게 보였던 달의 크기와 비교해서 14퍼센트 크다는 뜻이다. 달과 지구의 거리가 가장 멀 때(원지점) 달이 가장 작게 보인다. 내가 천문학을 공부할 때부터 커서 강의할 때까지는 이런 용어를 사용하지 않았지만 최근 미디어에서 슈퍼문이라는 단어가 인기를 끌고 있다.
- 블루문은 다른 보름달과 똑같이 생겼으며 푸른색으로 보이지 않는다. 흔하게 일어나는 현상은 아니며 슈퍼문보다 보기 힘들다. 보통 1년에 12번의 보름달이 뜨는데(한 달에 한 번씩 한 절기당 세 번) 때때로 1년에 보름달이 13번 뜨는 경우가 있다. 그렇게 되면 어떤 달에 보름달이 두 번 뜨는 셈이 되며 해당 절기에는 네 번의 보름달이 뜨게 된다. 블루문의 공식적인 정의는 없지만, 어떤 사람들은 같은 달에 두 번의 보름달이 뜨는 경우 나중에 뜬 보름달을 블루문이라고 부르며 한 절기에 네 번의 보름달이 뜨는 경우 세 번째 보름달을 블루문이라고 하는 사람들도 있다. 나는 첫 번째 정의를 선호하지만, 당신이 두 번째 정의를 사용한다고 해서 열을 올리지는 않겠다.
- 달 착시는 달이 수평선 위로 떠오를 때 일어난다. 많은 사람들이 같은 크기라도 달이 하늘 높이 있을 때 보다 수평선 근처에 있을 때 더 크다고 느낀다. 수많은 연구와 여러 이론에도 불구하고 과학자들은 아직까지 달 착시가 발생하는 원인에 대해 합의를 보지 못했다. 하지만 달 착시가 일어나는 이유가 달이 아니라 뇌에 있다는 것은 확실하다. 망원경 없이도 달을 더 크게 볼 수 있다는 사실에 기뻐하자. 같은 현상이 달이 수평선 아래로 지고 있을 때도 일어난다.

으며 원한다면 자료를 컴퓨터에 내려받거나 프린트할 수 있다.

가끔 내게 왜 삭마다 일식이 일어나지 않는 이유가 뭐냐고 물어보는 사람들이 있다. 답은 지구, 달, 태양이 삭마다 정확히 일직선에 있는 게 아니기 때문이다. 정확히 일직선에 늘어서야 일식이 일어난다(제10장 참조). 반대로 세 천체가 보름달이 뜰 때 나란히 놓이면 월식이 일어난다.

지구에도 상이 있다! 보고 싶다면 달에 앉아서 지구를 바라보면 된다. 지구의 사람들이 아름다운 보름달을 관측할 때 달에서는 '지구의 삭'을 볼 수 있으며 지구에서 삭을 볼 때 달에 있는 관측자는 '보름 지구'를 볼 수 있다.

그림자 속에서 : 월식을 보다

월식은 보름달, 태양, 지구가 정확히 일직선에 있을 때 일어난다. 달이 지구의 그림자, **본영**에 들어가면 식이 시작된다. 어둠 속에서 어딘가에 부딪히거나 도로 위에 서 있지만 않는다면 안전하게 월식을 관측할 수 있다.

개기월식이 일어나는 동안 달이 지구의 그림자에 가려져도 여전히 달의 모습을 볼 수 있다(그림 5-5 참조). 직접적인 햇빛은 달에 닿지 않지만 태양 빛의 일부가 지구 대기의 테두리에서(달에서 보이는 부분) 굴절되어 달을 비춘다. 태양 빛은 지구의 대기를 통하면서 걸러지는데 거의 붉은색과 오렌지색 빛만 통과한다. 이런 현상을 **지구조**라고 하는데 지구조의 밝기는 기상 조건과 구름의 양에 영향을 받아 월식마다 조금씩

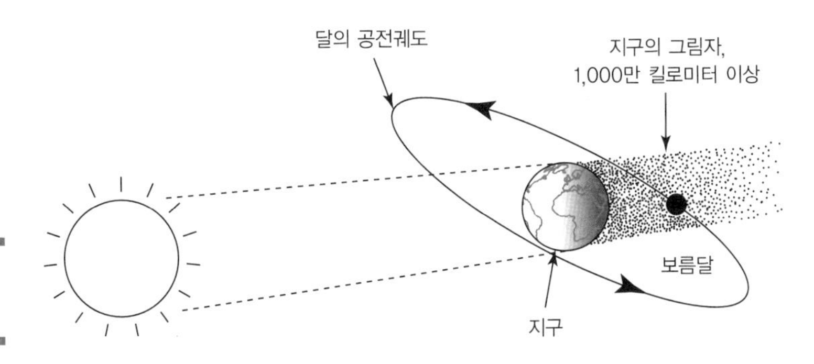

그림 5-5
달의 개기월식

Dinah L. Moché/Astronomy: A Self-Teaching Guide, Seventh Edition

달라진다. 따라서 개기월식이 일어나면 달은 칙칙한 오렌지색이나 흐릿한 붉은색 또는 어두운 붉은색으로 보인다(이럴 때 블러드문이라고 부른다). 가끔 달이 완전히 보이지 않는 경우도 있다.

2028년까지 개기월식 예정일은 다음과 같다.

2018년 1월 31일

2018년 7월 27일

2019년 1월 21일

2021년 5월 26일

2022년 5월 16일

2022년 11월 8일

2025년 3월 14일

2025년 9월 7일

2026년 3월 3일

2028년 12월 31일

다가오는 식을 보기 위해 정확한 예정 시간과 관측 가능한 위치를 알아놓을 필요가 있다. 「아스트로노미」나 「스카이 앤드 텔레스코프」 잡지와 홈페이지(www.astronomy.com, www.skyandtelescope.com)에서 확인하자.

달의 개기식은 태양과 비슷하게 일어나지만, 상대적으로 관측하기 쉽다. 개기일식은 개기 일식 **통과선**이라고 불리는 좁고 굽어진 띠 모양의 지역에서만 볼 수 있지만 그에 반해 개기월식은 해가 저문 곳이라면 어디든 관측할 수 있기 때문이다.

부분월식은 그렇게 흥미롭지는 않다. 부분월식 동안에는 보름달 일부가 지구의 그림자에 들어간다. 월식이 시작되면 보름달이 아니라 다른 모습으로 보인다. 당신이 그날 월식이 일어난다는 사실을 모르고 있거나 달의 상에 관심이 없다면 아마 귀한 천문학적 현상을 알아차리지 못할 것이다. 반달이나 초승달이 떠 있다고 생각하고 별 생각 없이 지나갈지도 모른다. 하지만 한 시간 정도 주시한다면 보름달이 지구의 그림자 밖으로 빠져나오는 모습을 볼 수 있다.

엄폐에 대한 흥미 키우기

달이 지구 주위를 돌다가 이따금 뒤의 별을 가리는 경우가 있다. 하지만 이런 경우에는 식이라고 하지 않는다. 천문학자들은 이런 현상을 달의 **엄폐**라고 부른다.

밝은 별의 경우 엄폐가 일어나기 전에 스카이 앤드 텔레스코프와 아스트로노미 홈페이지나 제2장에 언급했던 다른 참고자료에서 관측 정보를 미리 알 수 있다. 제일 먼저 알아봐야 할 정보는 지구상에서 엄폐가 보이는 장소이다. 당신이 사는 지역에서 보인다면, 정확히 언제 엄폐가 일어나는지 찾아보면 된다. 상황에 따라 다르지만 아마 달이 별을 가리는 모습과 달이 별 앞을 지나면서 다시 별빛이 나타나는 모습을 볼 수 있을 것이다. 관측 자리에 따라 별이 달 뒤에서 가려지는 현상인 **잠입**이나 달 뒤에 가려졌던 항성이 다시 나타나는 **출현** 중 하나만 보일 수도 있다. 별의 밝기에 따라 맨눈으로 관측할 수도 있고 어쩌면 쌍안경이나 작은 망원경이 필요한 경우도 있다. 달이 너무 밝아서 바로 옆의 별이 잘 보이지 않을 때도 있다.

엄폐를 관측하면서 해당 위치에서 잠입이나 출현이 발생한 정확한 시간을 기록해도 좋다. 잠입과 출현 발생 시간은 몇 가지 요인에 따라 달라진다.

- » 달의 움직임
- » 별의 위치
- » 관측자의 지리학적 위치
- » 잠입과 출현이 발생할 때 별과 접촉하는 달 테두리의 모양

잠입과 출현이 일어나는 위치에 높은 분지나 산이 있다면 예측보다 별이 빨리 사라지거나 조금 늦게 나타날 것이다(크레이터와 달의 산맥은 곧 설명하겠다).

IOTA(International Occultation Timing Association)는 달의 엄폐를 관측하고자 하는 사람들과 소행성이 별 앞으로 지나갈 때 일어나는 현상인 **소행성 엄폐**(제7장에서 다루겠다)를 연구하는 천문학자들을 위한 사이트를 운영한다. IOTA의 홈페이지 https://

occulatations.org를 방문해보자.

단단한 암석 : 달의 지질학 조사

달의 표면은 아주 미세한 크기의 구덩이부터 지름이 수백 킬로미터가 넘는 분지까지 다양한 크기의 크레이터로 덮여 마치 곰보처럼 보인다. 가장 큰 크레이터는 남극의 에이트킨 분지로 지름이 약 2,600킬로미터에 이른다. 크레이터는 아주 오랫동안 달에 충돌한 물체들(소행성, 유성체, 혜성)의 흔적이다. 아주 작은 크레이터들은 우주를 돌아다니는 암석 입자인 유성진에 의해 만들어지는데 달 표면에서 가져온 암석에서 발견된 바 있다. 모든 크레이터와 분지를 통틀어서 충돌 크레이터라고 칭하며 화산 활동으로 만들어진 분화구와는 다른 개념이다.

달에도 화산 활동이 있었지만, 지구와는 달랐다. 달에는 화산 또는 커다란 분화구가 있는 화산은 없다. 하지만 지구의 일부 화산 지역에서 나타나는 작은 화산 돔은 볼 수 있다. 게다가 달의 표면에 보이는 구불구불한 강줄기(열구라고 한다)의 지하에 용암 동굴이 존재하는 것으로 보이는데 이런 화산 지형은 지구에서도 흔하게 볼 수 있다(북부 캘리포니아에 있는 국립기념물인 라바 베드처럼). 달에서 가장 눈에 띄는 특징은 커다란 충돌 크레이터의 바닥에 있는 거대한 용암 평원이다. 이 용암 평원을 바다라고 부른다(지구에서 보면 달에 어두운 반점이 보이는데 이 부분이 달의 바다이다). 옛날 과학자들은 달의 바다에 물이 있다고 생각했다. 하지만 진짜로 물이 있다면, 비행기에서 바다를 내려다 봤을 때 보이는 반사광이 보여야 한다. 달의 반점을 이루는 있는 크고 밝은 지역을 달의 고지라고 부르며 커다란 크레이터가 모여 있는 지역이다. 바다에도 크레이터가 있지만, 단위 면적당 크레이터 숫자는 고지보다 작다. 이 사실은 바다가 고지보다 최근에 생겼다는 것을 암시한다. 바다에 큰 충돌이 일어나면 분지가 생긴다. 분지에 충돌이 여러 번 반복해서 일어나면서 원래 있던 크레이터들을 지워버린다. 나중에 분지에 용암이 들어차면서 모든 크레이터를 메꾼다. 따라서 지금 바다에서 볼 수 있는 크레이터는 용암이 굳은 뒤에 생성된 것이다.

달의 얼음? 맛있음?

달의 표면을 덮고 있는 물질을 달의 토양이라고 하며 고운 암석의 먼지로 이루어져 있다. 수많은 유성체와 소행성이 달에 충돌하면서 크레이터를 형성하고 바위를 가루로 만들었다. 생성된 먼지 입자에는 얼어붙은 물 분자가 달라붙는데, 특히 달의 극 지역에 있는 크레이터의 바닥에 많다. 이런 크레이터의 부근에는 태양이 높게 뜨지 않으며 밑바닥은 항상 크레이터 테두리의 그늘에 덮여 있다. 이곳이 달에서 가장 추운 지역이다. 달의 남극 부근에 있는 크레이터 온도는 -204도까지 떨어진다. 하지만 달의 먼지를 모아다가 시원한 얼음물을 마실 생각은 하지 않는 게 좋다. 먼지 입자에는 물 분자 말고도 은과 수은 원자가 얼어붙은 채로 붙어 있다. 물은 몰라도 수은을 마시고 싶지는 않을 것이다.

달의 앞면을 관측하고 달의 뒤에 숨겨진 비밀을 캐볼 준비가 되었는가? 다음을 확인해보자.

가까운 쪽 관찰하기

달은 관측하는 보람이 큰 천체이다. 구름이 조금 끼거나 흐려도, 심지어는 낮에도 달을 볼 수 있다. 소형 망원경으로도 크레이터를 관측할 수 있으며 좋은 망원경이라면 수백 개에서 수천 개에 이르는 달의 지형을 볼 수 있다. 앞에서 설명한 내용은 빼고 나머지 지형을 알려주겠다.

- **중앙봉** : 강력한 충돌로 인해 튀어 나간 돌무더기가 쌓여 생긴 산맥이다. 일부 충돌 크레이터 속에서 볼 수 있다.
- **달의 산맥** : 생성된 뒤에 부가적인 충돌로 인해 부분적으로 파괴되어 산맥처럼 보이는 대형 크레이터나 충돌 분지의 테두리다. 무너지지 않고 남아 있는 벽들이 마치 지구의 산맥처럼 보이지만 지구의 산과는 아예 다르다.
- **광조** : 충돌로 튀어 나간 고운 잔재들이 이루는 밝은 띠이다. 티코나 코페르니쿠스(그림 5-6)처럼 생긴 지 얼마 되지 않은 충돌 크레이터에서 보이며 중심으로부터 방사형으로 뻗어 있다.

크레이터, 열구, 산맥의 모습을 망원경으로 관측하고 싶다면 월면도가 필요하다. 천문학이나 다른 과학 용품을 파는 가게에서 비싸지 않은 가격에 살 수 있다. 다음의 두 판매처를 추천한다.

- 오리온 텔레스코프 앤드 바이노큘러(www.telescope.com)는 월면도와 달 관측에 도움이 되는 가이드북을 판매한다.

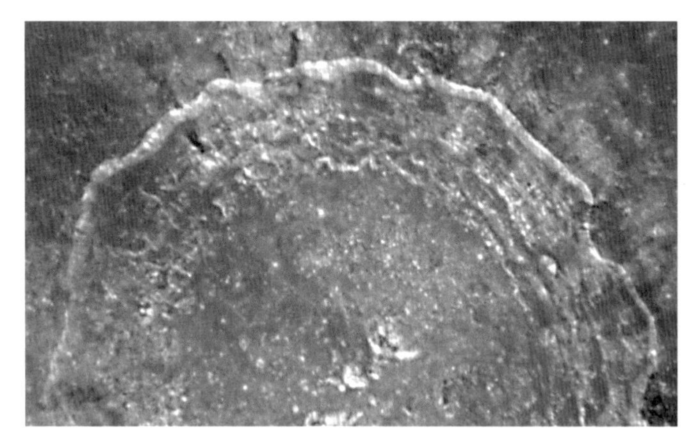

그림 5-6
허블우주망원경에서 찍은 코페르니쿠스 크레이터의 확대 사진이다.

Courtesy of John Caldwell (York University, Ontario), Alex Storrs (STScI), and NASA

» www.skyandtelescope.com으로 접속하면 다양한 월면도와 달본을 살 수 있다. 초보자들은 'Mirror-image Moon Map(Laminated)'을 사는 걸 추천하며 가격은 6달러이다(이 글을 쓰는 시점에서).

월면도는 달의 가까운 면만 보여준다는 사실을 기억하라: 달의 뒷면은 지구에서 보이지 않기 때문에 지도가 필요 없다. 달본에는 나타나 있으니 탁상공론을 좋아한다면 사서 돌려보면 되겠다.

유명한 바다와 크레이터를 찾는 일부터 시작하자. 작은 망원경과 월면도만 있다면 많은 크레이터를 손쉽게 찾을 수 있다. 조금 어려울 수도 있겠지만, 괜찮은 쌍안경으로도 일부 찾을 수 있으며 맨눈으로도 한두 개 정도는 볼 수 있다. 쌍안경은 달의 바다를 살피기에 아주 좋은 도구이며 눈으로도 잘 보인다. 개인적으로 관측을 시작하기 좋다고 생각하는 바다 3개는 위난의 바다, 고요의 바다(1969년에 닐 암스트롱과 버즈 올드린이 발을 디딘 곳이다), 폭풍의 바다(가장 큰 바다)이다. 내가 제일 좋아하는 크레이터 5개를 표 5-1에 실었다. 내가 추천한 바다와 크레이터는 거의 모든 달 지도에서 찾을 수 있다.

달에서 관측할 수 있는 거의 모든 지형을 보기 가장 좋은 시간은 물체가 명암경계선 가까이 있을 때다. **명암경계선**은 행성의 낮과 밤을 구별하는 선을 말한다. 달 지형이 명암경계선 근처의 밝은 쪽에 있을 때 가장 자세하게 관측할 수 있다.

표 5-1 당신의 즐거운 관측을 위한 크레이터들

이름	지름	특징
아르타르코스	40킬로미터	아주 밝음, 밝은 광조
코페르니쿠스	93킬로미터	밝은 광조
그리말디	174킬로미터	아주 어두운 바닥
플라톤	109킬로미터	어두운 바닥
티코	85킬로미터	밝은 광조, 달의 고원에 있음

한 달 동안 보름달에서 다음 보름달까지 명암경계선은 달의 앞면을 서서히 가로질러 움직이며 당신 눈에 보이는 모든 지형을 쓸고 지나간다. 시간이 지남에 따라 명암경계선은 태양이 뜨는 곳이 되기도, 태양이 지는 곳이 되기도 한다. 지구에서와 마찬가지로 태양이 뜨고 있을 때나 지고 있을 때 그림자가 가장 길어지며 태양이 하늘 높이 올라갈수록 그림자가 짧아진다. 태양이 일정 고도에 있을 때 달의 지형이 드리우는 그림자의 길이는 실제 지형의 높이와 상관이 있다. 그림자가 길수록 지형이 높다는 뜻이다.

지구광에 꽂히다

달을 관찰하다 보면, 명암경계선 너머의 어두운 부분이 언제나 칠흑같이 어두운 건 아니라는 사실을 알아차릴 것이다. 태양 빛이 닿지 않는데도 희미하게 빛나는 부분이 있다. 이 빛은 지구조라고 하며 이 장의 앞에서 설명했던 개기월식에서 달의 표면이 붉은색으로 빛나는 현상과 비슷하다. 지구조는 지구의 대기를 통과한 태양광인데 대기를 지나면서 굴절되고 붉은빛(태양이 뜰 때와 질 때를 생각해보자)을 띤다. 태양광이 굴절되면서 달의 표면에 닿아 희미하게 빛을 낸다. 초승달일 때 지구광을 보기 가장 쉬우며 보름달일 때는 절대 볼 수 없다.

보름달은 달 표면을 관측하는 데 있어 최악의 시간이다. 보름달 내내 태양은 하늘 높이 떠 있기 때문에 그림자가 거의 생기지 않으며 생긴다고 하더라도 길이가 짧다. 지형에 생기는 그림자를 통해 주변의 지표면의 형태와 지형의 높이를 알 수 있다.

【 달 스케치 】

달을 직접 관측하고, 사진을 찍거나 월면도에 표시된 바다, 크레이터, 그 외 여러 가지 지형을 직접 찾아볼 수 있다. 어떤 아마추어 천문학자들은 색다른 취미를 가지고 있는데 이들은 망원경으로 관측한 달의 모습을 그림으로 그린다. 만약 예술적 감각이 있다면 달 스케치는 당신에게 맞는 취미가 될 것이다. 달은 표면의 특징을 쉽게 알아볼 수 있는 유일한 천체다. 집의 창문으로 보이는 풍경을 그리듯이 달의 경치를 3차원으로 그릴 수 있다. 탐사정의 확대 사진을 보고 그리는 게 아닌 이상 달이 아닌 다른 천체를 직접 보고 스케치하는 일은 불가능하다. 리처드 핸디, 디드레 켈러한, 토마스 메카그, 에리카 릭스, 샐리 러셀이 쓴 『달 스케치: 천문학 예술가의 지침서(*Sketching the Moon: An Astronomical Artist's Guide*)』(스프링거 출판사)는 완벽한 과외 선생이다. 달 스케치 예시를 제공하고 스케치 과정을 알기 쉽게 설명하며 달 표면의 명암을 이용해 당신만의 달 그림을 그릴 수 있게 해준다.

어두운 부분 관찰하기

달의 뒷면이 나타난 월면도는 필요 없다. 우리는 지구로부터 먼 쪽 면은 보지 못한다. 달은 동주기 자전을 하는데 공전과 자전 주기가 같다(달의 공전 주기는 27일 7시간 43분). 고로 달은 항상 같은 면으로 우리를 보고 있다.

천문학 용품 판매소나 과학 용품 판매소에 가면 달본을 판다. 달본은 달 전체의 표면을 묘사해놓은 둥근 모형인데 달의 앞면과 뒷면을 모두 볼 수 있다. 소련이 우주시대의 초기에 무인 우주선을 이용해 처음으로 달의 뒷면을 촬영했다. 그 후 루나 오비터, 클레멘타인호, 달 정찰 궤도선을 포함한 여러 우주선이 달의 구석구석을 탐험했다.

달 시민 과학자가 되어보자

망원경 없이도 집에 편안하게 앉아서 달을 연구할 수 있다. cosmoquest.org/x/science/moon/으로 접속해서 'Start Mapping'을 클릭하고 튜토리얼을 진행하라. 나사의 달 정찰 궤도선이 보내온 사진의 작은 지형을 구분하는 방법을 알려주는데 이를 통해 과학자들의 연구에 도움을 줄 수 있다.

【 달에 갈 때는 선크림, 공기통, 겉옷을 챙기세요 】

달 표면의 온도는 낮에 117도까지 올라가지만, 밤이 되면 -169도까지 떨어진다. 심한 일교차가 생기는 이유는 달 표면을 보호하고 밤에 빠져나가는 열을 막아줄 대기가 없기 때문이다. 달에는 액체 상태의 물이 없다. 달은 너무 덥고, 춥고, 건조해서 생물이 살 수 없다. 숨 쉴 공기 또한 없다.

꽤 충격적인 : 달의 기원에 대한 이론

과학자들은 달의 서로 다른 부분과 지형에서 얻은 암석의 나이를 알아냈다. 이들은 1969년부터 1972년 사이에 여러 번에 걸쳐 달에 착륙한 여섯 명의 아폴로 우주비행사들이 가져온 수백 킬로그램의 월석 표본에 방사성연대 측정법을 사용해 데이터를 얻었다.

아폴로 우주 임무 시작 전에 몇몇 전문가들은 자신 있게 달이 태양계의 로제타석이 되리라고 예견했다. 달에는 물에 의한 표면 침식도, 대기도, 활화산도 없기 때문에 달과 행성들이 생성되었을 때부터 존재하는 원시의 물질이 있으리라고 생각했다. 하지만 아폴로 우주인이 가져온 월석 표본은 이들의 이론을 완전히 뒤집었다.

달의 암석이 녹고, 차가워지고 결정화되면서 모든 방사성 시계가 초기화되었다. 방사성 동위원소가 만들어낸 자원소는 새롭게 만들어진 미네랄 결정에 갇혔다. 달의 표본에서 밝혀진 사실은 달 표면의 전체, 혹은 일부가 46억 년 전에는 굳지 않았다는 것이다. 달에서 가져온 가장 오래된 암석은 45억 년밖에 되지 않았다. 지구의 암석 속의 미네랄 구조에는 물이 갇혀 있지만, 월석은 바싹 말라 있었다.

밝혀진 모든 사실과 이전 이론들이 설명하지 못한 부분까지 다 설명 가능한 이론이 제기되었는데 바로 거대 충돌설이다. 이론에 따르면 달은 화성의 세 배 정도의 질량을 가진 물체가 어린 지구를 스치고 지나가면서 튕겨 나간 맨틀 일부를 가지고 있다. 충돌체 일부가 지구 맨틀 조각과 합쳐지면서 달이 되었고 충돌 당시의 충격으로 인해 지구의 자전축이 기울었다

젊은 지구에 가해진 충격 때문에 지구의 물질 일부가 암석 증기의 형태로 지구 밖으

로 흩어졌다. 증기들은 응결하면서 눈송이처럼 굳어졌다. 눈송이들은 서로 충돌하면서 서로 뭉쳤는데 이 과정을 반복하면서 달이 되었다. 덩치가 커진 암석 덩어리들이 서로 강하게 부딪치면서 발생한 열에 암석이 녹았고 한 덩어리로 합쳐진 것이다.

달의 표면에 보이는 크레이터를 만든 충돌은 그 뒤의 일이며 대부분의 경우 30억 년 전에 만들어졌다.

달의 밀도는 지구 전체보다는 낮지만, 지구 맨틀(지각과 핵 사이의 층)과는 거의 비슷하다. 거대 충돌설에 따르면 달이 맨틀을 이루던 물질로부터 만들어졌기 때문이다(밀도는 어떤 물질의 단위 부피만큼의 질량을 측정하는 단위이다. 같은 크기와 모양의 대포알 2개를 가지고 있다고 해보자. 이 둘은 부피가 같다. 하지만 하나는 납으로, 다른 하나는 나무로 만들어졌다면 납 대포알이 더 무거우며 밀도 또한 더 높다). 이 이론은 달의 핵에는 철이 존재하지 않으며, 설사 존재하더라도 극미량일 것이라는 사실을 예측했다. 그리고 작은 물체(달 얘기다) 속에 작은 핵이 있으면, 처음에는 액체 상태의 철이 존재하더라도 시간이 오래 지나면 식어서 얼어붙을 수밖에 없다. 하지만 일부 달 연구원들은 달에 철로 이루어진 핵이 있으며 부분적으로나마 액체 상태일지도 모른다고 생각한다.

거대 충돌설은 지금으로서는 가장 그럴 듯한 가설이다. 하지만 아직까지 증명할 수 있는 방법이 없다. 예를 들어 이 이론은 아폴로 우주 비행사들이 가져온 수백 킬로그램의 월석이 지구의 암석과 크게 다르지 않다는 사실을 예측했다. 하지만 어떤 천문학자는 달에 있는 가장 큰 크레이터에 있는 암석은 달의 일부가 아니라 크레이터를 만든 소행성의 조각일 수 있다고 생각한다. 이 사우스 폴 에이킨 분지에서 가져온 바위는 아주 깊은 곳에 있었기 때문에 분지가 생성되었을 때의 열에도 녹지 않았을 것이다. 어쩌면 이 암석들은 달의 지각 아래에 있는 맨틀 일부일지도 모른다. 월석을 연구하다 보면 거대 충돌설이 맞는지 알 수 있을 것이다. 사우스 폴 에이킨 분지는 달에서 가장 큰 크레이터, 어쩌면 태양계에서 가장 큰 크레이터이며 현재 논란의 중심이다. 어떤 전문가들은 분지 안에서 가져온 암석이 이 이론을 증명할 만큼 충분히 깊은 곳에 있지 않았다고 주장한다. 더 나쁜 소식은 이 분지에 다시 우주 비행사나 무인 탐사정을 보내고자 하는 계획 때문에 새로운 달 프로젝트를 시작하는 데 지장을 주고 있다는 사실이다.

만약 과학자들이 거대 충돌설을 확증한다면 과학계가 발칵 뒤집힐지도 모른다. 하지만 얼마나 걸릴지 모르니 기대는 하지 않는 게 좋다. 사실 최근에 일부 천문학자들이 지구가 옛날에는 많은 달을 가지고 있었으나 하나로 합쳐져서 지금의 달이 되었다고 주장하고 있다.

chapter

06

지구의 이웃들 : 수성, 금성, 화성

제6장 미리보기

- 태양에서 가장 가까운 행성인 수성을 만나본다.
- 산성비가 내리는 후덥지근한 금성을 알아본다.
- 물과 생명이 있을지도 모르는 화성을 탐사한다.
- 지구가 특별한 이유를 이해한다.
- 이웃 행성을 관측한다.

수성, 금성, 화성은 지구형 행성으로 육안이나 망원경으로 관찰할 수 있다. 하지만 이런 식으로 알아낼 수 있는 정보는 거의 없다. 과학자들은 행성 간 우주선이 지구로 보내온 사진과 데이터를 통해 행성들의 물리적 성질, 지질학 지형, 역사를 알아낸다.

이때까지 두 나사 우주선이 수성을 방문했는데 하나는 세 차례 수성 근처를 지나쳤고 다른 하나는 수성을 중심으로 공전했다. 일부 탐사정은 금성 주변을 지나고, 공전하고, 착륙했다. 화성 역시 마찬가지로 지금까지 수많은 탐사정과 착륙선, 그리고 로봇 탐사정이 화성으로 향했다. 이들 역시 화성 주변을 공전하거나 표면에 착륙했지만, 일부는 불시착하여 부서지거나 우주에서 길을 잃었다. 다른 행성에 우주선을 안전하게 보내는 일은 굉장히 복잡하며 성공하기 어렵다.

이번 장에서는 지구에서 가까운 이웃 행성들의 흥미로운 정보와 유용한 관측 팁을 알려 주도록 하겠다.

수성 : 뜨겁고, 기이한 금속 행성

천문학자들은 수성이 아주 특이한 행성이라고 생각한다. 수성은 지구(달, 화성, 금성도 마찬가지) 같은 암석 행성이 아니라 대부분이 금속으로 이루어져 있다. 얇은 암석이 감싸고 있는 커다란 철 공을 생각하면 이해가 빠를 것이다. 지구의 핵(제5장 참조)은 철로 이루어져 있는데 지구의 중심으로부터 표면까지, 대략 절반 조금 넘게 차지하고 있다. 하지만 수성의 경우에는 행성에서 금속 핵이 차지하는 비율이 85퍼센트가 넘으며 이 중 일부는 녹아 있는 것으로 보인다. 또한 수성은 다른 행성들에게 찾아볼 수 없는 층이 있는데 금속 핵과 바위 표면 사이에 고체로 된 철과 황으로 이루어진 부분이 있다.

수성의 기이함은 표면에서도 분명히 드러난다. 수성도 달처럼(제5장 참조) 많은 크레이터가 표면을 덮고 있다. 그런데 수성의 크레이터 중 일부는 비스듬하게 기울어 있는데 마치 충돌 이후에 땅이 움직인 것 같은 모습이다. 수성의 가장 큰 크레이터인 칼로리스 분지(지름 1,545킬로미터) 역시 수수께끼다. 크레이터의 바닥 대부분이 테두리보다 위로 튀어 올라와 있다. 대체 이곳에서 무슨 일이 있었던 걸까?

우리가 수성에 관해 알고 있는 사실 대부분은 10년 남세 우주를 비행했으며 2011~2015년까지 수성을 공전한 나사의 메신저호(MESSENGER)가 보내준 정보이다. 수성에 대한 연구는 1974년과 1975년 두 해 동안 세 차례의 중력 도움을 통해 항해했던 마리너 10호를 통해 알아낸 사실들이 기초가 되었다. 수성의 멋진 사진을 존스홉킨스 대학교에서 운영하는 사이트에서 확인할 수 있다(messenger.jhuapl.edu/Explore/Images.html#highlights-collection).

왜 메신저호는 대문자로 쓸까? 나사는 두문자어를 참 좋아한다. 두문자어란 단어

나 이름을 이니셜을 따서 짓는 걸 말한다. 나사(NASA)역시 미국항공우주국(National Aeronautics and Space Administration)의 두문자어이다. 메신저호는 수성 표면 탐사, 우주 환경 관측, 지구 과학 탐사 등 다양한 임무를 수행한다.

수성에 관한 핵심 정보는 다음과 같다.

- 수성은 충돌 크레이터와 다른 지형들을 가로지르는 길고 구불구불한 산등성이가 있다. 이 지형은 수성이 굳어지면서 수축할 때 생긴 지각의 주름으로 보인다. 수성의 지름은 지금까지 대략 13킬로미터가량 수축한 것으로 보인다.
- 수성은 달에 비해 작은 크레이터보다 큰 크레이터가 많다.
- 달처럼 수성에도 고원이 있다. 하지만 달과는 조금 다른데 수성의 고원은 넓게 펼쳐진 평원에 가로막혀 있다.
- 칼로리스 분지의 정반대 편에는 특이한 지형이 있다. 칼로리스 분지를 만든 충돌이 강한 지진파를 만들어 수성과 표면을 타고 반대편에 모여 형성된 지형이라고 짐작된다.
- 수성에도 자기장이 있다. 지구처럼 수성의 핵을 이루는 액체 상태의 철이 발전기 역할을 하지만 자기력은 지구보다 100배 약하다(화성, 금성, 달도 지구보다 약한 자기장을 가지고 있다).
- 수성의 일교차는 심한 편이다. 낮에는 446도까지 올라갔다가 밤에는 -184도까지 떨어진다.
- 수성에도 얼음이 있다. 수성의 북극 근처에 있는 크레이터의 바닥은 항상 그늘에 덮여 있으며 온도가 매우 낮아서 얼음이 녹지 않는다.
- 오래전에 수성에서 용암이 흘렀으며 계곡을 형성했다.

수성의 표면에는 휘발성(쉽게 증발하는)이 높은 칼륨, 나트륨, 황이 많다. 이 발견은 수성이 왜 대부분 철로 되어 있는지를 설명하고자 하는 천문학자들에게 비극이 되었다. 예전 이론은 과거에 수성을 이루는 물질에서 암석이 가지는 비율이 더 컸다고 가정했다. 이론대로라면 아마 지구나 달과 비슷한 모습이었을 것이다. 수성을 덮고 있던 기존의 암석 표면의 대부분이 어떠한 이유로 인해 떨어져 나갔다고 주장했는데, 표면을 거의 날려버릴 만큼 강한 충격이 실제로 있었다면 현재 수성 표면에 만연한

휘발성 원소는 진작에 열로 인해 증발했을 것이다.

수성은 연구하면 할수록 더 많은 의문이 나타난다. 수성의 모습을 보고 싶다면 이 책의 컬러 부록을 확인하도록 하자.

건조하고, 산성이며 언덕이 많은 : 금성 멀리하기

금성은 날씨가 좋은 법이 없다. 금성의 모든 지역은 1년 내내 15킬로미터 두께의 진한 황산 구름으로 덮여 있다. 지표면도 시원한 곳이 없다. 금성은 태양계에서 가장 뜨거운 행성이며 표면 온도가 465.5도에 달하는데 적도부터 극까지, 밤이든 낮이든 온도가 똑같다. 이번에는 기압계를 확인해보자. 해수면에서 받는 압력보다 약 93배 더 높다. 물론 지구의 해수면 기준이다. 금성에는 물이 없다. 날이 덥다고 불평할 수는 있지만, 습도는 크게 높지 않은데 마치 지구의 애리조나처럼 고온 건조한 기후다.

금성 날씨에 관해 나쁜 소식이 하나 있는데 전 지역에 황산 비가 끊임없이 내린다는 사실이다. 좋은 소식은 이 비는 미류운, 즉 땅에 닿기 전에 다 증발한다는 것이다. 따라서 금성에 간다면 최소한 황산을 덮어쓰지는 않는다.

금성의 높은 기온은 극단적인 온실 효과의 결과다. 간단히 말해 태양 빛이 금성의 두꺼운 대기(산소 없이 95퍼센트 이상의 이산화탄소로만 이루어진)와 구름을 뚫고 들어와 지표면과 지표 근처의 대기를 데운다. 데워진 지표면과 대기는 적외선의 형태로 열을 방출한다. 지구의 경우, 밤에 적외선이 우주로 빠져나가면서 행성의 온도를 낮춘다. 하지만 금성에서는 이산화탄소 대기가 적외선이 빠져나가는 걸 막으며 기온은 걷잡을 수 없이 높아진다.

나사나 다른 인터넷에서 볼 수 있는 금성의 표면 사진 대부분은 일반 사진이 아니라 나사의 마젤란호에서 레이더로 촬영한 영상이다. 짙은 구름 때문에 지구의 망원경이나 금성을 공전하는 위성으로는 표면을 관측하기 힘들다. 구름은 고도 65킬로미터까지 떠 있는데 고도가 너무 낮아서 인공위성이 내려갈 수 없다.

소련에서 발사한 금성 착륙선이 보내온 몇 장의 사진에서 평평한 바위 지대와 약간

의 흙으로 된 표면을 볼 수 있다. 지구에서 용암이 굳어 만들어진 현무암 지대와 유사하다. 하지만 금성의 두꺼운 구름이 햇빛을 부분적으로 차단하기 때문에 지표면은 오렌지 빛으로 보인다. 나사의 홈페이지에서 과거 소련이 촬영한 바위 지대 풍경을 확인할 수 있다. nssdc.gsfc.nasa.gov/photo_gallery에 접속해서 'Venus'를 클릭하고 'Surface Views'에 있는 사진을 클릭하면 된다(이 책의 컬러 부록에도 금성 사진이 있다).

금성의 평야는 많은 열구(용암의 흐름에 의해 만들어진 구불구불한 협곡)들이 있는 화산 활동으로 생성된 저지대다. 금성의 대부분(85퍼센트)은 평야로 되어 있다. 이 지역은 태양계에서 가장 긴 열구로 알려진 볼티스 밸리스(Baltis Vallies)가 있는데 길이는 6,800킬로미터에 이른다. 크레이터로 인해 생성된 산악지대와 고원 지형 역시 볼 수 있다.

금성에는 수성이나 달에 비해 크레이터가 별로 없다. 작은 크레이터는 아예 없으며 대형 크레이터도 많지 않은데 이는 크레이터가 생긴 이후에 금성의 표면이 용암에 잠기거나 화산 활동(행성 내부의 용해된 암석의 분출)이 발생함에 따라 지형이 바뀌었기 때문이다. 용암의 흐름과 화산 활동이 크레이터의 흔적을 대부분 지워버린다. 초기에 생성된 크레이터들이 지워진 이후, 몇 번의 대형 충돌이 있었다. 금성의 두꺼운 대기가 충돌체를 파괴하거나 속도를 늦추기 때문에 작은 물체는 금성에 흔적을 남기지 못하며 금성에 남아 있는 크레이터들은 최소 지름 3킬로미터가 넘는다.

대형 화산(최소 하나 이상이 활동하고 있거나 지난 수천 년 동안 한 번은 용암을 분출했을)과 산맥이 금성의 표면을 덮고 있다. 하지만 지구에 있는 것처럼 화산 활동이 아니라 습곡 작용으로 발생한 지형(미국의 로키산맥이나 아시아의 히말라야산맥)은 없다. 그리고 지구에서 찾아볼 수 있는 뭉쳐 있는 화산(예를 들면 태평양의 '불의 고리')도 없다. 판 구조론과 대륙 이동설은 지구에만 해당하는 이야기다.

유럽우주기구의 탐사선 비너스 익스프레스는 2006년 4월 금성에 도착하였으며 2014년 5월까지 주위를 돌았다. 금성의 뜨거운 대기를 세밀하게 관찰하였으며 화산 활동에 대한 정보를 수집하고 금성의 자전이 느려지고 있다는 사실을 알아냈다. 비너스 익스프레스가 보낸 사진은 www.esa.int/spaceinimages/Missions/Venus_Express/에서 볼 수 있다. 나사의 우주선 마젤란호, 갈릴레오호, 허블우주망원경이 찍은 금성 사진은 행성 사진 저널(Planetary Photojournal) 홈페이지 photojournal.jpl.nasa.gov에서 확인하기 바란다('Venus'를 클릭).

과학자들은 화성의 표면 지도를 만들었는데 산, 협곡, 그리고 다른 지형의 고도를 정확하게 측정했다. 나사 홈페이지에서 내셔널 지오그래픽 화성 지도를 확인할 수 있다(tharsis.gsfc.nasa.gov/ngs.html). 이 지도는 1997~2006년까지 화성을 공전했던 인공위성인 화성 전역 조사선에 있는 장비로 관측한 데이터를 사용해 만들었다. 두 가지 장비를 사용했는데 하나는 레이저 고도계로 화성에 쏘아 보낸 빛의 반사를 이용해 표면의 고도를 측정하는 장비이다. 다른 하나는 카메라로 지형을 촬영했다.

화성 전역 조사선이 화성을 공전하고 있을 때 나사의 다른 탐사선인 오디세이가 2001년 10월, 화성에 도착해 공전을 시작했다. 이 책이 인쇄되는 순간에도 여전히 잘 작동하고 있을 것이다. 오디세이는 지금까지 화성의 동굴, 넓게 퍼진 얼음 지역, 소금 침전물을 찾아냈다. 목마르다고 핥아먹지는 말자.

유럽우주기구는 나사만큼 유명하지 않다. 그러니 당신은 유럽인들이 발사한 마스 익스프레스가 2003년 12월 25일에 화성을 공전하기 시작했다는 사실을 모를 수도 있겠다. 화성 북극관에 있는 아름다운 성층 구조의 모습, 다른 화성의 지역, 그리고 화성 표면을 확대해서 촬영한 비디오까지 http://www.esa.int/our_activities/space_science/mars_express에서 볼 수 있다.

과학자들이 위성을 이용하여 화성의 정확한 지도를 그려냈고 착륙선과 화성 탐사 로봇 로버를 사용하여 화성의 표면을 살펴봤지만 여전히 풀지 못한 의문이 많다. 화성의 생명체와 물에 대한 이론을 다루도록 하겠다(화성의 모습이 궁금하다면 컬러 부록을 확인하라).

물이 다 어디로 갔을까?

화성의 지형도를 보면 북반구의 대부분이 남반구보다 훨씬 고도가 낮다는 사실을 알 수 있다. 어떤 천문학자는 지금은 매우 건조한 화성의 북쪽 지역을 둘러싼 경계 지형이 오래된 바닷가의 흔적이며 북반구의 일부가 옛날에 바다였다고 믿는다. 과학자들은 마스 익스프레스에 실려 있는 지표 투과 레이더 장치를 사용하여 과거 해안 지대였다고 생각되는 지역의 지하를 조사했다. 2012년에 해당 지역의 표층지반이 침전물(수역 바닥에서 발견되는 깨진 암석, 흙 그리고 모래)의 형태와 유사하다는 사실을 밝혀냈다. 그 침전물(침전물이 맞다면)은 아마도 고대의 바다와 비슷한 지형에 퇴적되어 있었을 것이다. 일부 과학자들은 여전히 화성에는 바다가 없었다고 생각하지만 나는 바다가 존재했다고 믿는다.

북쪽에 있는 저지대가 진짜 고대 바다의 흔적이 맞는지는 아무도 모른다. 하지만 그 지역에 바다가 없었다고 하더라도 다른 증거들이 한때 화성에 액체 상태의 물이 흔했다는 사실을 보여준다.

» 오늘날의 화성은 춥고, 건조하다. 화성의 극지방에는 다량의 얼음이 존재한다. 화성에 있는 얼음이 만약 다 녹을 경우 모든 지역을 30미터 높이의 물로 덮어버릴 수 있다(극의 얼음은 녹지 않는다. 화성은 너무 춥다).
» 화성의 협곡 중 일부는 마치 물살에 깎여 나간 것처럼 생겼다.
» 화성 정찰 위성이 보내온 사진에서 표면의 경사를 따라 이어진 좁고 기다란 지형의 모습을 발견했다. 이 지형은 여름에는 어두워지고 날씨가 시원해질수록 희미해졌다. 어쩌면 따뜻할 때 지표에서 소금물이 녹아 흘러 생긴 지형일지도 모른다(소금물은 담수보다 낮은 온도에서 언다. 따라서 담수가 얼어붙어 있을 때도 소금물은 화성 표면을 흐를 수 있다).
» 화성의 많은 지역에서 발견되는 토양에서 물의 영향으로 생성되는 물질을 검출했는데 지구의 진흙에서 보이는 광물질도 있었다.
» 화성에는 말라붙은 강바닥으로 보이는 지형이 있으며 유선형 섬과 급류에 깎인 듯한 둥근 조약돌도 발견되었다. 패스파인더와 소저너호가 화성의 조약돌을 촬영했다.
» 오디세이호는 화성의 넓은 지역의 표면 바로 아래에 얼어붙은 것으로 추정되는 많은 양의 물이 존재한다는 증거를 찾았다.
» 나사의 큐리오시티 로버는 화성을 돌아다니는 거대한 탐사 로봇인데 화성에서 담수호의 흔적을 찾아냈다.

화성 대기는 대부분 이산화탄소(금성의 대기처럼)로 이루어져 있으나 지구나 금성의 대기보다 훨씬 얇다. 화성은 얼음 알갱이로 된 구름이 있는데 지구의 권운과 유사하다.

겨울에 화성 대기의 일부 이산화탄소는 표면에서 얼어붙어서 얇은 드라이아이스 층이 된다. 남극권은 항상 드라이아이스로 덮여 있다(지하에 얼음이 있을 것으로 보인다). 여름이 오고 북극의 드라이아이스가 증발하면 얼음이 드러난다. 화성에 바다가 있었다고 생각해보면, 과거의 화성은 지금보다 훨씬 따뜻한 행성이었을 것이다. 그렇다면 이산화탄소 대기가 지금보다 더 두꺼웠을 것이고 앞에서 설명했던 금성의 온실효과처럼 열을 가두었으리라고 추측된다. 따뜻한 공기와 바다가 있었다면 대기에서 나온 이산화탄소가 물에 녹았을 것이다. 이런 상황에서는 화학 반응이 나타나 탄산염(탄소와 산소가 혼합된 광물)이 생성된다. 이 이론은 화성에 탄산염의 존재를 예측했다. 실제로 나사의 화성 탐사선 스피릿호가 2010년에 탄산염암을 발견했다!

전문가들 사이에서는 의견이 다분하지만 내가 보기엔 결론이 났다고 본다. 화성은 한때 온난한 기후였으며 액체 상태의 물이 풍부했다.

현재, 화성 적도 부근의 낮 기온은 따뜻한 편이며 정오에 16.6도까지 올라간다. 하지만 해가 지고 나면 밤에 -133.3도까지 내려간다. 화성의 계절은 지구와 다르다. 제5장에서 설명했듯이 지구의 계절은 지구와 태양 사이의 거리 변화가 아니라 자전축이 공전궤도에 대해서 기울어 있기 때문에 생긴다. 화성의 경우에는 자전축의 기울기와 태양과의 거리(이런 현상은 화성이 완벽한 원에 가까운 지구의 공전궤도에 비해 타원에 가까운 공전궤도를 돌기 때문이다), 이 두 가지 요인 모두가 복합적으로 작용해 '지구와는 다른' 화성의 계절을 만든다. 화성 남반구의 여름은 북반구보다 더 짧고 더우며 북반구의 겨울은 남반구보다 짧고 따뜻하다.

화성전역조사선의 자력계를 사용해 화성의 지각을 조사한 결과, 지구의 해저에서 발견된 고지자기와 유사한 자기장의 흔적이 발견되었다. 오늘날의 화성은 자기장이 없지만, 이 발견은 지구처럼 주기적으로 뒤집히는 자기장이 있었다는 사실을 의미한다(제5장을 보라). 이는 또한 화성이 지구의 해저 확장과 비슷한 지각 형성 과정을 겪었다는 사실을 보여준다. 화성의 금속 핵은 오래전에 굳었으며 새로운 자기장은 더 이상 만들어지지 않지만 이 증거는 어쩌면 핵 일부분이 액체 상태로 남아 있을지도 모른다는 사실을 암시한다. 핵으로부터 지표로 전해지는 열의 흐름은 낮으며 화산 활동은 확실히 일어나지 않는다.

화성에서 발생한 화산 활동은 태양계에서 가장 큰 화산인 올림푸스 몬스 같은 어마어마한 크기의 산들을 만들었다. 올림푸스 몬스는 600킬로미터 넓이에 높이는 24킬로미터에 이른다. 지구에서 가장 큰 화산인 마우나로아보다 다섯 배 더 넓고 세 배 더 높다. 화성에는 4,000킬로미터 길이의 거대한 마리너 계곡을 포함해 많은 계곡이 있다. 표면에는 충돌 크레이터들도 많이 보인다. 화성의 크레이터는 달의 크레이터보다 더 마모되어 있는데 아마도 화성에 흘렀던 많은 양의 물 때문으로 보인다.

화성에 생명이 살 수 있을까?

사람들은 대부분 화성에 대해 잘못된 생각을 가지고 있지만 어느 정도 가능성이 있는 이론도 있다. 단지 증명되지 않았을 뿐이다. 보통은 화성 생명체에 관한 것인데 거의 대부분은 화성에서 막 돌아온 미래의 우주 비행사에 대한 농담만큼이나 비현실적이다.

화성에 생명체가 있다는 주장은 끝났다

화성에 있는 '운하'의 발견은 화성에 생명이 존재할지도 모른다는 짐작을 처음으로 널리 퍼뜨렸다. 19세기 후반과 20세기 초의 아주 유명한 천문학자들이 운하의 존재를 발표했다. 당시에는 다른 행성을 찍은 사진에서 얻을 수 있는 정보는 거의 없었는데 지구의 대기(제3장에서 정의했다)가 상을 흐리게 만들었으며 노출을 길게 해서 촬영했기 때문이다. 따라서 과학자들은 전문 관측자들이 망원경으로 보고 그린 그림이 가장 정확하다고 생각했다. 그런데 일부 그림에 나타난 화성의 지표면은 가늘고 기다란 선들이 서로 꼬이거나 가로지르고 있었다. 미국인 천문학자 퍼시벌 로웰은 이 선들이 고대문명이 사용했던 운하이며 화성이 말라감에 따라 물을 아끼고 다른 곳으로 이동하기 위해 지어졌다는 이론을 주장했다. 그리고 이 선들이 교차하는 곳이 우물이라고 결론 내렸다.

시간이 지나면서, '운하'의 존재와 화성에 생명체가 있거나, 있었다는 주장은 삼진아웃 당했다.

> » 미국 우주선 마리너 4호가 1965년에 화성에 도착했을 때 보내온 사진에는 운하가 없으며 다음에 도착한 다른 화성 탐사정이 촬영한 더 선명한 사진 역시 마찬가지였다. 원 스트라이크.

» 그 뒤에 도착한 2개의 탐사정 바이킹 착륙선이 광합성이나 호흡 같은 생물 발생 과정의 증거를 찾기 위해 화성에서 화학 실험을 했다. 처음에 물을 흙 표본에 첨가했을 때 생물학적 활동의 증거를 찾은 것처럼 보였다. 하지만 이 실험을 다시 확인한 대부분의 과학자들은 흙에서 일어난 화학 반응이 생명의 증거가 될 수 없다고 결론 내렸다. 큐리오시티호를 포함해 최근에 화성 표면을 탐사했던 탐사정들 역시 마찬가지로 생명체가 있다는 확실한 증거를 찾지 못했다. 투 스트라이크.

» 바이킹 궤도선은 화성을 공전하면서 표면의 사진을 지구로 보냈다. 한 사진에서 보이는 지형은 사람들 말마따나 사람 얼굴을 닮아 있었다. 지구에 있는 많은 산봉우리와 돌로 된 지형들도 유명한 통치자, 인디언 족장 그리고 다른 많은 사람들과 닮아 있었지만 믿음이 강한 신자들은 '화성의 얼굴'이 선진 문명이 세운 일종의 기념물이라고 주장했다. 나중에 화성궤도 탐사선이 보내온 더 선명한 사진에 찍힌 같은 지형은 사람 얼굴과는 전혀 닮지 않았다. 화성에 생명체가 있다고 주장하는 사람들은 이제 삼진 아웃이다.

하지만 화성에 생명이 있다는 생각은 삼진 아웃 뒤에도 여전히 존재했다. 2003년에 천문학자들은 화성에서 메탄의 흔적을 찾기 시작했다. 메탄은 화성의 환경에서 빠르게 다른 물질로 분해된다. 따라서 새로운 메탄의 발견은 원시 생명의 존재를 나타낸다고 생각했다(지구에서는 메탄 생산균이라 불리는 미생물이 메탄을 내뿜는다). 하지만 화성에서 일어나는 지질학적 과정에서도 메탄이 생성될 수 있다. 따라서 전문가들은 여전히 이 미스터리를 풀기 위해 코를 킁킁대고 다닌다.

화석을 찾기 위한 연구

1996년에 과학자들은 화성과 작은 소행성이나 혜성이 충돌로 인해 떨어져 나왔다고 생각되는 운석의 표본을 분석했다. 운석에서 무기물 구조를 가진 화합물을 발견했는데 이 화합물이 고대 미생물의 화석이거나 화학적 부산물일 가능성이 있었다. 하지만 결과에 대해 논란이 많았으며 그 뒤에 진행된 많은 연구가 그들의 결론을 반박했다. 최근에 진행된 연구에 따르면 과거 화성에 생명체가 존재했다는 사실을 증명할 설득력 있는 증거가 없으며, 마찬가지로 부정할 증거 또한 없다. 이 문제를 풀기 위해서는 생명체의 증거가 있을 가능성이 가장 높은 지역을 체계적으로 조사하는 방법밖에 없다. 지구에서 가장 많은 화석이 발견되는 장소인 과거 많은 물이 존재했을 것으로 보이는 지형과 고대 호수나 바다에 쌓인 퇴적물 같은 곳을 중심으로 수색해야 한다.

비교행성학으로 지구를 구별하기

수성은 극단적인 기온을 가진 행성으로 지구보다 약한 행성 자기장을 가지고 있다. 금성과 화성은 자기장이 없지만, 지구와 많은 면에서 비슷한 행성이다. 하지만 우리가 아는 한 액체 상태의 물과 생명은 지구에만 있다. 지구는 어떻게 특별한 행성이 되었을까?

금성은 지구와는 다르게 지옥같이 뜨겁다. 금성은 수성보다 태양에서 더 떨어져 있지만, 온도는 더 높다. 금성이 뜨거운 이유는 행성 밖으로 빠져나가는 열기를 흡수하는 대기 때문에 발생하는 극도의 온실효과 때문이다. 지구의 대기는 한때 지금의 금성처럼 이산화탄소로 가득 차 있었다. 하지만 지구의 바다가 대부분의 이산화탄소를 흡수했기 때문에 금성처럼 많은 열을 가두지 못했다.

화성은 반면에 너무 추워서 생명체가 살 수 없다(우리가 아는 한). 화성은 기존의 대기를 거의 잃었으며 현재의 대기는 아주 얇아서 지표면의 온도를 물의 어는점 이상으로 유지할 만한 온실효과가 일어나지 않는다.

수성을 제외하고, 3개의 지구형 행성은 골디락스와 곰 세 마리 동화책에 나오는 세 그릇의 수프와 비슷하다. 금성은 너무 뜨겁고 화성은 너무 차가우며 지구는 액체 상태의 물과 우리가 알고 있는 생명을 품기에 딱 적당하다(수성 역시 너무 뜨겁다). 지구형 행성의 기본적인 특징과 상대적인 차이점을 종합한 결과 과학자들은 아래와 같은 결론을 내렸다.

- 수성은 달의 뒷면(많은 크레이터가 있는)과 비슷하게 생겼지만, 액체 상태의 핵이 자기장을 만드는 점에서는 지구와 유사하다.
- 지구가 '지킬'이라면 금성은 '하이드'다. 금성은 지구와 크기가 거의 같지

만, 지옥 같은 열기와 압력 그리고 숨 막히는 대기를 가졌으며 강한 황산 비가 내린다.

» 화성은 차가워지고 바싹 마른 작은 지구이다.

지구는 골디락스의 행성이다. 딱 적당하다!

이런 식으로 행성들의 특징을 비교해보면 이들의 서로 다른 진화 과정과 과정에서의 차이가 어떻게 지금의 모습으로 이어졌는지 결론을 도출해볼 수 있다. 위의 방식으로 생각하는 학문을, 천문학자들은 비교행성학이라고 부른다.

지구형 행성을 쉽게 관찰하는 방법

천문학 잡지나 관련 웹사이트, 스마트폰 앱, 컴퓨터용 천문관 프로그램에서 지구형 행성을 관찰하는 데 도움을 받을 수 있다(제2장 참조). 금성은 특히 찾기 쉬운 편인데 천체 중에서 달을 제외하면 가장 밝기 때문이다.

수성은 태양에서 가장 가까운 행성이며 금성이 두 번째다. 이들은 지구의 공전궤도 안에서 공전을 하고 있기 때문에 수성과 금성은 지구에서 봤을 때 항상 태양과 비슷한 위치에 있다. 따라서 수성과 금성은 해가 진 뒤 서쪽 하늘이나 동이 트기 전 동쪽 하늘에서 볼 수 있다. 두 경우 모두 태양이 수평선 근처에 있으며 아침에는 태양의 서쪽, 저녁에는 태양의 동쪽에서 볼 수 있다.

사람들은 해가 뜨기 전 동쪽에서 보이는 밝은 별을 샛별, 해가 진 뒤에 보이는 밝은 별을 저녁별이라고 불렀다. 진짜 별은 아니지만, 통상적으로 부르는 이름이다. 수성과 금성은 태양 주변을 빠르게 돌기 때문에 어쩌면 이번 주의 샛별과 다음 달의 저녁별이 같은 천체일지도 모른다(그림 6-1).

이제부터 이각, 충, 합을 근거로 지구형 행성을 관측하기 좋은 시간을 설명하겠다. 이 세 가지 용어는 태양과 지구에 대하여 행성들의 위치를 정의할 때 사용한다. 지구형 행성을 관측할 때 이 용어들을 어떻게 사용할 수 있는지 알려주겠다(관측하기 쉬운 순으로 설명했다. 가장 쉬운 금성부터 시작하자).

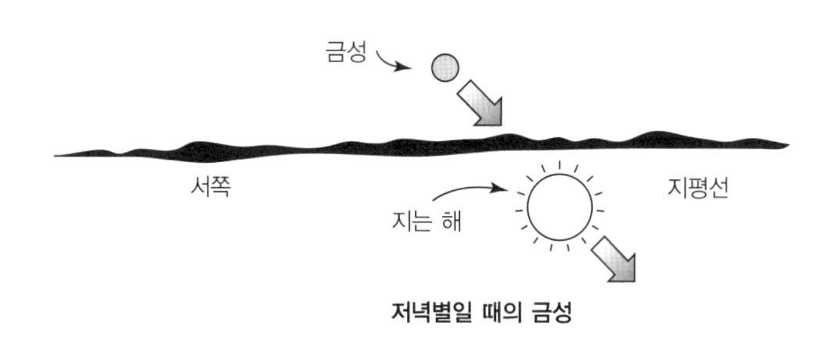

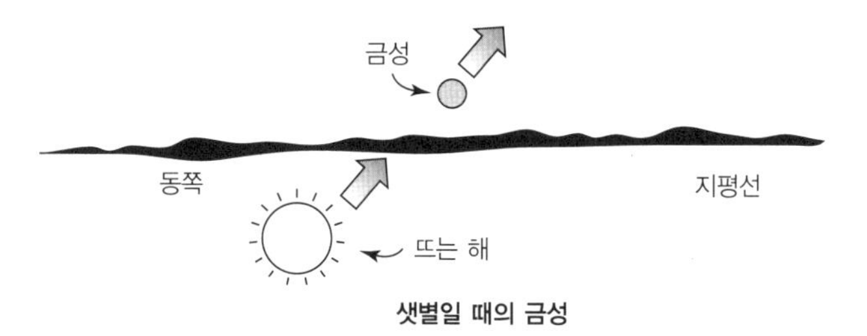

그림 6-1
금성은 사실 행성이지만, 샛별과 저녁별 모두 될 수 있다.

Dinah L. Moché/Astronomy: A Self-Teaching Guide, Seventh Edition

이각, 충, 합 이해하기

이각, 충, 합은 태양과 지구에 대하여 행성의 위치를 나타내는 용어다. 앞으로 관측 계획을 짜면서 행성의 위치를 살펴볼 때 자주 보게 될 것이다. 각 단어의 뜻은 다음과 같다.

- » 이각은 행성과 태양이 지구에 대하여 이루는 각도이다. 수성의 공전궤도는 너무 작아서 태양에서 28도 이상 멀어지지 않는다. 어떨 때는 18도 이상 벗어나지 않는데 이 기간에는 하늘에서 찾기 어렵다. 금성은 태양에서 47도까지 떨어질 수 있다.
  서방(또는 동방)최대이각은 행성이 태양에서 최대한 멀리 떨어질 때를 말한다. 지구와 행성 사이의 거리가 달라지기 때문에 최대이각이 변하기도 한다. 이각은 수성을 관측할 때 특히 중요한데 수성은 태양에 가깝게 붙어 있어서 관측이 힘든 천체이기 때문이다.
- » 충은 태양, 지구, 행성 순으로 지구가 태양과 행성 사이 일직선에 위치하는 때를 말한다. 수성과 금성은 충이 될 수 없지만, 화성은 대략 26개월마다

한 번씩 충이 된다. 충일 때 행성이 제일 크게 보이며 가장 관측하기 좋다. 충이 일어나면 화성은 자정에 가장 높게 뜨며 밤새도록 볼 수 있다.

» 합은 달이 금성 근처로 지나가는 것처럼 하늘에서 두 천체가 가까이 접근하는 경우를 말한다. 사실, 금성은 달과 멀리 떨어져 있지만, 우리 눈에는 겹쳐지는 것처럼 보인다.

합은 조금 전문적인 의미도 있다. **적경**(동서 방향으로 측정한 별의 위치)과 **적위**(남북 방향으로 측정한 별의 위치)로 별의 위치를 나타내는 대신에 천문학자들은 황도 위도와 황도 경도를 사용하기도 한다. **황도**는 태양이 하늘의 별자리를 배경으로 움직이는 경로를 의미한다. **황위**와 **황경**은 황도에 대하여 각각 남북(위도)과 동서(경도) 방향으로 측정한 천체의 위치를 나타낸다(황도좌표계는 지구형 행성을 관측할 때는 필요 없지만 알아두면 외합과 내합의 개념을 이해할 때 편하다).

합과 충을 이해하려면 몇 가지 헷갈리는 용어를 정확히 알고 넘어가야 한다. 다시 말해 행성을 외행성과 내행성으로 나누며 합을 외합과 내합으로 나눈다는 얘기다. **외행성**은 지구 공전궤도의 바깥쪽에 위치하며(예를 들면 화성) **내행성**은 지구의 공전궤도 안쪽에 위치한다(따라서 수성과 금성이 내행성이 되는데 내행성은 이 둘밖에 없다).

지구에서 봤을 때 외행성이 태양과 같은 경도에 있다면, 태양의 뒤쪽에 위치한다는 뜻이며 이 경우에 합이 된다(그림 6-2). 같은 행성이 태양에서 봤을 때 지구 뒤편에 위

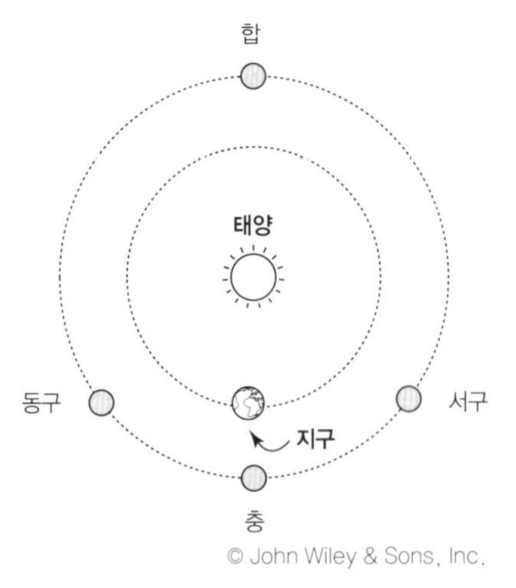

그림 6-2
합이 일어날 때 외행성은 태양과 같은 경도에 있다.

치한다면 이때는 충이 된다(역시 그림 6-2).

외행성이 합에 있으면 가장 관측하기 힘들다. 행성이 태양에서 멀리 있으며 거의 같은 방향에 있기 때문이다. 따라서 화성이 합일 때는 관측하지 않는 게 좋다. 어차피 보이지 않는다. 화성을 관측하기 최적의 시간은 충이다.

외행성은 합과 충이 있지만 내행성은 두 가지 합만 있으며 충은 없다(그림 6-3 참조). 내행성이 태양과 경도가 같으며 태양과 지구 사이에 있을 때 내합이라고 한다. 반대로 내행성이 태양과 경도가 같으며 지구에서 봤을 때 태양 뒤에 있을 때 외합이라고 한다.

친구들에게 이 개념을 가르쳐줄 수 있다면, 완벽하게 이해했다고 봐도 좋다. 그림 6-2와 6-3을 가지고 강의해보도록 하자.

금성은 최대이각과 내합 사이에서 가장 밝으며 관측하기 가장 좋다. 하지만 수성은 내합이나 외합에서는 태양과 너무 가깝게 붙기 때문에 지구에서 관측하기는 힘들다. 수성은 최대이각일 때 가장 잘 보인다.

금성의 관측과 위상

밤하늘에서 가장 찾기 쉬운 행성은 금성이다. 태양에서 두 번째에 있는 이 행성은 아주 밝게 빛나는데 천문학적 지식이 없는 사람이 금성을 보고 라디오, 신문, 천문관에 전화해 지금 떠 있는 '저 밝은 별'이 뭐냐고 물어보기도 한다.

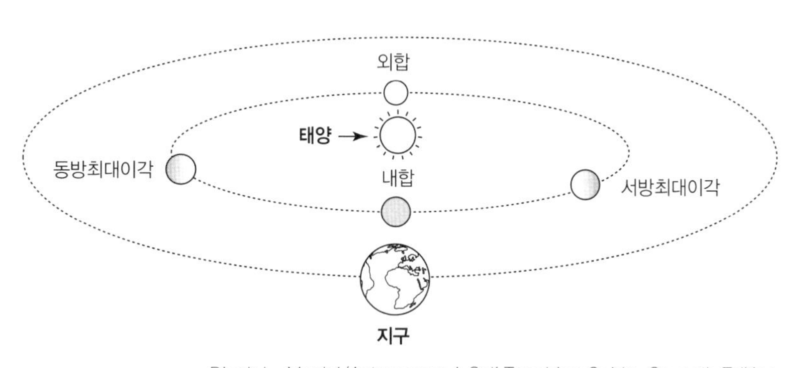

그림 6-3
내합은 내행성이 태양과 동서 방향으로 일직선이 되는 상황을 말한다.

Dinah L. Moché/Astronomy: A Self-Teaching Guide, Seventh Edition

금성 앞에서 구름이 서쪽에서 동쪽으로 빠르게 움직일 때 미숙한 관측자들은 종종 자신의 눈에 보이는 상황을 오해하기도 한다. 잘 모르는 사람들은 금성이(금성인 줄 모르고) 구름 반대 방향으로 빠르게 움직이고 있다고 생각한다. 금성의 밝기와 구름층 뒤에서 빠르게 움직이는 것처럼 보이는 모습 때문에 미확인비행물체로 오해하고 제보하는 경우가 종종 있다.

금성을 보는 데 익숙해지면 대낮에도 찾아낼 수 있다. 이따금 금성은 아주 밝게 빛나서 하늘이 맑다면 '주변시'를 사용해 낮에도 금성의 모습을 볼 수 있다. 다시 말해 '시야의 구석'으로 관측하라는 말이다. 몇 가지 이유로, 똑바로 보는 것보다 주변시를 사용해서 수색하는 게 천체를 발견하기 쉽다. 주변시로 물체를 찾는 능력은 생존본능과 관련이 있는데 당신의 옆에서 몰래 다가오는 포식자나 적을 알아차리게 해준다.

작은 망원경으로도 금성의 가장 돋보이는 특징인 위상과 겉보기 크기의 변화를 관측할 수 있다. 금성도 달과 같은 이유로 위상 변화가 생기며 상의 모습 또한 달과 비슷하다(달의 위상은 제5장 참조). 금성에서 태양을 향하고 있는 면 일부가(밝은 면이) 지구를 보고 있지 않다면, 지구에서 망원경으로 보는 금성은 어둠과 빛이 공존할 것이다.

【 1각분(초)만 기다려봐 】

과학자들은 하늘에 있는 천체의 겉보기 크기를 각도 단위로 측정한다. 하늘을 한 바퀴 도는 천구의 적도는 360도이다. 태양과 달은 대략 0.5도다. 행성들은 훨씬 작게 보이기 때문에 표현하려면 더 작은 각도 단위가 필요하다. 1도는 60각분으로, 1각분은 60각초로 나눠진다. 따라서 1도는 3,600각초이다. 많은 천문학 서적과 기사에서 작은따옴표(')는 각분을, 큰따옴표(")는 각초를 의미한다. 이따금 이 기호를 다른 길이 단위의 약어로 혼동하는 사람들이 있다. 천문학 기사에서 "달의 지름은 대략 30센티미터였다"라는 문장을 본다면 멍청한 교열 담당자가 편집했다고 봐도 좋다.

금성의 지름은 지구보다 대략 5퍼센트 정도 작다. 겉보기 크기, 다시 말해 각 지름은 금성이 가장 멀리 떨어져 있을 때(보름달 모양) 약 10각초이며 가장 가까울 때(그믐달 모양) 약 58각초다.

재미있는 사실을 하나 알려주자면 1각초는 10원짜리 동전을 3킬로미터 밖에서 보는 크기와 거의 비슷하다.

금성의 빛나는 부분과 어두운 부분을 나누는 경계선을 명암경계선이라고 부르며 달에도 있다. 명암경계선은 가상의 선이며 실존하지 않는다(제5장 참조).

금성과 지구가 태양을 공전함에 따라 두 행성 사이의 거리는 크게 변한다. 금성이 지구에 가장 가까워질 때 금성은 지구에서 4,000만 킬로미터 거리에 있다. 가장 멀어질 때의 거리는 2억 5,700만 킬로미터다. 금성과 지구 사이의 거리에서 중요한 점은 비례관계가 성립한다는 것이다. 금성이 지구에 가장 가깝게 접근하면 가장 멀 때에 비해 여섯 배 더 가까워진다. 따라서 망원경으로 보이는 모습도 여섯 배 더 크다.

망원경으로 금성을 관측하면 달의 반점처럼 딱히 눈에 띄는 지형은 볼 수 없다. 두꺼운 구름이 금성을 완전히 뒤덮고 있으며 눈에 보이는 것은 구름의 꼭대기뿐이다. 금성이 눈에 띄게 밝은 이유는 상대적으로 태양과 지구에 가깝게 공전하며 대기에 빛을 반사하는 구름층을 가지고 있기 때문이다. 하지만 금성이 아주 얇은 초승달(그믐달) 모양일 때, 가끔 빛나는 부분이 예정보다 더 많이 보이는 경우를 볼 수 있다. 금성의 대기에서 산란한 햇빛이 명암경계선의 어두운 쪽으로 비치면 이런 현상이 나타난다.

책에서 본 금성의 사진은 아름다운 구름의 무늬로 덮여 있는데, 이는 자외선으로 촬영한 모습이다. 자외선은 우리의 대기를 뚫지 못하며(해로운 방사선을 막아주는 오존층 덕분에), 따라서 우리는 구름 속의 금성을 볼 수 없다. 사실, 대기가 자외선을 막아주지 않아도 자외선을 볼 수 없다. 자외선은 사람의 눈에 보이지 않는다. 하지만 위성에 있는 망원경과 지구 대기 밖에 있는 우주 탐사정은 자외선 사진을 촬영할 수 있다. 이번 장의 앞에서 말했던 웹사이트에 실려 있는 금성 사진 일부는 적외선이나 전파로 촬영된 것이며 자외선과 마찬가지로 눈에 보이지 않는 파장이다.

아주 가끔 관측자들이 금성의 어두운 부분에서 희미한 빛을 보기도 한다. 이 섬광은 애센 광이라고 불리는데 어떨 때는 진짜 일어나는 현상이지만, 상상의 장난인 경우도 있다. 몇 세기의 연구 동안 전문가들은 여전히 애센 광을 설명하지 못했으며 일부는 심지어 존재를 부정하기도 했다. 하지만 운이 좋다면, 당신도 볼 수 있다. 사람들은 망원경으로 금성에서 알려지지 않은 특징을 발견했다고 주장하지만, 대다수의 보고는 거짓이다. 실험 결과는 이런 현상이 대부분 심리학적 효과 때문에 일어난다는 사실을 증명했다. 사람들에게 아무 특징도 없는 하얀색 구체를 거리를 두고 관찰하게 하면, 그중 일부는 존재하지도 않은 무늬를 찾아낸다는 말이다.

돌아다니는 화성 관측하기

화성은 밝고 붉은빛을 발하는 행성이지만, 금성만큼 눈에 띄지는 않는다. 따라서 전갈자리의 안타레스 같은 다른 붉은 별을 화성으로 착각하지 않도록 성도를 잘 확인해야 한다(안타레스의 이름의 의미는 '화성에 필적하는 자'라는 뜻이다).

화성이 관찰하기 좋은 이유는 밤하늘에 한 번 나타나면 수성이나 금성과 다르게(해가 진 뒤나 해가 뜨기 전에만 잠깐 볼 수 있다) 오랫동안 볼 수 있다는 점이다. 저녁을 먹고, 뉴스를 본 다음에 밖으로 나와서 화성을 관측해도 늦지 않다.

소형 망원경을 사용하면, 화성 표면의 어두운 무늬를 관측할 수 있다. 화성을 관찰하기 좋은 시기는 26개월을 주기로 일어나는 화성의 충이다. 이때 화성은 가장 크고 밝게 보인다. 따라서 표면에 있는 특징을 더 수월하게 볼 수 있을 것이다.

다가오는 화성의 충은 아래와 같다.

【 행성 통과 목격하기 】

아주 드물게, 행성의 통과를 볼 수 있다. 행성의 통과가 일어날 때, 행성은 밝은 태양 표면 앞을 지나는데 작은 검은색 점처럼 보인다. 지구와 태양 사이에서 움직이는 내행성(수성과 금성)만이 태양을 통과할 수 있다.

작은 망원경으로도 수성의 통과를 관측할 수 있지만 제10장에서 설명한 안전 절차를 반드시 지켜야 한다. 그렇지 않으면 눈에 심각한 손상을 입거나 실명할 수도 있다. 근처의 천문관이나 박물관, 천문 동아리에서 통과 관측 행사를 하는지 알아보는 것도 괜찮은 생각이다(자주 있다). 이런 행사에 참여하면 전문가들이 설정한 장비들로 안전하게 관측할 수 있다. 다가오는 수성의 통과는 2019년 11월 11일과 2032년 11월 13일이다.

금성은 수성보다 크기 때문에 더 인상적인 모습의 통과가 일어나지만, 수성보다 드물게 일어난다. 불행히도 지금까지 한 번도 금성의 통과를 보지 못했다면 앞으로 영원히 보지 못할 가능성이 높다. 마지막 통과는 2012년 6월에 일어났으며 다음 통과 예정일은 2117년 12월이다. 유언장에 금성의 통과를 잊지 말고 관측하라고 남겨두자.

2018년 7월

2020년 10월

2022년 12월

2025년 1월

2027년 2월

2029년 3월

놓치지 말라!

화성의 대 접근 때는 충 중에서도 가장 크고 밝게 보이는데 천구 적도의 남쪽에 위치한다. 하지만 북반구의 중위도 지방에서도 관측할 수 있다.

작은 망원경으로 가장 찾기 쉬운 화성 표면 지형인 시르티스 메이저는 적도에서 북쪽으로 뻗어 있는 넓고 검게 보이는 지역이다. 화성의 하루는 24시간 37분으로 지구와 거의 비슷하다. 따라서 화성을 밤 동안 지켜보면 화성이 자전함에 따라 대 시르티스가 천천히 움직이는 모습을 관측할 수 있다. 숙련된 관측자는 화성의 극관과 다른 무늬도 볼 수 있다.

나사의 화성 사진은 행성 간 탐사선과 허블우주망원경으로 찍은 것인데 사진에서 소형 망원경으로 볼 수 있는 특징은 그렇게 많지 않다. 간단한 알베도 지도(albedo map)를 보면 소형 망원경으로 보이는 화성의 밝고 어두운 지역의 모습과 이름이 정리되어 있다. 이 지도는 일반 관측자들이 볼 수 있는 화성의 모습보다 더 자세한 내용까지 나타나 있다. 앞으로의 관찰 계획을 세우는 데 참고할 수 있으며 관측 기술 향상에도 도움이 될 것이다. 나사의 마르스와치 홈페이지 mars.jpl.nasa.gov/MPF/mpf/marswatch/marsnom.html에서 지도를 볼 수 있다(ALPO 제공). 흑백 지도가 싫다면 스카이 앤드 텔레스코프의 홈페이지에서 'Mars Topography Map'을 주문하면 된다. 미국 지질조사국이 만든 자료로 대략 만 원 정도로 구매할 수 있다. 아주 자세한 지도인데 당신이 직접 화성에 가지 않는 이상 볼 수 없는 지형도 지도에 기록되어 있다.

【 화성의 역주행 추적 】

행성 관측 경험이 없는 초보 관측자라면, 별자리 사이로 움직이는 화성의 움직임을 관찰해보도록 하자. 당신의 눈과 성도 하나만 있으면 된다.

별을 기준으로 화성의 위치를 성도에 연필로 표시한다. 맑은 날마다 화성의 위치를 기록한다면 화성이 움직이는 경로를 그려낼 수 있다. 고대 그리스인들은 화성의 운동 경로를 보고 당황하여 아주 복잡한 이론들을 만들어냈는데 대부분은 틀렸다.

거의 모든 날에, 달이 움직이는 것처럼 화성도 별을 배경으로 동쪽으로 움직인다. 달은 계속 한 방향으로 움직이지만 화성은 가끔 반대 방향으로 움직인다. 2~3개월 정도(62~81일까지), 화성은 별자리에 대해 서쪽으로 움직이는데 거리로 치면 10~20도 정도 이동한다. 이 기간이 끝나면 다시 동쪽으로 움직인다. 이 현상을 '화성의 역행'이라고 한다.

진행 방향의 반대로 움직이는 현상은 화성이 길을 잃어서 일어나는 게 아니다. 역행 현상은 지구가 태양을 공전하기 때문에 나타난다. 화성의 움직임을 기록할 때, 우리는 태양을 365일 주기로 공전하는 지구에 서 있다. 화성은 지구보다 느리며 태양을 한 바퀴 도는 데 687일이 걸린다. 따라서 지구가 안쪽 궤도에서 화성을 추월할 때, 화성은 우리 눈에는 뒤로 움직이는 것처럼 보인다. 실제로 화성은 항상 같은 방향으로 움직인다.

천문학자들은 하늘의 상태를 평가할 때 **시상**(대기의 안정도), **투명도**(구름이나 안개 같은 방해물이 없는 정도) 그리고 **어둡기**(인공 불빛, 달빛, 햇빛에서 영향을 받지 않는 정도)를 사용한다. 화성같이 밝은 행성을 볼 때는 시상이 가장 중요한 요인이며 어둡기는 상대적으로 중요하지 않다. 하지만 하늘이 어두울수록 대기가 안정되고 투명도가 올라가서 밤하늘을 더 많이 즐길 수 있다.

시상이 좋으면 별은 많이 깜빡이지 않으며 고배율 접안렌즈를 사용한다면 화성이나 다른 행성의 자세한 특징까지 볼 수 있다. 시상이 좋지 않다면 상이 흐려지며 심하면 흔들린다. 관측에 불리한 환경에서는 고배율은 쓸모가 없다. 흐릿하게 보이는 상을 크게 만들 뿐이다. 최선의 결과를 내기 위해서는 저배율 접안렌즈를 사용하자.

당신의 관측 환경이 완벽하며 화성까지 충이 된다고 하더라도, 불행히도 예상치 못한 사고가 일어날 수 있다. 가끔 화성에 거대한 먼지 폭풍이 일어나는데, 잦아들 때까지 화성의 표면을 볼 수 없다.

화성정찰궤도선이 발사되기 전에, 전문 천문학자들은 아마추어 천문학자들에게 도움을 받았다. 일부 아마추어 천문학자들은 화성에 먼지 폭풍이 일어나거나 행성에 다른 변화가 일어나면 전문 천문학자에게 보고하는 역할을 했다.

망원경으로 화성을 수월하게 관측하기 위해서는 많은 경험이 필요하다. 초심자들은 아무것도 보이지 않는다고 먼지 폭풍 탓으로만 돌려서는 안 된다. 관측 환경이 좋고 나쁘고를 떠나 여러 환경에서 화성을 관측해보고 익숙해져야 한다. 그런 뒤에야 당신이 원하는 지역 관측에 실패했을 때, 실패 원인이 나쁜 관측 환경이나 경험 부족이 아니라 화성의 기상 때문이라고 말할 수 있다. "증거의 부재는 부재의 증거가 아니다"라는 명언을 기억하라. 첫 관측에서 화성의 표면에 있는 특징들이 보이지 않을 수 있지만, 이 사실은 먼지 폭풍이 당신의 시야를 막고 있다는 것을 의미하지는 않는다. 미식가나 와인 애호가들이 미각을 훈련하듯이 망원경으로 제대로 된 관측을 하고 싶다면 관측 기술을 훈련해야 한다. 나는 위의 명언에 깊이 동감한다.

사실 화성을 보기 위해 꼭 망원경을 들고 마당에 나가거나 지붕 위로 올라갈 필요는 없다. 나사의 "Be a Martian" 홈페이지(beamartian.jpl.nasa.gov)에서 행성 전문가들의 연구에 도움을 줄 수 있다. 회원 가입을 하고 고해상도의 화성 표면 확대 사진을 꼼꼼히 보면서, 과학자들이 미세한 화성의 표면 특징을 구별하는 작업에 도움을 줄 수 있다.

참고로, 화성은 2개의 위성이 있는데 포보스와 데히모스이다. 크기가 작아서 작은 망원경으로는 보기 힘들다.

수성 관측으로 코페르니쿠스 넘어서기

역사학자들은 지동설을 처음으로 주장했던 위대한 폴란드 천문학자 니콜라우스 코페르니쿠스(1473~1543)도 수성을 발견하지는 못했다고 말한다.

하지만 코페르니쿠스는 현대의 참고자료, 예를 들면 스마트폰 앱, 컴퓨터, 웹사이트나 매달 정기 발행되는 천문 잡지(제2장을 보라) 따위의 도움은 받지 않았다. 반면에, 당신은 위의 자료를 사용해서 1년 중에 수성을 가장 관측하기 좋은 때가 언제인지 알아낼 수 있다. 한 해에 여섯 번 정도 일어나는 동방최대이각과 서방최대이각의 날짜를 알아보면 되겠다(이번 장의 '이각, 충, 합의 개념 이해하기'에서 다루었다). 더 좋은 방법은 ALPO의 홈페이지에 있는 'Mercury Chaser's Calculator'의 사용법을 익히는 것이다. alpo-astronomy.org로 접속하고 'Mercury Section'에 들어가서 다시 'Mercury Chaser's Calculator'를 클릭하면 된다. 수성의 이각이 발생하는 날짜와 다른 세부사항들을 볼 수 있다.

미국 같은 중위도 지방의 경우 수성은 보통 황혼에만 보인다. 해가 완전히 지고 하늘이 어두워지면 수성도 지평선 너머로 사라진다. 아침에 뜨는 해가 하늘을 밝히기 시작할 때까지는 수성을 찾을 수 없다. 수성은 밝은 별과 비슷하게 빛나지만, 황혼의 서쪽이나 해 뜨기 전 동쪽 하늘에서 보이는 금성보다 훨씬 어둡게 보인다.

수성을 보려면 일찍 일어나자

수성은 금성보다 훨씬 작으나 망원경으로 상의 변화를 볼 수 있다. 관측하기 가장 좋은 시간은 수성이 서방이각에 있으며 새벽 박명에 나타났을 때다. 대기의 안정도, 다시 말해 시상은 거의 모든 경우에 수성이 새벽의 동쪽 수평선 근처에 있을 때가 해가 진 뒤 서쪽 수평선 근처에 있을 때보다 좋다. 따라서 아침에 더 선명한 상을 얻을 수 있다.

태양이 수평선 아래에 있을 때 수성은 낮은 하늘에서 보이기 때문에 서쪽이 트인 관측 장소를 찾아야 한다. 관측을 시작할 때 맨눈으로 수성을 찾기 힘들다면 저배율 쌍안경으로 하늘을 훑어보자. 컴퓨터 망원경이 있다면 그냥 '수성'을 입력하면 자동으로 수성의 위치를 잡아준다.

【 수성을 좋아하는 사람은 아침을 고른다 】

새벽 수평선 근처가 일몰 수평선 근처보다 시상이 더 좋은 이유가 있다. 해가 질 때까지 태양은 지구의 표면을 데운다. 따라서 서쪽 하늘 아래를 볼 때 표면에서 피어오르는 난기류를 거쳐서 물체를 보는 것이다. 하지만 아침에는 밤 동안 지구가 식었기 때문에 대기가 안정하다. 태양이 다시 떠서 땅을 데우고 시상을 망치기까지 몇 시간이 걸린다.

표면의 특징을 관측할 생각은 하지 말자

소형 망원경으로 수성의 표면에 있는 특징을 찾는 일은 굉장히 어려운데 이는 지구상의 어떤 망원경도 마찬가지다. 최대 이각일 때 수성의 겉보기 크기는 6~8각초밖에 되지 않는다(자세한 내용은 이번 장의 앞부분에 있는 '1각분(초)만 기다려봐' 참조).

숙련된 아마추어 관측자들은 수성의 표면 특징을 관측해서 보고하거나 망원경에 부착한 카메라로 사진을 찍는다. 하지만 나는 이런 방식의 관측을 통해 괜찮은 정보를 찾아냈다는 소식을 한 번도 들어본 적이 없다. 옛날에 위대한 행성 관측자 중 일부가 수성의 표면 특징을 그려낼 수 있다고 생각했다. 이들은 표면 그림을 통해 수성의 자전주기를 추론해 내려고 했다. 연구 결과 수성의 공전 주기인 88일과 자전주기가 같다는 결론을 내렸다. 하지만 틀렸다. 레이더 측정 결과 수성의 하루는 지구의 59일과 같았다. 따라서 수성의 1년은 수성의 이틀보다 짧다. 참 이상하기도 하지!

어쨌든 당신이 수성을 찾아내고 망원경으로 상까지 관측하는 데 성공했다면, 축하한다. 당신은 폴란드의 위대한 천문학자를 넘어섰다!

chapter

07

즐겨보자 : 소행성대와 지구 근접 천체

제7장 미리보기

- 소행성을 알아본다.
- 지구에 소행성이 충돌할 가능성을 계산한다.
- 밤하늘의 소행성을 관측한다.

소행성은 태양 주변을 도는 커다란 암석이다. 대부분의 소행성은 화성의 궤도 너머에 있는 소행성대라고 부르는 지역에 잠들어 있지만 다른 수천 개의 소행성은 지구의 공전궤도에 근접하거나 교차하면서 태양을 공전한다. 많은 과학자들은 대략 6,500만 년 전에 소행성이 지구에 충돌했고, 공룡과 다른 종들을 멸종시켰다고 믿는다.

이번 장에서는 다양한 소행성과 소행성의 관측 방법을 알아보도록 하겠다. 혹시 알고 싶어 하는 독자가 있을지 모르니, 소행성과 지구의 충돌 가능성과 우리의 과학자들이 어떤 대처법을 생각하고 있는지도 함께 살펴보자.

소행성대로 떠나는 짧은 여행

소행성은 말 그대로 작은 행성이라는 뜻인데 이들이 처음 발견되었을 때 전문가들이 행성과 비슷한 천체라고 생각했기 때문에 이런 이름을 붙였다. 하지만 오늘날의 천문학자들은 소행성이 태양계의 형성 과정에서 생긴 자투리, 즉 다른 잔해들과 합쳐져서 행성이 될 수 없었던 물체라고 믿는다. 이다와 같이 위성을 가지고 있는 소행성도 있다(그림 7-1). 소행성은 지구에서도 볼 수 있는 규산염암과 금속(대부분은 철과 니켈)으로 이루어져 있다. 탄산염광물을 포함하고 있는 소행성도 있으며, 최근 들어 일부 소행성에서 얼음이 발견되었다.

대부분의 소행성은 화성과 목성 사이에 모여 넓고, 평평한 도넛 모양을 이루며 태양을 공전한다. 이 지역을 **소행성대**라고 한다. 소행성의 크기는 소행성에서 떨어져 나온 작은 유성체(제4장을 보라)부터 지름 945킬로미터의 세레스까지 다양하다. 지구의 바위만 한 우주 암석을 봤다면 아주 작은 소행성이거나 아주 커다란 유성체인데 편한 대로 정의하면 된다. 하지만 세레스는 2006년에 내린 결론에 따르면 소행성임과 동시에 왜소행성이다. 왜소행성이라는 새로운 분류는 제9장에서 설명하겠다.

제4장에서 설명했던 소행성에서 떨어져 나온 유성체는 암석이나 철 성분으로 이루

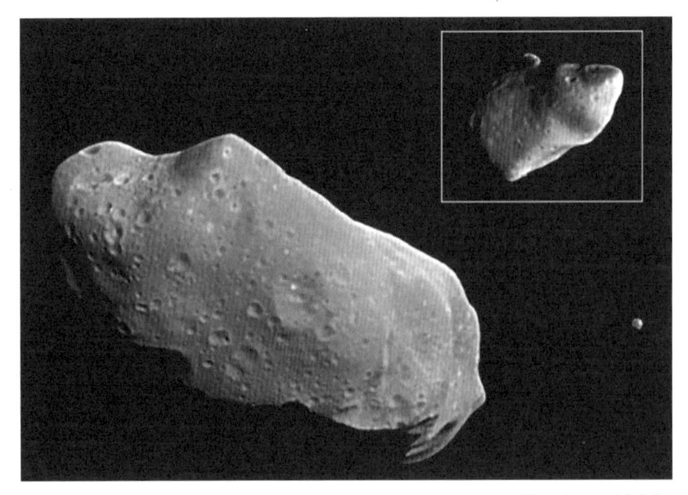

그림 7-1
소행성 이다에는 위성 다크틸이 있다.

Courtesy of NASA

표 7-1 소행성대의 '덩치 4인방'

이름	지름(km)	자전에 걸리는 시간	태양까지의 평균 거리(AU)
세레스	940	9.1	2.77
팔라스	545	7.8	2.77
베스타	525	5.3	2.36
히기에이아	407	27.6	3.14

어져 있으며 둘 다 포함할 수도 있다. 유성체가 지표에 떨어지면 운석이라고 부른다. 운석을 보고 싶다면 자연사 박물관이나 지리학 박물관으로 가면 된다. 박물관(어디든)에 전시된 운석 중에 가장 큰 운석은 뉴욕에 있는 미국 자연사 박물관에 있다. 이 34톤의 철 덩어리는 그린란드 케이프 요크에 떨어졌던 운석의 가장 큰 파편으로 아니기토(Ahnighito)라고 부른다. 박물관 홈페이지 www.amnh.org/exhibitions/permanent-exhibitions/earth-and-planetary-sciences-halls/arthur-ross-hall-of-meteorites에서 자세한 정보를 확인해보자. 알려진 운석 중에서 가장 큰 운석은 나미비아에 있는 호바 운석인데 무게가 60톤에 육박하며 떨어진 자리에 그대로 있다.

표 7-1은 소행성대에서 가장 큰 천체들이다. 세라스와 팔라스는 평균적으로 태양과 거의 같은 거리에 있지만, 팔라스의 공전궤도가 더 타원에 가깝다.

2017년 초까지 약 72만 8,000개의 소행성을 발견했으며 그중 대략 2만 개에 이름이 붙었다(국제천문연맹이 친절하게도 내 이름을 따서 붙여준 소행성도 있다. '더미'라고 짓지 않아서 기쁘다). 대부분은 비교적 최근에 전용 자동 망원경을 사용해서 발견했지만, 망원경에 디지털 카메라를 부착해서 쓰는 숙련된 아마추어 천문학자들도 일부 기여했다.

소형 망원경만 있다면 대형 소행성인 세레스나 베스타를 쉽게 관측할 수 있다(나중에 '하늘에서 반짝이는 점 찾기'에서 소행성 관측을 자세히 알아보자).

세레스와 베스타는 원 형태를 유지할 만큼 덩치가 크다. 하지만 작은 소행성은 보통 감자처럼 생겼으며 마치 폭발에서 튀어나온 파편처럼(그림 7-2) 보이는데, 사실 대형 소행성들끼리의 충돌로 발생했기 때문이다. 소행성대에 있는 소행성은 서로 끊임없이 부딪히며 크레이터를 만들고 크고 작은 조각들로 부서진다. 큰 조각은 그냥 작은

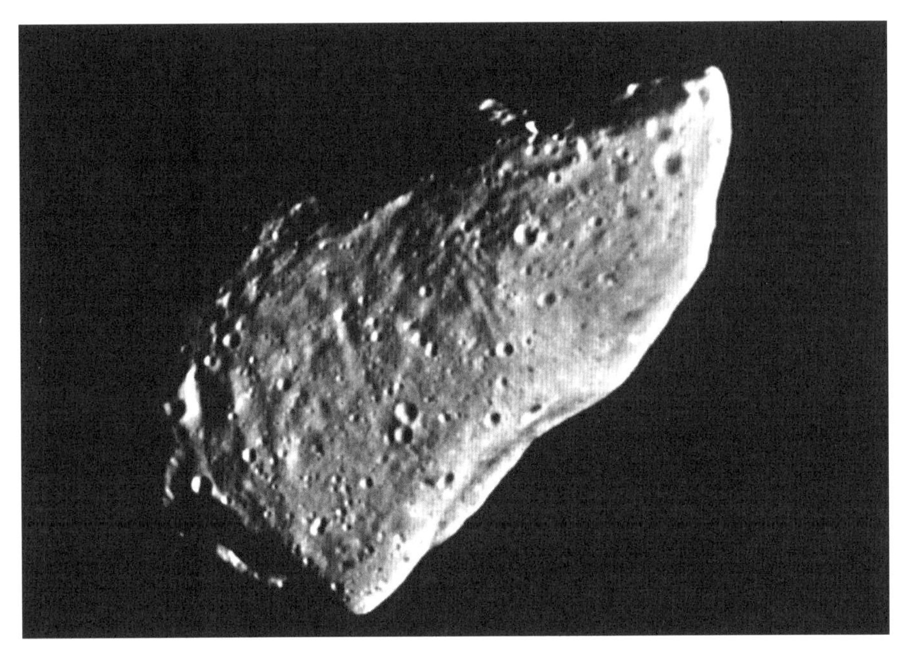

그림 7-2
어떤 소행성은 커다란 감자처럼 생겼다.

Courtesy of NASA

소행성이라고 부르며, 작은 부스러기들은 운석이 된다.

드물게, 작은 소행성(또는 큰 유성체)이 지구에 충돌한다(더 자세한 설명은 뒤에서 하겠다). 소행성 충돌은(혜성 충돌도 마찬가지) 달, 화성, 수성을 크레이터로 덮어버렸다. 금성도 크레이터가 있긴 하지만 많지는 않다(크레이터가 있는 행성들은 제5장과 제6장에서 다루었다).

소행성에도 크레이터가 있지만, 소행성 자체가 행성보다 아주 작기 때문에 망원경으로 소행성의 크레이터를 관측하기는 힘들다. 대다수의 망원경에서 소행성은 별처럼 빛나는 점으로 보인다. 나사의 돈 탐사선은 2011년 7월 베스타에 도착했고 다음 목적지인 세레스로 출발하기 전까지 자세한 연구를 진행했다. 세레스에는 2015년 3월에 도착했는데 돈이 보내온 사진을 보고 싶다면 dawn.jpl.nasa.gov를 방문하라.

나사의 돈 탐사선이 베스타와 세레스에서 발견한 중요한 사실은 다음과 같다.

» 베스타의 남극 지역에는 2개의 커다란 충돌 크레이터가 있다. 더 큰 크레이터의 이름은 레아 실비아로 지름은 500킬로미터이며 깊이는 19킬로미

터다. 중앙봉은 하와이의 마우나케아 화산보다 높다.

- » 돈은 베스타에서 어떤 종류의 화산 지형도 찾아내지 못했지만 지구의 현무암과 유사한 성분의 광물질을 지표면에서 발견했다.
- » 베스타는 지구처럼(제4장을 보라) 지층이 있다. 행성이 되기 전 과정을 원시행성이라고 하는데 어쩌면 베스타는 원시행성의 살아있는 표본일지도 모른다. 만약 그렇다면 베스타는 어떤 이유로 성장이 멈췄을 것이다.
- » 세레스에 있는 아후나 산은 18킬로미터 크기에 4킬로미터 높이의 얼음 화산이다. 얼음 화산은 광물질을 포함한 물이 지하에서 표면으로 역류하는 지형으로 얼어붙어 퇴적된 분출물이 산을 만든다.
- » 세레스 표면에 있는 오카토르 크레이터의 바닥에서 특이한 밝은 하얀 점들을 발견했다. 이 중 하나는 지름 10킬로미터에 깊이 0.5킬로미터의 구덩이인데 액체 상태의 물이 표면으로 올라오면서 얼어붙은 것이다. 얼음이 태양 빛을 받으면 증발하여 수증기가 되는데 크레이터 안에서 얇은 구름을 만든다. 구름은 낮과 밤이 바뀜에 따라 생겼다가 사라짐을 반복한다. 아후나 산은 사화산일지도 모르지만, 오카토르 크레이터는 여전히 지질활동을 하고 있다.

돈 탐사정보다 앞서 우주를 개척한 나사의 슈메이커호는 화성의 궤도를 가로지르는 34킬로미터 크기의 소행성 에로스를 추적했다. 슈메이커는 에로스를 1년 남짓 공전하다가 2001년 2월 12일에 착륙했다. 이 길쭉한 소행성이 자전하는 영상을 near.jhuapl.edu에서 볼 수 있다. 'Movies'를 클릭하고 'Eros Full-Rotation Movie'로 들어가서 당신의 컴퓨터에서 재생되는 포맷을 골라 감상하면 된다.

그 뒤 우리는 더 많은 소행성을 방문했다. 나사는 2016년 9월 6일에 오시리스 렉스호를 발사했다. 2018년에 소행성 베누를 만나 주변을 돌면서 지형을 탐사하고 표면 물질의 샘플을 채취할 계획이다. 일이 잘된다면 대략 57그램짜리 소행성 흙을 담은 캡슐이 2023년에 유타주로 낙하산을 타고 떨어질 것이다.

아직 최종 승인을 기다리는 우주선으로는 루시(2021년 발사)와 프시케(2023년) 탐사선이 있다. 루시는 6,000개가 넘는 **목성 트로이군**, 즉 목성의 공전궤도에 갇혀버린 소행성 중 여섯 곳을 방문할 예정이다(목성 트로이군은 목성을 기준으로 앞뒤로 두 무리를 이루어 목성과 같은 궤도를 도는데 각각의 무리와 목성과 태양을 이으면 정삼각형이 만들어진다). 프시케는 지름 209킬로미터에 달하며 대부분 철과 니켈로 이루어져 있다고 보이는 거대한 소행성 프시케(우연의 기막힌 일치다)를 방문할 예정이다. 이번 프로젝트에 돈을 얼마나 투자하든 간에 그 이상의 가치를 창출할 것이다.

우리를 위협하는 지구 근접 천체 이해하기

모든 소행성이 화성 뒤에서 평화롭게 공전하고 있지는 않다. 수천 개의 작은 소행성이 지구의 공전궤도에 가까이 접근하거나 지나쳐 가기도 한다. 천문학자들은 이들을 **지구 근접 천체**(NEOs)라고 이름 붙였으며 2017년 2월, 이 중에서 지구에 위협적인 소행성 1773개를 **지구 위협 천체**(PHAs)로 분류했다. 어느 날 이 위협적인 이웃 중 하나가 지구에 아주 가깝게 접근하거나 충돌할지도 모른다. 국제천문연맹의 소행성 센터는 지구 위협 천체를 늘 주시하고 있으며 더 많은 위협적인 소행성을 찾기 위해 일부 천문대를 운영하여 하늘을 감시하고 있다.

소행성 센터의 홈페이지(www.minorplanetcenter.net)는 전문가나 아마추어 천문학자들에게 소행성에 대한 다양한 정보를 제공한다. 날마다 갱신되는 우리 태양계와 외부 태양계의 지도를 볼 수 있는데 행성과 소행성의 위치를 알려준다.

천문학자들은 현재로서는 어떤 물체도 지구에 위협적이지 않다고 생각한다. 하지만 몇 킬로미터 정도 크기의 바위가 지구에 초속 11킬로미터로 부딪히면 여태까지 만들었던 모든 핵무기가 한 번에 터지는 것보다 훨씬 어마이마한 재잉을 초래할 것이다. 천문학을 공부하면서 웃음기가 싹 가시는 몇 안 되는 부분이다. 커다란 소행성은 대략 1,000만 년 만에 한 번꼴로 지구와 충돌하며 작은 소행성은 더 자주 충돌한다. 대형 소행성이 지구와 더 낮은 빈도로 충돌하는 이유는 큰 소행성일수록 드물기 때문이다.

음모론자들은 천문학자들이 소행성 충돌로 지구가 멸망하는 날을 알아내더라도 대중들에게 알리지 않을 것이라고 생각한다. 이성적으로 생각해보자. 만약 내가 세계가 위험에 빠진 걸 안다면, 하던 일을 덮어놓고 남태평양으로 마지막 휴가를 떠나지 여기 앉아서 제7장을 마무리하고 있지는 않을 것이다!

1998년 할리우드 영화인 〈아마겟돈〉과 〈딥 임팩트〉는 대형 소행성이나 혜성이 지구에 충돌했을 때 벌어지는 일을 다소 과장해서 보여준다. 이런 재앙 영화는 6,500만 년 전에 10킬로미터 크기의 소행성이 지구에 떨어졌다는 유명한 가설에서 부분적으로 영감을 받은 것이다. 칙술루브 크레이터는 180킬로미터 크기로 멕시코의 유카탄 반도와 멕시코만에 걸쳐서 흔적이 남아있는데 지구로 날아와 공룡을 멸종시킨 운석의 흔적일지도 모른다. 한 가지 확실한 점은, 공룡에게 긍정적인 영향을 끼치지는 않았으리라는 것이다.

조산 활동, 침식, 홍수, 화산 활동 같은 기상 현상과 지질학적 과정이 일어나면서 지구의 충돌 크레이터를 침식했고 대부분을 파괴했다. 2007년에 페루에 떨어진 운석으로 생긴 30미터 넓이의 카란카스 크레이터부터 남아프리카의 161킬로미터에 달하는 브레드포트 크레이터까지 천문학자들은 총 190개의 크레이터를 발견했다. 더 많은 정보와 사진을 확인하고 싶다면 뉴브런즈윅대학교의 홈페이지를 확인하라(www.passc.net/EarthImpactDatabase/index.html).

아직 발견되지 않은 충돌 크레이터도 있다. 당신이 등산, 여행, 헬기 투어를 즐긴다면 언젠가 알려지지 않은 크레이터를 발견할지도 모른다. 그런 일이 발생한다면, 당신은 과학계에 큰 업적을 남길 수 있다.

작은 소행성이 충돌하면서 애리조나 운석 구덩이라는 유명한 크레이터를 만들었는데 북부 애리조나주의 플래그스태프 근처에 있다. 지구에서 가장 넓으며 잘 보존된 크레이터로 들려볼 만한 가치가 있다. 내가 젊었을 때, 1960년대에 애리조나 키트 피크 국립 천문대에서 과학자로 근무했는데 운석 구덩이의 담당자에게 천문학자라고 말하면 공짜로 들어갈 수 있었다. 지금은 5살이 넘으면 누구나 돈을 내야 하지만 그만한 가치가 있다. www.meteorcrater.com에서 개방 시간, 위치, 운영하는 야영장에 대한 정보를 알아볼 수 있다.

1998년 3월에, 짧은 시간이지만, 많은 사람들이 새로 발견된 작은 지구 근접 천체가 2028년에 지구와 충돌할지도 모른다고 생각했다. 천문학자들은 추가적인 관측으로 하루 뒤에 소행성의 궤도가 지구와 겹치지 않는다는 사실을 증명해냄으로써 충돌 가능성을 일축했다. 심지어 어떤 전문가들은 처음 제기된 충돌 가능성에 동의하지도 않았다. 전문가들은 늘 그렇다.

지구가 지금은 안전해 보인다고 할지라도 나중에 지구로 다가오는 지구 근접 천체를 발견할지도 모르며 과학자들은 이런 상황이 일어났을 때 어떤 행동을 해야 하는지 연구 중에 있다. 지금까지 많은 지구 근접 천체를 발견했으며(대부분은 아주 작다) 하루에 하나 꼴로 지구 근처를 지나는 새로운 근접 천체가 관측되거나, 예측된다. 이런 일이 일어났을 때 무료로 소식을 전해주는 이메일 구독을 신청할 수 있다. 소행성의 이름과 발견 날짜, 최대 근접 거리, 속도, 크기를 알려준다. www.minorplanetcenter.net/daily-minor-planet에서 신청하자.

만약 소행성 충돌 결과가 궁금하다면 아이폰이나 아이패드에서 CraterSizeXL 앱을 설치하면 된다. 충돌체의 크기와 속도를 입력하면 생성될 크레이터의 크기를 알려준다. 아니면 퍼듀대학교의 홈페이지(www.purdue.edu/impactearth)에 접속해서 충돌 시뮬레이션을 돌려보자.

결정적인 순간 : 소행성 밀어내기

어떤 전문가들은 소행성으로부터 지구를 지키기 위해 강력한 핵미사일을 개발하자고 주장한다. 하지만 우리 쪽으로 다가오는 소행성을 핵미사일로 부숴버린다고 쳐도 온전한 소행성에 얻어맞는 것보다 더 나쁜 결과를 낳을 수도 있다. 디즈니의 〈판타지아〉라는 영화에서 마법사의 제자가 물을 뜨던 빗자루가 말을 듣지 않자 도끼로 부숴버리는 장면과 비슷하다. 부서진 빗자루 조각에서 작은 빗자루들이 생겨나 다시 물을 뜨기 시작하며 상황은 더 나빠진다.

만약 소행성을 핵폭탄으로 폭파하면, 소행성의 파편 일부가 다시 지구로 향할지도 모른다. 이 작은 암석들은 미국의 모든 무기를 합친 것보다 더 파괴력이 강할 것이다. 더 좋은 방법은 핵미사일(꼭 핵이 아니어도 상관없다)을 사용해서 소행성을 밀어내는 것인데 성공하면 소행성이 충돌 예정 지역에 더 빨리 혹은 더 늦게 도착하게 된다. 지구의 공전 경로에 들어왔을 때 지구는 충돌 예정 지역에 아직 도착하지 않았거나, 이미 지나간 뒤일 것이다. 휴!

소행성을 밀어내는 방법의 문제점은 과학자들도 얼마나 강하게 밀어내야 하는지 모른다는 것이다. 부수고 싶지는 않지만, 소행성의 강도를 모르니 얼마나 강하게 충격을 줘야 하는지 알 수가 없다. 소행성은 아마도 강도가 강한 암석과 약한 암석이 섞여 있을 것이다. 어떤 소행성은 대부분이 고체 금속으로 되어 있을 수도 있다. 우리의 적을 모른다면, 잘못 공격했다가 상황을 나쁘게 만들 수도 있다.

소행성을 밀어내거나 부숴버리려고 하다가 원치 않는 결과를 감수해야 하는 위험한 계획보다 공학자들은 중력 견인기를 사용하는 방법을 추천한다. 우선 거대한 우주선이 몇 년에 걸쳐서 소행성을 따라 이동한다. 소행성을 직접 건드리지 않으면서 중력 끌림 현상을 이용하여 소행성의 속도를 천천히 늦추면 충돌을 피할 수 있다. 이 방법의 문제점은 매우 무거운 우주선을 발사하여 소행성과 만나서 10년 이상 같이 이동해야 한다는 것이다. 충돌 예상 소행성을 발견했을 때 남은 시간이 충분하지 않을 수도 있다.

전문가들은 위협적인 소행성을 제거하기 위한 많은 방법을 생각해냈지만, 현재로서 어떤 방법이 가장 좋은지는 명확하지 않다. 〈환타지아〉에서는 마법사가 직접 빗자루에 걸린 마법을 풀어버렸다. 소행성을 사라지게 해줄 마법사가 없는 한, 지구를 소행성으로부터 안전하게 보호할 수 있는 체계를 구축하기 위해 확실한 정보가 더 필요하다.

유비무환 : 지구를 보호하기 위해 지구 근접 천체 알아보기

천문학자들은 길 잃은 소행성으로부터 지구를 보호하기 위한 체계 설계에 도움을 줄 수 있는 계획이 있다.

1. **지구 근접 천체의 숫자를 파악해서 지구 경로를 지나며 크기가 1킬로미터 이상인 모든 소행성의 위치를 확인한다.**
   지금은 140미터 이상의 모든 지구 근접 천체를 확인하는 데 목표를 두고 있다. 이 정도 크기의 지구 근접 천체는 지구와 가까워지면 지구 위협 천체가 될 수 있다.
2. **지구 근접 천체를 추적하며 공전궤도를 계산해서 지구와 충돌할 가능성이 있는지 확인한다.**

3. **최대한 많은 정보를 알아내기 위하여 소행성의 물리적 특징을 연구한다.** 예를 들어 망원경을 사용해 소행성이 어떤 암석이나 금속으로 이루어져 있는지 알아낸다.
4. **천문학자들이 위협적인 소행성을 파악해내면, 공학 팀은 대응 임무를 설계할 수 있다.**

파노라마 탐사망원경 및 즉시 반응 시스템(The Panoramic Survey Telescope and Rapid Response System, Pan-STARRS)은 알려지지 않은 지구 근접 천체를 찾는 데 지대한 도움이 된다. 판-스타스1(Pan-STARRS1)은 위 체제를 구성하는 망원경으로 7개국의 14개 과학 기구에서 지원을 받는다. 마우이섬 할레아칼러 화산 꼭대기에 있다.

판-스타스와 다른 시설에서 지구 근접 천체를 찾아내고 공전궤도를 계산함에 따라 전문가들은 가까운 미래에 소행성이 지구에 충돌할 확률을 계산할 수 있게 되었다. 하지만 이 사실을 알면 놀랄 수도 있는데, 만약 지구로 향하는 소행성을 발견하더라도 이에 대응할 담당자가 아무도 없다. 국방부나 범세계 군사 지휘 통제 체계는 미국과 우방국(가끔은)의 영토를 방어할 책임이 있다. 하지만 우주에서 오는 위협을 책임지는 우주 기관이나 군사기구는 없다. 물론 나사가 지구 합동 방위본부를 설립했지만 '합동'이라는 단어의 의미를 생각해봐야 한다. 이 부서는 비상 연락망과 곧 들이닥칠 소행성의 존재를 다른 기관들에게 알리는 의무만 있는 곳이다. 알리고 나면 어쩌게? 지구로 다가오는 소행성을 발견하기 전에 충분한 권력과 자원을 가진 방어기관이 설립되기를 바라자. 그렇지 않으면 우리는 진퇴양난에 빠질지 모른다. 공룡의 최후를 기억하라!

하늘에서 반짝이는 점 찾기

소행성을 찾는 일은 혜성을 수색하는 방법과 유사한데 흐릿한 상 대신 별처럼 생긴 작은 반짝이는 점을 찾는다는 부분이 틀리다. 별과는 다르게, 소행성은 다른 별들을 기준으로 시시각각으로 눈에 띄게 움직인다.

큰 편에 속하는 소행성, 예를 들면 세레스나 베스타는 소형 망원경으로도 볼 수 있

다. 천문학 잡지는 소행성을 보기 좋은 시기가 다가오면 날짜를 미리 알려주는 짧은 기사나 천문도를 싣는다(일반적인 경우 소행성을 관측하기 좋은 시간은 따로 없다). 대부분의 천문관 프로그램(비슷한 스마트폰 앱도 가능)을 실행하면 관측할 수 있을 만큼 밝은 소행성의 위치를 알려준다(천문 관련 잡지, 앱, 천문관 프로그램은 제2장 참조, 망원경은 제3장 참조).

몇 년간 관측 경험을 쌓아서 숙련된 아마추어 천문학자가 되면, 알려지지 않았거나 '새로운' 소행성을 찾아 나설 준비가 된 것이다. 숙련된 아마추어 천문학자는 망원경에 장착한 디지털카메라를 사용해서 새로운 소행성을 찾는다. 보통 태양 반대편 하늘의 한 부분을 연속해서 사진을 찍어서(물론 지평선 아래에 있을 때) 위치가 바뀌는 작고 빛나는 점을 찾으면(별과 비슷하다) 소행성일 가능성이 높다.

소행성과 관련해서 초심자들이 가장 하기 쉬운 활동은 엄폐를 관측하는 것이다. 엄폐는 태양계에서 움직이는 물체가 별 앞을 지날 때 일어나는 식의 일종이다. 달(달 엄폐는 제5장 참조), 다른 행성의 위성(행성의 위성 엄폐), 소행성(소행성 엄폐), 행성(행성의 엄폐)에서 엄폐가 일어날 수 있다. 혜성이나 행성의 고리도 엄폐의 원인이 된다. 엄폐는 그렇게 눈에 띄는 현상은 아니다. 그저 엄폐가 일어나는 동안 별이 잠깐 사라지는 모습이 보일 뿐이다.

소행성 엄폐는 따로 기록을 하지 않으면서도 즐길 수 있지만, 귀한 기회를 버리는 것이나 다름없다! 엄폐의 세부 사항은 지구상의 관측 지역에 따라서 달라진다. 예를 들어 같은 엄폐라도 관측 지역에 따라서 지속 시간이 달라지며 아예 엄폐가 보이지 않는 곳도 있다. 따라서 일부 지역에서는 엄폐가 진행되어 별이 보이지 않지만, 같은 시간에 다른 지역에서 보는 별은 그대로 빛나기도 한다. 엄폐를 통해 천문학자들은 천체의 숫자를 좀 더 정확하게 파악할 수 있다. 예를 들면 일부 엄폐 현상은 평범한 별로 생각했던 천체가 실은 가까이 붙은 쌍성계(공통 질량의 중심을 도는 두 별, 쌍성에 대한 자세한 정보는 제11장 참조)라는 사실을 알려주기도 한다.

엄폐 추적 도와주기

소행성 엄폐는 달의 엄폐보다 관측하기 훨씬 까다로운데 천문학자들이 정밀하게 예측하지 못하는 경우가 있기 때문이다. 천문학자들은 예상되는 엄폐 관측 장소(엄폐가 보일 것으로 예상하는 얇은 띠 모양의 지역, 제2장과 제5장에서 설명했던 태양의 개기 일식 통과선과 유사하다)에서 모여서 소행성의 엄폐를 관측하려고 시도한다. 하지만 많은 소행성의 지름, 궤도, 모양을 정확히 알 수 없다 보니 예측이 빗나가는 경우도 있다. 엄폐는 특정 지역에서만 보이기 때문에 천문학자들은 여러 지역에서 소행성 엄폐를 관측해줄 자원봉사자들이 필요하다. 아마추어들의 엄폐 관측 기록은 소행성의 크기와 모양을 알아내는 데 도움을 줄 수 있다. 당신도 물론 참가할 수 있다.

IOTA(The International Occultation and Timing Association)는 엄폐 관측에 관한 당신의 모든 의문을 풀어줄 수 있다. occultations.org에 접속해보자. IOTA 홈페이지는 소행성이나 다른 천체의 최근 엄폐 소식을 알려준다. 정기적으로 확인해보도록 하자.

IOTA는 엄폐 관측을 시작할 때 감을 잡기 위해 숙련된 천문학자와 함께하기를 추천한다. 소행성 관측에 성공해서 자신감을 가지게 되면, 홈페이지에서 378페이지짜리 전자책인 『그림자 추적: IOTA 관측자 지침서(*Chasing the Shadow: The IOTA Occultation Observer's Manual*)』를 설치해서 보도록 하자. 'Publication' 메뉴에서 'IOTA Observers Handbook'을 선택하고 'Chasing the Shadow'를 클릭하면 된다. 관측을 보고하고 싶다면, 'Appendix F'의 'F.2'에 있는 'Asteroid Occultation Report From'을 읽어보자. 보고 서식, 보고할 기관명, 담당자의 이메일 주소를 알려준다. 영어, 스페인어, 포르투갈어로 된 보고서를 받는 담당자와 오스트레일리아, 유럽, 일본, 뉴질랜드 그리고 그 외의 나라의 각 담당자들의 이름과 이메일 주소를 알 수 있다.

소행성 엄폐 시간 측정

소행성 엄폐를 의미 있게 관측하고 싶다면, 엄폐가 일어나는 시간을 정밀하게 측정하고 관측 당시의 위치(위도, 경도, 고도)를 정확하게 알아야 한다. 과거에는 관측자들이 지형도를 보면서 자신의 위치를 확인했다. 오늘날에는 GPS 수신기나 스마트폰 앱으로 관측 위치의 좌표를 알아낼 수 있다.

chapter

08

거대한 가스 덩어리 : 목성과 토성

제8장 미리보기

- 거대 가스 행성 성분을 이해한다.
- 대적점과 목성의 위성을 찾는다.
- 토성의 고리와 위성을 관측한다.

화성과 소행성대 너머에 있는 목성과 토성은 소형 망원경으로 관측하기 가장 좋은 천체이며 최소 둘 중 하나는 관측하기 좋은 위치에 있다. 목성의 대형 위성 4개와 유명한 토성의 고리는 아마추어 천문학자가 친구들이나 가족들에게 망원경을 한번 보라고 권할 때 가장 보여주고 싶은 물체다. 망원경으로 알아차리기는 힘들겠지만 이 거대한 행성과 이들의 위성에 숨어 있는 과학적 원리 역시 흥미롭다. 이번 장에서 당신이 망원경으로 볼 수 있는 매력적인 풍경에 대한 묘사와 태양계에서 가장 큰 행성들에 대한 기본적인 사실 몇 가지를 알려주겠다.

엄청난 압박감 : 목성과 토성 내부로 떠나는 여행

목성과 토성은 불법 식용색소를 넣은 핫도그 같다. 우리가 알 수 없는 것은 소시지가 아니라 첨가물이다. 두 행성의 망원경 사진에서 보이는 것이라고는 구름밖에 없다. 이 구름은 암모니아 결정, 얼음(얼음 결정으로 이루어진 지구의 권운처럼), 그리고 황화수소 암모늄이라고 불리는 화합물로 이루어져 있다. 물방울로 이루어진 구름도 있다. 하지만 겉모습은 속임수일 뿐이다. 이 구름은 극미량의 물질로 이루어져 있다. 목성과 토성은 태양처럼 대부분 수소와 헬륨으로 이루어져 있다. 수많은 연구에도 불구하고 목성의 대적점이 왜 붉은색인지, 그리고 왜 거대한 두 행성의 구름이 옅은 황백색을 띠는지 알려진 게 없다.

목성과 토성은 4개의 목성형 행성 중에서 가장 크다. 목성의 질량은 지구의 약 318배이며 토성은 95배를 넘는다. 결과적으로 어마어마한 중력이 작용하며 행성의 내부로 들어갈수록 겹겹이 쌓인 층 때문에 받는 압력이 높아진다. 목성이나 토성의 중심부로 내려가는 일은 마치 심해로 잠수하는 것과 유사하다. 더 깊이 내려갈수록, 압력이 높아진다. 하지만 거대 가스 행성은 바다와는 다르게 깊이 들어갈수록 온도가 급격하게 상승한다. 목성에서 스쿠버다이빙을 할 생각은 하지 않는 게 신상에 이롭다.

천문학자들이 관측 가능한 부분은 맨 위의 구름층인데 목성의 경우 온도가 -149도까지 내려가며 토성은 -178도까지 내려간다. 하지만 더 깊이 들어가면 압력이 작용한다. 목성의 구름 밑으로 1만 킬로미터까지 들어가면 압력은 지구 해수면 기압의 100만 배로 치솟는다. 온도는 태양의 표면과 비슷하다! 하지만 목성은 태양보다 더 괴이하다. 그 정도 깊이에 있는 짙은 기체의 농도는 태양의 표면보다 훨씬 높으며 뜨거운 수소 가스가 강한 압력을 받아서 마치 액체 금속과 같은 상태가 된다. 이 소용돌이치는 이 액체 금속수소는 목성과 토성에 강한 자기장을 만들며 먼 우주까지 영향을 미친다.

목성과 토성은 적외선을 받으면 격렬한 빛을 내는데 태양에서 받는 에너지만큼이나 많은 에너지를 만든다(반면에 지구는 태양에서 에너지를 받기만 한다). 목성 밖으로 나가는 열과 태양에서 들어오는 열이 만나서 목성의 대기를 휘저으며 제트기류, 허리케인, 그리고 여러 종류의 폭풍을 만들어내는데 이 때문에 이 두 행성의 모습이 계속 바뀐다.

별에 가까운 행성 : 목성 바라보기

목성의 질량은 태양의 대략 1000분의 1 정도이다. 가끔 과학자들은 목성을 '별이 되지 못한 행성'이라고 부르기도 한다. 지금보다 80이나 90배 정도 더 큰 질량을 가졌더라면 중심의 온도와 압력이 높아져서 기나긴 핵융합이 시작될 수 있었다. 어쩌면 목성은 혼자 힘으로 빛을 발하는 별이 되었을지도 모른다!

목성의 지름은 약 14만 3,000킬로미터이며 지구보다 약 11배 정도 크다. 이 거대 행성은 아주 빠른 속도로 자전하며 한 번 완전히 도는 데 9시간 55분 30초밖에 걸리지 않는다. 목성은 빠른 자전 속도 때문에 적도가 툭 튀어 나왔으며 극이 납작해졌다. 공기가 안정한 맑은 날에 망원경으로 목성을 보면 위아래로 찌그러진 모습을 볼 수 있다.

목성의 빠른 회전은 적도에 평행하며 시시각각 변하는 구름의 줄무늬를 만드는 원인 중 하나다. 망원경으로 보이는 목성의 모습은 사실 목성을 덮고 있는 구름의 꼭대

Courtesy of NASA

그림 8-1
목성과 목성의 자전이 만들어낸 구름의 줄무늬

기다. 관측 환경, 망원경의 크기와 성능, 목성의 환경에 따라 1~20개 사이의 구름 줄무늬를 볼 수 있다(그림 8-1).

목성의 줄무늬에서 어두운 부분을 띠라고 부르며 밝은 부분을 대라고 한다. 망원경으로 보면 목성은 동그란 원반처럼 생겼다. 정확히 원반 중심 부분을 적도대라고 하며 위아래로 보이는 띠가 북적도줄무늬(NEB)와 남적도줄무늬(SEB)이다. 남적도줄무늬에서는 대적점을 볼 수 있는데 목성의 눈에 띄는 특징 중 하나이다. 대적점은 대기 교란 현상의 일종으로 거대한 허리케인과 견줄 수 있는데 목성 대기에서 최소 지난 120년간 맴돌고 있다. 사실 대적점은 1664년에도 관측되었다.

목성도 금성(제6장 참조)처럼 찾기 쉬운 행성에 속하는데 어떤 별보다도 밝게 빛나기 때문이다(한 가지 예외를 두자면 태양에서 먼 쪽을 지날 때 목성은 가장 밝은 별인 시리우스보다 약간 희미해 보일 수도 있다). 만약 행성의 위치를 자동으로 잡아주는 컴퓨터 망원경이 있다면 가끔 목성을 낮에도 관측할 수 있다. 예외적인 환경에서 낮에 쌍안경이나 심지어 맨눈으로 목성이 보이기도 한다. 하늘이 짙은 푸른색이거나 대기에 먼지가 거의 없으면 더 쉽게 관측할 수 있으며 스카이사파리5 같은 스마트폰 앱(제2장에서 설명했다)도 도움이 된다.

목성을 쉽게 찾을 수 있다면, 조금 더 자세한 관측을 할 준비가 된 것이다. 이제부터 목성의 특징과 위성을 찾는 방법을 설명하겠다.

대적점 수색하기

그림 8-2에 나타난 대적점은 남적도줄무늬에서 일어나는 폭풍이며 지구 하나가 들어갈 정도의 크기인데 더 커졌던 때도 있었다. 대부분의 목성에서 나타나는 특징들처럼 시간이 지남에 따라 바뀐다. 색깔도 마찬가지로 짙어지기도 하고 옅어지기도 한다. 대적점 근처의 흰색 구름은 아마추어 망원경으로도 관측하기에 무리가 없을 만큼 크며 남적도줄무늬를 따라 움직인다. 가끔씩 남적도줄무늬의 구름이나 다른 띠가 마치 늘어지는 것처럼 보일 때도 있는데 보통 경도 방향으로 늘어난다. 선 모양의 이런 구름을 페스툰이라고 하는데 이 흥미로운 모습을 찾아내는 작업은 정말 신나는 일이다!

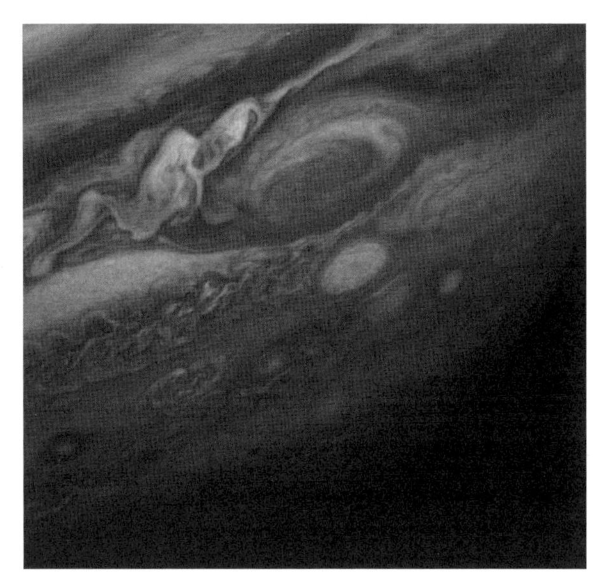

그림 8-2
목성의 대적반은 소용돌이처럼 보인다.

Courtesy of NASA

목성을 적외선으로 관측한 결과 대적점 부근의 대기는 다른 곳보다 훨씬 온도가 높았다. 이를 통해 대적점 아래의 열이 다른 지역보다 빠르게 대적점으로 흐른다는 사실을 알 수 있다.

목성을 관측할 때는 특히 집중해야 한다. 목성의 대적반은 20년 전부터 수축하기 시작했다. 지구의 태풍처럼 소멸할까 아니면 다시 커질까? 잘 지켜보길 바란다. 나사의 대적반 전문가 에이미 사이먼은 2016년 3월「스카이 앤드 텔레스코프」에 '아마추어' 들의 관측이 대적점을 감시하는 데 아주 중요한 역할을 한다고 썼다.

대적반이 잘 보이지 않는다면, 다른 경우도 있겠지만 대부분은 목성이 자전함에 따라 지구에서 보이지 않는 곳에 있거나 작게 수축해서 알아보지 못하기 때문이다. 따라서 목성이 한 바퀴 돌때까지 기다려보자. 1990년대 초에 남적도 줄무늬는 하룻밤새 사라져버린 것처럼 보였다가, 다시 나타났다. 그 뒤로도 몇 번 더 사라졌다가 나타났다는 현상이 있었다. 따라서 목성의 모습을 관측할 때, 뭔가 새로운 현상이 나타날지도 모르니 잘 살펴보도록 하자.

【 목성의 보이지 않는 고리 】

목성은 토성과 같은 고리가 있으며(이번 장의 '토성의 고리'에서 자세히 다루겠다) 지구의 자기권(제5장 참조)처럼 고에너지의 아원자 입자로 구성된 자기권이 있다. 목성의 자기권은 지구보다 더 넓으며 힘도 강하다. 하지만 목성의 고리는 너무 어두워서 아마추어 망원경으로는(대부분의 전문 망원경 역시) 보기 힘들다. 이는 목성의 고리가 미세한 암석으로 만들어졌기 때문인데 토성의 고리는 목성과는 다르게 대부분 얼음으로 구성되어 밝은 빛을 낸다.

목성의 자기권은 목성에 접근하는 모든 물체에 방사선 폭격을 가한다. 극궤도로 움직이는 탐사선이 더 많은 방사선에 노출되는데 나사는 방사선 대비책을 발견한 최근에야 이러한 궤도에 탐사선을 올릴 수 있었다. 극궤도 탐사선 주노는 2016년 6월 4일에 목성에 도착했다. 주노는 극지방의 구름과 밝은 오로라 그리고 저위도 지역의 사진들을 지구로 보내오고 있다. 갈릴레오와 주노 탐사선 외 다른 위성이 찍은 목성과 목성의 고리, 위성사진을 보고 싶다면 나사의 자료실 'Photojournal'의 홈페이지(photojournal.jpl.nasa.gov)를 방문하라. 목성을 클릭하고 링크를 따라가면 된다.

갈릴레오 위성을 찾아서

시상이 좋은 날이면, 망원경으로 목성의 구름 꼭대기에서 나타나는 띠, 대 점 등 여러 가지 많은 특징을 관측할 수 있으며 어쩌면 목성의 대형 위성: 이오, 유로파, 가니메데, 칼리스토가 보일지도 모른다(책의 컬러 부록에서 목성과 위성들의 모습을 확인하라).

목성의 유명한 네 위성(2017년 2월까지 이들보다 더 작은 63개의 위성을 찾아냈다)은 이들은 갈릴레오 위성이나 갈릴레이 위성으로 알려져 있는데 이들을 처음 발견한 갈릴레오의 이름에서 따왔다. 갈릴레오 위성들은 목성의 적도면과 거의 흡사한 공전궤도를 지니고 있어서 항상 목성의 적도 위 어딘가에 떠 있다.

어지간한 망원경이면 갈릴레오 위성을 관측할 수 있으며 괜찮은 쌍안경을 쓴다면 보통 2~3개까지 볼 수 있다. 하지만 갈릴레오 위성 중 가장 안쪽에 있는 이오는 목성에 아주 가깝게 공전하고 있는데, 목성이 내는 빛 때문에 쌍안경으로는 찾기 힘들다.

당신이 쓰는 망원경으로 갈릴레오 위성의 표면은 관측하기 힘들다. 하지만 위성들 사이의 밝기 차이나 조금 더 주의를 기울인다면 색깔까지는 알 수 있다.

갈릴레오 위성은 말 그대로 그 위성 하나가 하나의 세계이며 구성 요소들과 풍경이 서로 다른 개성을 이룬다. 갈릴레오 위성의 특징은 다음과 같다.

- **칼리스토** : 칼리스토는 어두운 표면에 눈에 띄는 하얀색 크레이터들이 있다. 표면은 얼음과 암석이 섞인 더러운 얼음으로 덮여 있다고 추정된다. 소행성, 혜성, 큰 운석이 표면에 부딪히면서 지표면 아래에 있던 깨끗한 얼음이 밖으로 노출되며 하얀색 크레이터가 생겼다. 가장 눈에 띄는 지형은 발할라인데 거대한 원 모양 충돌 분지로 미대륙만큼이나 크다(바깥쪽 테두리 기준).
- **유로파** : 이 위성은 밭이랑 모양의 지형을 가지고 있는데 마치 표면에 금이 가 있는 것처럼 보인다. 표면은 16킬로미터 두께의 얼어붙은 지각인데 아래에는 97킬로미터 깊이의 바다가 존재할 것으로 보인다(숫자는 추정값). 유로파는 태양계에서 지구를 제외하고 지하에 액체 상태의 물이 존재할 가능성이 있는 여섯 곳 중 하나이다(나머지는 가니메데, 칼리스토, 토성의 위성인 타이탄과 엔켈라두스 그리고 제7장에서 설명했던 소행성 세레스다). 어떤 전문가들은 유로파의 바다는 원시 생명체가 존재하기 적당한 환경이라고 생각한다. 유로파에 착륙선을 발사해 유기체를 찾는 프로젝트를 계획 중이다.
- **가니메데** : 지름은 5,262킬로미터이며 태양계에 있는 행성의 위성들 중 가장 크다(심지어 지름이 4,890킬로미터인 수성보다 크다). 가니메데의 표면은 얼음으로 된 밝은 지역과 암석으로 된 어두운 지역이 공존하기 때문에 얼룩덜룩하게 보인다.
- **이오** : 이오의 표면에는 400개가 넘는 화산이 있다. 이오는 지하에서 뜨거운 용암이 흘러나오는데 지구를 제외하고 화산활동이 일어난다는 확실한 증거가 있는 유일한 천체이다(얼음 화산의 경우에는 토성의 위성 엔켈라두스가 있는데 이번 장의 뒷부분에서 설명하겠다). 이오의 표면에서는 크레이터가 보이지 않는데 이는 수많은 화산에서 나오는 용암이 충돌 구덩이를 지우기 때문이다.

정교한 우주 장비를 사용해서 갈릴레오 위성을 가까이에서 즐기지는 못하겠지만, 당신의 망원경으로 위성들이 목성을 공전함에 따라 나타나는 재미있는 현상을 관측할 수 있다.

위성 관측에 영향을 미치는 현상들인 엄폐, 통과, 식에 대한 자세한 내용을 다루도록 하겠다.

위성의 움직임 알아보기

이오, 가니메데, 유로파, 칼리스토. 이 4개의 위성이 목성 주변을 공전함에 따라 서로 간의 상대적인 위치가 끊임없이 바뀌며 위성이 나타났다가 사라지는 현상이 관측된다. 어떨 때는 네 위성 전부 다 볼 수 있지만 그렇지 않은 경우도 있다. 만약 위성 중 하나가 보이지 않는다면 아마 아래의 현상 중 하나가 원인이 될 수 있겠다.

> » 엄폐가 진행 중일지도 모른다. 위성 중 하나가 목성의 뒤로 지나가고 있다면 우리 눈에 보이지 않는다.
>
> » 식이 일어나고 있을지도 모른다. 위성이 목성의 그림자 속으로 들어가면 식이 일어난다. 지구는 태양과 목성이 이루는 직선 사이에 들어가는 경우가 잘 없기 때문에 목성이 드리우는 그림자는 측면에 있는 지구에서 제법 잘 보이는 편이다. 목성 테두리 근처의 위성이 갑자기 희미해지면서 사라진다면 목성의 그림자 안으로 들어갔다고 생각해도 좋다.
>
> » 위성은 어쩌면 목성면 앞을 **통과**하고 있을지도 모른다. 그때는 관측하기 몹시 어려운데 이는 희미한 빛의 위성이 목성의 구름 낀 대기 앞을 지나면 분간하기 어렵기 때문이다. 사실 목성의 위성은 그림자 속에 있을 때보다 목성 앞을 통과할 때가 더 찾기 어렵다.

반대로 위성이 태양과 목성 사이를 지나가면서 그림자를 드리우는 모습을 볼 수 있다. 그림자는 검은 점으로 보이며 목성에서 움직이는 어떤 구름보다 어둡다. 통과하는 위성은 목성에 그림자를 만들지만 반드시 그런 것만은 아니다. 지구가 태양과 목성 사이에 있지 않을 때, 목성면의 테두리 밖에 있는 위성의 그림자가 목성에 생기는 모습을 볼 수 있다.

위성을 관측하는 시간

「아스트로노미」와 「스카이 앤드 텔레스코프」는 달마다 목성을 기준으로 갈릴레오 위성의 위치를 보여주는 월간 차트를 싣는다(다른 천문학 잡지가 궁금하다면 제2장을 참조하라). 이 차트를 보면 당신 망원경에 보이는 위성이 뭔지 알아낼 수 있다.

아래의 규칙을 기억하고 갈릴레오 위성을 관측하도록 하자.

> » 갈릴레오 위성의 공전궤도는 서로 같다. 지구에 가까운 쪽에서는 동쪽에서 서쪽으로 움직이며 지구와 먼 쪽에서는 서쪽에서 동쪽으로 움직인다.
>
> » 목성 면을 통과하는 위성은 서쪽으로 움직이며 엄폐나 식이 진행되는 위성은 동쪽으로 움직인다(지구의 하늘 기준).

완벽한 관측 환경에서 6인치 이상의 망원경을 사용한다면 갈릴레오 위성 중 가장 큰 가니메데의 몇 가지 특징을 살펴볼 수 있다(망원경은 제3장 참조). 하지만 표면의 자세한 모습이 궁금하다면 목성계에 진입했던 행성 간 우주선이 촬영한 사진을 봐야 한다.

【 혜성과 아주 가까운 거리 】

아주 드문 경우지만, 혜성이나 유성체가 목성과 충돌하면 몇 달 동안 지속되는 어두운 얼룩을 구름층 꼭대기에 남긴다. 과학자들은 1994년 7월에 슈메이커-레비 혜성의 거대한 파편이 목성에 충돌하기 전까지는 이 사실을 알지 못했다. 그 뒤로 천문학자들은 목성의 특징이 기록된 오래된 문서들을 살펴보면서 같은 방식으로 만들어졌을 것으로 의심되는 몇 가지 특징들을 목성에서 찾아냈다.

1994년 이후로 천문학자들은 목성에 어두운 얼룩이 생긴다면 단지 평범한 구름 무늬가 아니라 충돌체의 흔적일 수도 있다는 사실을 알게 되었다. 따라서 다른 목성에 충돌하는 다른 물체들을 찾기 시작했으며 2016년이 끝날 때까지 아마추어 천문학자들이 5개를 더 찾아냈다. 이 숙련된 아마추어들은 망원경에 비디오카메라를 달았다. 충돌로 인해 생긴 어두운 얼룩을 발견하거나 충돌체가 목성에 부딪히기 직전의 모습을 촬영하고, 충돌에서 발생한 섬광을 관찰하기도 했다.

첫 번째 발견은 2009년 7월에 일어났는데, 앤서니 웨슬리가 호주 캔버라 근처에서 14.5인치 망원경으로 목성에 생긴 지 얼마 지나지 않은 얼룩을 발견했다. 웨슬리는 다른 천문학자들에게 알렸고 허블우주망원경으로 촬영한 결과 지름이 8,000킬로미터 정도의 거대한 얼룩이라는 사실을 알아냈다(충돌체는 훨씬 작았다. 건물에 불이 났다고 생각해보자. 연기에 비해 집 자체의 크기는 얼마 되지 않는다). 2010년 6월에 웨슬리는 목성의 테두리 근처에서 빛이 순간적으로 번쩍이는 모습을 촬영했다. 이는 목성에 떨어진 대형 유성체에서 발생한 섬광인데 필리핀에 있던 다른 아마추어 천문학자 역시 그 장면을 비디오로 남겼다. 목성에서 평소에 보이지 않던 특징이 나타나지는 않는지 항상 신경을 곤두세우길 바란다. 아일랜드, 일본, 위스콘신의 아마추어들도 목성 충돌체를 촬영했다.

목성이나 토성에서 뭔가 새롭거나 흥미로운 뭔가를 발견한다면(이번 장에서 설명했던), PVOL(pvo12.ehu.eus/pvo12), ALPO(www.alpo-astronomy.org/jupiterblog/), BAA(British Astronomical Association)의 홈페이지에 보고하면 된다. 또한 유용한 관측 정보나 목성 관련 소식을 확인할 수 있다.

가장 매력적인 행성 : 토성 겨냥하기

토성은 태양계에서 두 번째로 큰 행성이며 지름은 12만 1,000킬로미터다. 토성은 아주 유명한 고리를 가지고 있다. 수 세기 동안 천문학자들은 토성이 고리가 있는 유일한 행성이라고 생각했다. 하지만 오늘날 우리는 모든 목성형 행성, 목성, 토성, 천왕성, 해왕성에도 고리가 있다는 사실을 알고 있다. 토성을 제외한 나머지 행성의 고리는 지상에서 보기에 너무 어둡다.

많은 사람이 토성을 가장 아름다운 행성이라고 생각한다. 대부분의 망원경으로도 쉽게 보이는 고리뿐 아니라 당신은 토성의 거대한 위성인 타이탄도 볼 수 있다. 많은 천문학자들이 일반인 친구에게 망원경을 권할 때 맛보기로 토성의 고리를 보여주지만, 타이탄도 토성의 고리만큼이나 아름답다.

다음에서 토성의 고리, 태풍, 위성을 관측하는 방법을 알려주겠다. 컬러 부록에서 토성의 모습을 확인하길 바란다.

카시니호는 2017년 9월까지 토성과 토성의 위성을 관측했으며 수명이 다하자 과학자들이 탐사정을 토성으로 진입시켜 파괴했다. 카시니가 보내온 사진과 자료는 나사의 카시니 임무 관련 홈페이지 saturn-archive.jpl.nasa.gov와 CICLOPS(Cassini Imaging Central Laboratory for Operations) 홈페이지 www.ciclops.org에서도 확인할 수 있다.

토성의 고리

토성의 고리는 크기가 크고 밝은 얼음 입자들로 이루어져 있기 때문에 관측하기 쉽다. 다시 말해 고리는 100만 개의 아주 작은 얼음 파편, 두꺼운 얼음 덩어리 그리고 여러 가지 크기의 바위로 되어 있다. 소형 망원경으로도 관측이 가능하며 고리가 토성에 드리우는 그림자도 볼 수 있다(그림 8-3). 아주 좋은 관측 조건에서는 고리 사이에 비어 있는 공간이 보이는데 이 부분을 발견자의 이름을 따서 카시니 간극이라고 한다.

토성의 고리는 지름이 20만 킬로미터가 넘지만, 두께는 몇 미터밖에 되지 않는다. 콘웰대학교의 조셉 번스 교수는 고리의 지름과 두께를 '축구장에 버려진 휴지 한 장'에

그림 8-3
얼음 조각과 암석이 토성의 고리를 이룬다.

Courtesy of NASA

비유했다. 하지만 고리가 고급 휴지만큼 얇기는 하지만 거기다 당신의 코를 풀고 싶지는 않을 것이다. 얼음에서 나오는 냉기를 마시면 본드를 흡입하는 것보다 마음을 가라앉히는 데 도움이 되지만, 확실히 말하건대 추천하지는 않는다.

토성은 10시간 32분 45초마다 한 번씩 돌며 목성보다 더 극이 찌그러진 모습이다. 고리가 눈길을 끌기 때문에 뭉개진 모습을 알아차리기 힘들다.

고리는 폭은 크지만, 두께는 몹시 얇으며 우주상의 한 방향을 향하여 고정되어 있다. 따라서 매년 지구에서 봤을 때 고리가 정면으로 보이는 때가 있으며 그로부터 3개월이 지나면 보이는 모습은 고리의 옆 테두리에 가까워진다.

토성이 30년 주기로 공전함에 따라 고리의 옆 모습이 지구를 향하게 되면 소형 망원경(어쩔 때는 대형 망원경으로도)으로 봤을 때 고리가 보이지 않는다. 고리의 두께가 아주 얇기 때문에 지구에서 보이지 않는 것이다. 이런 경우 성능이 아주 좋은 망원경으로 관측하면 토성에 드리운 고리의 그림자를 볼 수 있다. 고리는 2009년에 마지막으로 사라졌으며 2025년에 다시 사라질 것으로 보인다.

토성의 폭풍 추적하기

토성에도 목성과 같은 띠와 대가 있다(이 장의 앞부분에 있는 '별에 가까운 행성: 목성을 바라보기'를 참조하라). 하지만 토성은 목성보다 명암의 대비가 심하지 않아 알아보기 힘들다. 행성의 자세한 특징을 보고 싶다면 대기 상황이 좋을 때 고배율 접안렌즈를 사용해서 관측해야 한다.

20~30년마다 한 번씩 토성의 북반구에는 '대백점'이라고 부르는 거대한 폭풍이 일어난다. 강풍이 불면서 행성 일부를 감싸는 두껍고 빛나는 띠 모양의 구름을 만드는데 몇 달 뒤에는 사라진다. 가끔씩 아마추어 천문학자가 토성에서 새로 생겨난 대백점을 처음으로 발견하기도 한다. 마지막 대백점은 2010년에 발생했으니 다음번 발생까지는 오래 기다려야 할지도 모른다. 그동안 자라나면 행성 일부를 헤집을 정도로 커지는 작은 흰색 폭풍들을 지켜보고 있자.

토성의 주력 위성 감시하기

타이탄은 토성의 가장 큰 위성이며 행성인 수성보다 더 크다. 지름은 5,150킬로미터이다. 일부 대형 위성은 얇은 대기를 가지고 있지만, 타이탄은 두껍고 흐릿한 대기를 가지고 있는데 대부분은 질소이고 메탄이나 다른 기체가 극미량 포함되어 있다. 타이탄의 지표는 흐린 대기 때문에 관측하기 어렵지만 2004년에 나사의 카시니호가 적외선(안개를 꿰뚫어 보는 데 효과적인)과 레이더(적외선보다 낫다) 장비로 타이탄의 표면을 관측했다. 2005년 1월 14일, 유럽우주국의 하위헌스호가 타이탄에 착륙했다. 이 특이한 위성에서 알아낸 사실 대부분은 카시니와 하위헌스호가 보내준 정보이다.

타이탄의 표면 대부분은 다른 위성들에 비해 평평하며 매끄럽다. 고위도 지방에는 에탄의 호수들, 액체 상태의 탄화수소가 존재한다(탄화수소는 수소와 탄소 원자의 화합물이며 여러 가지 종류가 있다. 지구에는 원유에 존재한다). 리게이아해는 420킬로미터 지름에 8킬로미터 깊이의 탄화수소 호수이다. 과학자들은 카시니의 레이더 장치를 사용하여 호수 표면과 바닥에 전자파를 발사해 메아리를 측정하는 방식으로 호수의 깊이를 알아냈다. 카시니 프로젝트에 참여했던 과학자, 코넬대학교의 알렉산더 헤이스는 2015년에 「아스트로노미」 잡지에서 타이탄의 표면에 존재하는 액체 탄화수소는 미시간호에 있는 물의 양보다 15배가량 더 많다고 밝혔다. 지구처럼 땅에 구멍을 뚫어 끌어올릴 필요도 없다(물론 타이탄에 갈 수 있다는 전제하에).

지구의 물은 순환한다. 땅으로 내린 비는 강, 호수, 바다로 흐르고 증발하여 수증기가 된다. 수증기가 되어 가벼워진 물은 대기권으로 올라가 다시 비로 내린다. 이런 과정을 **물순환**이라고 한다. 타이탄에도 비슷한 현상이 일어나지만 탄화수소의 비, 탄화수소의 호수, 기체 탄화수소의 형태로 순환이 일어난다. 타이탄의 온도는 아주 낮아서 표면에 있는 물은 영원히 녹지 않는다. 일부 탄화수소도 마찬가지로 얼어붙은 상태로 존재한다. 타이탄의 건조한 지역에는 '사구'가 있는데 지구의 사구처럼 모래로 이루어진 지형이 아니다. 타이탄의 사구를 구성하는 물질 대부분은 얼어붙은 탄화수소 입자다(당신 집에도 분명히 고체 탄화수소로 만든 물건이 있다. 폴리스타이렌은 뜨거운 커피나 차를 담아먹을 때 쓰는 일회용 컵의 재료이다). 타이탄의 갈색 안개는 공중에 떠다니는 탄화수소 입자 때문에 발생한다. 자연적인 스모그인 셈이다.

타이탄의 사구는 지구의 사막이나 해변에 있는 모래 언덕과 마찬가지로 **풍화작용**으로 만들어진 지형이다. 만약 타이탄의 표면에 물이 있다면, 모두 얼어 있을 것이다. 하지만 2012년에 카시니는 상대적으로 온도가 높은 지역의 표면에서 100킬로미터 정도 아래에 있는 물의 바다를 발견했다. 어떤 전문가들은 이 지하 바다가 사해와 비슷한 염도를 가진다고 생각한다.

괜찮은 소형 망원경을 사용하면 당신도 타이탄을 볼 수 있다. 토성의 다른 두 위성인 레아와 디오네가 최대 이각에 들어갔다면 이들도 관측할 수 있다(이각에 관한 설명은 제6장을 참조하라). 「스카이 앤드 텔레스코프」 잡지를 보면 토성을 기준으로 이 위성들의 위치를 표시해놓은 월간 차트가 있다. 이 차트를 참고해 관측 계획을 세우도록 하자. 2017년 2월까지, 총 62개의 토성 위성을 발견했으며 대부분은 너무 작아서 아마추어 망원경으로는 보이지 않는다.

엔켈라두스의 간헐천

카시니가 발견한 가장 흥미로운 사실은 토성의 위성인 엔켈라두스의 남극 지방에

【 위성의 탄생과 공전 】

위성은 규칙위성과 불규칙위성으로 나뉜다. 규칙위성은 모행성의 자전 방향과 같은 방향으로 모행성의 적도면을 공전한다. 이를 '순행'이라고 한다. 규칙위성은 대부분 목성과 토성 근처에 생성되었을 것으로 보인다. 원시행성의 적도면에 있던 물질과 원시위성이 뭉쳐 현재의 규칙위성이 되었을 가능성이 크다. 따라서 많은 위성을 데리고 있는 목성과 토성은 태양계의 축소판이라고 볼 수 있는데 차이점은 중심에 별이 아니라 행성이 있다는 것이다.

반면에 영화 〈야성의 엘자〉의 주인공인 자연에서 태어나 새끼 때 사로잡힌 암사자 엘자 같은 불규칙 위성들이 있다. 이들은 모행성의 자전 방향의 반대 방향으로 공전한다. 이 운동을 '역행'이라고 하며 보통 행성의 적도에서 기울어진 공전궤도로 움직인다. 역행 위성은 소행성처럼 태양계 다른 곳에서 생겨났지만, 목성과 토성의 중력에 잡혀 있는 위성이다.

2017년 2월까지 천문학자들은 목성과 토성에서 각각 67개, 62개의 위성을 찾아냈다. 더 많은 소형 위성이 있을 것으로 보이며 현재도 탐색 중에 있다. 따라서 책이나 잡지에 나와 있는 위성의 숫자는 당신이 읽는 시점에서 사실과 다를지도 모른다. 이따금 천문학자들이 새로운 위성을 발표하더라도 발견된 위성의 숫자는 변하지 않는다. 국제천문연맹의 직원이 새로 발표한 위성이 확정될 때까지 수정을 보류하기 때문이다. 목성, 토성과 다른 행성 주변을 도는 위성에 대한 최신 소식은 나사의 솔라 시스템 다이나믹스 사이트 ssd.jpl.nasa.gov/?sat_discovery에서 확인하길 바란다. 이름이 없는 위성은 확정을 기다리는 임시 위성이다.

분출구가 존재한다는 사실이다. 이 지형에서 수증기와 얼음 입자 그리고 다른 물질들이 뿜어져 나오는데 차가운 물질을 내뿜는다는 점을 제외하면 옐로스톤 국립공원에 있는 간헐천과 비슷하다. 천문학자들은 엔켈라두스에 존재하는 101개의 분출구를 찾아냈는데 분출구의 수는 옐로스톤의 간헐천보다 적다. 천문학자들은 엔켈라두스의 간헐천의 분출물은 지하에서 생명이 존재할 만큼 따뜻한 액체 상태의 물이라고 결론 내렸다. 간헐천에서 갓 분출된 얼음 결정은 엔켈라두스의 표면을 뒤덮어 아주 밝게 빛난다. 우주로 튀어 나간 얼음 입자는 토성의 고리가 된다.

chapter

09

신기한데! 천왕성, 해왕성, 명왕성과 그 너머

제9장 미리보기

- 바위와 물이 많은 거대 행성, 천왕성과 해왕성을 이해한다.
- 명왕성을 재정의한다.
- 카이퍼 벨트를 상상해본다.
- 태양계 외부를 관측한다.

화성과 금성은 지구에 가깝고, 목성과 토성은 밝고 화려하다. 마찬가지로 그 너머의 행성 관측 역시 나름의 특징과 재미가 있다. 이번 장에서는 우리 태양계의 중심에서 가장 멀리 떨어진 두 행성인 천왕성과 해왕성, 그리고 왜소행성 명왕성(이제는 행성이 아니다)을 소개하겠다. 또한 천왕성, 해왕성, 명왕성을 공전하는 위성의 특징과 이 머나먼 세계를 관측하는 데 있어서 유용하게 써먹을 수 있는 팁을 알려주겠다. 카이퍼 벨트도 뒤에서 다루겠다.

천왕성과 해왕성에 다가가기

천왕성과 해왕성의 중요한 특징은 다음과 같다.

» 두 행성은 크기와 화학적 구성이 비슷하다.
» 두 행성은 목성과 토성보다 작으며 밀도가 낮다.
» 각 행성은 위성과 고리가 있는 작은 계의 중심이다.
» 두 행성에서 오래전 거대한 천체와 충돌한 흔적이 보인다.

천왕성과 해왕성의 대기는 목성과 토성(제8장 참조)처럼 대부분 수소와 헬륨으로 되어 있다. 둘 다 같은 목성형 행성이지만 목성과 토성보다는 작다. 천문학자들은 천왕성과 해왕성을 거대 얼음행성이라고 부르는데 이들의 대기가 암석과 물로 이루어진 핵을 둘러싸고 있기 때문이다. 천왕성과 해왕성의 물은 행성 안쪽 깊은 곳에 있어서 강한 압력을 받아 액체 상태로 존재한다. 하지만 수십억 년 전에 두 행성이 더 작은 천체였을 때는 아마 얼어붙어 있었을 것이다.

천왕성의 질량은 지구의 14.5배, 해왕성은 17.2배로 질량은 서로 다르지만 크기는 비슷하다. 질량이 작은 천왕성이 해왕성보다 큰데 천왕성의 적도 지름은 5만 1,118킬로미터이며 해왕성의 지름은 4만 9,528킬로미터이다.

천왕성의 하루는 17시간 14분이며 해왕성은 16시간 7분이다. 목성, 토성과 마찬가지로 하루는 지구보다 짧지만 1년은 더 길다. 태양을 한 바퀴 도는 데 천왕성은 84년, 해왕성은 165년이 걸린다.

더 흥미로운 사실들은 다음에 다루었다. 컬러 부록에 있는 두 행성의 모습을 꼭 확인하도록 하자.

명중! 기울어진 천왕성

천왕성은 옆으로 누워 있는 것처럼 보이는데 이는 과거에 있었던 큰 충돌로 인한 후유증일지도 모른다. 적도는 천왕성의 공전면에 대해 평행하지 않고 거의 직각을 이루며 지구에서 볼 때 천왕성의 적도는 남북 방향을 가리키고 있다.

가끔은 천왕성의 북극이 태양과 지구 방향을 보고 있지만 어떨 때는 또 남극이 지구 방향을 보고 있다. 천왕성이 태양 주변을 도는 84년 동안 4분의 1은 북극이 태양쪽을 향하며, 다른 4분의 1은 남극이 태양 쪽을 향하고, 나머지 시간은 태양이 극과 극 사이에 빛을 비춘다. 2007년에는 태양이 천왕성의 적도 위에 있었다. 아마 이때 천왕성의 해변으로 갔다면 아주 좋은 시간을 보냈을 것이다(천왕성에도 해변이 있다면). 지구의 극지방에서는 절대 태양이 높게 뜨지 않는다. 하지만 2028년에 태양은 천왕성의 북극 하늘 높은 곳에 있을 것이다.

보이저 2호와 허블 우주망원경으로 관측한 사실은 천왕성의 구름 띠의 모양이 바뀌고 있다는 것이다. 2006년에는 큰 흑점이 나타났고 1986년에 보이저 2호가 첫 번째 오로라를 관측한 이후 2011년에 처음으로 허블우주망원경이 오로라를 촬영했다. 구름의 모양이 바뀌는 현상은 천왕성의 계절 변화와 관련이 있을지도 모른다.

2017년 2월까지 밝혀진 천왕성의 위성은 총 27개이다. 천왕성의 위성에도 고리가 있다. 이들의 고리는 아주 어두운 물질들로 이루어져 있는데 아마 탄소가 풍부한 암석, 이를테면 탄소질 콘드라이트로 알려진 특정 운석과 비슷한 물질로 보인다. 갈릴레오 위성이 목성의 적도면을 돌듯이 천왕성의 위성과 고리는 천왕성의 적도면을 공전한다. 따라서 천왕성의 위성과 고리의 공전궤도는 천왕성의 공전궤도와 거의 직각을 이룬다.

천왕성과 천왕성의 위성을 시간에 따라 지구를 향하기도 하고, 향하지 않기도 하는 커다란 과녁이라고 생각해도 좋다. 과거에 최소 하나 이상의 거대한 물체가 천왕성을 때려 맞췄음이 분명하며 이로 인해 원래의 생김새보다 기울어진 모습을 하게 되었다. 장난이 아니라 진지하게 하는 소리다.

뭔가 이상한데 : 해왕성과 해왕성의 가장 큰 위성

해왕성은 공전궤도의 직각에서 28도 기울어진 자전축을 가지고 있다. 제5장에서 설명했던 지구의 자전축 기울기인 23.5도보다 약간 더 삐딱하다. 천왕성의 고리처럼 아주 어두운 색의 고리를 가지고 있는데 탄소가 함유된 암석으로 이루어진 것으로 추정된다.

2017년 2월까지 밝혀진 해왕성의 위성은 총 14개이다. 가장 큰 위성인 트리톤(명왕성보다 크다)은 지름이 2,707킬로미터에 이른다. 북쪽 위에서 본 해왕성은 다른 태양계의 행성들처럼 태양을 반시계 방향으로 공전하고 있다. 대부분의 위성은 모행성을 시계 반대 방향으로 공전한다. 하지만 보이저 2호가 보내온 사진에서 꼭 캔털루프(멜론의 일종-역주)처럼 생긴 트리톤은 뭔가 이상했다. 트리톤은 해왕성을 시계 방향으로 공전하고 있었다(다시 말해 역행궤도를 돌고 있다. 역행궤도는 제8장에서 정의했다). 고민 끝에 과학자들은 태양계가 생긴 뒤 얼마 지나지 않아 해왕성이 트리톤을 포획했다고 결론 내렸다. 전문가들의 의견은 다양한데 가장 가능성 있는 이론은 이렇다. 해왕성은 카이퍼 벨트(이번 장의 뒷부분에서 설명하겠다)에서 온 이중 행성계와 충돌할 뻔했다. 이때 해왕성이 이중 행성계를 이루고 있던 트리톤을 붙잡았고 다른 작은 천체는 멀리 날아가 버렸다. 현재로서, 천문학자들은 이 이론을 증명하기 위해 더 많은 정보가 필요하다.

트리톤은 얼음과 암석으로 구성되어 있기 때문에 천왕성이나 해왕성보다는 명왕성(곧 설명하겠다)과 더 비슷하게 생겼다. 표면은 뜨겁고 용해된 암석이 아니라 차가운 물질들의 폭발과 흐름으로 형성된 지형으로 덮여 있다(제7장에서 설명한 얼음화산 활동의 결과이다). 얼음, 드라이아이스, 얼어붙은 메탄, 얼어붙은 일산화탄소 그리고 심지어 얼어붙은 질소까지 모두 트리톤에 존재한다. 충돌 크레이터의 수는 상대적으로 적은 편인데 얼음이 크레이터를 계속해서 메꾸기 때문인 것으로 보인다.

환경보호단체들은 지나친 관광산업이 국립공원을 위험에 빠뜨리고 있으니 국립공원 대신 트리톤으로 여행을 떠나는 걸 고려해보라고 말한다. 트리톤의 지형은 아주 특이하며 옐로스톤 국립공원만큼이나 아름다울지도 모른다. 하지만 트리톤으로 향할 때는 눈앞에 펼쳐질 얼음왕국을 예상하고 있어야 한다. 온천 대신에 얼어붙을 듯한 폭풍우가 몰아치며 간헐천에서는 뜨거운 물줄기가 아니라 아주 차가운 증기가 뿜어져 나온다. 우주복과 따뜻한 부츠를 챙겨가도록 하자.

해왕성의 대기는 구름층으로 덮여 있으며 이따금 '대흑점'이라고 불리는 목성의 대적점(제8장 참조)과 비슷한 아주 큰 폭풍이 일어난다. 대적점은 같은 장소에서 발생했다가 사라지는 일을 반복한다. 하지만 해왕성의 대흑점은 1989년에 남반구에서 처음으로 발견되었다가 사라지고 시간이 지난 뒤에 다시 반대편인 북반구에서 나타났다. 2016년에 허블우주망원경으로 21세기 처음으로 일어난 대흑점을 관측했으며 당시에는 남반구에 있었다.

명왕성, 경이로운 왜소행성 만나기

수십 년 동안 천문학자들은 명왕성을 태양계 내의 행성 중에서 태양으로부터 가장 멀리 떨어진 행성으로 간주했다(그림 9-1 참조). 명왕성의 공전주기는 248년이며 약 20년 동안은 해왕성의 궤도 안에서 움직이는데 1999년에 해왕성 바깥으로 나갔다. 23세기 전에 의학계에 중대한 발전이 일어나지 않는다면, 지금 살아있는 사람들은 앞으로 명왕성이 다시 해왕성 바깥으로 나가는 모습을 보지 못할 것이다. 그리고 안타깝게도, 명왕성은 강등당했다. 2006년 8월 24일에 국제천문연맹은 투표를 통해 명왕성의 지위를 왜소행성으로 바꾸었다.

왜소행성은 천체를 정의하는 새로운 분류로써 국제천문연맹은 다음과 같은 천체를 왜소행성으로 분류한다.

- 태양을 공전한다(위성처럼, 태양 이외의 다른 천체를 공전하지 않는다).
- 충분한 질량을 가지고 자체 중력으로 구의 형태를 유지해야 한다.
- 궤도 주변의 "다른 천체를 지우지 않는다."

국제천문연맹이 만든 기준이지만, 나는 세 번째 문장을 보고 굉장히 의아했다. 많은 천문학자들은 세 번째 문장이 좀 더 구체적이어야 한다고 생각한다. 행성의 중력은 근처에 있는 천체의 움직임을 방해하는데(위성을 제외하고), 소행성이나 혜성 같은 천체가 행성 주변을 지나가면 중력의 영향을 받아 진행 방향이 달라진다. 카이퍼 벨트에 있는 많은 천체들은 (이번 장의 마지막에서 다루겠다) 명왕성의 영향을 받지만, 명왕성은 주변의 다른 천체들을 지우지 않았다. 하지만 수천만의 트로이 소행성군 역시 목성의 궤도(제7장에서 설명했다) 부근에 있지만 아무도 목성의 지위를 부정하지 않았다. 국제천문연맹이 명왕성이 너무 작아서 자기 방어를 못할 거라고 생각했으려나? 이 논란에 대해서는 다소 뻔뻔하지만 나의 다른 책을 읽어보길 바란다. 벤발라 출판사의 『명왕성의 비밀: 명왕성의 지위를 두고 진행 중인 전쟁에 대한 내부자의 증언(*Pluto Confidential: An Insider Account of the Ongoing Battles over the Status of Pluto*)』은 로렌

Courtesy of NASA

그림 9-1
명왕성은 얼음과, 바위 그리고 비밀로 가득 찬 행성이다.

스 A. 마셜과 같이 쓴 책이다. 명왕성은 너무 멀리 떨어져 있어서 2015년 7월에 뉴허라이즌스호가 명왕성 인근에 도착하기 전까지 명왕성의 지질학적 특성에 관한 추측이 난무했다. 명왕성은 가늘고 긴 타원 모양으로 태양을 공전하는데 태양으로부터 약 29.7AU 혹은 44억 킬로미터에서 49.5AU 혹은 46억 킬로미터 떨어져 있다.

명왕성의 하트를 향해서

뉴허라이즌스호는 명왕성의 사진을 촬영하고 화학적 조성을 분석하고 20개의 대기층을 밝혀냈으며 알려진 위성을 연구하고 새로운 위성과 명왕성의 고리가 존재한다는 증거를 찾으려 시도했다. 얻어낸 사진과 데이터가 너무 많아서 지구로 바로 보낸 자료는 극히 일부에 불과했다. 나머지 자료는 가지고 있다가 탐사정이 명왕성을 떠나면 우주로 향할 때 지구로 보냈는데 모든 데이터를 받는 데 장장 1년이 넘게 걸렸다.

명왕성의 한 지역의 사진은 많은 사람들의 예상 밖이었는데 비공식적으로 '하트'라고 불리는 톰보 영역이라는 곳이다. 톰보 영역은 밸런타인데이 선물용 초콜릿 상자처럼 생긴 거대한 하트 모양의 지형이며 명왕성을 발견한 미국인 천문학자 클라이드 톰보의 이름을 따서 톰보 영역이라고 부른다. 하트의 두 귀는 서로 대조적인 특징을 가진다. 서쪽 귀에는 스푸트니크 평원이 있으며 표면이 밝고 평평하다. 반면에 동쪽 귀는 표면이 어둡고 훨씬 거칠다.

크레이터 숫자 세기

행성학자들이 단단한 표면을 가진 행성(위성이나 왜소행성도 마찬가지)을 연구할 때 처음으로 하는 행동은 표면의 연대를 측정하는 것이다. 물론 전체적인 몸체는 한 번에 만들어졌겠지만, 지표면의 일부 지역은 침식이나 용암 흐름(예를 들어) 때문에 원래 있던 표면이 지워지고 새로운 지형을 만들기 때문이다. 명왕성같이 추운 행성에서는 얼음이 계속 크레이터를 메꾸기 때문에 크레이터는 사라지고 새로 생긴 차가운 얼음 표면만 남는다.

천문학자들이 행성의 나이를 측정할 때 가장 많이 쓰는 방법은 크레이터의 숫자를 세는 것이다. 100만 년에서 10억 년 사이의 세월이 흐르면서 행성에 부딪힌 천체들이 크레이터를 만드는데 같은 크기의 지역에서 같은 시간 안에 생기는 크레이터의 숫자는 거의 같다. 따라서 같은 행성에서 한 지역의 크레이터 수가 다른 지역보다 적다면 최근에 지형이 바뀌었다는 뜻이며 상대적으로 젊은 지역이라는 의미다. 뉴허라이즌스호가 쓸 만한 사진을 보내면서 과학자들은 명왕성의 크레이터 숫자를 세기 시작했다.

다음은 명왕성의 크레이터에서 알아낸 사실들이다.

- » 스푸트니크 평원 사진에서는 크레이터가 발견되지 않았다. 따라서 천문학적 기준에서 스푸트니크는 아주 젊은데 생성된 지 1,000만 년, 혹은 100만 년도 안 되었을지도 모른다.
- » 톰보 영역의 동쪽 귀에는 크레이터가 보이는데, 거의 10억 년 가까이 된 것으로 보인다.
- » 톰보 영역에서 멀리 떨어진 지방, 크레이터가 많은 곳, 그리고 일부 산악 지역은 생성된 지 40억 년 정도 된 것으로 추정된다.

스푸트니크 평원 탐사하기

명왕성은 아직 비밀에 휩싸여 있으며 과학자들에게 아주 흥미로운 존재다. 그중 스푸트니크 평원은 아주 중요한 곳인데 명왕성에서 무슨 일이 벌어지는지 알고 싶다면 필수적으로 이해하고 넘어가야 한다.

- » 약 1,050킬로미터 넓이의 아주 오래된 충돌 분지다(아주 큰 크레이터).
- » 대부분 얼어붙은 질소로 구성된 얼음으로 덮여있으며 이 덕분에 명왕성의 다른 오래된 지역보다 표면이 매끄럽다.
- » 얼음으로 덮인 넓은 지역에서 진흙이 마르면서 생기는 균열처럼 보이는 많은 다각형 모양이 보인다.
- » 옆에 있는 산악지대에서 쏟아진 얼음이 스푸트니크에 있는 분지로 쏟아져 늘어간다.
- » 스푸트니크 평원은 명왕성이 카론을 바라보는 방향에 있다. 카론의 중심과 명왕성의 중심을 서로 이으면 정확히 스푸트니크 평원을 지난다.

각각이 가지는 의미는 다음과 같다.

- » 오래전에 명왕성에 아주 큰 충돌이 있었고 충돌로 인해 만들어진 분지는 얼어붙은 질소(명왕성의 대기 환경을 생각해보면)로 메꿔졌다. 얼어붙은 질소는 얼음보다 무겁지만, 점성이 덜하다 따라서 쉽게 흘러내려 구덩이를 메울 수 있었다.
- » 분지에 있는 얼음의 질량 때문에 명왕성의 무게 중심이 옮겨졌다. 균형을 맞추기 위해 명왕성은 약간 기울었는데 명왕성과 카론의 중심을 지나는 가상의 선을 그었을 때 스푸트니크 평원을 지나는 이유다.
- » 스푸트니크 평원의 얼음 표면에서 보이는 다각형 무늬는 대류 때문에 일어나는 현상이다. 명왕성의 내부에서 발생한 열이 아래의 얼어붙은 질소를 녹여서 방울을 만든다. 질소 방울은 주전자에서 끓는 물처럼, 표면으로 떠오름에 따라 식으면서 널리 퍼진다. 질소가 식으면서 밀도가 높아지면, 다시 원래 있던 장소로 돌아간다.
- » 만약 운석이 스푸트니크에 떨어져서 크레이터를 만든다고 해도 얼음이 다시 크레이터를 메꿀 것이다. 시간이 지나고 나면, 크레이터는 보이지

않는다.

- 스푸트니크 평원에도 계절의 변화가 있다. 더워지면 질소 얼음은 증발하여 대기를 더 두껍게 만든다. 추워지면 질소는 응결되어 다시 눈처럼 내린다. 따라서 스푸트니크는 거대한 질소 얼음의 저장소이며 스푸트니크의 질소는 기체에서 고체로, 고체에서 기체로 승화를 반복한다.

명왕성의 구성 들여다보기

명왕성 얘기를 더 했다가는 거대 행성들이 질투를 낼 것이다. 따라서 흥미로운 몇 가지만 짚고 다음으로 넘어가도록 하겠다.

- 명왕성은 대부분 암석으로 되어 있지만 표면은 아주 두껍고 단단한 얼음으로 덮여 있다. 명왕성의 기반암은 화강암이 아니라 얼어붙은 물이다! 심지어 산들도 얼음으로 되어 있다. 표면 온도는 아주 낮아서 물이 녹거나 증발하지 않는다. 다른 얼음들, 얼어붙은 질소나 메탄이 표면을 덮고 있으며 그 밑에 물이 얼어 있다.
- 내부에 있는 암석과 얼음 표면 사이에 분명히 지하 바다가 있을 것이다.
- 명왕성의 어두운 지역들, 적도에 평행한 긴 띠 모양의 붉은 지역과 적도의 남쪽 부근은 **톨린**으로 덮여 있다. 톨린은 메탄이나 탄화수소가 태양의 자외선 혹은 우주선(은하수에서 날아오는 고에너지 아원자 입자)과 반응해 생긴 화학물질이다. 톨린은 굴뚝에서 떨어지는 그을음처럼 대기에서 떨어지는데 내려앉은 지역을 어둡고 붉게 만든다.
- 카론은 명왕성의 위성으로 거대한 적갈색의 극관을 가지고 있는데 명왕성의 대기에서 빠져나와서 카론으로 흘러 들어간 기체가 명왕성의 톨린을 만들었던 자외선과 우주선에 반응해 생긴 것으로 추정된다. 카론은 대기가 없다.
- 뉴허라이즌스호로 관측한 결과 명왕성에는 고리가 없으며 우리가 모르는 위성도 존재하지 않았다. 사람이든 행성이든 다 가질 수는 없는 법이다.

모행성 곁을 떠나지 않는 위성

명왕성은 천왕성처럼 옆으로 누워 있다. 적도는 공전궤도에 대하여 120도가량 기울어져 있다. 천문학자들은 명왕성 역시 천왕성과 유사한 대형 충돌을 겪었으리라고 생각한다. 충돌체는 카이퍼 벨트에서 왔을 것으로 보이며 어쩌면 명왕성의 위성인 카론일지도 모른다.

명왕성의 지름은 2,375킬로미터이며 1,210킬로미터인 카론의 두 배보다 약간 작다. 다른 행성과 가장 큰 위성 사이의 거리에 비하면 명왕성과 카론 사이의 거리는 가까운 편이며 과거에는 이중 행성으로 여겨졌다.

천문학자들은 허블우주망원경을 사용하여 뉴허라이즌스호가 도착하기 전에 명왕성의 작은 위성 4개를 찾아냈다. 네 위성 모두 카론과 같은 명왕성의 면을 돌며 아마도 같은 충돌에서 생겨났을 것으로 보인다.

명왕성은 6일 9시간 18분마다 한 번씩 자전하는데 카론의 공전 주기와 정확히 일치한다. 따라서 명왕성과 카론은 항상 서로 같은 면을 보고 있다. 지구와 달의 경우 달은 항상 같은 면을 지구로 향하고 있지만, 역은 성립하지 않는다. 누군가 달의 앞면에 온종일 서 있다면 지구의 모든 면을 볼 수 있지만, 카론에 서 있는 사람은 시간이 얼마나 흐르든 간에 명왕성의 같은 면밖에 볼 수 없다.

명왕성과 위성들의 자세한 정보나 뉴허라이즌스호가 찍은 명왕성의 아름다운 모습을 보고 싶다면 존스홉킨스대학교 물리학 실험실 홈페이지(pluto.jhuapl.edu/)를 참고하라.

본격적인 카이퍼 벨트 탐사

과학자들은 해왕성의 궤도 바깥과 태양으로부터 50AU 떨어진 곳 사이에 카이퍼 벨트 천체라고 불리는 크기 100킬로미터 이상의 얼어붙은 천체가 10만 개가량 존재한다고 추정하고 있다. 이 지역의 이름은 천문학자 제럴드 카이퍼의 이름을 따서 지었으며 카이퍼 벨트 천체는 아주 멀어서 집에 있는 망원경으로는 볼 수 없다. 당신이 팔로마산 천문대에 살지 않는다면 말이다(초대형 망원경을 가지고 있다면 명왕성을 볼 수 있다. 이제 명왕성은 행성이 아니라 왜소행성으로서 카이퍼 벨트 천체로 취급한다). 1992년에 천문학자 데이비드 제윗과 제인 류는 명왕성을 제외한 첫 번째 카이퍼 벨트 천체를 발견했다. 그 뒤로 과학자들은 1,000개가 넘는 천체들을 발견해왔다.

1992년부터 발견한 많은 카이퍼 벨트 천체들 중에 드물게 에리스와 같이 명왕성과 비슷한 크기를 가진 천체들도 발견되었다. 왜소행성 에리스는 명왕성보다 훨씬 먼 곳에 있으며 지금까지 알려진 위성인 디스노미아를 포함해 최소 하나 이상의 위성을 가지고 있다.

대다수의 카이퍼 벨트 천체와 명왕성은 다음과 같은 특징을 공유한다.

- 심하게 찌그러진 타원형 공전궤도를 가진다.
- 공전 면이 지구의 공전 면에 비하여 심하게 기울어져 있다.
- 이들의 공전주기와 해왕성의 공전주기가 대략 2대 3이다(명왕성이 두 번 공전하는 데 걸리는 시간은 496년이며 해왕성이 세 번 공전하는 데 걸리는 시간은 491년이다). 이를 **궤도 공명**이라고 하며 이로 인해 해왕성과 명왕성의 궤도가 겹침에도 불구하고 서로 충돌하지 않는다.

명왕성은 훨씬 큰 행성인 해왕성의 강력한 중력으로부터 간섭받지 않으며 위의 세 가지 특징을 가지는 카이퍼 벨트 천체 역시 마찬가지인데 이들을 **명왕성족**이라고 부른다.

해왕성과 명왕성 밖에서 공전하고 있는 천체를 **해왕성 바깥천체**라고 하는데 카이퍼 벨트 천체와 다른 성질을 가질 수도 있다. 세드나라는 천체는 2004년 3월에 발견되었으며 태양에서 90AU의 거리에 위치하는데 카이퍼 벨트가 끝나는 지점보다 훨씬 멀다. 세드나는 대략 995킬로미터 지름의 천체로 왜소행성으로 쳐도 손색이 없을 만큼 크다. 어떤 천문학자들은 세드나가 오르트 구름 일부라고 생각한다. 오르트 구름은 제4장에서 설명했던 혜성들이 모여 있는 곳이다. 해왕성 바깥에 있는 '알려진' 행성은 모두 우리와 다른 태양을 공전하는 천체이다(제14장 참조). 하지만 우리 태양계의 새로운 행성을 찾는 연구를 자세히 알고 싶다면 이번 장의 마지막을 확인해보자!

뉴허라이즌스호는 명왕성을 한참 지났으며 현재 카이퍼 벨트를 향하고 있다. 다음 목적지는 2014 MU_{69}인데 32~48킬로미터 크기의 카이퍼 벨트 천체이다. 2019년 1월 1일에 도착할 예정이며 제야의 종소리와 함께 새로운 천체와의 만남을 축하하도록 하자.

외행성 관측하기

경험만 있다면, 천왕성과 해왕성은 찾을 수 있지만, 작은 명왕성은 찾기 어렵다. 컴퓨터 망원경이 없다면, 처음 명왕성을 관측할 때 숙련된 아마추어 천문학자에게 도움을 받도록 하자(컴퓨터 망원경이 궁금하다면 제3장을 보라). 당신 친구들이 도와주는 것보다 훨씬 도움이 많이 된다.

천왕성 찾기

천왕성은 망원경으로 관측할 수 있으며 환상적인 관측 환경에서는 맨눈으로 보이기도 한다. 경험을 많이 쌓고 나면 쌍안경으로 천왕성을 찾을 수 있다. 망원경으로 본다면 다른 별과 쉽게 구별할 수 있다.

- 아주 작게 보이며 지름이 수 각초밖에 되지 않는다(제6장에서 각초의 정의를 설명했다).
- 희미한 별들 사이로 아주 천천히 움직인다.

천왕성의 모습은 초록빛으로 희미하게 빛난다. 관측 환경이 좋다면 고배율 접안렌즈를 사용해서 천왕성의 면을 확인할 수 있다(제3장에서 망원경과 접안렌즈를 다루었다). 시야에 들어오는 별을 기준으로 천왕성의 움직임을 기록하면 궤도를 알 수 있다. 이런 경우 저배율 망원경을 사용하면 시야가 넓어져서 더 많은 별이 보이기 때문에 편하게 관측할 수 있다. 몇 시간 뒤나 다음 날 밤에 다시 관측하면서 경로를 기록하도록 하자.

대구경 아마추어 망원경을 쓰면 천왕성의 27개 위성 중에 몇 개는 희미하게나마 볼 수 있지만 천문대에 가서 더 좋은 망원경으로 보는 걸 추천한다. 천왕성의 어두운 고리는 허블우주망원경으로 관측이 가능하며 지구의 대구경 망원경으로도 볼 수 있다. 하지만 아마추어 장비로는 어림도 없다.

허블우주망원경이 찍은 천왕성과 고리는 hubblesite.org/images/news/86-uranus에서 볼 수 있다. 보이저 2호가 찍은 천왕성의 사진과 위성, 고리는 photojournal.jpl.nasa.gov를 참조하라. 'Photojournal' 페이지인데 천왕성의 사진을 클릭하면 된다(보이저 2호는 천왕성을 방문한 유일한 우주선이다).

별과 해왕성 분간하기

해왕성은 천왕성보다 더 희미하게 보이며 광도는 8등급이다(광도는 제1장 참조). 만약 천왕성을 관측하기가 버겁다면 천왕성이 더 밝게 보일 때까지 기다리면서 해왕성에 먼저 도전하도록 하자.

해왕성은 천왕성과 실제 크기는 비슷하지만, 더 멀리 있기 때문에 망원경으로 봤을 때 더 작게 보인다. 해왕성을 별과 구분하려면 대구경 아마추어 망원경이 필요할 수도 있다. 망원경으로 보이는 희미한 물체들의 색깔을 잘 분간하는 편이라면, 해왕성이 파란색이라는 사실까지 확인할 수 있다.

해왕성이 천왕성보다 바깥 궤도를 돌기 때문에, 더 느리게 움직인다. 느린 공전 속도와 지구에서 멀리 떨어진 거리 때문에 하늘에서 해왕성은 천왕성보다 보통 더 느리게 움직이며 하루에 수 각초(제6장 참조) 정도 이동한다. 따라서 해왕성이 별들 사이로 움직이는 모습을 확인하려면 하루 이틀 기다려야 할지도 모른다.

'보통'이라고 말한 이유는 천왕성과 해왕성은, 지구 너머의 다른 행성과 마찬가지로 지구에서 봤을 때 역행(제6장을 확인하라)이 일어난다. 따라서 때때로 속도가 느려지면서 진행 방향이 반대로 바뀌는 것처럼 보인다. 만약 천왕성의 역행을 관측하게 된다면 천왕성의 겉보기 운동이 평소보다 느려지며, 대조적으로 해왕성이 전속력으로 움직이는 것처럼 보인다.

해왕성의 14개 위성 중 가장 큰 위성은 트리톤이다(앞부분에 '뭔가 이상한데 : 해왕성과 해왕성의 가장 큰 위성'에서 트리톤을 다루었다). 해왕성의 위치를 찾는 데 숙달이 되면 맑고, 어두운 날에 6인치 이상의 망원경으로 트리톤을 찾아보는 것을 추천한다. 트리톤은 큰 공전궤도를 가지며 해왕성에서 8~17각초가량(해왕성 지름의 4~8배) 떨어져 있기 때문에 별과 착각할 수도 있다. 하지만 며칠 동안 해왕성을 관측하면서 주변의 희미한 '별'들의 모습을 기록한다면, 빛나는 밤하늘 사이로 해왕성의 주변을 따라다니는 어두운 '별' 중에서 트리톤을 찾아낼 수 있다. 트리톤이 해왕성의 주변을 완전히 한 바퀴 도는 데 거의 6일이 걸린다.

보이저 2호가 찍은 해왕성과 위성의 사진은 photojournal.jpl.nasa.gov에서 해왕성을 클릭하면 확인할 수 있다. 허블우주망원경에서 찍은 사진은 hubblesite.org/images/news/69-neptune을 참조하라.

고된 명왕성 관측

명왕성은 태양계의 어떤 행성보다도 관측하기 까다로운 천체다. 지구로부터 아주 멀리 떨어진 거리에서 공전하고 있으며 크기도 작다. 보통 명왕성의 밝기는 14등급이다(등급의 설명은 제1장을 보자). 현재 태양과 지구에서 멀어지는 공전궤도에 있으며 248년 주기로 공전하는 동안 앞으로 오랫동안은 더 멀어질 것이다.

숙련된 아마추어들은 6인치 망원경으로도 명왕성을 볼 수 있다고 주장한다. 당신이 명왕성을 보고 싶다면, 개인적으로 최소 8인치 이상의 망원경을 추천한다.

명왕성의 가장 큰 위성인 카론은 명왕성에서 아주 가까운 공전궤도를 가지며 6일 9시간 18분마다 한 바퀴를 돈다. 천문대의 성능 좋은 망원경을 쓰면 카론의 모습을 볼 수 있다. 다른 작은 위성들은, 지상에서는 찾아보기 힘들다.

제9행성을 찾아서

2016년 1월에 캘리포니아 공과대학교의 천문학자들은 해왕성과 명왕성 너머에 존재할 것으로 의심되는 거대한 행성을 쫓고 있다고 밝혔다. 세드나(이번 장의 '본격적인 카이퍼 벨트 탐사' 참조)와 일부 해왕성 바깥 천체들의 특이한 긴 타원 형태의 공전궤도를 비교하여 제9행성의 존재를 추론해냈다. 만약 실재한다면 카이퍼 벨트 천체들의 궤도에 영향을 주면서 이들의 근일점(태양에 가장 가까워지는 곳)을 한 지점으로 몰아넣을 만큼 질량이 큰 천체일 것이다. 이 책이 출판되는 지금, 내 라이벌 천문학자들이 초대형 천문대 망원경을 사용해서 제9행성이 존재할 것으로 보이는 지역을 수색하고 있다. 어쩌면 오리온자리나 그 근처에 있을지도 모른다.

만약 계산이 정확하다면 제9행성(아직 추측뿐이기 때문에 공식적인 이름은 없다)은 태양을 한 바퀴 도는 데 1만 5,000년이 걸리는 거대한 공전궤도를 가질 것이다(248년마다 한 번씩 공전하는 명왕성과 비교해보자). 아마도 지구의 10배 이상, 거대 얼음 행성인 천왕성의 4분의 3 정도 되는 질량의 행성일 것이다. 만약 사실이라면 꽤 근사한 발견이다.

【 제9행성 탐사에 동참하라 】

어쩌면 당신은 아홉 번째 행성을 찾는 재미는 전문 천문학자와 그들의 집채만 한 망원경이 다 보겠다고 생각할 수도 있겠다. 하지만 틀렸다. 2017년 2월에 나사는 백야드 월드: 플래닛 나인(Backyard Worlds: Planet 9) 프로젝트를 발표해 아마추어 천문학자들과 다른 시민 과학자들에게 도움을 청했다. 이유는 어떤 전문가들이 WISE 위성이 보내온 어마어마한 양의 적외선 영상에 제9행성의 모습이 찍혀 있을지도 모른다고 생각했기 때문이다. WISE의 사진에는 우주의 한 부분을 몇 년에 걸쳐서 찍은 사진이 있는데 어쩌면 아홉 번째 행성이 별들 사이를 천천히 움직이는 모습이 찍혔을지도 모른다. 이 행성은 목성과 토성(제8장 참조)처럼 내부에서 높은 열을 낼 것으로 보이는데 적외선으로 보면 태양 빛을 반사해 빛나는 다른 행성들 사이에서 쉽게 알아볼 수 있을 것이다.

문제는 어마어마한 사진 속에서 희미한 흔적을 찾는 이 일을 컴퓨터 프로그램으로 돌리자니 단서를 놓치거나, 행성의 흔적을 데이터 결함과 혼동할 가능성이 있었다. 나사는 이번 프로젝트에 사람의 눈과 뇌가, 아주 많이 필요했다. 나사 내부의 인력으로 이 프로젝트를 진행하려면 아마도 로켓을 발사할 사람이 남아 있지 않을 것이다. 따라서 나사는 시민들에게 도움을 요청했다. 참여하고 싶다면 컴퓨터나 스마트폰 둘 중 하나만 준비하면 된다.

우선 www.backyardworlds.org로 들어가서 'Learn more'를 클릭하고 관련 비디오 영상을 하나 보자. 만약 흥미가 당긴다면 등록하면 된다. 백야드 월드 프로젝트의 선임 천문학자 마크 커너는 이렇게 말했다. "가장 가까운 별 프록시마 센타우리와 해왕성 사이에는 4광년의 드넓은 공간이 있으며 이 영역 대부분은 미지의 지역입니다." 이 자리를 빌려 말하건대 당신도 도와주지 않겠는가?(프록시마 센타우리는 제11장과 제14장에서 설명하겠다)

커너 박사의 프로젝트를 돕는 중에 제9행성을 찾지 못하더라도 어쩌면 새로운 갈색 왜성을 발견할 수도 있다. '갈색 왜성'은 희미한 보랏빛을 띤 거대 가스 행성과 항성 사이의 천체다. 강렬한 적외선을 내뿜는데 천문학자들은 이들을 발견하고 싶어서 몸이 달아 있다. 내게 왜 보라색 천체를 '갈색 왜성'이라고 부르냐고 묻지 않았으면 좋겠다. 아마 말이 안 된다고 생각할지도 모르겠지만, 원래 이름이 그렇다(갈색 왜성은 제11장에서 더 자세히 설명하겠다).

PART

3

태양과 다른 별들 만나기

제3부 미리보기

- 지구의 항성, 태양을 이해한다
- 항성의 특징과 삶을 알아본다.
- 은하수와 다른 은하를 이루는 많은 별에 대해 알아본다.
- 블랙홀과 퀘이사에 빠져본다.

chapter

10

태양 : 지구의 항성

제10장 미리보기

- 태양의 구성을 이해한다.
- 태양의 활동을 알아본다.
- 안전하게 태양을 관측한다.
- 흑점과 일식을 바라본다.
- 인터넷에서 태양 사진을 찾아본다.

많은 사람들이 달빛의 청초함과 반짝이는 별빛을 보고 천문학에 매력을 느낀다. 하지만 만약 거대한 천체가 지구에 떨어진다면, 따뜻한 태양 빛 말고는 아무것도 바라지 않게 될 것이다. 태양은 지구와 가장 가까운 항성이며 생명이 살아가는 데 필요한 에너지를 준다.

태양은 우리에게 익숙하기 때문에 사람들은 태양의 존재를 당연하게 여긴다. 피부가 탈까 봐 걱정한 적은 있지만 태양이 우주의 본질을 우리에게 알려주는 주 정보원이라고는 생각하지 않는다. 사실 집에서 가정용 망원경을 쓰던, 천문대에서 고급 장비를 쓰던 태양은 장비에 상관없이 가장 흥미로우며 연구하는 보람이 있는 천체이다. 태양은 매일매일, 시시각각, 순간순간 변화한다. 아이들이 자기 전까지 태양의 변화에 대한 내용을 들려주며 아는 척하기 좋다.

태양을 직접 쳐다볼 생각은 꿈에도 하지 말라. 이번 장에서 설명할 적절한 보호 장비 없이 망원경을 아이나 다른 누군가의 손에 닿는 곳에 방치해서도 안 된다. 누군가의 시력을 담보로 태양의 모습을 알고 싶지는 않을 것이다. 관측에서 안전을 1순위에 두기를 바라며 나중에 적절한 장비와 절차로 시력을 보호하는 방법을 알게 되면 하루 이틀 보고 마는 게 아니라 태양 흑점주기인 11년에 걸쳐서 장기 관측도 할 수 있다. 태양 흑점주기는 이번 장의 뒷부분에서 다루겠다.

이번 장에서는 태양에 관련된 과학적 현상, 태양이 지구와 산업에 미친 영향, 안전하게 태양을 관측하는 방법을 알려주겠다. 안전하게, 경외를 느끼면서 태양을 관측할 준비를 하자.

태양의 영역 측정하기

태양은 항성이다. 다시 말해 핵융합에서 힘을 얻는 뜨거운 기체로 된 공이다. 핵융합은 가벼운 원자핵들이 융합하여 무거운 원자핵이 되는 과정이다. 태양 내부에서 일어난 핵융합이 발산하는 에너지가 태양계 전체에 막대한 영향을 미치며 지구도 영향권에 포함된다(그림 10-1을 보라. 비율은 정확하지 않다).

그림 10-1
태양 주변을 도는 우리 태양계의 행성과 명왕성

태양은 엄청난 기세로 에너지를 만들어내는데 매초마다 1메가톤급 핵폭탄이 92억 개 터지고 있다고 보면 된다. 이 에너지는 태양의 연료를 소모하면서 발생한다. 만약 태양이 불타는 석탄으로 이루어져 있다면 4,600년 만에 완전히 다 타버릴 것이다. 하지만 지구에 있는 화석으로 보건대 태양은 최소 30억 년 이상 빛나고 있었으며 천문학자들은 확실히 그보다는 더 오래되었다고 생각한다. 태양은 대략 46억 년 전부터 존재했을 것으로 추정되며 오늘날까지 강하게 타오르고 있다.

오직 핵융합만이 태양의 강한 에너지 방출을 감당할 수 있으며 앞으로 수십억 년 동안 핵융합이 일어날 것이다. 핵 근처의 어마어마한 압력과 1,600만 도에 육박하는 높은 온도 때문에 수소 원자가 헬륨으로 융합한다. 이 과정에서 어마어마한 양의 에너지가 방출되며 태양의 에너지원이 된다.

1초마다 핵 부근에 존재하는 7억 톤의 수소가 헬륨으로 바뀌는데 이 중 500만 톤이 사라지면서 에너지로 전환된다.

인간이 지구에서 핵융합을 통해 에너지를 만들 수 있다면, 대기오염과 재생 불가능한 자원 소비를 포함해 화석연료와 관련된 모든 문제가 사라진다. 하지만 수십 년의 연구에도 불구하고, 인공 태양은 자연적인 태양을 완벽하게 재현하지 못하고 있다. 확실히 태양은 더 많은 연구가 필요하다.

태양의 크기와 모양 : 거대한 가스 덩어리

대학에서 천문학 개론을 가르칠 때 나는 언제나 이런 질문을 한다. "왜 태양은 태양만 하지?" 그럼 학생들은 입을 떡 벌리며 갈 곳 잃은 시선은 강의실의 허공을 불안하게 맴돈다. 답의 실마리를 잡는 사람은 거의 없다. 심지어 말이 안 되는 질문 같아 보이기도 한다. 모든 건 크기가 있는 거 아닌가? 뭐, 어쩌라고?

만약 태양이 다른 성분 없이 뜨거운 가스로만 이루어져 있다면(사실 실제로도 그렇다), 무엇이 이들을 한데 뭉쳐 있게 할까? 태양도 담배 연기로 만든 도넛처럼 날라가야 하는 게 아닐까? 친애하는 독자여, 답은 중력이다. 태양이 바람에 날려가지 않는 이유는 중력 때문이다. 제1장에서 설명했듯이 중력은 우주의 모든 물체에 영향을 미치는 힘이다. 태양은 지구의 33만 배에 달하는 질량이 아주 큰 천체이며 강한 중력이 뜨거운 가스들을 모아준다.

여기서 의문이 하나 생길지도 모르겠다. 만약 태양의 중력이 가스를 잡아준다면, 왜 작은 공처럼 찌그러들지 않을까? 답은 자동차의 바퀴에 있다. 가스의 온도가 높을수록, 더 강한 중력(혹은 다른 힘)이 작용할수록, 압력이 높아진다. 가스의 압력은 마치 바퀴에 바람을 넣는 공기펌프처럼 태양을 부풀린다.

중력은 끌어당기고 압력은 밀어낸다. 물체의 형태가 변하지 않는다면, 두 힘이 반대 방향에서 같은 세기로 작용하고 있다는 뜻이다. 태양의 경우 지름이 139만 2,000킬로미터이며 지구 지름의 109배이다. 당신이 지구를 태양 안에 집어넣는다면 130만 개까지 들어간다. 하지만 당신이 무슨 수로 넣겠다는 건지는 나도 모르겠다.

태양이 둥근 이유도 거의 비슷하다. 중력은 모든 방향에서 중심을 향해 작용하며 압력 역시 모든 방향에서 바깥쪽으로 작용한다. 만약 태양이 더 빠르게 돈다면 원심력으로 인해 적도가 약간 더 불룩해지며 극은 상대적으로 납작해질 것이다. 하지만 태양은 아주 천천히 자전하고 있으며 자전 속도는 위도에 따라 다르다. 적도에서는 거의 25일에 한 번씩 자전하며 극에 가까워질수록 느리게 돈다. 따라서 배가 튀어나오는 현상은 보이지 않는다. 내 배를 보고도 같은 말을 할 수 있었으면 좋겠다.

태양의 지역 : 핵과 코로나 사이

광구('빛나는 구')는 태양 표면을 말한다(그림 10-2 참조). 하늘에 떠 있는 밝은 태양을 홀

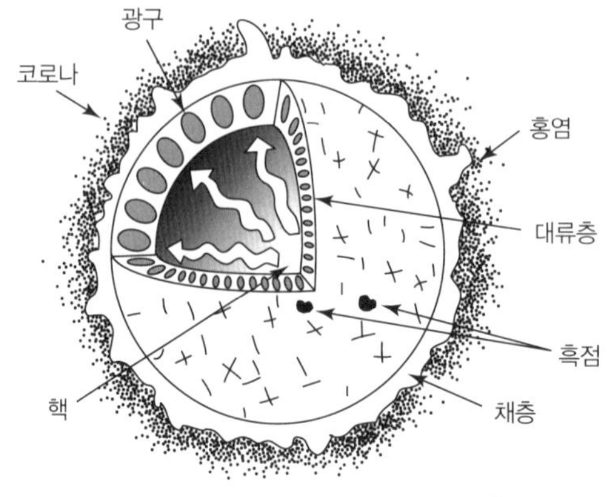

그림 10-2

태양은 태양계에 영향을 주는 힘이 발생하는 곳이다.

끗 쳐다보면(정면으로는 보지 말 것) 광구를 볼 수 있다. 태양의 사진에서 흑점을 관측할 때(아니면 이번 장의 뒷부분에서 알려줄 망원경을 사용하여 관측할 때)도 마찬가지로 광구의 사진이나 실제 모습을 보는 것이다. 그리고 앞에서 말한 태양의 지름은 이 광구의 크기를 의미한다. 광구의 온도는 대략 5,500도이다.

광구 바깥쪽에 존재하는 중요한 두 층은 다음과 같다.

- **채층**(색권) : 개기일식이 일어나면 달의 어두운 테두리 밖에서 붉고 가는 고리 모양으로 보이는 얇은 층이다(일식은 이번 장의 '일식 경험하기'에서 설명하겠다). 채층의 두께는 약 1,600킬로미터로 얇은 편이지만, 온도는 1만 도까지 올라간다.
  이번 장의 '주머니가 두둑한 사람들의 태양 관측 방법'에서 설명할 비싼 수소 알파 필터를 사용한다면 태양의 테두리에 있는 채층을 볼 수 있다. 아니면 프로 망원경으로 촬영한 사진이나 나사 홈페이지('인터넷에서 태양 사진 찾아보기' 참조), 다양한 천문대 관련 사이트에서 채층의 모습을 볼 수 있다. 개기일식 동안에도 채층을 잠깐 볼 수 있는데 이번 장의 뒤에서 다루도록 하겠다.
  온도가 낮은 채층에서 100배가량 더 뜨거운 코로나로 열의 전이가 일어나는 얇은 층을 전이 영역이라고 한다. 실제로 보이는 곳은 아니다.
- **코로나** : 가장 넓으며 밀도가 가장 낮은(가장 희박한) 층이다. 개기일식 동안 가려진 태양의 면에서 뿜어져 나오는 진주색 빛이 코로나다. 코로나의 모양은 매일 다르며(태양 관측 위성으로 봤을 때) 개기일식 때마다 달라진다(지구에서 봤을 때). 코로나는 크기가 일정하지 않다. 광구에서 멀어질수록 얇아지며 측정 기구에 따라서 크기가 달라진다. 장비의 민감도가 좋을수록 더 넓은 코로나를 볼 수 있다. 코로나는 아주 얇으며 몹시 뜨겁다. 온도는 100만 도에 이르며, 더 뜨거운 지역도 있다.
  코로나는 밀도가 아주 낮으며 전하를 띠는데 태양의 자기장이 코로나의 형태를 결정한다.
  태양의 자기력선이 우주로 열려 있는 곳에서 코로나의 가스는 얇고 눈에 거의 보이지 않는다. 코로나는 태양풍의 형태로 쉽게 우주로 빠져나간다('태양풍: 자석으로 장난치기' 참조). 반면에 자기력선이 끊어지지 않은 지역에서는 코로나 가스는 한 지점에 갇히게 된다. 이 구역은 다른 곳보다 밀도가 높고, 더 밝다. 광구에서 코로나로 뻗어 나온 고리에 가스가 갇히면 주변보다 온도가 낮아지는데 이 고리를 홍염이라고 하며 개기일식이 진행될 동안 태양의 테두리에서 볼 수 있다.

태양 내부는 광구 아래의 모든 지역을 통틀어서 부르는 말이다. 태양 내부는 크게 세 가지로 나뉜다.

» **핵** : 핵은 태양의 중심에서 광구까지 25퍼센트(약 17만 4,000킬로미터)를 차지한다. 고온 고압의 핵에서 일어나는 핵융합에서 태양에너지가 발생한다. 온도와 압력은 태양의 중심에서 극에 달하며 중심에서 멀어질수록 조금씩 낮아지기 때문에 핵의 가장 깊은 곳에서 가장 많은 태양 에너지가 발생하고 표면에 가까워질수록 발생하는 에너지가 줄어든다. 태양 에너지는 감마선(빛의 일종)과 중성미자의 형태로 발생한다. 중성미자는 신기한 아원자 입자인데 나중에 '태양 과학수사대: 사라진 중성미자의 신비' 부분에서 다루겠다. 감마선은 원자 사이를 이리저리 튀어 다니면서 아주 천천히 태양 바깥으로 향한다. 반면에 중성미자는 태양 내부를 바로 통과해 우주로 향한다. 태양 내부에서 멀어질수록, 온도는 낮아진다.

» **복사층** : 이 지역은 핵의 바깥층으로부터 광구까지를 말하며 태양 반지름의 71퍼센트(49만 4,000킬로미터)를 차지한다. 대부분의 태양에너지가 전자기 복사(빛의 물리학적 용어)의 형태로 이 층을 통해 나가기 때문에 이런 이름이 붙었다.

» **대류층** : 이 지역은 복사층의 바깥 테두리, 즉 핵에서 49만 4,000킬로미터 떨어진 층에서 광구 바로 아래까지 이어져 있다. 아래에서 올라온 뜨거운 가스가 에너지를 방출하고, 식어서 내려가는 과정을 반복한다(찻주전자의 바닥에서 올라온 열기가 표면으로 올라오는 과정과 똑같다).

태양 활동 : 무슨 일이 벌어지고 있는 걸까?

태양 활동이라는 용어는 태양에서 발생하는 모든 종류의 현상을 의미한다. 예를 들면 대략 11년을 주기로 변하는 흑점 수나 자기장과 관련이 있다고 보이는 모든 현상을 태양 활동이라고 할 수 있다. 태양 깊은 곳에 천연 발전기가 쉬지 않고 돌아가면서 새로운 자기장을 만들어낸다. 자기장은 표면이나 태양 대기를 이루는 여러 층을 뚫고 올라가며, 자기장이 꼬이면 흑점과 폭발 그리고 다른 여러 가지 현상이 일어난다.

천문학자들은 마그네토그래프라는 장비로 자기장을 측정한다. 전문 태양 관측소의 홈페이지에서 마그네토그래프로 측정한 이미지를 찾아볼 수 있다('인터넷에서 태양 사진 찾아보기' 참조). 자기장 관측을 통해 흑점은 자기장이 모이는 곳이며 흑점이 뭉쳐서 자극 역할을 하고 있다는 사실을 알아냈다. 흑점 이외의 공간에서는 자기장이 현저히 약해진다.

태양에서 빠르게 바뀌는 많은 특징들과 일어나는 모든 폭발과 분출은 태양의 자기장과 관련 있다고 보인다. 자기장이 바뀌는 곳에서는 전류가 흐르고(발전기처럼) 두 자기장이 서로 부딪히면 자기 재결합이라고 불리는 현상이 일어나는데 순간적으로 엄청난 에너지가 방출된다.

다음에서 몇 가지 태양 활동의 종류를 다루었다.

코로나 질량 분출 : 플레어의 어머니

수십 년 동안 천문학자들은 태양에서 일어나는 대부분의 폭발이 플레어라고 믿었으며, 플레어는 채층(이번 장의 앞부분을 보라)에서 일어난다고 생각했다.

이제 천문학자들은 자신들이 장님 코끼리 만지기 식으로 행동했다는 사실을 알고 있다. 우주에서 태양을 관측한 결과, 태양 폭발의 대부분은 코로나 질량 분출이었다. 코로나 질량 분출은 코로나 높은 곳에서 일어나는 큰 폭발이다. 종종 코로나 질량 분출은 채층과 코로나 하층에서 플레어를 유발하기도 한다. 플레어의 사진은 전문 천문학 관련 홈페이지에서 볼 수 있다. 흑점이 11년 주기로 많아짐에 따라서(다음에서 설명하겠다) 발생하는 플레어의 수도 증가한다.

코로나 질량 분출은 눈에 보이지 않기 때문에 과학자들은 오랫동안 존재를 알아차리지 못했다. 천문학자들이 코로나를 정확하게 볼 수 있을 때는 개기일식이 일어나는 도중의 아주 짧은 시간뿐이었다(이번 장의 뒷부분에 있는 '일식 경험하기'를 보자). 하지만 플레어는 언제든 볼 수 있었다. 따라서 과학자들은 플레어를 좀 더 집중적으로 연구했고 이들의 중요성을 과대평가했다.

홍염은(앞부분을 보자) 개기일식이 일어나지 않더라도 태양의 테두리에서 볼 수 있지만 비싼 수소 알파 필터가 필요하다('주머니가 두둑한 사람들의 태양 관측 방법'에서 수소 알파 필터를 설명했다). 관측을 계속하다 보면, 언젠가 홍염이 분출하는 모습을 볼 기회가 올 것이다. 홍염 분출은 코로나 질량 분출이 발생하는 과정일지도 모른다.

인공위성 사진으로 봤을 때 태양 어디에서도 코로나 질량 폭발이 보이지 않는 경우도 있다.

하지만 햇무리나 둥근 고리 모양이 태양 주변에 보인다면, 나쁜 징조다. 햇무리는 코로나 질량 폭발이 일어나 수십억 톤의 뜨겁고 전하를 띈 가스가 시속 수백만 킬로미터로 지구를 향하고 있다는 사실을 나타낸다. 이들이 지구의 자기권(제5장에서 설명했다)에 닿으면, 이따금 극적인 효과가 나타나는데 후에 '태양풍 : 자석으로 장난치기' 부분에서 설명하겠다.

위성사진 관측 중에 햇무리를 봤다면 미국해양대기청의 우주기상예보센터 홈페이지(www.swpc.noaa.gov)를 확인해 보기를 바란다. 아마도 영 좋지 않은 우주 기상 소식이 있을 것이다. 같은 사이트에서 위성으로 촬영한 코로나 질량 폭발의 최신 영상을 볼 수 있다.

주기 속의 주기 : 태양과 흑점

흑점은 광구에 있는 지역으로 자기장이 아주 강하며 태양 표면에 어두운 점으로 나타난다(그림 10-3). 이 점의 온도는 주변 대기보다 낮은데 이따금 무리를 지어 나타난다.

태양 표면의 흑점 수는 11년 주기로 증감을 거듭하는 데 이를 태양 흑점주기라고 한다. 과거에는 나쁜 날씨부터 주식 폭락까지 모든 것을 흑점 탓으로 돌렸다. 극대기(흑점이 가장 많아지는 시기)부터 다음 극대기까지 걸리는 기간은 보통 11년이지만 매번 조금씩 달라진다. 극대기에 나타나는 흑점의 숫자 역시 극대기마다 달라진다. 전문가들은 언제나 다음 주기에 얼마나 많은 흑점이 나타날지 예측하지만, 이런 장기적인

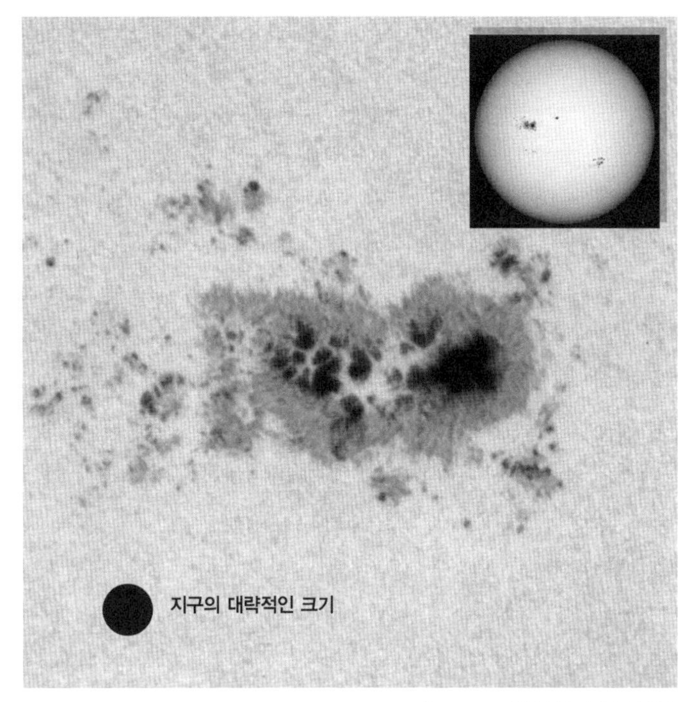

그림 10-3
2000년 9월 23일에 촬영한 흑점군은 지구보다 열두 배 더 컸다.

Courtesy of SOHO, NASA/ESA

예보는 틀리는 경우가 많다. 흑점군은 태양이 자전함에 따라 움직이는데 선두(진행 방향의 앞에 있는 흑점군)에 있는 흑점군을 선행 흑점이라고 하며 뒤쪽 끝에 있는 흑점군을 후속 흑점이라고 한다.

마그네토그래프로 측정하면 거의 모든 흑점군의 배열 상태를 확인할 수 있다. 어느 한 11년 주기를 관측한 결과, 북반구의 모든 선행 흑점이 N극, 후속 흑점은 S극이었다. 같은 시간에 남반구의 선행 흑점은 S극, 후속 흑점은 N극이었다.

지구에서 나침반은 북극을 가리킨다. 태양에 나침반을 가져갈 수 있다면 마찬가지로 태양의 북극을 가리킬 것이다. 같은 맥락에서 나침반이 가리키는 방향의 반대 지역이 남극이 된다.

이제 이해가 다 되었는가? 그렇다면 한번 뒤집어 보겠다. 또 다른 11년 주기가 시작되면, 극은 뒤바뀐다. 북반구의 선행 흑점은 S극이 되고 후속 흑점은 N극이 된다. 남반구에서도 같은 현상이 일어난다. 당신이 나침반이라면, 아마 어디를 향해야 할지 모를 것이다.

이 모든 정보를 합쳐보자. 태양 흑점주기는 11년 간격이다. 따라서 22년마다 두 번의 태양 흑점주기가 지나면, 자기장의 변동이 끝나고 다시 새로운 변화가 시작된다.

태양 '상수' : 변화에 직면할 때

태양에서 발생하는 에너지의 총합을 태양 광도라고 한다. 천문학자들이 가장 관심 있는 부분은 지구가 받는 태양 에너지의 양인데 이를 태양 상수라고 한다. 태양 상수는 한 변의 길이가 1미터인 정사각형이 지구와 태양 사이의 평균 거리에서 1초당 받는 에너지의 양이며 태양 상수는 1제곱미터당 1,368와트이다.

1980년대에 나사가 쏘아 올린 태양 관측 위성과 기상 위성으로 측정한 결과에 따르면 태양이 자전함에 따라 태양 상수의 값이 미세하게 변한다. 어두운 흑점이 나타나면 지구가 더 적은 에너지를 받는다고 생각할지도 모르겠다. 사실 반대로 흑점이 많을수록 지구에 더 많은 에너지를 뿜어낸다. 이는 천문학자들이 풀어야 할 숙제이다.

천체물리학 이론에 따르면 수십억 년 전의 태양은 지금보다 더 밝았다. 그리고 시간이 지나 태양이 적색거성(제11장을 보라)이 되면 지구에 더 많은 에너지를 쏘아낼 것으로 예측한다.

따라서 '태양 상수'는 이상적인 개념으로 현실과 다소 다르다. 매일 매일 태양이 만드는 에너지의 양은 아주 조금씩 변하고 있다.

태양풍 : 자석으로 장난치기

코로나에서 끊임없이 날아오는 전하를 띤 가스, 즉 플라스마를 **태양풍**이라고 부른다. 태양풍은 초속 470킬로미터의 속도로 태양계를 가로질러 지구의 궤도를 통과한다.

태양풍은 끊임없이 밀려오면서 지구의 자기권을 두드린다. 이에 따라 지구의 자기장은 압력을 받아 줄어들었다가 다시 부풀어 오른다. 이런 자기장의 교란, 특히 코로나 질량 분출(앞에서 설명한) 같은 태양 폭풍은 지자기 폭풍(자기권과 오로라는 제5장 참조)과 오로라를 만들어내는 원인이다. 지자기 폭풍은 발전소의 전력망을 망가뜨리고(정전을 유발하고) 송유관과 가스관 설비에 피해를 주며 GPS와 무선통신을 교란하고 비싼 인공위성의 수명을 줄인다. 어떤 사람들은 오로라의 소리를 들을 수 있다고 주장하는데, 2011년 핀란드의 한 실험에서 처음으로 오로라의 소리를 녹음했다.

코로나 질량 폭발은 보통 아마추어 장비로는 볼 수 없지만 위성 망원경으로 관측하면 아주 화려하다. 자기장에 갇혀 있던 10억 톤의 태양 플라스마 구름이 태양계로 쓸려나가는 모습을 볼 수 있다. 이따금 코로나 질량 분출에서 나온 물질이 지구의 자기권, 다시 말해 전자, 양성자, 그리고 다른 전하를 띤 입자가 지구의 자기장에 갇혀 고위도 지역에서 이리저리 돌아다니는 넓은 지역에 부딪힌다. 자기권은 코로나 질량 분출과 태양풍을 막아주는 지구의 방패 역할을 한다.

하지만 방어는 완벽하지 못하다. 이따금 코로나 질량 분출이나 우주 기상이 지구를 공전하는 비싼 인공위성을 망가뜨린다. 다른 경우 극지방을 비행하는 사람들에게 높은 방사선에 노출되거나, 무선 통신에 교란을 주며 심지어 송유관의 전력망에 충격을 준다. 사회는 우주 기상의 위험성에 대한 의식이 높아지고 있다. 2016년에 「월 스트리트 저널」은 보험업자들이 고객이 자연재해로 입는 피해를 일부 막아주는 '대재해 채권'에 태양 플레어를 포함시켰다고 발표했다.

태양이 주는 피해와 자기권에 가하는 영향을 우주 기상이라고 한다. 미국 공식 최신 우주 기상 소식과 예보는 미국해양대기청 우주기상예보센터의 홈페이지에서 볼 수 있다(www.swpc.noaa.gov). 2,000원 정도 투자할 생각이 있다면 스페이스 웨더 앱(Space Weather App)을 아이폰이나 안드로이드에 설치해서 우주기상예보와 오로라, 라디오 블랙아웃, 그리고 우주 기상이 미치는 다른 영향을 알아볼 수 있다.

태양 과학수사대 : 사라진 중성미자의 신비

태양 심장부에서 일어난 핵융합은 수소를 헬륨으로 바꾸어 감마선의 형태로 방출하면서 태양의 온도를 올리는 것 외에, 어마어마한 양의 중성미자를 우주에 풀어놓는 일을 한다. 중성미자는 전기적으로 중성인 아원자 입자로 질량이 거의 없고 대부분의 물체를 통과하며 빛에 가까운 속도로 움직인다. 천문학자들은 별에서 나오는 중성미자를 관측함으로써 항성 핵의 온도와 밀도를 알아낼 수 있다.

중성미자는 차가운 버터를 자르는 뜨거운 칼처럼 다른 물질을 뚫고 지나간다. 사실, 중성미자는 태양의 중심을 통과해 반대편 우주로 떠날 수도 있다. 마찬가지로 지구 방향으로 날아오는 입자들은 지구를 그대로 뚫고 반대 방향으로 나온다. 중성미자와 버터 자르는 칼은 조금 다른데 칼은 부딪힌 버터를 녹여버리지만, 중성미자는 그렇지 않다. 중성미자는 대부분의 경우(그렇지 않은 경우도 있다) 통과하는 물질에 아무 영향을 미치지 않고 그냥 휙 하고 지나가 버린다.

물리실험을 통해 중성미자가 다른 물질과 상호작용하는 드문 경우를 잡아낼 수 있는데 중성미자 관측소로 알려진 지하 실험실을 통과하는 일부 태양 중성미자에 실마리가 있다. 중성미자 관측소는 대부분 산 아래의 터널이나 지하 깊은 곳에 있는 광산에 지어진다. 지하 깊은 곳에는 다른 입자들이 별로 없기 때문에 과학자들이 태양에서 온 중성미자를 다른 입자들과 구별하기 쉽다. 캐나다에 있는 서드베리 중싱미자 관측소는 지표면에서 2킬로미터 아래에 있다. 천문학을 '깊이 있게' 연구할 수 있는 아주 좋은 지역이다.

중성미자를 헤아리는 일은 쉽지 않다. 하지만 과거에 중성미자 관측소에서 보고한 결과는 태양 중성미자가 사라졌다는 사실을 보여주었다. 지구에 도착한 중성미자의 수는 태양이 만들어낸 에너지를 기준으로 과학자들이 예상한 수치와 많이 달랐다.

지구는 태양 중심부에서 발생하는 중성미자의 결핍보다 중요한 문제가 많다. 중성미자의 실종은 에이즈, 전쟁, 기근, 숲의 고갈, 귀중한 종의 멸종, 대체 불가능한 화석자원의 소모에 비하면 아무것도 아니다. 하지만 과학자들이 입자물리학의 새로운 이론과 태양 내부의 이론 모형을 다시 확인하게 만드는 잔소리꾼 역할을 한다.

다행히도 서드베리 중성미자 관측소의 연구원들은(다른 곳에서도) 사라진 중성미자의 비밀을 풀어냈다. 태양에서 생성된 중성미자 일부가 지구로 향하는 길에 다른 한두 가지 종류의 중성미자로 바뀐 것이다. 그전에 태양 중성미자가 모자란다고 발표했던 연구소에서는 다른 종류의 중성미자를 찾을 수 없었다. 중성미자가 행동하는 방식에 대한 무지 때문에 멀쩡한 연구실의 설계와 장비에 하자가 있다고 생각하게 했다. 결국 태양이 에너지를 만들어내는 방식이나 방출하는 중성미자 숫자에 대한 오해가 원인이었다. 비유로 설명하자면, 색안경을 끼고 야생동물의 개체 수 조사를 위해 새를 세고 있다고 해보자. 색안경을 끼면 일부 색깔을 분간하기 힘들다. 따라서 파랑새가 멸종 위기라고 생각할지도 모르겠지만, 진짜 문제는 당신이 본 새는 모두 홍관조였다는 것이다.

40억 년, 그 이상 : 태양의 예상 수명

어느 날, 태양은 연료 고갈로 활동을 멈추고 죽음을 맞이할 것이다. 태양의 에너지와 온기가 없다면, 지구의 생명체는 소멸한다. 바다는 얼어붙고 대기는 차갑게 식을지도 모른다. 그럴듯한가? 하지만 '실제로' 일어나는 상황은 일단 태양이 부풀어 올라서 적색거성이 된다(제11장에서 적색거성을 다루었다). 아마 거대하게 변한 태양이 바다를 튀겨버릴 것이다. 고로 바다는 얼어붙을 시간도 없이 증발한다.

위의 문단을 주의 깊게 읽기 바란다. 태양의 연료 고갈로 인해 바다가 얼어붙을지도 모른다고 했지 실제로 언다는 말은 하지 않았다. 사실 지구가 태양에서 받는 에너지는 점점 증가하기 때문에 지구의 사람들은 태양이 사라지면서 얼어 죽기 전에 타 죽을 것이다(물론 그때까지 사람이 살아 있다는 가정하에). 냉동 대구가 아니라 참치 튀김을 원없이 먹을 수 있겠다. 무시무시한 지구온난화다!

적색거성이 된 태양의 바깥쪽 대기는 점점 부풀어 오르다가 떨어져 나가서 형형색색의 가스 구름이 되는데 천문학자들은 이를 행성상성운이라고 부른다. 하지만 그 장면을 보는 인류는 없을 것이다. 대신 우리는 다른 별이 만들어낸 행성상성운을 즐겁게 감상하도록 하자(제12장 참조).

성운은 서서히 사라져 가고 타다 남은 태양의 중심이 남아 있을 텐데 이 작고 뜨거운 물체를 백색왜성이라고 부른다. 지구보다 그렇게 크지는 않으며 처음에는 뜨거웠을지라도 서서히 작아지면서 예전만큼 지구로 많은 에너지를 보내지 못한다. 이제 지구의 모든 표면은 얼음으로 뒤덮인다. 백색왜성은 식으면서, 꺼져가는 모닥불의 잉걸불처럼 사라질 것이다(백색왜성을 더 자세히 알고 싶다면 제11장으로 가자). 다행히도 이 재앙이 덮쳐오기까지 대략 50억 년이 남아 있다. 태양의 멸망과 국채와 『더미를 위한 천문학』 초판 인쇄본 구매가 미래 인류의 난제가 될 것이다.

지나치게 눈부신 실수는 하지 말자 : 안전하게 태양을 보는 방법

17세기 이탈리아 천문학자 갈릴레오 갈릴레이는 처음으로 망원경을 사용해 태양의 중요한 사실을 알아냈다. 흑점의 움직임을 하루 단위로 측정한 결과 태양이 자전한다는 사실을 추론해낸 것이다. 그리고 어떤 이유로 태양을 관측하다가 시력을 잃었다. 이 이야기에는 거짓이 섞여 있을지도 모르지만, 내가 지금부터 하는 경고는 사실이다. 망원경이나 쌍안경과 같은 도구로 태양을 보는 행위는 아주 위험하다. 망원경이나 쌍안경은 사람의 눈보다 더 많은 빛을 망막에 모으는데 대상이 태양이 될 경우 눈에 심각한 손상을 입는다. 어릴 적에 돋보기로 불장난을 해본 적이 있는가? 그렇다면 무슨 말인지 이해가 될 것이다.

맨눈으로 보는 것도 좋은 생각은 아니다. 운이 좋지 않으면, 역시 눈에 손상을 초래할 수 있다. 망원경이나 쌍안경, 어떠한 광학기기(당신 것이든 아니든 간에)에 믿을 만한 제조사에서 만들어진 전용 태양 필터를 제대로 장착하지 않았다면 잠깐 보는 것도 아주 위험하다. 이제부터 알려주는 안전 수칙을 잘 따른다면, 불상사는 일어나지 않을 것이다. 경험 많은 아마추어나 전문 천문학자의 동반하에 태양 관측을 시작한다면 더할 나위 없이 좋다(제2장에서 동아리와 다른 참고자료들을 찾아보자. 도움이 될 것이다).

투영된 태양 바라보기

갈릴레오는 투영 기법을 개발했는데 간단한 망원경을 슬라이드 프로젝터처럼 이용해서 태양의 상을 다른 곳에 투영하여 관측하는 방법이다. 이 기법은 뉴턴식 반사망원경과 뉴턴식 굴절망원경처럼 단순한 망원경을 적절하게 사용해야 안전하게 관측할 수 있다.

제3장에서 설명했듯이 뉴턴식 반사망원경은 접안렌즈와 떨어진 곳에 장착한 거울로 상을 본다. 접안렌즈는 경통의 끝부분에 있으며 경통과 직각을 이룬다. 굴절망원경은 거울 없이 렌즈만을 사용한다.

렌즈와 거울을 같이 사용하는 망원경은 투영 기법을 사용할 수 없다. 슈미트-카세그레인식이나 막스토브 카세그레인식 망원경으로 투영 기법을 사용해서는 안 된다

(망원경은 제3장에서 설명했다). 뜨거운 태양의 상이 밀폐된 경통 내부의 부품을 망가뜨릴 가능성이 있으며 이는 사고로 이어질 수 있다.

투영 기법을 사용하는 감을 잡았다면, 흑점을 찾아봐도 좋다. 흑점을 찾았다면 하루 이틀 간격으로 관측을 거듭하면서 태양면 위에서 움직이는 모습을 관측하도록 하자. 사실 흑점 자체도 조금씩 움직이지만 대부분의 움직임은 태양의 자전 때문이다. 당신은 갈릴레오가 업적을 달성한 과정을 안전한 방식으로 따라 하는 것이다.

뉴턴식 망원경으로 투영 기법 사용하기

투영 기법으로 태양을 보는 안전한 방법은 다음과 같다.

1. **뉴턴식 망원경을 삼각대에 올린다. 반사식이든 굴절식이든 상관없다.**
2. **가장 낮은 배율의 접안렌즈를 장착한다.**
3. **태양을 보지 않으면서 망원경을 태양이 있는 방향으로 대강 맞춘다. 당신과 다른 사람들은 접안렌즈에서 떨어져야 하며 투영된 상이 나타나는 곳 뒤에 있어서도 안 된다.**

   만약 작은 파인더가 있는 망원경이라면 마찬가지로 파인더를 봐서는 안 된다!
4. **땅에 나타난 망원경의 그림자를 찾는다.**
5. **그림자를 보면서 아주 조금씩 망원경을 움직인다. 망원경의 그림자를 최대한 작게 만든다.**

   가장 좋은 방법은 우선 당신이나 친구가 망원경 아래에 판지를 두고 경통과 직각을 이루도록 움직여서 경통의 그림자가 판지에 드리우게 한다. 그리고 망원경을 움직여서 그림자가 최대한 선명하고 어두우며 원형에 가깝게 만든다.
6. **판지를 접안렌즈 근처에 가져다 댄다. 망원경의 시야에 태양이 들어왔다면 상이 판지로 투영될 것이다.**

   만약 태양의 모습이 투영되지 않고 눈부신 빛만 보인다면, 빛이 판지의 중앙으로 향하게 망원경을 조금 움직여서 태양이 망원경의 시야에 들어오게 만들자. 판지와 접안렌즈 사이의 거리가 멀어질수록 태양의 상이 크고 보기 쉽다는 사실을 기억하라. 하지만 거리가 너무 멀어지면, 상이 희미해져서 관측이 어렵다.

그림 10-4는 투영 기법을 사용하는 모습이다(주석: 아래 그림에는 망원경 위에 작은 파인더가 그려져 있는데 대부분의 망원경이 저런 식으로 되어 있기 때문이다. 하지만 절대로 태양을 파인더나 망원경으로 봐서는 안 된다. 눈에 아주 심각한 손상을 입을 수 있다). 투영 기법을 연습하는 가장 쉽고 안전한 방법은 근처의 천문학 모임에 가서 경험 많은 관측자와 함께 하는 것이다. 제2장으로 넘겨서 근처에 천문학 동아리가 있는지 알아보자.

태양투영법에는 망원경을 통해 태양을 직접 보지 않는 것 외에도 조심해야 할 사항들이 있다. 예전에 브루클린에서 7인치 망원경으로 태양의 상을 투영하려고 했던 한 학생이 있었다. 학생은 접안렌즈를 들여다볼 정도로 바보는 아니었다. 하지만 움직이다가 팔이 접안렌즈 근처에 닿았는데 하필 아주 작은 태양의 상이 맺히는 곳이었다. 뜨거운 상이 가죽 재킷에 연기 나는 구멍을 뚫어버렸다.

태양 투영법을 사용할 때는 만반의 주의를 기울여야 하며 보호자 없는 아이나 미숙련자가 망원경을 사용하게 둬서는 안 된다. 망원경과 장착된 파인더로 태양을 직접

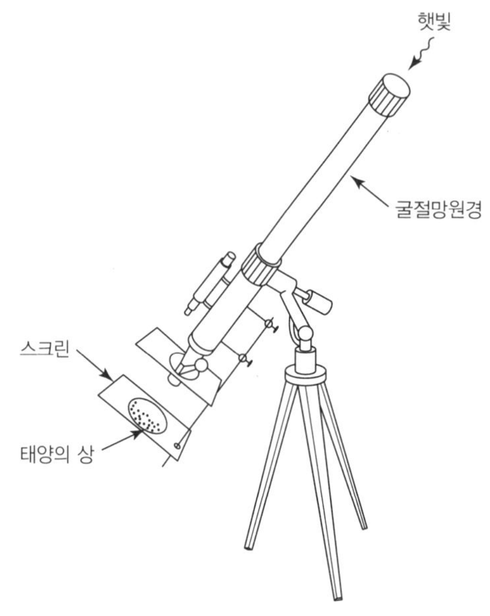

Dinah L. Moché/Astronomy: A Self-Teaching Guide, Seventh Edition

그림 10-4
눈을 보호하기 위해 태양의 상을 흰색 판에 투영한다.

보는 행위는 말할 것도 없다. 사고를 막기 위해 투사된 태양의 상에 신체 부위, 옷, 다른 물건이 닿지 않게 한다. 상에 닿는 물체는 판지뿐이다.

수업 시간에 아이들과 함께 흑점을 관측하려는 과학교사가 있다면 가장 안전한 방법을 사용하도록 하자. 태양의 백색광을 투영하는 전용 망원경이 있다. www.teachersource.com에서 판매하는 Sunspotter가 안성맞춤인데 가격은 40만 원 선이다.

만약 투영 기법을 사용하고 싶지 않거나 렌즈와 거울 모두를 사용하는 망원경밖에 없다면 다른 방법을 사용하도록 하자. 백색광 필터를 사용하면 안전하게 태양을 관측할 수 있다. 백색광의 의미는 필터가 모든, 혹은 대부분의 가시광선의 색을 통과시킨다는 뜻이며 '필터'는 빛의 밝기를 낮춰준다는 뜻이다('필터를 이용해서 태양 관측하기' 참조). 비록 약간의 투자가 필요하기는 하지만, 가격 대비 안정성과 상의 모습은 괜찮은 편이다.

태양을 투영하는 바늘구멍 사진기 만들기

바늘구멍 사진기를 사용한 관측은 안전하게 태양을 관측하는 방법 중 가장 저렴하다(하지만 앞서 말했던 방법들만큼은 잘 보이지 않는다). 바늘구멍 사진기는 갈릴레이와 망원경이 있기 훨씬 이전인 암흑시대부터 사용했던 도구라고 한다. 나사의 제트 추진 연구소는 하얀색 판지 두 장, 알루미늄 포일, 테이프, 핀이나 종이 집게로 뭘 할 수 있는지 알려준다. www.jpl.nasa.gov/edu/learn/project/how-to-make-a-pinhole-camera/에서 단계별 설명을 따라 하도록 하자.

믿기 힘들겠지만, 핀으로 만든 아주 작은 구멍 하나로 렌즈나 거울 없이 태양의 상을 투영할 수 있다! 이 방법은 부분일식이나 개기일식 중간 과정에 사용하면 재미있으며 태양면에 큰 흑점군이 나타났을 때도 써먹을 수 있다. 하지만 그게 다다. 가족 소풍이나 초등학교 수업, 보이스카우트에서 쓰기 적당하다.

첫 번째 바늘구멍 사진기를 만드는 데 성공했다면, 더 복잡한 형태로 만들어 보자. 판지 상자나 적당한 크기의 원통을 사용하면 미광을 없애고 더 좋은 상을 얻을 수 있다.

【 주머니가 두둑한 사람들의 태양 관측 방법 】

수소 알파 필터를 사용하면 백색광에서 보이지 않는 환상적인 태양의 특징을 관측할 수 있다. 개기일식이 진행 중이 아니라면, 이 필터를 사용해서 태양 면의 테두리에서 불타는 고리처럼 보이는 홍염을 관측할 수 있다. 하지만 아주 비싼 게 흠이다(보통 100만 원이 넘는다).

수소 알파 필터는 협대역 필터인데 협대역은 태양 스펙트럼의 좁은 대역만 받아들인다는 뜻이다. 일반적으로 대역폭이 좁을수록 비싸다. 대부분의 수소 알파 필터는 홍염, 태양의 가장자리까지는 보이지만 플레어를 쉽게 보기 위해서는 0.7옹스트롬(Å) 이하의 대역폭을 가진 필터가 필요하다. 수소 알파 필터로 필라멘트도 볼 수 있다. 필라멘트는 태양 면에 나타나는 어둡고 살짝 휘어 있는 곡선인데 백색광 필터로는 보이지 않는다. 필라멘트와 홍염은 기본적으로 같다고 보면 된다. 수소 알파 필터에서 봤을 때 어두운 배경 때문에 상대적으로 밝게 보이지만, 사실 태양의 표면이 아주 밝기 때문에 실제로 보면 어둡게 보인다.

경제적인 부분이 문제가 되지 않는다면(이번 장에서 설명했던 백색광 관측 경험이 충분하다면) 수소 알파 필터를 꼭 사용해 보기를 권한다. 사우전드 오크스 옵티컬(www.thousandoaksoptical.com)은 수소 알파 필터의 주 제조사이며 태양 관측에 필요한 다른 필터들도 판매하고 있다. Meade Instruments는 Coronado Solar Max2 필터를 판매하고 있는데 대부분이 고품질의 제품이다.

가장 안전하고 저렴하게 수소 알파 필터를 거친 태양의 모습을 보는 방법은 태양 전용 망원경을 사용하는 것이다. 특히 명망 높은 Coronado Personal Solar Telescope는 Meade 제품으로 완벽한 시야를 제공한다. 60만 원 선에서 팔지만, 삼각대는 별도로 구매해야 한다.

필터를 이용해서 태양 관측하기

개인적으로 추천하는 유일한 태양 필터는 빛이 들어오는 부분, 경통 끝에 장착하는 종류인데 필터를 거치지 않고서는 어떠한 빛도 들어오지 못한다(이 필터는 '주머니가 두둑한 사람들의 태양 관측 방법'에서 설명한 수소 알파 필터와는 다른 종류이며 훨씬 저렴하다). 백색광 필터는 수소 알파 필터로는 보이지 않는 흑점이 보인다. 하지만 수소 알파 필터로 관측 가능한 홍염과 플레어를 볼 수 없다.

접안렌즈에, 혹은 대신에 사용하는 태양 필터는 태양 빛 때문에 망가질 수도 있으며 그럴 경우 눈에 심각한 손상을 준다. 앞에 장착하는 필터만 사용하도록 하자.

쓸 만한 망원경의 종류는 제3장에서 다루었으며 경통 끝에 장착하는 태양 필터 중에 추천할 만한 종류는 아래의 두 가지다.

- **전면 필터**(full-aperture filters) : 4인치 이하의 망원경에 적절하다. Celestron, SkyProdigy 90, Meade ETX-90 같은 망원경에서 사용한다(제3장 참조). 전면 필터는 망원경의 구경을 다 가리는 형태여서 빛을 모아주는 렌즈나 거울이 태양광을 한 번 걸러서 받는다.
- **부분 필터**(off-axis filters) : 굴절망원경을 제외한 4인치 이상의 망원경에 적합하다. 이 필터의 크기는 망원경의 구경보다 작지만, 구경 전체를 가리는 불투명 플레이트에 장착되어 있다. 태양은 아주 밝아서 조리개 전부를 쓰지 않아도 관측에 무리가 없다. 물론 조리개를 많이 열수록 더 선명한 상을 얻을 수 있겠지만 대부분의 관측 지역에서 발생하는 난기류 때문에 결국 결과는 비슷하다. 오히려 불필요한 태양광을 줄이는 게 망원경이나 당신의 신상에 좋다.

부분 필터는 굴절망원경을 제외한 다른 망원경 대부분에 사용할 수 있는데 굴절망원경에는 경통 내부에 중앙으로 들어오는 빛을 받아주는 작은 거울이나 기계장비가 없기 때문이다.

4인치 이상의 굴절망원경에서도 필터가 대물렌즈에 위치해야 하고 구경보다 작아야 한다는 점은 같지만, 반드시 망원경 전체를 가리는 불투명 플레이트 중심에 장착해야 한다. 필터가 대물렌즈의 중심에 있어야 하는 이유는 굴절망원경의 대물렌즈 중심부가 주변부보다 더 선명하게 보이기 때문이다.

캘리포니아의 사우전드 오크스 옵티컬은 여러 종류의 전면 필터와 부분 필터를 판매하고 있다. 시중에 있는 다양한 종류의 망원경에 사용할 수 있으며 www.thousandoaksoptical.com/solar.html의 목록에서 당신의 망원경이 있는지 확인해 보자.

제조사의 지시사항을 지키면서 태양 필터를 사용하라.

【 망원경의 조리개를 조이다 】

망원경에 들어오는 빛의 양을 조절하고 싶을 때(조리개 일부를 가리는 필터를 사용할 때) 조리개를 조인다.

망원경의 조리개를 발명한 사람이 누군지 아는가? 바로 위대한 갈릴레오다! 조리개를 장착한 망원경으로 흑점을 보면서 갈릴레오의 업적을 마음에 새겨보도록 하자. 갈릴레오는 여러 가지 물리학 실험을 하기도 했다. 내려오는 바에 따르면 피사의 사탑 꼭대기에서 낙하 실험을 했다고 한다. 이 실험은 굳이 따라 하지 않도록 하자.

태양으로 재미 보기 : 태양 관측

태양은 매혹적이다. 이 끊임없이 변하는 뜨거운 가스 덩어리는 신중한 관측자에게 수많은 볼거리를 제공한다. 태양을 혼자 관측해 보거나(이번 장 앞부분에서 말했던 주의사항을 꼭 지키자), 웹사이트에서 아주 장엄한 태양의 사진을 볼 수 있다. 두 방법을 모두 이용해서 태양의 모습을 자세히 알아가도록 하자. 이제부터는 개인적으로 태양을 즐기는 몇 가지 방법을 설명하도록 하겠다.

흑점을 쫓다

투영 기법이나 태양 필터를 사용해서 태양을 안전하게 관측하는 데 자신감이 생겼다면 다음의 계획을 따라 흑점 연구를 시작할 수 있다.

- 태양을 가능한 한 자주 관측한다.
- 흑점과 흑점군의 크기와 위치를 기록한다.
  어떤 흑점은 마치 조그만 검은색 점같이 생겼다. 이런 작은 흑점을 미소흑점이라고 한다. 하지만 어느 정도 덩치가 있는 흑점이면 흑점 내에서 어두운 지역과 밝은 지역을 구분할 수 있는데 어두운 지역을 본영이라고 하며, 태양면보다는 어둡고 본영보다는 밝은 지역을 반영이라고 한다.
- 태양이 25일(적도)에서 35일(극지방)이 걸리는 자전을 하는 동안 발생하는 흑점의 움직임을 표로 만들어보자(태양의 자전 속도는 위도에 따라서 다른데 이는 태양의 신비한 특징 중 하나이다).

> ALPO의 홈페이지 alpo-astronomy.org/solarblog/?page_id=920에 흑점 기록과 보고를 하는 데 사용하기 좋은 무료 서식이 있다.

흑점을 관측하면서, 하루에 보이는 흑점의 수를 기록하고 싶을지도 모르겠다. 이를 **흑점 상대수**라고 한다. 더 나아가 매년마다 태양 흑점주기를 직접 확인하면서 태양 흑점주기를 측정할 수도 있다. 다음에서 흑점 수를 계산하는 방법과 공식적인 숫자를 확인하는 장소를 알려주겠다.

개인적으로 흑점 상대수 측정하기

다음 공식을 통해 당신이 관측한 흑점 숫자를 나타낼 수 있다.

$$R = 10g + S$$

R이 흑점 상대수이며 g는 태양에서 발견한 흑점군의 숫자, 그리고 s는 총 흑점의 숫자인데 흑점군 안에 있는 것도 포함한다. 흑점은 보통 태양면에서 서로 떨어져 있는 경우가 많은데 서로 가까이 붙어 있는 흑점은 흑점군으로 계산한다. 흑점 사이의 간격이 멀면 다른 흑점군으로 간주한다(사실 정의가 상당히 애매하기는 하다. 하지만 과학자들은 이 방법을 몇 년 전부터 써왔다).

5개의 흑점을 발견했다고 해보자. 3개는 한 곳에 뭉쳐 있으며 나머지 2개는 흩어져 있다. 3개의 군을 발견했으니(3개짜리 하나와 1개짜리 두 개) g는 3이다. 총 5개의 흑점이니 s는 5가 된다.

$$R = (10 \times 3) + 5$$
$$R = 30 + 5$$
$$R = 35$$

공식적인 흑점 상대수 알아보기

같은 날에 관측하더라도 사람마다 측정값이 다를 수 있다. 더 좋은 관측 환경에서 더 좋은 망원경을 사용한다면, 그리고 약간의 상상력을 보탠다면 당신의 계산 값은 당신 이웃보다 높게 나올 것이다. 당신의 값은 59이며 이웃은 고작 35개밖에 되지 않을 수도 있다는 말이다. 적어도 흑점 상대수에서는, 당신이 이겼다! 이제 누구의 잔디가 더 좋은지 붙어보면 어떨까? 자신 있다면, 나중에 승부를 내보도록 하자. 각 나라의 중앙 연구소는 다른 관측소에서 보내온 수치를 평균을 내서 표로 정리한다. 축적된 경험을 통해 당신의 이웃처럼 흑점을 많이 보지 못하는 사람과 당신처럼 많이 보는 사람들 사이에 큰 차이가 존재한다는 사실을 알아냈다. 따라서 개인이나 다른 관측소의 측정값을 보정하고, 미래의 예측값을 고려해서 평균을 낸 값을 그날의 흑점상대수로 발표한다.

www.spaceweather.com에서 오늘의 흑점 숫자를 알 수 있다.

일식 경험하기

매일매일, 태양의 가장 바깥 지역이자 가장 아름다운 지역인 코로나를 관측하는 가장 좋은 방법은 나중에 알려줄 웹사이트에서 위성사진을 보는 것이다. 하지만 코로나는 '라이브'로 보는 게 훨씬 멋있으며 당신도 아니라고 말하지 못할 것이다. 개기일식 동안 일어나는 코로나는 자연의 신비 중 가장 아름답다. 많은 아마추어 천문학자들이 몇 년씩 모은 돈을 일식 여행(제2장에서 자세히 설명했다)에 들이붓는 이유가 여기에 있다. 전문 천문학자 역시 위성과 우주 망원경을 마음대로 이용할 수 있음에도 일식을 보러 먼 길을 떠난다.

일식은 **부분일식**과 **금환일식** 그리고 **개기일식**으로 나뉜다. 개기일식이 가장 멋지지만, 일부 금환일식 역시 여행을 떠날 만한 가치가 있다(금환일식은 달이 태양을 가리면서 태양의 광구가 얇고 빛나는 반지 모양으로 보이는 현상을 말한다). 부분일식은 굳이 수백만 킬로미터 떨어진 곳에 가서 볼 정도로 근사하지는 않은데 채층이나 코로나를 관측할 수 없기 때문이다. 하지만 만약에 집 근처에서 부분일식이 일어난다고 하면 아마 당신은 분명히 보러 나가고 싶을 것이다. 결국 개기일식이나 금환일식은 부분일식으로 시작해서 끝나기 때문에 부분일식을 관측하는 방법도 알아야 한다.

일식을 안전하게 보는 방법

부분일식을 보기 위해서는 이번 장의 '필터를 이용해서 태양 관측하기'에서 설명했던 태양 필터를 장비에 장착해야 한다. 필터를 끼운 쌍안경이나 망원경을 사용하거나 태양 필터를 손으로 잡고 눈으로 봐도 괜찮으며 '투영된 태양 바라보기'에서 설명한 방법을 이용할 수도 있다.

개기일식은 부분일식으로 시작하는데 달이 태양을 가리기 시작하는 순간을 **제1접촉**이라고 부른다. 태양의 부분일식을 볼 수 있다면 당신이 달의 반영, 즉 약간의 빛이 들어오는 그림자에 있다는 뜻이다(그림 10-5).

제2접촉에서, 달이 태양을 완전히 가리면서 개기일식이 일어난다. 이제 당신은 달의 본영에 있다. 태양 필터나 필터를 끼운 쌍안경은 내려놓고 빛을 잃은 태양을 감상해도 좋다. 하지만 개기일식이 끝나고 태양이 다시 그림자 밖으로 나올 때는 절대로 맨눈으로 보면 안 된다. 사고의 위험이 있다.

개기일식이 일어나면, 달 뒤에서 밝게 빛나는 햇무리를 만드는 코로나는 동서 방향으로 흩날리는 띠처럼 보인다. 또한 잠깐 동안 홍염을 볼 수 있다. 맨눈으로도 볼 수 있으니 작고 밝게 빛나는 붉은 점을 찾아보자. 달의 테두리에 있는 얇고 붉은 띠는 태양의 채층으로 다른 일식보다는 개기일식에서 가장 잘 보인다. 11년의 흑점주기에서 극대기가 다가오면 코로나는 보통 둥글게 보이며 극소기에서는 코로나는 동서 방향으로 가늘고 길게 보인다. 지구에서 보이는 코로나의 모습은 일식마다 다르다.

어떤 사람들은 개기일식이 일어나는 동안 광학 장비의 태양 필터를 빼고 태양을 직접 관측한다. 다음의 상황에 해당한다면, 아주 위험한 행동이다.

- 너무 서둘러 보는 경우. 태양이 완전히 빛을 잃기 전에 봐서는 안 된다.
- 지나치게 오래 보거나(사고가 일어나는 가장 흔한 유형이다) 달 뒤에서 태양이 떠오르기 시작하는데도 계속 관측하는 경우

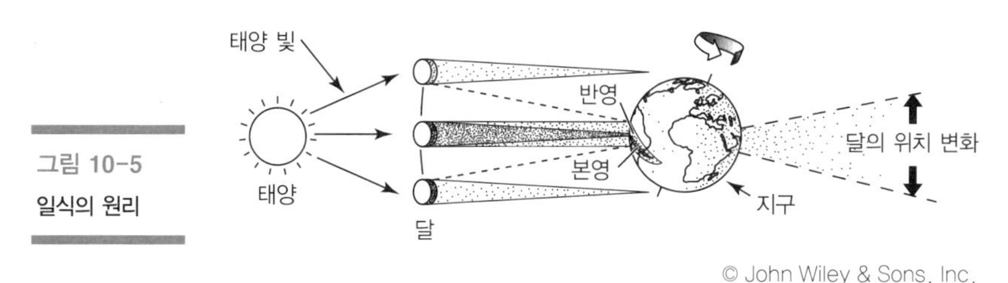

그림 10-5
일식의 원리

조심하라! 아무리 개기일식 중이라도 전문가의 직접적인 지시 없이 망원경이나 쌍안경에 태양 필터를 장착하지 않고 보는 행동은 아주 위험하다. 예를 들어 단체 여행이나 일식 여행에 따라간 숙련된 지도자가 개인적인 관측 경험과 완벽한 계산하에 정확히 언제 태양을 봐도 좋은지 마이크로 알려주는 경우라면 괜찮다. 아마도 충분한 주의와 함께 언제 눈을 떼야 하는지도 알려줄 것이다.

내 경험상(아주 안 좋은) 자기 몸을 가장 쉽게 망가뜨리는 방법은 망원경이나 쌍안경을 들고 달에서 벗어나기 시작하는 태양의 아주 작은 밝은 표면을 "조금만 더"라고 중얼거리면서 바라보는 것이다. 그 작은 부분은 썩 밝지 않기 때문에 본다고 바로 눈이 멀어버리지 않는다. 하지만 노출된 작은 태양 표면에서 나온 적외선(눈에 보이지 않는다)은 눈부심이나 고통을 동반하지 않고도 눈에 손상을 줄 수 있다. 길어야 몇 분 안에 고통을 느끼게 될 텐데 이미 때는 늦었다.

영대, 베일리의 염주, 다이아몬드 링 찾기

광학장비로 개기일식을 보지 말아야 할 또 다른 이유는 맨눈으로 볼 수 있는 볼거리가 아주 많기 때문이다.

일식 동안 일어나는 근사한 현상들은 다음과 같다.

> » 태양이 완전히 가려지기 전에 영대(그림자띠)라고 불리는 아른거리는 어둡고 밝은 줄무늬가 땅이나 바다 위에 있다면 갑판을 지나간다. 이 줄무늬는 지구의 대기가 만드는 시각 효과인데 태양의 밝은 면이 달에 가려짐에 따

【 촌스러운 3D 안경 】

레인보우 심포니는 여러 가지 종류의 일식 안경을 파는데 영화관에서 쓰는 3D 안경이랑 비슷하게 생겼다. 부분일식이나 개기일식 도중에 일어나는 부분일식을 관측하는 용도로 만들어졌다. 홈페이지 www.rainbowsymphony.com에서 확인해보자. 사우전드 오크스 옵티컬(www.thousandoaksoptical.com)은 'Solar Viewer'라는 비슷한 장비를 판매한다. 위의 장비들은 상대적으로 저렴한 편이지만 한 번에 많은 양을 사야 한다. 가족이나 친구와 함께 떠나는 여행이라면 넉넉하게 사서 들고 가는 걸 권한다.

라 점점 희미해지며 완전히 가려지면 보이지 않는다.

» 베일리의 염주는 태양이 완전히 가려지기 직전과 직후에 일어나는데 태양의 밝은 면이 달의 테두리에 있는 산과 크레이터 가장자리 사이에서 밝게 빛날 때 발생한다. 순간적으로 아주 밝은 구슬이 하나 생기는데, 이 현상을 천문학자들은 다이아몬드 링이라고 부른다(코로나의 안쪽 부분이 달의 테두리에서 밝게 빛나서 반지처럼 보이며 반짝이는 구슬은 다이아몬드같이 생겼다고 다이아몬드 링이라고 부른다).

» 야생동물(농장 근처라면 가축도)은 일식이 일어나면 평소와 다르게 반응한다. 새는 지상에 내려앉으며 소는 집으로 돌아간다. 다른 동물들 역시 마찬가지다. 19세기의 한 일식이 일어나기 전에, 유명한 과학자들이 어느 헛간 안에 장비를 설치하고, 망원경으로 문 밖을 겨누고 있었다. 태양이 빛을 잃고, 소들이 달려들어 왔을 때 이들이 얼마나 놀랐을지 생각해 보라!

» 화창한 날 나무 옆에 서 있으면 나뭇잎의 그림자가 만드는 밝은 얼룩이 땅에 생기는 모습을 볼 수 있다. 이 얼룩은 일식이 시작되기 전에는 가려지지 않은 태양의 모습처럼 둥글다. 부분일식 동안에는, 일식이 진행됨에 따라 얼룩의 모양이 변하며 반달이나 초승달처럼 보인다. 나무 없이도 이런 얼룩을 볼 수 있다. 주방에서 체를 하나 들고 태양이 잘 비치는 곳에 가서 일식이 일어나는 동안 그림자를 관찰하면 된다. 바늘구멍 사진기를 만들었다면('태양을 투영하는 바늘구멍 사진기 만들기' 참조), 일식 관측에 사용할 수 있다.

태양이 완전히 달에 가려지면, 어두워진 하늘을 둘러보자. 낮에 별을 볼 수 있는 귀한 순간이다. 천문학 잡지의 특집이나 홈페이지를 보면 개기일식마다 어떤 별과 행성이 보이는지 알 수 있다. 천문관 프로그램이나 스마트폰 앱에(제2장을 보라) 일식이 일어나는 시간과 날짜를 설정하고 직접 확인해도 좋다. 관측 장소의 하늘 모습이 나타나게끔 만들면 쉽게 알아낼 수 있다.

개기일식대를 따라서

개기일식은 제3접촉, 달의 면이 태양 밖으로 나가는 순간에 끝난다. 개기일식이 끝나면서, 광구의 밝은 부분이 달 뒤에서 서서히 나타난다. 이때 앞에서 말했던 다이아몬드 링이 보인다. 이제 당신은 다시 반영에 있으며 부분일식을 볼 수 있다. 제4접촉에서 달의 테두리가 태양을 빠져나온다. 일식이 끝났다.

일식이 일어나는 동안, 제1접촉에서 제4접촉까지 보통 수 시간이 걸린다. 하지만 개기일식의 지속 시간은 수 초에서 약 7분 정도이다.

개기일식대, 즉 지구에 드리워진 달그림자의 중심부에서 개기일식의 지속 시간이 가장 길다. 물론 가장 오래 일식을 볼 수 있는 장소의 날씨예보가 좋지 않을 수도 있으며, 가는 길이 까다롭거나 위험할지도 모른다. 따라서 일식 여행을 떠나기 전에 사전 준비는 필수다. 관측 환경이 좋은 지역의 모든 숙소, 렌터카, 다른 편의시설은 보통 1~2년 전에 예약이 끝나는 편이다.

표 10-1에서 마음에 드는 일식을 고르고 여행 계획을 세워보자.

일식이 발생하기 몇 년 전부터 일식 관측 가능 지역에 대한 정보가 천문학 잡지에 실리기 시작한다. 스카이 앤드 텔레스코프나 아스트로노미 홈페이지(제2장을 보라)에서 확인할 수 있다. 잡지나 홈페이지에서 일식 여행의 광고를 찾아보자. 믿을 만한 일식 예보는 나사의 일식 관련 웹사이트 eclipse.gsfc.nasa.gov/solar.html에서 확인할 수 있다. 제2장에 일식 여행에 관한 개인적인 충고를 실었다. 좋은 시간이 되길 바란다!

인터넷에서 태양 사진 찾아보기

전문가들이 최근에 촬영한 태양면이나 흑점 사진은(태양 천문학자들은 백색광 사진이라고 부른다. 백색광은 태양에서 나오는 모든 가시광선이다) 인터넷에서 쉽게 찾아볼 수 있지만 개인적으로 괜찮은 곳을 추천하자면 이탈리아의 카타니아 천체물리 관측소 홈페이지 www.oact.inaf.it/weboac/sun/가 있다. 백색광 사진은 'Continuum'을 클릭하면 되는데 전문용어로 사진을 찍을 때 색 필터를 사용하지 않았다는 뜻이다. 이 사진들을 가지고 흑점군을 찾아보거나 흑점의 숫자를 세는 연습을 할 수 있다.

카타니아의 날씨가 흐리다면 다른 전문가들이 찍은 태양면 사진을 찾아보자. 캘리포니아에 있는 BBSO 홈페이지 www.bbso.njit.edu/cgi-bin/LatestImages에서 'full disk observation'으로 들어가면 된다. 개기일식이 일어나지 않으면 지구에서 코로나가 보이지 않지만, 대신 유럽우주국과 나사가 공동 개발한 위성인 소호 위성이 찍은 코로나의 백색광 사진을 볼 수 있는데 'The Very Latest SOHO Images' 페이지(soho.

표 10-1 다가오는 개기일식

예정일	최대 지속 시간	개기일식대
2019년 7월 2일	4분 33초	남태평양, 칠레, 아르헨티나
2020년 12월 14일	2분 10초	남태평양, 칠레, 아르헨티나, 남대서양
2021년 12월 4일	1분 54초	남극해, 남극대륙, 웨들해, 다시 남극해부터 남대서양
2024년 4월 8일	4분 28초	태평양, 멕시코, 미국 텍사스, 미드웨스트, 뉴욕, 뉴잉글랜드, 뉴브런즈윅, 캐나다, 북대서양
2026년 8월 12일	2분 18초	북극해, 그린란드 동부, 대서양, 아이슬란드 서부, 스페인 북부, 지중해
2027년 8월 2일	6분 23초	대서양, 북아프리카, 이집트, 사우디아라비아, 예맨, 소말리아 북서부, 아라비아해, 인도양
2028년 7월 22일	5분 10초	인도양, 호주, 태즈먼해, 뉴질랜드 남섬, 남태평양

nascom.nasa.gov/data/realtime-images.html)에서 확인하도록 하자. 'LASCO'라는 이름이 붙은 사진을 찾으면 된다.

스탠퍼드대학교의 WSO(wso.stanford.edu) 같은 일부 전문 관측소의 홈페이지에서 태양자기장 지도를 볼 수 있다. NSO도 괜찮은 곳인데 solis.nso.edu/0/vsm/vsm_fulldisk.html으로 들어가면 된다.

아마추어 천문학자로서 실력을 충분히 쌓은 뒤에, 망원경으로 천체의 사진을 찍고 싶은 생각이 든다면 태양 촬영을 배워보고 싶을 것이다. 윌슨산 천문대의 과학자들은 1905년부터 태양을 촬영하고 있는데 동기부여가 될 만한 사진들이 많다. 태양을 배경으로 나는 비행기의 모습이나 1947년 4월 7일에 촬영한 세계에서 가장 큰 흑점 사진을 볼 수 있다. 만약 당신이 평균보다 1.5배 정도 큰 흑점군을 볼 만큼 운이 좋다면, 태양 필터를 장착한 망원경이 아니라 다른 광학 장비 없이 태양 필터만 가지고 관측을 해보자('촌스러운 3D 안경'에서 설명했다). 윌슨산 천문대 홈페이지(physics.usc.edu/solar/direct.html)에서 옛날에 찍은 태양의 백색광 사진을 볼 수 있다.

천문학자들은 백색광 이외에 다양한 빛을 사용하여 태양을 연구한다. 지구의 대기에 막혀서 눈에 보이지 않는 형태의 빛인 자외선, 자외복사, 엑스선으로 찍은 사진을 사용한다. 이들은 고고도 위성이나 태양 주변을 공전하는 위성으로 촬영한 것이다. 인공위성과 지상의 여러 가지 망원경으로 찍은 태양의 사진은 나사 홈페이지 umbra.nascom.nasa.gov/newsite/images.html의 'Current Solar Images'에서 확인할 수 있다.

2010년에 발사한 SDO(Solar Dynamics Observatory) 역시 좋은 태양 사진을 보내주는 위성이다. SDO의 홈페이지 sdo.gsfc.nasa.gov에서 화려한 사진을 감상해보자. STEREO임무에서 촬영한 태양 관측비디오는 stereo.gsfc.nasa.gov에서 확인할 수 있다.

벌써부터 태양 천문학자가 된 기분이라면 PBS(Public Broadcasting System) 홈페이지 www.pbs.org/wgbh/nova/labs/lab/sun/research에서 연구를 해보자. Solar Cycle을 클릭하고 시작하면 된다.

태양은 모두의 것이니 자주 연구하고 관측하도록 하자. 아마 나중에는 시작하기 잘했다고 생각할 것이다!

chapter

11

별에게로 떠나는 여행

제11장 미리보기

- 별의 진화 과정을 따라간다.
- 별의 크기를 측정한다.
- 쌍성, 다중성, 변광성을 알아본다.
- 별의 개성을 알아본다.
- 별을 관측하고 시민과학 프로젝트에 참여한다.

태양은 지구가 속한 우리 은하에 있는 수십억 개의 별 중 하나다. 또한 관측 가능한 우주에는 대략 2조 개의 다른 은하가 있다. 관측 가능한 우주는 지금 현재 우리가 볼 수 있는 모든 우주를 말한다. 각각의 은하에는 우리 은하와 마찬가지로 수없이 많은 별이 빛나고 있다. 마치 사람처럼, 별의 성질도 아주 가지각색이다. 하지만 단순하게 보면 압도적으로 많은 몇 가지 종류로 나뉜다. 이 분류는 각각 별의 나이를 기준으로 하며, 사람을 나이에 따라 다르게 부르는 것과 마찬가지다(우리 은하와 다른 은하에 대해 더 자세한 내용을 알고 싶다면 제12장으로 넘어가자).

별이 무엇이며 어떤 성장 과정을 거치는지를 이해하면 밤하늘에서 반짝이는 별과 우리 눈에 보이지 않는 별에 대한 감이 잡힐 것이다.

이번 장에서 별들의 초기 질량을 강조할 텐데 별이 태어날 때 가지고 있던 질량은 별의 운명을 결정하는 데 가장 많은 영향을 미친다. 별의 주요한 특징과 관측하기 좋은 쌍성, 다중성, 변광성에 관한 이야기로 이어나가겠다.

'스타'에 대해서 이야기하는데 가십거리가 빠져서는 안 된다. 당신이 알고 싶을 법한 밤하늘의 주인공들과 그 이웃들의 '성격'을 알려주겠다.

묵직하고 뜨거운 삶의 과정

별이 탄생부터 죽음까지 거치는 과정은 별을 분류하는 데 있어 가장 중요한 척도이다. 별은 신생별, 성인별, 노인별, 그리고 죽어가는 별로 나눌 수 있다(십 대는 없다. 우주는 미운 세 살부터 어린 별들은 포기했다). 물론 박사학위까지 딴 천체물리학자가 저런 식으로 별을 분류하지는 않는다. 천문학자들은 별의 단계를 젊은 항성체, 주계열성, 적색거성, 그리고 별의 마지막 진화 단계로 나눈다. 사실 대부분의 별은 죽지 않으며 백색왜성, 중성자성 혹은 블랙홀의 형태로 새로운 삶을 살아간다. 하지만 일부는 화려한 죽음을 맞이한다.

태양과 비슷한 질량을 가진 별의 진화 과정은 다음과 같다.

1. 차가운 성운에 있는 가스와 먼지가 모여서 젊은 항성체를 이룬다.
2. 젊은 항성체가 수축하면서 수소를 태우기 시작한다.
   다시 말해 제10장에서 설명했던 핵융합이 진행 중이다.
3. 수소가 지속적으로 타면서 별은 주계열성이 된다.
   이 단계는 나중에 '주계열성 : 기나긴 성인기 즐기기'에서 설명하겠다.
4. 별이 핵에 있는 수소를 다 쓰고 나면, 껍질(핵 주변의 넓은 층)의 수소가 타기 시작한다.
5. 불타는 수소층에서 방출되는 에너지가 별을 더 밝고 커지게 만든다. 표면이 넓어지며, 차가워지고, 붉어진다. 별은 적색거성이 된다.
6. 항성풍은 별의 바깥 부분을 서서히 밀어내며 핵 근처에 행성상성운을 형성한다.

7. 성운은 점점 퍼져나가면서 소멸한다. 이제 뜨거운 핵만 남았다.
8. 남겨진 핵은 백색왜성으로 불리며, 차가워지면서 점점 빛이 바랜다.

태양보다 훨씬 무거운 별은 다른 삶을 보낸다. 행성상성운을 만들면서 백색왜성으로 죽어가는 대신에 초신성으로 폭발하면서 중성자별이나 블랙홀을 남긴다(아무것도 남지 않는 경우도 있다!). 무거운 별의 진화 과정은 빠르게 진행된다. 태양은 앞으로 적어도 100억 년은 살 것이다. 하지만 태양보다 20배, 30배 무거운 별들은 탄생 후 몇 백만 년 되지 않아 폭발한다.

태양보다 질량이 가벼운 별들은 삶이라고 할 만한 게 없다. 젊은 항성체로 시작해 주계열성에 진입하며 적색거성으로 남는다. 천체물리학의 근본적인 법칙으로 이들의 진화 과정을 설명할 수 있다. 질량이 클수록 더 격렬하고 빠르게 핵융합을 일으키며, 질량이 낮을수록 천천히, 그리고 오랫동안 불탄다.

태양이 핵에 있는 수소를 다 쓰려면 최소 90억 살은 되어야 한다. 하지만 적색왜성에서 일어나는 수소 폭발은 아주 천천히 일어나므로 주계열성인 채로 거의 영원히 빛난다(시간이 지나면 적색왜성의 연료는 언젠가 바닥이 난다. 하지만 지금까지 우주가 있었던 시간보다 훨씬 더 많은 시간이 필요하다. 따라서 지금까지 존재했던 적색거성은 앞으로도 오랜 시간 동안 존재할 것이다).

다음에서 별의 일생을 더 자세히 알아보겠다.

젊은 항성체 : 걸음마 단계

젊은 항성체는 아주 어린 별로, 태어났던 구름에 둘러싸여 있다. 젊은 항성체에 포함되는 분류로는 **황소자리 T형 항성**이 있는데 이 유형에서 처음 발견한 별인 황소자리 T에서 이름을 따왔다. **허빅-하로 천체**(H-H 천체)도 젊은 항성체에 속하는데 이 유형을 처음 만든 과학자 두 명의 이름을 따서 지었다(사실 가스 구름에 둘러싸여 거의 보이지 않는 어린 별이 반대되는 두 방향으로 내뿜는 반짝이는 물질을 허빅-하로 천체라고 한다). 젊은 항성체는 분자 구름 안에서 생기는데 이를 **전리 수소 영역**이라고 부른다. 특징적인 천체로는 오리온자리 성운이 있는데(그림 11-1) 수백 개의 별들이 지난 100~200만 년 사이에 만들어졌다.

그림 11-1
오리온자리 성운은 많은 젊은 항성체를 품고 있다.

Courtesy of ESO/Igor Chekalin

종종 젊은 항성체는 원반 모양의 가스와 먼지로 이루어진 구름의 중간에 있는데 이 원반을 별주위원반이라고 하며 젊은 항성체의 탄생과 성장에 필요한 물질을 제공한다.

허블우주망원경이 촬영한 사진에서 어두운 성운은 대부분 젊은 항성체의 사진이다. 제트와 다른 성운 근처의 물질들은 눈에 띄지만, 별 자체는 잘 보이지 않으며 주변 가스나 먼지 뒤에 가려져 있다(성운이 궁금하다면 제12장으로 넘어가자). 하지만 허블우주망원경에 찍힌 사진에 나타난 젊은 항성체보다 더 꼭꼭 숨어 있는 경우도 있는데 천문학자들은 이들을 찾는 작업을 도와줄 당신 같은 시민 과학자가 필요하다(이 부분은 이번 장의 마지막인 '머리와 컴퓨터만 가지고 참여하는 연구 프로젝트'에서 설명하도록 하겠다).

주계열성 : 기나긴 성인기 즐기기

우리의 태양을 포함한 주계열성은 자신이 태어난 구름을 벗어 버리고 핵에 있는 수소를 이용해 핵융합을 하면서 빛을 낸다. 태양과 같은 질량을 가진 별은 이 상태에 도

달하기까지 대략 5,000만 년이 걸린다. 질량이 클수록 더 적은 시간이 걸리며 태양보다 질량이 작은 별은 훨씬 더 많은 시간이 필요하다(제10장에서 태양의 핵융합을 다루었다). 과거에 천문학자들이 주계열성과 왜성의 차이를 이해하기 전에 나눈 분류에서는 주계열성을 왜성이라고도 불렀다.

천문학자들이나 과학 저술가들이 '일반 항성'이라고 하면 보통 주계열성을 이른다. '태양 같은 항성'이라고 하면 아마도 태양질량과 비슷하거나 두 배 이상 크지 않은 주계열성을 의미할 것이다. 아니면 저술가들은 주계열성을 질량에 상관없이 백색 왜성이나 중성자별 같은 별과 구별하고 있는지도 모른다.

가장 작은 주계열성은 태양보다 훨씬 적은 질량을 가지고 있는데, 이 희미한 붉은빛을 띤 별을 **적색왜성**이라고 부른다. 적색왜성은 질량은 가볍지만 어마어마하게 많이 존재한다. 주계열성의 대부분은 적색왜성이다. 바닷가에 가면 보이는 작은 날벌레처럼, 지구 주변에 많이 있지만 찾기 힘들다. 적색거성은 아주 어두워서 망원경의 도움 없이는 가장 가까이에 있는 적색왜성도 볼 수 없다. 프록시마 센타우리는 적색거성으로 지금까지 밝혀진 항성 중 태양에서 가장 가깝다. 프록시마에 대한 자세한 정보는 제14장에서 살펴보자.

적색왜성은 태양 같은 항성보다 작고, 가벼우며, 희미해서 무시해 버리고 싶을지도 모르겠다. 하지만 앞에서 말했다시피 적색왜성은 영원히 살지만, 태양 같은 더 무거운 별은 언젠가 죽는다. 태양은 우리에게 자랑스러운 존재지만, 마지막에 웃는 것은 별 볼 일 없는 적색왜성이다.

적색거성 : 노후를 불태우는 별

적색거성은 주계열성과 모든 면에서 다르다. 적색거성은 태양보다 훨씬 크지만, 언젠가 태양도 하나의 적색거성이 될 것이다(제10장 참조). 흔히 금성이나 심지어 지구의 공전궤도만 한 적도를 가진 적색거성도 보인다.

적색거성은 주계열 이후의 별의 모습이다. 태양의 질량과 비슷하거나, 몇 배 정도 작거나 큰 별들이 적색거성이 된다. 황소자리의 알데바란과 목동자리의 아르크투루스는 적색거성이며 맨눈으로도 쉽게 볼 수 있다. 제1장의 표를 찾아보자.

전형적인 적색거성은 핵의 수소에서 핵융합을 하지 않는다. 핵 바깥에 있는 수소 연소층이라고 하는 지대에서 수소를 태운다. 적색거성은 핵융합을 통해 핵에 있는 수소를 헬륨으로 다 바꿔버렸기 때문에 더 이상 핵에서 수소를 태울 수 없다(어떤 적색거성은 다른 방식으로 에너지를 만들지만 흔하지는 않다).

태양보다 훨씬 무거운 별들은 적색거성이 되지 않는다. 이들은 엄청나게 부풀어 올라서 천문학자들은 적색 초거성이라고 부른다. 전형적인 적색 초거성은 태양보다 1,000~2,000배가량 크며 목성, 큰 경우에는 토성의 공전궤도만큼 커진다. 오리온자리의 베텔게우스나 전갈자리의 안타레스를 한번 보라. 이들은 하늘에서 빛나는 아주 밝은 별이며 둘 다 적색거성이다.

헤어져야 할 시간 : 항성 진화의 마지막

항성 진화의 마지막은 전성기가 한참 지난 별을 포괄적으로 부르는 말이다. 다음이 항성 진화의 마지막이 될 수 있다.

- 행성상성운의 중심별
- 백색왜성
- 초신성
- 중성자별
- 블랙홀

위의 천체들은 수명이 얼마 남지 않아 죽어가는 별들이며 완전히 파괴될 별이거나 이미 죽은 별의 시체이다.

행성상성운의 중심별

행성상성운의 중심별은 작고 아름다운 특정 유형의 성운 중심에 있는 조그만 별이다(이 책의 컬러 부록에서 사진을 확인하라). 이 성운은 사실 행성과는 전혀 상관이 없다. 과거의 망원경으로는 행성상성운이 마치 천왕성처럼 푸른빛을 띤 행성처럼 보였기 때문에 이런 이름이 붙었다.

행성상 성운의 중심별은 백색왜성이거나, 백색왜성으로 변하는 과정을 거치고 있다.

【 큰 별일수록 외롭다 】

세티 프로젝트 참여자(외계 지적 생명체 탐사 프로젝트 참가자들, 제14장에서 설명하겠다)들은 선진 문명이 보내는 전파 신호를 찾아다니는데, 질량이 큰 별은 수색하지 않는다. 왜? 이유는 간단하다. 질량이 큰 별의 일생은 너무나 짧아서 과학자들은 근처 행성에서 도저히 지적 생명체(원시 생명체도)가 발전할 수 없다고 판단하기 때문이다.

질량이 큰 별은 그렇지 않은 별보다 드물다. 정확하게 말하면 질량이 큰 별일수록 드물다. 결국 현존하는 별들이 나이가 들고, 별들이 태어남에 따라 성간물질이 없어지게 되면 우리 은하에는 압도적으로 많은 두 가지 별, 영원한 적색거성과 꺼져가는 백색왜성이 남을 것이다. 물론 중성자별과 항성질량블랙홀이 우주 여기저기에 흩어져 있겠지만 이들은 더 무겁고, 귀한 별들의 흔적이고 적색거성과 백색거성은 우주의 대부분을 차지하는 주계열성에서 변했기 때문에 상대적으로 적어 보일 것이다.

별도 사람과 마찬가지다. 큰 사람일수록 찾아보기 힘들다. 2미터 20센티미터가 넘는 농구선수는 거의 없다.

그러니 중심 별 역시 태양에 가까운 항성의 잔해라고 할 수 있다. 성운은 별이 수만 년 동안 방출한 가스로 이루어져 있으며, 서서히 흩어지면서 희미해진다. 성운이 팽창하여 사라지면 결국 더 이상 누군가의 중심이 되지 못하는 중심 별만 남게 되는데, 이 별을 백색왜성이라고 부른다. 아마 다큐멘터리로 찍으면 굉장한 볼거리가 될 것이다.

백색왜성

백색왜성은 사실 색이 백색만 있는 게 아니라 노란색, 심지어 붉은색도 있으며 온도에 따라서 색이 다르다. 백색왜성은 태양과 같은 별들의 잔해이다. 이들은 더글러스 맥아더를 닮았다. 백색왜성은 죽지 않는다. 다만 사라질 뿐이다.

백색왜성은 방금 꺼진 석탄 조각과도 비슷하다. 더 이상 타지 않지만, 온기는 남아 있다. 적색왜성 다음으로 흔한 별이지만 너무 희미하기 때문에 지구에서 가장 가까운 백색왜성도 망원경으로 볼 수 없다.

백색왜성은 작고 밀도가 높은 아담한 별이다. 일반적인 백색왜성은 태양 절반 정도의 질량을 가지며, 부피는 지구와 비슷하거나 약간 더 크다. 작은 공간에 아주 많은 물질이 뭉쳐 있다 보니 한 숟가락의 백색왜성은 지구에서 1톤에 해당하는 질량을 가진다. 비싼 밥숟가락이 엿가락처럼 휘는 걸 보고 싶다면 직접 해봐도 좋다.

초신성

초신성은 거대한 폭발인데 어떤 경우에는 별 전체를 파괴하기도 한다(그림 11-2). 다양한 종류의 초신성이 존재하지만, 가장 중요한 두 가지만 소개하겠다.

첫 번째 유형은 2형 초신성이다(누가 숫자를 이런 식으로 붙였는지는 나도 모른다). 2형 초신성은 태양보다 밝고, 부피와 질량이 큰 별들이 일으킨 무시무시한 폭발이다. 별이 터지기 전에는 적색 초거성 혹은 청색 초거성이었으리라고 추정된다. 색에 상관없이 초거성이 폭발할 때 작은 유품을 남기는데 바로 중성자별이다. 별이 극단적으로 붕괴(중심을 향해 수축)한다면 더 오싹한 물체인 블랙홀을 남긴다.

두 번째 유형은 1a형 초신성이다. 1a형 초신성은 2형 초신성보다 더 밝은데 실제 밝기, 다시 말해 절대 등급이 언제나 같다는 성질이 있다. 천문학자들은 1a형 초신성을

그림 11-2
나선 은하 M74의 초신성(왼쪽 아래 화살표)

Courtesy of ESO/PESSTO/S. Smartt

관찰하여 지구에서 보이는 밝기를 이용해 지구와 초신성 사이의 거리를 알아낸다. 더 멀리 있을수록 초신성의 밝기는 낮아진다. 1a형 초신성은 우주의 크기와 팽창을 측정하는 지표가 되기도 한다. 1998년에 1a형 초신성을 연구하던 두 그룹의 천문학자들은 우주의 팽창 속도가 느려지는 게 아니라 점점 빨라지고 있다는 사실을 발견했다. 이 발견은 당시의 통념과는 정반대였는데 빅뱅과 우주론에 대한 전문가들의 이론을 뒤집으며 신비로운 암흑 에너지의 발견으로 이어졌다(암흑 에너지와 빅뱅은 제16장에서 다루겠다).

1a형 초신성은 전부 비슷한 형태의 폭발을 일으킨다. 이유는 쌍성계를 이루기 때문인데(이번 장의 뒷부분에서 자세히 다루겠다) 동반성의 가스가 다른 별(백색 왜성)로 흘러 들어가 찬드라세카르 한계 질량을 넘기게 되면 폭발하면서 백색 왜성이 붕괴한다. 2형 초신성은 폭발하면서 중성자별이나 블랙홀을 남기지만 1a형 초신성은 가스 구름 외에는 아무것도 남기지 않는다. 한계 질량보다 낮으면 폭발이 일어나지 않고 한계 질량에서는 일반적인 폭발이 일어난다. 한계 질량을 넘으면… 잠깐만, 이미 폭발한 별이 어떻게 한계 질량을 넘을 수 있지? 천체물리학은 너무 어렵다. 그렇지 않나?

전문가들은 1a형 초신성을 만드는 쌍성계의 종류를 놓고 오랫동안 다투었다. 한 이론에 따르면 쌍성계에 태양과 같은 별이 백색왜성과 동반성을 이룬다. 백색왜성은 자신보다 큰 동반성에서 가스를 빨아들인다. 또 다른 가망 있는 이론으로는 백색왜성 둘이 하나의 쌍성계를 이룬다는 것이다. 두 이론 모두 맞을 수도 있다. 1a형 초신성은 큰 별과 작은 별이 이루는 쌍성계에서 생성될 수도 있으며 백색왜성 둘로 이루어진 쌍성계에서 만들어질지도 모른다.

중성자별

중성자별은 백색왜성보다 훨씬 작지만, 무게는 압도적으로 무겁다(정확히 말하면 질량이 더 크다. 무게는 행성이나 다른 천체가 질량을 가진 물체로부터 받는 힘이다. 당신이 달, 화성, 목성의 체중계에 올라가면 질량은 변하지 않았지만 몸무게는 달라진다).

중성자별은 나폴레옹과 닮았다. 체구는 작지만, 과소평가해서는 안 된다(그림 11-3은 중성자별의 모습이다). 일반적인 중성자별은 대략 16~32킬로미터 정도 되는 크기지만 태양의 질량보다 1.5~2배가량 크다. 한 숟가락의 중성자별은 지구에서 10억 톤 가까

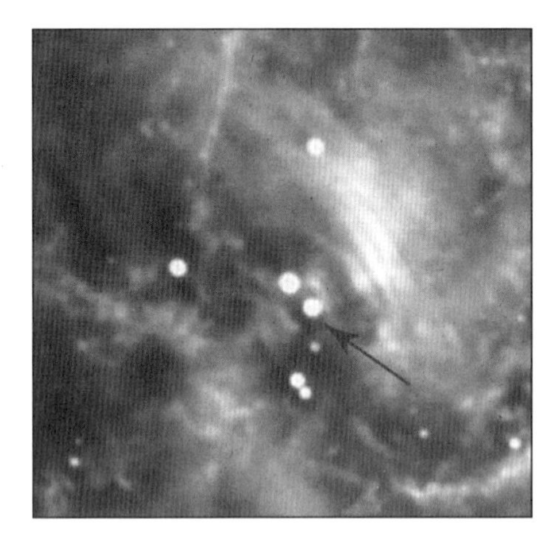

그림 11-3
게자리 성운의 중앙에 있는 펄서(화살표)

Courtesy of NASA/JPL-Caltech

이 나간다.

어떤 종류의 중성자별은 펄서라는 이름으로 더 많이 알려져 있다. 펄서는 강한 자기장을 가진 아주 빨리 자전하는 중성자별로 한 종류 이상의 복사선을 뿜어낸다(전파, 엑스선 감마선이나 가시광선). 등대의 불빛 같은 복사선이 지구를 쓸고 지나가게 되면, 우리의 전파망원경은 '펄스'라고 불리는 순간적인 복사선의 분출을 잡아낸다. 펄서의 이름의 유래는 여기서 나왔다. 사람의 펄스는 '맥박수'라고 볼 수 있다. 맥박수는 사람의 심장이 얼마나 빨리 뛰는지 알려주며 펄스는 펄서가 얼마나 빨리 자전하는지 알려준다. 펄서의 자전 속도는 초당 7만 번에서 수 초당 한 번으로 다양하다. 생각만 해도 머리가 어지럽다.

블랙홀

블랙홀은 아주 작고 밀도가 높은 물체로 중성자성과 백색왜성은 블랙홀에 비하면 솜사탕처럼 보인다. 작은 공간에 많은 물체가 들어 있기 때문에 중력이 높아져서 아무것도, 심지어 빛조차 탈출하지 못한다. 물리학자들은 블랙홀로 들어간 물질들은 우리 우주에서 사라진다고 생각한다. 당신이 블랙홀에 떨어진다면, 우리 우주에 작별인사를 하는 게 좋을 것이다.

빛이 블랙홀에서 탈출하지 못하기 때문에 블랙홀을 실제로 볼 수는 없다. 대신 과학자들은 블랙홀이 주변 물체에 끼치는 영향을 이용해서 위치를 추측한다. 블랙홀의 부근에 있는 물체들은 뜨거워지고 미친 듯이 움직인다. 절대 안정되지 않으며 블랙홀의 강한 중력이 모든 물질을 집어 삼켜버린다. 그게 다다.

사실 과장한 부분이 하나 있는데 블랙홀 주변에서 빙빙 도는 물체 중에 가까스로 탈출하는 경우도 있다. 제트는 빛에 가까운 속도로 블랙홀에서 뛰쳐나온다(진공 상태에서 대략 초당 30만 킬로미터를 간다).

과학자들이 블랙홀을 찾아내는 방법은 다음과 같다.

» 블랙홀이 빨아들이는 가스는 소용돌이치면서 응축원반이라는 납작한 형태의 구름 모양이 된다. 응축원반은 블랙홀에 가까워질수록 아주 뜨거워지며 가시광선, 엑스선 그리고 다른 복사선을 방출하는데 이들은 과학자들이 발견할 수 있다.
» 전파망원경이나 다른 장비로 앞에서 언급한 강한 에너지를 가진 입자들의 제트를 찾는다. 응축원반이나 블랙홀에서 아주 가까운 지역, 하지만 블랙홀 외부에 있는 지역에서만 찾을 수 있다.
» 블랙홀 근처에서 별은 보이지 않는 강한 중력에 이끌려 아주 빠른 속도로 움직인다. 이 점을 이용하면 블랙홀의 위치를 알 수 있다.
» 두 블랙홀이 충돌하면 중력파가 발생하여 우주 전역을 휩쓴다. 루이지애나와 워싱턴의 레이저 간섭계 중력파 관측소의 탐지기를 사용해 중력파를 검출한다.

천문학자들은 두 종류의 블랙홀이 존재한다는 많은 증거를 가지고 있으며 세 번째 블랙홀의 증거는 아직 몇 개 없지만 점점 늘어나고 있다. 세 가지 유형의 블랙홀을 설명하겠다.

» **항성질량 블랙홀** : 이름을 보면 알겠지만 이 유형의 블랙홀은 별과 같은 질량을 가진다. 더 정확하게 말하면 태양의 질량의 세 배부터 어쩌면 백 배 사이의 질량을 가질 수 있지만, 아직까지 천문학자들은 그렇게 무거운 경우는 찾지 못했다. 항성질량 블랙홀의 크기는 중성자별과 비슷하다. 태양 질량의 열 배인 블랙홀의 지름은 60킬로미터 정도다. 만약 태양을 블랙홀

이 될 만큼 찌그러뜨린다면(다행히도 불가능하다) 약 6킬로미터가 된다. 항성질량 블랙홀은 초신성 폭발로 만들어지며 다른 방법도 아마 있을 것으로 보인다.

» **거대질량 블랙홀** : 이 괴물은 태양질량의 100만 배부터 200억 배에 달하는 질량을 가진다(예시는 제13장 참조). 보통 거대질량 블랙홀은 은하의 중심에 도사리고 있다. 아마도 대부분은 그 자리에서 태어났거나, 은하가 블랙홀 주변에서 생겨났을 것이다. 우리 은하의 중심에는 궁수자리 A*로 알려진 중심 블랙홀이 있다(별표는 각주가 아니다. 읽을 때는 '궁수자리 에이 별'이라고 하면 된다). 대략 태양질량의 400만 배나 되는 무거운 별이며 우리가 있는 태양계는 이 블랙홀을 중심으로 2억 2,600만 년에 한 번 공전한다. 천문학자들은 이 기간을 '은하년'이라고 부르며 거대질량 블랙홀이 거의 혹은 모든 은하의 중심에 존재한다고 생각한다. 하지만 아주 작은 은하들, '왜소 은하'라고 불리는 은하들의 중심에도 있는지는 확실하지 않다(은하는 제12장에서 다루겠다). 내가 말하는 블랙홀의 크기는 사건의 지평선을 기준으로 한다. 사건의 지평선은 블랙홀을 둘러싼 구형의 표면으로 탈출 속도가 빛의 속도와 같아지는 곳이다. 사건의 지평선 밖에서는 탈출 속도가 더 낮으며 빛이나 다른 고속의 물체가 빠져나올 수 있다. 사건의 지평선 안의 모든 물체는 블랙홀 중심의 작고 밀도 높은 지역을 향해 찌그러진다.

» **중간질량 블랙홀** : 블랙홀의 종류 중 가장 비밀이 많다. 다시 말해 천문학자들조차 정확히 어떤 성질을 지니는지 모르며 심지어 존재 여부도 불확실하다. 존재한다면 태양질량의 백배에서 만 배 정도 되는 질량을 가진 것으로 추정된다. 중간질량 블랙홀은 알려진 어떤 항성보다 질량이 크기 때문에 하나의 별(항성질량 블랙홀처럼)이 붕괴하면서 생기지는 않는다고 보인다. 거대질량 블랙홀은 은하의 중심에 위치하지만 중간질량 블랙홀은 은하의 중심 바깥 지역에서 발견된다. 따라서 중간질량 블랙홀은 거대질량 블랙홀이 만들어지는 곳에서 생성되지 않으며 항성질량 블랙홀처럼 별의 붕괴로 생성되는 것도 아니다. 그렇다면 어떻게 만들어지는 걸까? 호기심 많은 사람은 구미가 당길 것이다.

사실은, 거대질량 블랙홀은 항성이 아니다. 아마도 중간질량 블랙홀도 마찬가지다.

하지만 딱히 블랙홀을 설명할 자리가 없어서 항성 사이에 끼워 넣었다! 블랙홀에 대해 잘 모른다면 어디 가서 천문학자라고 소개하지 못할 것이다(제13장에서 블랙홀을 더 자세히 알아보자). 그리고 천문학자 행세를 하고 다닌다면 다른 사람들은 아마도 블랙홀에 관한 오만 종류의 질문을 당신에게 쏟아낼 것이다. 그에 반해 주계열성과 젊은 항성체에 관해 얼마나 많은 질문을 받겠나?

별의 색깔, 광도 그리고 질량

별들의 서로 다른 종류('묵직하고 뜨거운 삶의 과정' 참조)라는 말의 의미는 기본적인 관측 데이터가 기록된 천체물리학자의 그래프를 본다면 이해가 될 것이다. 세로축은 별의 광도(또는 밝기)이며 가로축은 별의 색깔(또는 온도)이다. 이 그래프는 색등급도 혹은 이 표를 최초로 만든 두 과학자의 이름을 따서 헤르츠스프룽-러쉘 다이어그램, 줄여서 H-R도라고도 한다(그림 11-4 참조).

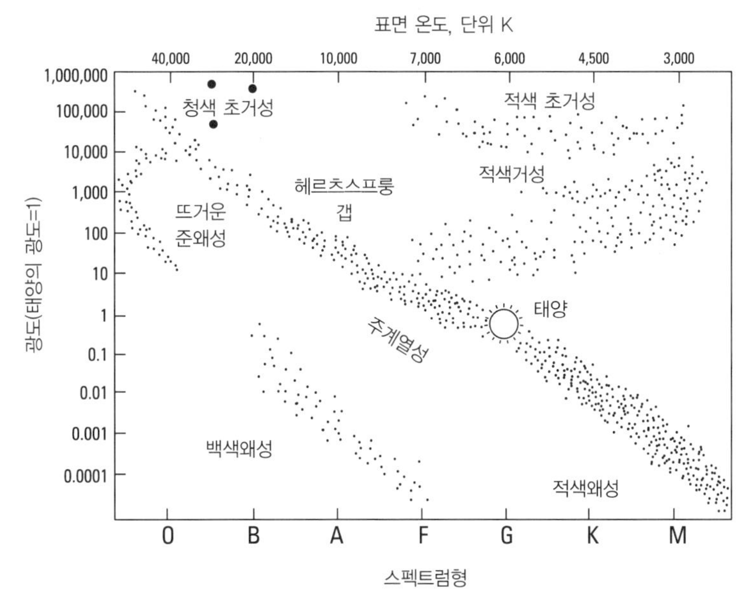

Dinah L. Moché/Astronomy: A Self-Teaching Guide, Seventh Edition

그림 11-4
헤르츠스프룽-러쉘 다이어그램은 별의 밝기와 온도를 나타낸다.

천문학 교수로서 학생들이 예습을 했는지 안했는지 알아내는 나만의 방법이 있다. H-R도가 무엇인지 학생들에게 물어봤을 때 "H와 R을 정리한 도표입니다."라고 대답하는 학생들은 공부를 하지 않은 학생이다.

스펙트럼형 : 내 별은 무슨 색깔이지?

헤르츠스프룽과 러셀은 별의 온도나 색깔에 관한 정보가 많지 않았다. 이들은 스펙트럼형을 초기 도표의 가로축에 두었다. 스펙트럼형은 별을 스펙트럼의 차이에 따라 분류한 것이다. 스펙트럼은 프리즘이나 분광기를 이용해 별 빛을 분해했을 때 나타나는 특징이다.

처음에 천문학자들은 스펙트럼형이 뭘 의미하는지 전혀 감을 잡지 못했다. 따라서 그중 한 명이었던 윌리아미나 플레밍은 그냥 스펙트럼이 비슷한 별들끼리 분류했다(A형, B형 하는 식으로). 나중에 플레밍의 동료인 애니 점프 캐넌은 플레밍의 분류체계를 단순화하고 재정비하는 과정에서 원래 쓰던 분류 방식 일부를 없앴다. 스펙트럼형은 빛이 밖으로 나오기 시작하는 대기 주변의 온도와 다른 물리적 환경을 반영하게 되었다. 과학자들이 색의 의미와 스펙트럼형의 배열이 온도 순이라는 사실을 이해한 것은 나중의 일이었다.

색등급도에 나타난 스펙트럼형은 O, B, A F, G, K, M이며 높은 온도에서 낮은 순이다. 대학생들은 "Oh, be a fine girl(guy), kiss me"라는 문장으로 연상해서 외운다. 표 11-1은 각 스펙트럼형 별이 지니는 일반적인 특징이다.

반짝반짝 빛나는 별 : 광도의 분류

스펙트럼형 O, B, A, F, G, K, M은 앞에 0부터 9까지 아라비아 숫자를 붙여서 더 자세하게 나타낸다. 각 스펙트럼형마다 열 가지로 세분할 수 있는데 예를 들어 G로 시작하는 별은 G0부터 G9까지 열 가지로 나타낸다. 숫자가 낮을수록 온도가 높다. 태양의 스펙트럼형은 G2이며 독수리자리 베타(표 11-2 참조)는 G8이다. 따라서 태양은 독수리자리 베타보다 뜨거우며 독수리자리 베타의 온도는 K스펙트럼을 가진 별과 비슷하다고 볼 수 있다.

표 11-1 별의 스펙트럼형

스펙트럼형	색	표면 온도(K)	예
O	자색~백색	32,000 이상	오리온자리 람다
B	청백색	10,000~32,000	리겔
A	백색	7,300~10,000	시리우스
F	황백색	6,000~7,300	프로키온
G	노랑에 가까운 백색	5,300~6,000	태양
K	주황색	3,900~5,300	아르크투루스
M	적색	3,900 이하	안타레스

내가 이 분류 방식을 설명하는 이유는 당신이 천문학 서적(인터넷이나 다른 참고자료 역시)에서 태양을 G2로, 독수리자리 베타를 G8으로 나타내도 무슨 의미인지 알 수 있게 하기 위해서다.

조금 더 해보자면 어떤 책들은 앞에서 말했던 것처럼 G2, G8 같은 식으로 나타내지만, 로마 숫자를 추가로 사용하는 경우도 있다. 예를 들어 보면 태양을 G2 V로, 독수리자리 베타를 G8 IV로 나타내는 식이다. 천문학자들은 이 로마 숫자 표기를 광도계급이라고 부른다.

G2 같은 스펙트럼형은 별의 온도를 나타내지만 IV나 V로 나타내는 광도계급은 별의 크기와 평균 밀도(큰 별일수록 작은 별보다 밀도가 낮으므로)를 나타낸다. 표 11-2에서 별을 광도계급과 크기로 정리했다.

가끔 광도계급을 1a나 1b로 나타내기도 하는데 천문학자들이 광도계급을 더 자세히 나타내는 방법이다. 1a는 더 밝은 초거성을 의미하며 1b는 상대적으로 희미한 초거성을 말한다. 하지만 어디까지나 같은 계급에서 상대적인 의미다. 모든 초거성은 다른 광도계급의 어떤 별보다 밝다.

백색왜성의 광도계급인 D는 500을 나타내는 로마 숫자 *D*로 생각할지도 모르지만 사실 'dwarf'의 축약형인 *D*에서 따왔다. 스펙트럼형과 광도계급을 완벽하게 이해하

표 11-2 별의 광도계급

계급	명칭	예시
I	초거성	리겔
II	밝은 거성	독수리자리 감마
III	거성	알데바란
IV	준거성	독수리자리 베타
V	주계열성(왜성)	리길 센타우루스
D	백색왜성	시리우스 B

고 나면 손가락으로 *V*를 하고 사진을 찍는 사람들을 볼 때마다 주계열성이 떠오를 것이다.

밝게 타는 별이 크다 : 질량이 계급을 정한다.

질량이 클수록 핵에서 더 강한 핵융합이 일어나며 질량이 작은 별보다 더 많은 에너지를 방출한다. 따라서 같은 주계열성이라도 질량이 높을수록 더 밝고 뜨겁다. 보통 질량이 높을수록 크기도 커진다. 다 이해했다면 천체물리학의 핵심이 녹아 있는 색등급도(질량이 계급을 결정한다)를 다시 한번 살펴보자.

색등급도에서(그림 11-4), 세로축은 광도를 나타내며 밝은 별일수록 그래프의 위쪽에 있다. 가로축은 스펙트럼형인데 별 온도가 높을수록 오른쪽으로 간다. 다시 말해 온도는 왼쪽에서 오른쪽, 별의 밝기는 아래에서 위로 갈수록 증가한다.

색등급도는 실제 관측 자료로 만들어졌기 때문에 점마다 하나의 별에 대응한다. 꼼꼼하게 읽으면 많은 정보를 알 수 있다.

» 별 대부분이 왼쪽 위에서 오른쪽 아래로 향하는 대각선을 이룬다. 이 대각선은 주계열을 나타내며, 태양처럼 핵에서 수소 융합이 일어나는 일반 항성들로 구성되어 있다.

» 어떤 별들은 드문드문 모여서 넓고 형태가 희미한 직선을 이루는데 앞에

서 말한 대각선으로부터 수직으로 뻗어 있다. 온도가 낮고 밝은 쪽을 향하는 이 선을 거성계열이라고 하며 적색거성이 이 대각선에 있다.

» 몇 안 되는 별들이 표의 위쪽에 수평 방향으로 늘어서 있다. 이 별들은 초거성인데 청색 초거성은 왼쪽에, 적색 초거성(청색 초거성보다 훨씬 많다)은 오른쪽에 있다.

» 역시 몇 개 없는 별이 주계열의 대각선 아래에 왼쪽 위에서 오른쪽 아래로 내려가는 대각선을 그리고 있는데 이 별들은 백색 왜성이다.

천문학자들은 온도와 밝기를 기준으로 주계열성의 위치를 나타냈다. 온도와 밝기는 오로지 질량에 달려 있다. 주계열의 대각선은 높은 질량을 가진 별에서 낮은 질량의 별로 흐른다. 왼쪽 위에 있는 별은 태양보다 높은 질량을 가지며 오른쪽 아래로 갈수록 질량이 낮아진다.

천문학자들은 보통 젊은 항성체들을 다른 별들과 같은 색등급도에 넣지 않는다. 만약 같이 표시한다면 젊은 항성체들을 주계열 위 오른쪽, 초거성 아래에 표시한다. 중성자별과 블랙홀(보이지 않는다!)은 너무 희미해서 일반 항성들과 함께 색등급도에 나타낼 수 없다.

색등급도

설명을 조금만 더 들으면, 당신도 별을 연구하는 천체물리학자가 될 수 있으며 별이 왜 색등급도에서 여러 부분으로 나뉘는지 한 번에 이해할 수 있다. 과학자들은 이 내용을 알아내는 데 수십 년이 걸렸지만 나는 당신이 수월하게 해내리라고 믿는다. 모든 별이 절대 밝기를 기준으로 정리된 색등급도를 가지고 간단하게 얘기해 보겠다.

왜 별마다 밝기가 다를까? 별의 밝기를 좌우하는 요인은 간단히 두 가지로 나뉜다. 바로 온도와 표면적이다. 별이 클수록, 더 많은 표면적을 가지게 되며 평방 센티미터 하나하나마다 빛을 발한다. 단위 면적이 넓을수록, 더 많은 빛을 낸다. 하지만 단위 면적에서 발생하는 빛의 양은 별의 밝기와 어떤 상관이 있을까? 온도가 높은 별은 낮은 별보다 더 밝게 타오른다. 따라서 온도가 뜨거울수록 단위 면적당 발생하는 빛의 양이 많아진다.

다 이해했는가? 그렇다면 아래를 보자.

- » **백색왜성**은 크기가 작기 때문에 바닥 근처에 있다. 아주 작은 표면적 때문에(태양과 같은 항성에 비해), 백색왜성은 밝지 않다. 사라지는 노병처럼 도표 아래쪽으로(희미해지니까) 그리고 오른쪽으로 (차가워지니까) 멀어져간다. 오른편으로 갈수록 찾기가 힘들어지는데 식어버린 백색왜성들은 너무 희미해서 표 밖을 뚫고 나가버렸기 때문이다.
- » **초거성**은 어마어마하게 크기 때문에 꼭대기 근처에 머문다. 적색초거성은 태양보다 1,000배 이상 클 수도 있으며(초거성을 태양의 자리에 놓는다면 목성의 공전궤도만큼 공간을 차지한다) 표면적이 크다보니 당연히 아주 밝다.
  초거성들이 거의 비슷한 높이에 위치한다는 사실은 청색 초거성(왼쪽)이 적색 초거성(오른쪽)보다 작다는 뜻이다. 어떻게 아냐고? 청색 초거성은 적색 초거성보다 뜨겁다. 더 뜨거우면, 단위 면적당 발산하는 밝기는 밝아진다. 하지만 둘의 밝기는 거의 비슷하다. 비슷한 밝기를 내기 위해서는 적색 초거성이 더 많은 표면적을 가질 수밖에 없다(적색 초거성이 단위 표면적당 내는 밝기가 적으니까).
- » **주계열**은 왼쪽 위에서 오른쪽 아래로 향하는 대각선을 이룬다. 이유는 크기에 상관없이 수소 핵융합을 하는 모든 별들의 집합이기 때문이다. 크기

【 갈색왜성은 정상에 없다 】

갈색왜성은 1990년 중반에 발견되었으며 천체 목록에 들어간 지 얼마 되지 않았다. 갈색왜성은 항성보다 부피와 질량이 작다. 하지만 부피는 목성 같은 거대 가스 행성과 비슷하며 질량은 훨씬 크다(갈색왜성은 목성의 질량보다 대략 13~70배가량 크다). 목성처럼 빛을 반사해서 빛나는 게 아니라 항성처럼 스스로 빛을 낸다. 하지만 실제로 항성은 아닌데 핵융합이 핵에서 아주 잠깐씩만 일어나기 때문이다. 융합이 멈추면, 더 이상 에너지를 만들지 못하며 식으면서 희미해져간다. 이들의 스펙트럼형은 온도가 가장 낮은 M형부터 시작해서 L, T까지 올라간다(천문학자들은 아직 발견되지는 않았지만 더 차가운 갈색왜성이 있다고 생각한다. 그렇다면 Y에 속할 것이다). 그림 11-4의 색등급도를 보면 갈색왜성은 보이지 않는데 이는 너무 온도가 낮아서 바닥을 뚫고 오른쪽 구석에 박혀버렸기 때문이다. 나사는 근처의 갈색왜성을 찾는 데 시민과학자들의 도움을 필요로 한다. 이 프로젝트에 관심이 있다면 제9장을 참조하라.

의 차이는 주계열성이 표에서 차지하는 위치를 정한다. 더 뜨거운 주계열성(왼쪽)일수록 더 차가운 주계열성보다 부피가 크다. 따라서 뜨거운 주계열성은 두 가지 특징이 있다. 더 큰 표면적을 가지며 단위 면적당 발생하는 빛이 많다. 오른쪽 바닥에 있는 주계열성들은 희미하고 온도가 낮은 적색 왜성이다.

영원한 동반자 : 쌍성과 다중성

공통의 무게 중심을 도는 2개나 3개 혹 그 이상의 별을 각각 쌍성, 다중성이라고 부른다. 쌍성이나 다중성을 연구하면 별의 일생을 이해하는 데 도움이 된다. 이 작은 항성계를 집에서 관찰하는 것도 제법 재미가 있다.

쌍성과 도플러 효과

대략 반 정도의 별이 쌍을 이루고 있다. 쌍성계의 별은 대부분 쌍둥이 별, 다시 말해 한날한시에 태어났다. 동시에 태어난 두 별은 서로 간의 중력으로 인해 서로의 주변에서 보통 머무른다. 한번 별이 쌍을 이루면 다른 천체의 힘으로는 떼어내기 어렵다. 따라서 쌍성계의 다 자란 별은 동반자를 절대 바꾸지 않는다(뭐, 거의 없는 일이기는 하지만 아주 빽빽한 성단에서는 가끔 이상한 일이 벌어지는데, 다른 별과 거리가 좁아지게 되면 동반자를 잃어버리거나 새로 얻기도 한다).

쌍성계는 공통의 **질량중심** 주변을 회전하는 두 별로 이루어져 있다. 만약 두 별이 같은 질량을 가진다면 질량중심은 두 별 사이의 정확히 중간에 위치한다. 하지만 한 별이 다른 별보다 두 배 높은 질량을 가진다면, 두 별의 질량중심은 무거운 별에 가까이 있다. 정확히 말하면 가벼운 별과 질량중심 사이의 거리는 무거운 별과 질량중심 사이의 거리의 두 배가 된다. 만약 한 별의 질량이 다른 별보다 세 배 크다면, 그 별과 질량중심 사이 거리는 가벼운 별과 중심 사이 거리의 3분의 1일 것이다. 시소 놀이를 하고 있는 두 아이를 생각해보자. 균형을 맞추기 위해서는 무거운 아이가 중심에 가까이 앉아야 한다.

쌍성계의 두 별의 질량이 같다면 정확히 같은 크기의 궤도를 그리며 공전한다. 바꿔 말하면 다른 질량을 가진 별은 공전궤도의 크기가 다르다는 뜻이다. 일반적으로 큰 별이 더 작은 공전궤도를 가진다. 어쩌면 태양에 가까운 행성일수록 공전에 걸리는 시간이 짧은 우리 태양계와 비슷하다고 느낄지도 모르겠다. 합리적인 생각이긴 하지만 틀렸다.

쌍성계에서 작게 도는 큰 별의 속도는 크게 도는 작은 별보다 느리다. 사실 별의 속도는 상대적인 질량에 따라 달라진다. 한 별의 질량이 다른 별의 3분의 1이라면 속도는 세 배 더 빠르다. 공전 속도를 측정하면 쌍성을 이루는 별들의 상대적인 질량을 알 수 있다.

쌍성계를 이루는 별들의 공전 속도가 질량에 따라 달라진다는 사실이 밝혀지면서 천문학자들은 쌍성계에 대해 강한 흥미를 보였다. 만약 한 별의 질량이 동반자 별의 세 배라면, 공전 속도는 3분의 1이 된다. 이제 천문학자들은 속도를 측정하기 위해서 별들의 상대 질량(한 별이 다른 별에 비해 얼마나 더 많은 질량을 가지는지)만 알아내면 되었다. 하지만 대부분의 쌍성이 멀리 떨어져 있기 때문에 이들이 공전하는 모습은 거의 보이지 않았다. 따라서 별의 움직임을 추적하기란 불가능에 가까웠다. 하지만 두 손을 놓고 포기하는 대신에 천문학자들은 쌍성이 발하는 빛을 연구하고 스펙트럼을 분석함으로써 별의 상대적인 질량을 알아낼 수 있게 되었다. 스펙트럼에는 쌍성을 이루는 별들의 빛이 섞여 있었다.

도플러 효과라는 현상을 이용해 천문학자들은 별의 스펙트럼을 관측함으로써 쌍성들의 질량을 알아낸다. 도플러 효과는 크리스티안 도플러, 19세기 오스트리아 물리학자의 이름을 따서 만들어졌다. 도플러 효과에서 알아야 할 부분을 설명하겠다.

관측자나 파원 둘 중 하나 이상이 움직이고 있을 때 둘 사이의 거리에 따라 소리나 빛의 진동수나 파장이 변하는 현상이다. 소리의 경우 기차 경적을 예로 들 수 있겠고, 빛은 별을 떠올리면 이해가 빠르겠다(높은 진동수를 가진 소리는 보통 더 높은 음을 낸다. 따라서 소프라노는 테너보다 더 높은 진동수를 가진다고 볼 수 있다). 높은 진동수를 가진 빛은 짧은 파장을 가지며 낮은 진동수를 가진 파장은 긴 파장을 가진다. 가시광선의 경우 짧은 파장은 푸른빛을 띠고 긴 파장은 붉은빛을 띤다.

도플러 효과에 따르면,

> » 파원이 당신 쪽으로 가까워진다면 당신이 감지하는 진동수는 올라간다.
>   - 기차 경적 소리가 점점 높은 음으로 들린다.
>   - 별빛이 푸른색으로 보인다.
>
> » 파원이 당신과 멀어진다면 진동수는 내려간다.
>   - 기차 경적 소리가 낮아진다.
>   - 별이 붉은색으로 보인다.

기차 경적은 교사들이 대학생이나 의욕 없는 고등학생들에게 대대로 가르쳤던 도플러 효과의 공식적인 예시다. 하지만 요즘 기차 경적 소리를 들어본 사람이 있을까? 구급차가 사이렌을 울리면서 지나갈 때 같은 효과가 나타난다. 다음에 구급차가 보이면 실제로 멀어지면서 소리가 낮게 들리는지 확인해 보라. 다른 비유를 들면, 모터보트를 타고 질주할 때 느껴지는 파도의 세기가 되겠다. 파도가 오는 방향으로 달리면, 일렁이는 파도 때문에 보트가 위아래로 심하게 흔들린다. 하지만 해변 쪽으로 향한다면, 흔들림은 점차 줄어들고 같은 파도라도 덜 흔들린다. 첫 번째 경우에는 파도가 오는 방향으로 움직였기 때문에 당신이 가만히 있었다고 가정했을 때보다 파도와 더 빨리 마주쳤다. 따라서 움직이지 않았을 때 만나는 파도보다 움직여서 만난 파도의 진동수가 더 컸기 때문에 보트가 많이 흔들린다. 부딪히는 파도의 진동수는 그대로지만, 당신의 이동 방향에 따라 느껴지는 파도의 진동수가 변한다.

별이 근접한 파장만큼의 빛을 방출하지 않으면 스펙트럼에서 암선이 나타난다. 사라진 파장이 나타나는 이유는 별의 대기에 있는 특정 원자들이 빛을 흡수하기 때문이다. 암선에는 패턴이 있는데, 별이 공전궤도에서 멀어졌다가 가까워졌다 하는 움직임에 따라 도플러 효과가 일어나 별의 스펙트럼에서도 변화가 일어났다. 스펙트럼선이 긴 파장 쪽으로 치우치면, **적색 편이**라고 한다. 반대로 짧은 파장 쪽으로 치우치면 **청색 편이**라고 부른다. 적색 편이와 청색 편이를 만드는 다른 원인도 있지만 도플러 효과가 가장 흔히 보인다.

따라서 쌍성의 스펙트럼과 이들의 스펙트럼선이 별의 공전에 따라 적색에서 청색으로, 그리고 다시 적색으로 움직이는 모습을 보며 천문학자들은 쌍성계를 이루는 별들의 속도를 추정할 수 있게 되었고 이에 따라 상대적인 질량도 구할 수 있었다. 또한 스펙트럼선이 적색에서 청색으로, 청색에서 적색으로 움직이는 데 걸리는 시간을 측정함으로써 쌍성의 공전주기 역시 확인할 수 있었다.

예를 들어 만약 한 항성의 공전주기가 60일이라는 사실과 항성의 공전 속도를 안다면, 공전궤도의 둘레를 알 수 있으며, 따라서 공전궤도의 반지름까지 알아낼 수 있다. 결국 뉴욕 시내에서 업스테이트로 쉬지 않고 시속 96킬로미터로 달려서 3시간 만에 도착했다면, 당신이 움직인 거리가 96×3, 288킬로미터라는 말이다.

별이 2개면 쌍성, 셋은 너무 많아 : 다중성

이중성은 지구에서 볼 때 가까이 근접해 있는 2개의 별이다. 어떤 쌍성은 서로의 공통 질량중심을 돌면서 진짜로 묶여 있는 별이지만 어떤 쌍성은 서로 멀리 떨어져 있음에도 지구에서 봤을 때 가까이 붙어 있어서 쌍성처럼 보이는 경우가 있는데 이를 겉보기 쌍성이라고 한다. 두 별 사이에는 아무 상관도 없으며 아마 서로의 존재조차 모를 것이다.

삼중성은 서로 붙어 있는 것처럼 보이는 3개의 별인데 쌍성을 이루는 별들과 마찬가지로 실제로는 멀리 떨어져 있는 경우도 있다. 하지만 쌍성과는 다르게 삼중성은 3개의 별로 이루어지며 서로 간에 발생하는 중력으로 인해 공통질량의 중심을 공전한다.

삼중성은 이중성에서 보이는 결혼의 안정감을 찾아 볼 수가 없다. "셋은 너무 많다"라는 표현은 제삼자가 둘 사이에 끼어들 때 느끼는 불편함을 이른다. 똑같은 일이 삼중성에서도 일어난다. 삼중성은 가까이에서 쌍성을 이루는 두 별과 훨씬 큰 공전궤도를 그리는 하나의 별로 이루어진다. 만약 세 별이 근접해서 공전한다면, 서로의 중력 때문에 최소 하나 이상의 별이 균형을 잃고 떨어져 나가버릴 것이고 다시는 돌아오지 못할지도 모른다. 따라서 삼중성은 사실상 한 별과 다른 한 쌍이 이루는 또 하나의 쌍성이다.

사중성은 종종 2개의 쌍성계로 이루어지는데 가까이 붙은 두 쌍성계가 4개의 별이 가지는 공통의 질량중심 주변을 돈다.

다중성은 2개 이상의 별이 모인 성계를 지칭하는 포괄적인 용어이다. 어떤 면에서 보

【 간단하게 풀어본 항성분광학 】

항성분광학은 별의 스펙트럼선을 분석하는 학문이며 별의 물리적 성질을 조사하는 데 있어 천문학자들에게 가장 중요한 도구이다. 항성분광학으로 다음과 같은 사실을 알 수 있다.

- 별의 시선 속도(지구에 가까워지거나 멀어지는 운동 속도)
- 쌍성계에 있는 별들의 상대적인 질량, 공전주기, 공전궤도의 크기
- 별의 온도, 대기밀도, 표면중력
- 자기장의 넓이와 세기
- 별의 화학적 조성(어떤 원소가 있으며 어떤 상태로 존재하는지)
- 별의 흑점주기

별의 스펙트럼에 있는 암선의 위치, 넓이, 그리고 세기를 측정하면 위의 정보를 알아낼 수 있다. 또한 과학자들은 도플러 효과를 이용해 스펙트럼을 분석하여 별이 움직이는 속도, 공전궤도의 크기, 상대 질량을 알아낸다. 별의 스펙트럼선에 영향을 끼치는 다른 현상으로는 제만 효과와 슈타르크 효과가 있다. 천문학자들은 제이만 효과를 사용해 별 자기장의 세기를 알아내며 슈타르크 효과를 이용해 별의 대기의 밀도와 표면 중력을 알아낸다. 별의 대기에 있는 원자들이 흡수하거나(암선) 통과시켜서(명선) 만들어내는 스펙트럼선은 천문학자들에게 별의 대기에 존재하는 화학 원소가 무엇인지 그리고 온도가 어떤지와 같은 자세한 정보를 알려준다.

또한 스펙트럼선은 별의 원자들의 어떤 상태인지, 다시 말해 이온화 여부를 알려준다. 예를 들어 너무 뜨거워서 철 원자에서 전자가 떨어져 나가는 별을 생각해보자. 하나 이상의 전자를 잃게 되면 철 이온이 되며 잃은 전자의 수에 따라 스펙트럼에서 다른 위치와 특징을 가진 선을 만들어낸다. 망원경으로 기록한 별의 스펙트럼과 실험실이나 컴퓨터로 측정한 화학 원소와 이온의 스펙트럼을 비교하는 식으로 천문학자들은 빠르게 별을 분석할 수 있다.

차가운 성간 가스에서 대부분의 철은 한 원자당 하나의 전자를 잃으며 전자 하나를 잃은 철에서 나오는 스펙트럼을 뿜어낸다. 하지만 별의 아주 뜨거운 부분, 예를 들어 100만 도가 넘는 태양의 코로나 같은 경우에서 어쩌면 철은 10개의 전자를 잃을 수도 있다. 전자는 고도로 이온화한 상태로 스펙트럼선을 만들어낸다. 이 점을 이용해서 별에 아주 뜨거운 지역이 존재한다는 사실을 증명할 수 있다.

태양의 스펙트럼에서 특정 부분은 11년마다 전성기를 맞는 특정 부위와 함께 변화한다(제10장에서 설명했다). 비슷한 변화가 태양과 같은 별의 스펙트럼에서도 일어난다. 따라서 천문학자들은 흑점이 보이지 않을 정도로 멀리 떨어진 별의 흑점주기도 항성분광학을 이용해서 알아낼 수 있다.

면 다중성계와 작은 성단과의 경계가 모호하다. 근본적으로는 같은 의미를 가진다 (제12장에서 성단을 설명하겠다).

변화는 좋은 거야 : 변광성

셰익스피어의 희곡 대사인 "북극성처럼 확고부동하오"를 아는가? 사실 모든 별은 물론이거니와 북극성도 확고부동하지 않다. 가장 유명한 별, 북극성은 변광성이다. 다시 말해 북극성의 밝기가 변한다는 뜻이다. 오랫동안 천문학자들은 북극성의 밝기 변화에 대해 완벽히 알고 있다고 생각했다. 북극성은 조금씩 밝아지다가 희미해지기를 반복하는 것 같았다. 하지만 어느 날 갑자기 북극성의 밝기가 예측되지 않았다. 이는 오랜 세월 동안 뭔가 물리적인 변화가 일어났을지도 모른다는 사실을 의미했고 지금도 천문학자들은 이유를 밝히기 위해 노력하고 있다. 최근에 빌라노바대학교의 천문학자들은 북극성이 고대 그리스 시대부터 대략 1광도(2.5배) 정도 밝아졌다고 밝혔다.

변광성의 기본적으로 두 가지로 나뉜다.

> » **본질적 변광성** : 이 별들은 자체의 물리적인 성질이 변하기 때문에 밝기가 변한다. 크게 세 가지로 나뉜다.
> - 맥동 변광성
> - 섬광성
> - 폭발 변광성
>
> » **외인성 변광성** : 이 별들은 별 외부의 물체가 지구로 향하는 빛을 가려서 마치 밝기가 변하는 것처럼 보인다. 크게 두 가지로 나뉜다.
> - 식쌍성
> - 미세중력렌즈의 영향을 받는 별

변광성의 종류에 대한 설명은 아래에서 볼 수 있다.

끝까지 간다 : 맥동 변광성

맥동 변광성은 문자 그대로 맥동하는 별이다. 커졌다가 작아지며 뜨거워졌다가 차가워지며 밝아졌다가 어두워진다. 심장이 두근거리듯이 하늘에서 고동치며 빛을 발한다.

세페이드형 변광성

과학적 관점으로 봤을 때 가장 의미 있는 맥동 변광성이다. 처음으로 분류된 별이 세페우스 자리 델타이기 때문에 이런 이름이 붙었다.

미국인 천문학자 헨리에타 리비트는 세페이드 변광성이 주기-광도 관계를 가진다는 사실을 알아냈다. 다시 말해 별의 밝기가 변하는 주기(극대기에서 다음 극대기로 넘어가는 데 걸리는 시간)가 길수록, 실제 밝기가 밝다는 뜻이다. 그 뒤 과학자들은 세페우스 변광성의 겉보기 밝기의 변화를 추적했고 밝기의 주기 변화를 통해 절대광도를 추론해 낼 수 있었다.

천문학자들이 왜 여기에 신경을 쓸까? 절대 광도를 알아내면 별이 얼마나 떨어져 있는지 유추할 수 있다. 더 멀리 있는 별이 희미하게 보이지만, 사실 절대 광도는 서로 같다.

별의 밝기는 역제곱 법칙을 따른다. 다시 말해 별이 2배 멀어지면 4배 흐려지고 3배 멀어지면 9배, 10배 멀어지면 100배 희미해진다는 뜻이다.

허블우주망원경이 우주의 나이와 넓이를 계산하는 원리는 허블의 세페이드 변광성 연구에서 나왔다. 이런 세페이드 변광성들은 먼 은하에 존재한다. 이들의 밝기 변화를 추적하고 주기-광도 법칙을 사용함으로써 허블우주망원경의 관측자들은 다른 은하가 얼마나 멀리 있는지 알아냈다.

헨리에타 리비트의 주기-광도 법칙은 허블우주망원경의 핵심이다. 에드윈 허블은 헨리에타의 발견을 이용해 우주가 팽창한다는 사실을 알아냈다(제16장 참조). 헨리에타는 하버드대학교 관측소에서 일했는데 시간당 30센트를 받았다. 이는 같은 일을 하는 남성 동료가 받는 급여의 절반밖에 되지 않았다.

거문고자리 RR형 변광성

거문고자리 RR형 변광성은 세페이드형 변광성과 비슷하지만, 더 작고 희미하다. 이러한 변광성의 일부는 우리 은하의 구상 성단에 위치하며 역시 주기-광도 관계를 따른다.

구상 성단은 오래된 별들이 커다란 구의 모습으로 모여 있는 성단이며 우리 은하가 아직 생성되고 있을 때 탄생했다. 수십만에서 수백만의 별들이 60~100광년 넓이밖에 되지 않는 지역에 뭉쳐져 있다. 거문고자리 RR형 변광성의 밝기 변화를 관측함으로써 천문학자들은 이러한 변광성들의 거리를 추측했으며 구상 성단에 있는 변광성을 이용해 성단과 지구 사이의 거리를 계산해냈다(구상 성단과 다른 성단에 대해서 더 자세히 알고 싶다면 제12장으로 가자).

성단의 거리를 알아내는 게 왜 그렇게 중요할까? 지금부터 답을 알려주겠다. 한 성단 안의 모든 별은 동시에 같은 구름에서 태어났다. 같은 성단 안에 있기 때문에 지구와의 거리는 거의 비슷하다. 따라서 색등급도에 별을 기입할 때, 별 사이의 거리 차이로 인해 일어나는 오류는 없다. 하지만 만약 과학자들이 성단의 거리를 알고 있다면, 기입된 광도를 절대밝기로, 혹은 별이 발산하는 초당 에너지로 환산할 수 있다. 이 수치들은 별과 별이 만들어내는 에너지에 대한 천체물리학적 이론의 비교 대상이 된다. 천문학자들은 늘 바쁘다.

장주기 변광성

천체물리학자들은 세페이드형 변광성과 RR형 거문고자리 변광성에서 긁어모은 정보로 축하 파티를 열었다. 반면에 아마추어 천문학자는 장주기, 미라형 변광성이라고 불리는 별들의 발견에 환호했다. 미라는 고래자리 오미크론의 속명이며 처음으로 알려진 장주기 변광성이다.

미라형 변광성은 세페이드형 변광성과 같은 맥동 변광성이다. 하지만 훨씬 긴 주기를 가지고 있는데 보통 열 달 이상이다. 밝기의 변화 역시 더 크다. 미라의 경우에 극대기에는 맨눈으로 보일 정도로 밝으며 극소기에는 망원경이 없으면 볼 수 없다. 장주기 변광성은 세페이드 변광성에 비해 변화 폭이 크다. 장주기 변광성의 최고 광도는 일정하지 않으며 한 주기가 지나고 나면 크게 달라질 수 있다. 이러한 밝기 변화는 관측하기 쉬우며 기본적인 과학 법칙에 따른다. 당신도 장주기 변광성이나 다른 변광성 연구를 도울 수 있으며 나중에 '별도 보고 과학자도 돕는 법'에서 설명하겠다.

폭발하는 이웃별 : 섬광성

섬광성은 작은 적색왜성으로 아주 강력한 태양 플레어와 비슷한 큰 폭발을 일으킨다. 플레어에서 나오는 빛은 태양이 내뿜는 빛의 아주 작은 부분이기 때문에 전용 색 필터 없이는 볼 수 없다. 오직, 희귀하고 아주 큰 백색광 플레어만 특별한 필터 없이도 관측할 수 있다(그래도 제10장에서 설명했던 태양을 안전하게 관측하는 방법 중 하나를 사용해야 한다). 하지만 섬광성에서 일어나는 폭발은 아주 밝아서 우리 눈에 보이는 별의 밝기가 크게 변한다. 당신이 망원경으로 보고 있다면 갑자기 확 밝게 빛날지도 모른다. 모든 적색왜성이 섬광성은 아니지만 태양에서 가장 가까운 적색왜성인 프록시마 켄타우리는 섬광성이다.

신성 : 폭발하는 별

신성과 초신성의 폭발은 아주 거대하며 섬광성과 감히 비교할 수 없다. 훨씬 강렬하며 더 강한 영향력을 가진다.

신성

신성 폭발은 이번 장의 앞부분에서 설명했던 1a형 초신성처럼 쌍성계에 있는 백색왜성의 물질 축적 과정에서 일어난다. 하지만 1a형 초신성에서는 백색왜성이 폭발해버리지만, 신성에서는 백색왜성이 파괴되지 않는다. 별 전체가 폭발한 게 아니라 표면의 수소가 폭발한 것이기 때문에 백색왜성은 다시 동반성의 가스를 빨아들여 안정화한다. 백색왜성의 강한 중력이 표면층을 강하게 누르면서 열을 가하는 데 오랜 시간이 지나면 다시 같은 폭발이 일어난다.

어디까지나 이론에 불과하다. 어떤 과학자들도 **고전신성**이 두 번 폭발하는 모습을 볼 만큼 오래 살지 못했다. 하지만 고전신성처럼 강하게 폭발하지는 않지만 자주 발생하는 비슷한 쌍성계가 있다. 아마추어 천문학자들은 항상 이들을 주시하고 있다가 새로운 폭발이 일어나면 전문가들에게 알린다. 이런 천체를 다양한 이름으로 부르는데 대표적으로 왜신성과 AM 허큘리스계가 있다. 고전신성, 왜신성, 그리고 이와 비슷한 물체들을 통틀어 격변 변광성이라고 한다.

맨눈으로 볼 수 있을 만큼 밝은 신성 폭발은 대략 10년에 한 번 일어난다. 1963년에 나는 헤르쿨레스자리에 있는 신성을 박사논문 주제로 썼다. 마침 그때 터지지 않았더라면 아마 10년은 기다려야 했을 것이다. 최근에 전갈자리, 돌고래자리, 센타우루스 자리, 궁수자리의 밝은 신성은 각각 2007, 2013, 2013, 2015년에 목격되었다.

적색신성

최근에 천문학자들은 새로운 종류의 항성 폭발을 몇 가지 발견했는데 이를 적색신성으로 분류한다. 관측 결과 적색신성은 앞에서 언급한 신성이나 다른 격변 변광성보다 밝지만, 뒤에서 설명할 초신성보다는 어둡다. 적색신성은 다른 폭발과는 과정이 다르다. 전문가들은 적색신성은 쌍성계를 이루는 두 주계열성이 서로를 향해 소용돌이치면서 가까워지다가 부딪혀 일어나는 폭발에서 발생한다고 추정하고 있다. 그리고 이름에서 추측할 수 있듯이, 붉게 보인다.

어쩌면 당신도 맨눈으로 적색신성을 볼 수 있을지도 모른다. 쌍성 KIC 9832227의 연구팀은 이 별들이 2022년에 적색신성이 될 것이라고 예측했다. 백조자리의 북십자성에 있는데, 폭발하면 망원경 없이도 관측할 수 있을 만큼 밝다고 생각한다(별자리의 정의는 제1장 참조). 북십자성을 찾고 싶거나, 괜찮은 천도가 필요하다면 www.constellation-guide.com/northern-cross/로 들어가 보자. 예측이 들어맞는다면, 2022년에 전후로 해서 북십자성 부근에서 붉은 별이 나타날 것이다. 하지만 만약 예측이 빗나간다면, 천문학자들의 얼굴이 대신 붉어질지도 모른다.

초신성

초신성은 초신성 잔해라고 불리는 성운을 빠른 속도로 벗어 던진다(그림 11-5). 생성된 성운은 별을 구성했던 물질들로 이루어져 있다. 물론 중심물질은 남아서 중성자별이나, 블랙홀이 된다(이번 장의 앞에 있는 '헤어져야 할 시간'을 보라). 성운이 우주로 팽창함에 따라 마치 커다란 눈덩이가 눈밭에 구르듯이 성간 가스를 모은다. 수천 년이 지나면, 초신성 잔해에서 초신성의 잔해는 거의 사라지고 주워 담은 가스로만 이루어져 있다.

초신성은 믿을 수 없을 정도로 밝으며 다소 희귀하다. 천문학자들은 우리 은하와 비슷한 다른 은하에서는 초신성이 대략 25~100년에 한 번 발생한다고 생각한다. 하지만 우리는 망원경이 발명되기 전에 관측한 1604년의 케플러 초신성 이후 한 번도 보지 못했다. 어쩌면 다른 초신성 폭발이 있었으나 은하의 먼지구름 때문에 우리 눈에 보이지 않았을지도 모른다. 천문학자들은 남반구의 커다란 별인 용골자리 에타가 곧 초신성 폭발을 일으킬 것으로 보인다고 하지만, 사실 대략 100만 년 안에 언젠가 폭발한다는 뜻이다. 맨눈으로 관측할 수 있었을 정도로 밝은 초신성은 단 한 번, 1604년에 있었다. 초신성 1987A인데 우리의 이웃 은하인 대마젤란 은하(LMC)에 있다. 이 초신성은 미대륙에서 보기에는 너무 남쪽에 있었지만 나는 이런 희귀한 천체 현상을 도저히 놓칠 수 없다는 생각으로 칠레로 날아갔다. 칠레의 천문학자들의 열렬한 환호를 받았던 기억이 난다.

극초신성

극초신성은 일반 초신성보다 눈에 띄게 밝으며 이따금 감마선 폭발이 일어나는 것으로 보인다. 폭발이 일어나면 마치 등대에서 나오는 빛처럼 높은 에너지를 가진 복사선을 강하게 쏘아댄다. 나사는 2004년 11월에 감마선을 더 정확하게 관측하기 위

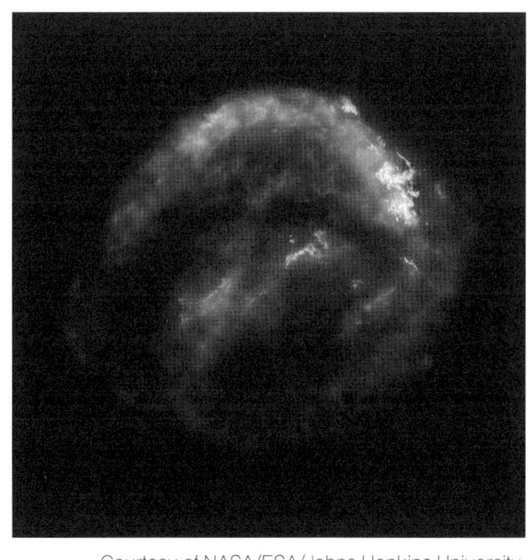

그림 11-5
14광년 넓이의 케플러 초신성 잔해

Courtesy of NASA/ESA/Johns Hopkins University

해 스위프트 위성을 발사했다. 스위프트는 감마선 폭발을 발견하면 신속하게 지상에 있는 관측소로 위치를 알려주는 역할을 한다. 극초신성은 다른 초신성보다 진귀한 현상이며 아직까지 우리 은하에서 발견된 적은 없다.

스위프트 위성에 대한 정보와 업적이 궁금하다면 나사의 스위프트 관련 웹사이트 swift.gsfc.nasa.gov/로 들어가도 좋고 스위프트 에듀케이션 앤드 퍼블릭 아웃리치 홈페이지 swift.sonoma.edu로 가도 된다. 아이폰이나 아이패드가 있다면 무료 앱 스위프트 익스플로어를 설치해보자. 제법 쓸 만하다.

별의 숨바꼭질 : 식쌍성

식쌍성은 절대 밝기가 변하지 않지만, 지구에서 볼 때는 변광성처럼 보이는 쌍성계를 지칭한다(물론 둘 중 하나가 우연히 맥동 변광성이나, 섬광성 따위의 본질적 변광성일 수도 있다). 식쌍성계의 궤도면, 다시 말해 두 별이 공전하는 궤도를 포함하는 면은 우리의 시선 방향에 있다. 따라서 공전할 때마다 지구의 시야에서는 한 별이 다른 별에 가려지며 식이 일어나는 동안 밝기가 어두워진다(물론 공전주기의 절반이 지나면 역의 상황이 일어난다. 다른 별을 가렸던 별이 가려지기 시작한다).

만약 쌍성계의 두 별이 4일에 한 번 공전한다고 하면, 지구에서 관측했을 때 매 4일마다 더 질량이 큰 별 A가 다른 별 B 앞을 지나갈 것이다. A는 B의 앞을 지나감에 따라 B가 지구로 보내는 빛의 일부나 전체를 막아선다(A의 크기에 따라 달라진다. 질량이 더 작더라도 동반성보다 큰 경우가 있다). 따라서 두 별의 밝기를 합친 값, 다시 말해 쌍성계의 밝기는 어두워진다. 천문학자들은 이를 식변광이라고 한다. 식변광이 일어나고 이틀이 지나면 *B*가 *A* 앞을 지나가면서 또 다른 식이 시작된다.

앞 절의 '쌍성과 도플러 효과'에서 어떻게 천문학자들이 쌍성의 공전 속도를 이용해 쌍성의 상대 질량을 알아내는지 설명했다. 그런데 이 속도를 이용해서 별의 지름도 알아낼 수 있다. 과학자들은 스펙트럼과 도플러 효과를 이용해 별들의 공전 속도를 알아냈으며, 식쌍성에서 일어나는 일식의 지속 시간을 측정했다. *B*의 식은 *A*의 진행 방향 쪽 부분이 *B* 앞을 가리면서 시작한다. 끝나는 순간은 *A*의 마지막 부분이 *B*의 앞을 지날 때다. 그렇다면 공전 속도가 빨라질수록 식의 지속 기간이 짧아진다는 사실을 이용해 과학자들은 *A*의 크기를 알아낼 수 있다.

이러한 방법에서 더 자세하게 들어가면 복잡해지는데, 그래도 이 별들을 쫓는 원리를 쉽게 이해할 수 있을 것이다.

가장 유명한 식쌍성은 페르세우스자리 베타로 '알골' 또는 '악마성'이라고도 부른다. 알골은 북반구의 가을 하늘에 뜨는 밝은 별이다. 북반구에 살기만 한다면, 알골의 식은 어렵지 않게 볼 수 있다. 망원경이나 심지어 쌍안경 없이도 관측할 수 있다. 2일 21시간 주기로, 알골은 1광도(2.5배)보다 약간 더 어두워지며 2시간 동안 지속된다. 하지만 식을 관찰하려면 일어나는 시간을 정확히 알아야 한다. 기약도 없이 3일 내내 같은 곳을 바라보는 건 그다지 유쾌한 일이 아니니다. 「스카이 앤드 텔레스코프」에서 관련 자료를 찾아보자. 보통 'Minima of Algo(알골의 극소기)'이라는 제목의 문단을 찾을 수 있을 텐데 다가오는 한 달에서 두 달 동안 식이 발생하는 날짜와 시간이 나와 있다(만약 날짜가 나와 있지 않다면, 하늘에서 보이는 알골이 태양에 너무 가깝게 있어서 그 달에는 관측이 힘들다는 뜻이다). 식이 일어나는 시간은 세계시(UT) 기준이다. 제5장에서 설명한 방식으로 표준시나 서머타임제 시간으로 쉽게 바꿀 수 있다.

극소기는 외인성이든 본질적이든 변광성이 주기 안에서 가장 낮은 밝기에 도달했을 때를 이른다. 극대기는 반대로 가장 밝게 빛나는 때를 말한다.

별빛을 독차지하다 : 미세중력렌즈 현상

가끔 지구에서 볼 때 먼 우주에 있는 별이 다른 별 앞을 지나갈 때가 있다. 두 별은 아무 연관성이 없으며 서로 수천 광년 떨어져 있다. 하지만 지구에서 더 가까운 별의 중력이 뒤에 있는 별에서 나오는 빛의 경로를 왜곡하여 더 멀리 있는 별이 며칠, 혹은 몇 주간 더 밝게 보이게 만든다. 이 현상은 아인슈타인의 일반상대성 이론에서 이미 예측되었으며 천문학자들도 정기적으로 관측할 수 있다. 은하 같은 거대한 물체의 중력이 빛을 굴절시키는 현상을 중력렌즈 현상이라고 한다. 천체의 중력이 약해서 빛을 조금만 굴절시킬 때는 미세중력렌즈 현상이라고 부른다.

어쩌면 서로 아무 관계없는 멀리 떨어진 두 별이 지구에서 봤을 때 우연히 완벽한 일직선으로 위치하는 게 가능은 한 것인지 의아할 수도 있겠다. 맞다! 아주 훌륭한 생각이다. 규칙적으로 이런 현상을 관측하기 위해서 천문학자들은 전자 카메라가 달린 망원경을 사용하는데 한 번에 10만~100만 개의 별을 녹화할 수 있다. 이렇게 많은 별을 관측하다 보면 가까이 있는 별이 멀리 있는 별을 가리는 현상을 빈번하게 볼 수 있다. 물론 천문학자들도 어떤 별에서 중력렌즈 현상이 나타나는지 미리 알 수는 없다.

이 방법은 전자 카메라의 시야를 아주 많은 수의 별이 있는 곳에 맞추는 게 핵심이다. 대마젤란 은하나 우리 은하의 위성 은하(제12장을 보라) 그리고 어마어마한 별이 모여 있는 우리 은하의 팽대부 같은 장소가 적합하다.

우리의 이웃 별

맨눈으로 보는 알파 센타우리는 그저 하나의 밝은 별이다. 하지만 망원경으로 보면 두 별이 가까이 붙어 있는 모습을 볼 수 있다. 이들은 쌍성계를 이룬다. 그런데 세 번째 별도 있다. 프록시마 센타우리까지 세 별이 모여 삼중성을 이룬다. 망원경으로는 세 별을 동시에 볼 수 없는데 프록시마 센타우리가 두 밝은 별을 중심으로 아주 큰 공전궤도를 그리고 있기 때문이다. 지구에서 봤을 때 두 별에서 약 2도, 다시 말해 보름달의 겉보기 지름보다 네 배 이상 떨어져 있다(프록시마가 맨눈으로 보이지 않는다는 사실을 기억하라. 앞의 '주계열성: 기나긴 성인기를 즐기다'에서 설명했으며 제14장에서 프록시마의 행성과 성간 임무를 다루겠다).

삼중성계를 정확하게 알기 위해서, 다음 내용을 짚고 넘어가자.

- **알파 센타우리**(리길 센타우루스) : 남반구의 별자리 센타우루스의 밝은 G형 별이다(그림 11-6 참조). 주계열성으로 태양과 비슷한 색이지만 조금 더 밝다.
- **알파 센타우리 B** : 알파 센타우리의 오렌지색 동반성이다. 알파 센타우리보다 약간 더 작으며 온도가 낮다.
- **알파 센타우리 C** : 태양을 제외하고 지구에서 가장 가까운 별이며 작은 적색 왜성이자 섬광성이다. 프록시마 센타우리로도 불린다.

알파 센타우리는 지구에서 4.4광년 거리에 있으며 이웃인 프록시마는 4.2광년 거리에 있다.

그림 11-6
알파 센타우리는 먼 남쪽 하늘의 삼중성이다.

먼 남쪽 하늘에 있어서 대부분의 북반구에서는 볼 수 없고 관측하기 위해서는 적도 근처의 북반구나 남반구로 가야 한다.

시리우스는 지구로부터 8.6광년 거리에 있으며 밤하늘에서 가장 밝은 별이다. 큰개자리 알파성으로 알려진 이 별은(그림 11-7) 천구의 적도에서 약간 아래쪽에 있다. 시리우스는 거의 모든 지역에서 볼 수 있다. 흰색으로 보이는 A형 주계열성으로 무척 밝게 빛나서 사람들이 "저 큰 별은 뭐야?"라고 묻게 만드는 주범이다.

태양을 제외하고 거의 모든 별처럼 시리우스는 동반성이 있다. 동반성 시리우스 B는 백색왜성이다. 시리우스는 영어로 'Dog Star', 즉 개의 별이라고 부르기도 한다. 1862년 미국인 망원경 제작자 앨번 클라크가 처음으로 시리우스의 작은 동반자성, 시리우스 B를 발견하여 발표했는데 자연스럽게 사람들은 'the Pup' 강아지라고 불렀다. 시리우스와 시리우스 B는 공통의 질량중심을 50년 주기로 공전한다(앞서 '쌍성과 도플러 효과'에서 질량중심을 정의했다).

베가는 거문고자리 알파성의 이름이며 거문고자리에서 가장 밝다. 거문고자리는 북위도 지방(미국 본토 같은)의 여름 밤하늘에 높게 떠 있으며 아마추어 천문학자들에게

그림 11-7
시리우스는 큰개자리에서 가장 밝다

아주 친숙한 별이기도 하다. 지구에서 25광년 떨어진 곳에 있는 베가는 시리우스와 같은 A형 변광성이며 밝은 흰색 빛을 내는데 눈에 제법 잘 보이는 별에 속한다.

베텔기우스는 사실 이웃이라고 보기는 어렵다. M형 적색 초거성으로 지구에서 640광년 떨어져 있다. 하지만 우스꽝스럽게 발음되는 이름과('비를 주어스'처럼 들린다) 짙은 붉은빛 덕분에 인기가 있다. 또한 붉은 초거성으로 태양보다 2만 배 이상 밝다. 베텔기우스의 다른 이름이 오리온자리 알파이긴 하지만 오리온자리에서 실질적으로 제일 밝은 별은 리겔(오리온자리 베타)이라고 불리는 청백색을 띤 초거성으로 우리에게서 860광년 떨어진 별이다.

별도 보고 과학자도 돕는 방법

전문가들은 밝기가 달라지거나 뭔가 특징이 있는 별 수천 개를 감시하고 있다 전문 천문학자들에게만 맡기기에는 별이 너무 많다. 바로 당신이 나설 차례다. 당신이 할 일은 눈이나 쌍안경 아니면 망원경으로 몇몇 별을 지켜보면 된다.

당신은 원하는 별을 찾아내거나 밝기를 분간할 수 있어야 한다. 많은 별의 밝기는 가지각색의 이유로 변하지만 보통 밝기 변화가 심한 편이라 쌍안경이나 망원경만 있으면 변화를 충분히 알아채고도 남는다. 팁을 하나 주자면 비교표를 사용하는 건데 지구에서 보이는 변광성의 위치 그리고 비교별의 밝기와 위치가 나와 있는 지도다. 비교별은 밝기가 거의 변하지 않는 별을 칭한다.

미국 변광성 관측 협회는 변광성을 관측하는 데 도움이 되는 풍부한 자료를 제공한다. www.aavso.org에서 확인해 보자. 변광성 관측을 시작하는 사람들에게 꼭 필요한 자료도 있다. 밝은 변광성은 맨눈으로도 관측할 수 있으며 쌍안경이 있다면 더 많이 볼 수 있다. 괜찮은 소형 망원경이 있다면, 관측에 한계는 없다!

미국 변광성 관측 협회는 초보 관측자나 숙련된 관측자 모두에게 도움이 된다. 'Manual for Visual Observing of Variable Stars'를 영어나 유럽, 아시아, 중동에서 쓰는 언어로 설치할 수 있다(전 세계의 아마추어 천문학자들이 관측한 변광성의 자료가 미국 변광성 관측 협회의 연구에 큰 도움을 준다).

미국 변광성 관측 협회의 변광성 플로터(VSP)를 홈페이지에서 실행해보자. 변광성의 이름이나, 번호를 입력하면 플로터가 망원경으로 찾을 수 있게 천도에 위치를 표시해줄 것이다. 설치해서 망원경 관측에 사용하면 된다. 설명서를 잘 읽고 별의 광도를 판단하는 연습을 충분히 했다면, 변광성을 관측하고 미국 변광성 관측 협회에 관측 결과를 보내줄 준비가 되었다.

'장주기 변광성'에서 말했던 미라형 변광성은 많은 아마추어들이 즐겨 관측한다. 미라나 다른 비슷한 별들은 밝기 변화가 상대적으로 크기 때문이다. 이 별들은 극대기에서 밝게 빛나는 모습을 잘 보다가도 극소기가 오면 망원경으로도 찾을 수 없다. 다행히도 BAA(British Astronomical Society)의 홈페이지에서 이 별들의 극대기가 정리되어 있는 표가 매년 공개된다. www.britastro.org/vss/mira_predictions.htm을 확인하라.

머리와 컴퓨터만 가지고 참여하는 연구 프로젝트

날씨나 근처의 조명이 천문 관측에 적합하지 않더라도 천문학자들을 도울 방법이 있다. 시민과학 프로젝트에 참여하면 되는데 집에 있는 컴퓨터를 사용해서 우주선이나 전문 관측소에서 주는 관측 자료를 지시사항에 맞춰 검토하면 된다. 프로젝트 웹사이트에서 등록하고, 지침서를 숙지하고, 일을 시작하면 된다.

수천 명의 사람들이 이 프로젝트에 등록했으며 개개인이 최고의 과학적 지식을 가지지는 못하겠지만 많은 사람이 참여한다면 경우가 다르다. 시민 과학자들은 전문 천문학자라도 혼자서는 찾아내기 힘든 흥미롭고 과학적으로 의미 있는 물체나 현상을 수없이 많이 찾아낸다.

괜찮은 시민과학 프로젝트 두 가지를 소개한다.

» **더 밀키 웨이 프로젝트**(The Milky Way Project, www.zooniverse.org/projects/povich/milky-way-project) : 퍼모나의 캘리포니아폴리테크닉대학교에서 주관하며

별의 탄생에 관한 새로운 정보를 찾고 있다.

프로젝트에 참여하면 2개의 나사 우주선, 스피처 우주 망원경과 WISE로 촬영한 이미지를 검토하는 일을 맡는다. 홈페이지에 있는 프로그램을 이용해 은하의 사진에서 특징을 찾아 표시하면 된다(예시를 보여준다. 아마 어떻게 해야 하는지 알 것이다). 전문 천문학자들은 당신이 제출한 정보를 우리 은하의 별 위치 관측 연구에 사용한다(우리 은하는 제12장에서 설명하겠다).

» **디스크 디텍티브**(Disk Detective, www.diskdetective.org) : 이 프로젝트 역시 WISE가 촬영한 사진을 사용한다. 젊은 항생체와 관련된 별주위원반을 찾는 데 도움을 줄 수 있다. 젊은 항성체는 '젊은 항성체 : 걸음마 단계'에서 설명했다. 개인적으로 당신도 임무에 참여하기를 바란다.

chapter

12

은하 : 우리 은하와 그 너머

제12장 미리보기

- 은하의 표본을 조사한다.
- 성단과 성운을 살펴본다.
- 모양과 크기로 은하를 분류한다.
- 여기저기에 있는 은하를 관측한다.
- 갤럭시 주에 참여한다.

태양계는 우리 은하의 아주 작은 부분이다. 우리 은하는 수천 억 개의 별과 수천 개의 성운과 수백 개의 성단으로 이루어져 있다. 우리 은하는 국부 은하군을 이루는 가장 큰 은하이기도 하다. 국부 은하군 옆에는 처녀자리 은하단이 있는데 지구에서 가장 가까운 은하단이며 5,400만 광년 떨어져 있다. 과학자들이 아주 먼 우주를 관측한 결과 초은하단이라고 부르는 대규모의 은하 집단을 발견했다. 수많은 은하단이 모여서 초은하단을 이룬다. 지금까지, 초은하단의 초은하단은 찾아내지 못했지만, 거대한 벽이라고 불리는 아주 기다란 초은하단은 실존한다. 그리고 우주의 상당 부분은 은하가 거의 없는 것으로 보이는데 이곳을 '보이드'라고 부른다.

이번 장에서 우리 은하의 가장 중요한 부분을 소개하며 다른 여러 가지 종류의 은하가 있는 우주 깊은 곳으로 안내한다.

우리 은하를 파헤치다

우리 은하는 '은하수'라고도 하며 초코바보다 훨씬 크지만 단맛은 없다. 하지만 은하 가운데에 커피 크림처럼 생긴 부분이 있다. 지구에서 본 은하는 마치 반짝이는 강이 밤하늘에 흐르는 것처럼 보인다. 여름이나 겨울밤에 어두운 곳에서 보면 좀 더 희미한 별들까지 볼 수 있다.

1610년에 갈릴레오가 처음으로 망원경을 사용해 관측하기 전까지 사람들이 은하수에 대해 아는 것이라고는 그저 밤하늘에 흐르는 강처럼 보인다는 것밖에 없었다. 갈릴레오는 은하수에 물이라고는 전혀 없다는 사실을 발견했다. 은하수는 많은 별로 이루어져 있으며 그중 대부분은 아주 희미하거나 멀리 떨어져 있는데 이들이 뭉쳐서 은하수에서 흐릿한 부분을 만든다. 은하수 대부분의 별은 눈에 보이지 않지만, 한데 모이면 빛을 낸다. 망원경의 발명이 은하의 연구에 큰 도움을 줬다는 사실은 누구도 부정할 수 없다(천문학의 거의 모든 부분도 마찬가지다)!

은하가 우주를 구성하는 벽돌이라면 우리 은하는 아주 큰 벽돌이다. 우리 은하에는

【 흐릿한 은하수의 베일을 벗기다 】

옛날에 살던 사람들은 은하수를 쉽게 볼 수 있었지만, 요즘은 다르다. 많은 사람이 은하수를 직접 본 적이 없으며 도시 근처에 사는 어떤 사람들은 심지어 존재하는지도 모른다. 도시 근방의 하늘은 불빛 때문에 자연 그대로의 어두움이 없다.

그래서 해결책이 뭐냐고? 가끔이라도 빛을 피해 도망가라. 휴가나 주말에 산이나 바다로 가서 집에서 보이는 모습보다 더 밝은 하늘을 바라보자. 보름달의 환한 빛 역시 은하수를 보는 데 방해가 된다. 따라서 달이 거의 없거나 달빛이 어두울 때를 골라서 여행을 떠나도록 하자. 은하수는 사계절 내내 보이기는 하지만 여름과 겨울에 절정을 이룬다(어두운 곳에서 하늘을 관측하는 방법은 제2장에서 설명했으며 더 자세한 내용과 빛 공해의 해로운 영향을 알고 싶다면 국제 밤하늘 협회의 홈페이지 www.darksky.org를 참조하라).

맨눈으로 하늘에서 볼 수 있는 거의 모든 물체가 포함되어 있다. 지구와 태양계부터 다른 항성들, 별자리를 이루는 별, 밤하늘의 강줄기를 만드는 모든 별, 보이지 않는 수많은 물체와 물질까지 모두 포함한다. 망원경 없이도 볼 수 있는 거의 모든 성운과 그 외 많은 것들까지 전부 우리 은하 속에 있다.

이 모두가 우리 은하다! 듬성듬성 있는 별 말고도 우리 은하에는 수백 개의 성단이 있다. 대표적인 성단으로는 황소자리의 플레이아데스 성단과 히아데스 성단, 그리고 오스트레일리아, 남미 그리고 먼 남쪽 지역에서 보이는 남십자성의 보석상자 성단과 아주 거대한 성단인 오메가 센타우리가 있다.

우리 은하는 언제, 어떻게 만들어졌을까?

우리 은하의 나이는 138억 년 정도로 추정되며 가장 오래된 별은 130억 년이 넘었다. 그러니 우리 은하는 대략 우주와 나이가 비슷하다고 봐도 무방하다(우주의 기원을 설명하는 오늘날의 이론은 제16장에서 설명했다).

우리 은하에 대해 짧은 이야기를 하나 하자면, 오래전에, 태고의 가스로 이루어진 거대한 구름이 중력의 영향으로 압축되었다. 구름의 부피가 작아짐에 따라 내부의 물질들이 서로 충돌하는 속도가 빨라졌으며 그로 인해 별이 생겨났다. 커다란 구름은 초기에는 아주 천천히 돌았지만, 시간이 지남에 따라 빨리 돌기 시작했는데 이로 인해 작아지고 납작해졌으며 지금의 모습인 나선 모양이 되었다. 그리고 당신도 모르는 사이에, voilà, la voie lactee(프랑스어로 "그곳에 은하수가 있었다"). 사실 우리 은하가 만들어진 과정을 설명하는 일은 쉽지 않은데 우리 은하의 식성이 엄청나기 때문이다. 억겁의 시간 동안 근처의 작은 은하들을 먹어 치웠으며 지금도 끝나지 않는 잔치를 벌이고 있다. 먹히지 않도록 조심하자!

당신은 방금 내가 보기에 가장 가능성 있는 우리 은하의 기원에 관한 이론을 빠짐없이 읽었다. 만약 더 그럴듯한 이론이 있다면 천문학자가 되어서 언젠가 본인의 책을 쓰기 바란다. 과학에서 이론은 평평하던 세계를 둥글게 만들었으며 어쩌면 우리가 아는 우주의 모습도 바뀔지 모른다.

우리 은하는 어떻게 생겼을까?

우주에는 중력이 작용하기 때문에 우리 은하의 모습과 크기는 변하지 않는다. 우리 은하는 수십억 개의 별이 피자 모양(은하 원반, 약 10만 광년 지름)으로 흩어져 있는 나선 은하로 나선 팔이 있다(그림 12-1). 나선 팔은 빙빙 돌아가는 스프링클러에서 뿜어져 나오는 물줄기같이 생겼는데 밝고 어린 청색, 백색 항성과 가스 구름이 풍부하다. 어리고 뜨거운 별들의 집합(성협)이 은하 원반의 나선 팔을 덮고 있는데 꼭 피자 위에 있는 페페로니 같다. 성운들은 외뿔소자리 R2(그림 12-1에서 위치 확인)처럼 대부분이 차갑고 어두운 가스로 이루어진 분자운과 함께 나선 팔 주변에 있으며 마치 버섯 토핑처럼 보인다. 나선팔 사이의 지대는 그냥 **나선팔 사이**라고 부른다(모든 천문학 용어들이 기억하기 쉬운 것은 아니다. 화성의 바위 이름인 '바나클 빌', 그리고 모래시계처럼 생긴 성운의 이름인 '붉은 직사각형'처럼 말이다. 이상하기도 하지!).

은하의 중심지역(당신 생각이 맞다!)을 **은하중심**이라고 부른다. 중심을 둘러싼 지역을 은하 팽대부라고 하는데 마치 스모 선수처럼 뚱뚱하다. 주로 오렌지와 붉은빛을 띤 수백만의 별이 모여 구형에 가까운 모양을 이루고 있다. 마치 은하 원반 가운데에 앉아 있는 거대한 미트볼처럼 보인다. 하지만 일부 팽대부의 별들은 가늘고 긴 모양으로 모여 있어서 미트볼보다는 소시지처럼 생겼다. 천문학자들은 이 소시지를 '막대'라

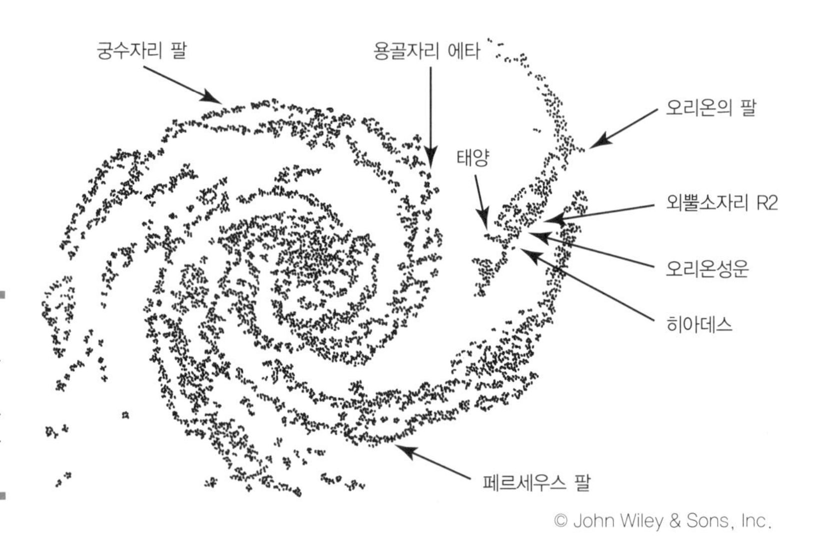

그림 12-1
우리 은하는 중심을 나선팔이 둘러싸고 있는 모습의 나선 은하이다.

고 부른다. 눈에 띄는 막대를 가진 나선 은하를 막대나선 은하(이번 장의 뒤에서 따로 다루겠다)라고 하는데 우리 은하의 막대는 크게 두드러지는 편은 아니다.

은하 팽대부의 중심에는 궁수자리 A*, 초대질량 블랙홀이 존재한다. 그림 12-1은 우리 은하의 모습과 위에 뿌려진 토핑과 재료를 나타냈다(은하 원반을 가까이서 본 모습이며, 팽대부는 생략했다).

은하 원반의 납작한 가상의 표면 또는 중심부를 은하면이라고 부르며 지구에서 보이는 천구와의 교차점을 은하 적도면이라고 부른다.

이따금 천문학자들은 천체의 위치를 적경이나 적위(제1장에서 정의했다)로 표현하지 않고 은하좌표로 나타낼 때도 있다. 은하좌표는 은위와 은경으로 나타내며 은위는 은하 적도에서 남, 북 방향을, 은경은 은하의 적도면의 각도를 나타낸다.

은경은 은하중심을 기준, 0도로 잡고 측정한다(사실 은경이 0인 부분은 은하중심에서 약간 벗어나 있다. 은경의 기준은 1959년의 천문학자들이 은하중심이라고 생각했던 곳이다). 은경은 은하의 적도를 따라 궁수자리부터 독수리자리, 백조자리, 카시오페이아자리까지 나아간다. 마차부자리, 큰개자리, 용골자리, 센타우루스자리를 지나 360도를 돌아 다시 은하의 중심으로 돌아온다. 방금 언급한 별자리들을 쌍안경으로 들여다보면 어떤 곳보다 더 많은 별, 성단, 그리고 성운을 볼 수 있다. 명백한 사실은 은하면이 교차하는 지점에 있는 곳에 있는 별자리가 가장 아름답다는 사실이다.

가이아 위성으로 최소 10억 개 이상의 별을 관측하여 만든 우리 은하의 지도를 확인해보자. 2016년에 유럽우주국이 대중에게 공개했다. www.esa.int/our_activities/space_science/gaia/gaia_s_billion-star_map_hints_at_treasures_to_come에서 확인할 수 있다. 주소가 아주 길긴 한데, 훨씬 기다란 별 목록을 뒤지는 것보다는 접속해서 지도를 보는 게 훨씬 나을 것이다.

전파망원경이나, 엑스선, 감마선 관측 위성 또는 지상의 가시광선 망원경을 사용해서 만든 우리 은하면의 파노라마 지도를 감상할 수 있다. 나사의 'MultiWavelength Milky Way' 홈페이지 mwmw.gsfc.nasa.gov로 가보자.

은하수를 어디서 찾을 수 있을까?

우리 은하는 사실 지구에서 얼마만큼 떨어져 있다고 말할 수 없다. 지구 역시 우리 은하에 포함되기 때문이다. 은하의 중심은 지구에서 대략 2만 7,000광년만큼 떨어져 있다. 우리 태양계가 은하중심을 공전하는 데 2억 2,600년이 걸린다. 이 주기를 은하년이라고 한다. 생일을 태양의 공전을 기준으로 계산한다는 사실에 감사하자.

태양보다 은하의 중심에 가까이 있는 별들은 은하중심을 도는 데 더 짧은 시간이 걸리며 더 멀리 있는 별들은 우리의 공전 주기보다 더 오래 걸린다.

SF 만화 팬들이라면 잘 알고 있을 은하 원반의 가장자리는 은하에서 지구와 가장 가까운 부분이며 은하의 중심에서의 거리는 어디를 가나 같다. 은하면의 모습은 하늘에서 은하수의 모습으로 잘 나타난다.

우리 은하는 대마젤란 은하와는 16만 3,000광년, 안드로메다 은하와는 250만 광년, 가장 가까운 은하단인 처녀자리 은하단과는 5,400만 광년 떨어져 있다. 그리고 비교적 작은 은하단인 국부 은하군의 정중앙에 있다.

【 은하수 너머를 보다 】

우리 은하 너머에 있지만, 맨눈으로도 보이는 천체는 대마젤란 은하, 소마젤란 은하(남반구에서 보이는 가까운 은하), 안드로메다 은하가 있다. 축복받은 시력을 가진 사람들(그리고 다른 사람들에게 강한 인상을 주고 싶은 많은 사람들)은 삼각형자리 은하도 볼 수 있다고 말한다. 안드로메다 은하나 삼각형자리 은하 모두 지구에서 대략 2~300만 광년에 있지만 안드로메다 은하가 더 크고 밝다.

방금 대마젤란 은하를 하나의 천체로 셌지만, 사실 거대하고 밝은 타란툴라 성운을 포함하고 있으며 이 역시 맨눈으로도 볼 수 있다(걱정하지 말라. 물지 않는다). 1987년의 몇 달 동안 대마젤란 은하의 타란툴라 성운 근처에서 밝은 초신성 1987A의 모습을 볼 수 있었는데 이는 1604년 케플러 별 이후 처음으로 맨눈으로 볼 수 있을 만큼 밝은 초신성이었다. 하지만 케플러 별과는 달리 다른 은하의 별이었다. 초신성 1987A는 유럽이나 미대륙에서 볼 수 없었지만, 호주나 칠레, 남아프리카 같은 지역에서는 잘 보였다.

성단 : 우주 단위의 성협 만나기

성단은 별들의 집합을 말하며 은하 여기저기에 흩어져 있다. 별들은 우연히 뭉쳐 있는 게 아니라(성단의 종류 중 하나의 이름이 성협이기는 하지만) 대부분의 경우 같은 구름에서 태어난 별들이며 서로를 중력으로 붙잡고 있다. 성단은 크게 세 가지로 분류하는데 산개 성단, 구상 성단, OB 성협이다.

멋진 성단 사진을 찾고 있다면 유럽남방천문대 홈페이지(www.eso.org)로 가보자. 'Image', 'Categories', 'Star Cluster'를 순서대로 클릭하면 아름다운 사진이 나오며 커서를 이미지 위로 올리면 설명을 볼 수 있다. 사진을 클릭해보자. 새로운 창에서 큰 사진을 볼 수 있다. 사진에 나온 성단의 자세한 정보를 알 수 있으며 원하는 종류의 형식으로 무료로 설치할 수 있는 링크를 볼 수 있다.

책의 컬러 부록에서도 성단 사진을 확인할 수 있다.

여유 있게 : 산개 성단

산개 성단은 수만 개의 별이 모인 집단이며 특정한 모양은 없다. 우리 은하 원반에도 산개 성단이 있다. 일반적인 산개 성단의 넓이는 대략 30광년이다. 구상 성단(뒤에서 설명하겠다)과는 다르게 중앙을 향해 높게 밀집한 형태(밀집한다 하더라도)가 아니며 전형적인 산개 성단은 구상 성단보다 훨씬 어리다. 산개 성단은 소형 망원경이나 쌍안경으로 관측하기 좋으며 맨눈으로 볼 수 있는 경우도 있다. 로저 시놋의 『스카이 앤드 텔레스코프 포켓 스카이 아틀라스』 같은 대부분의 괜찮은 성도에서 찾을 수 있다. 이 책에서는 산개 성단을 테두리가 점으로 뒤덮인 노란색 원반으로 표시했으며 원반의 크기는 지구에서 보는 성단의 겉보기 크기에 비례해서 나타냈다(마찬가지로 구상 성단도 있는데 다음에서 설명하겠다).

북쪽 하늘에서 나타나는 유명하고 보기 쉬운 산개 성단은 다음과 같다.

> » **플레이아데스 성단** : 황소자리의 북서쪽에 있으며 맨눈으로 보면 희미한 국자처럼 보인다. M45, 메시에 목록의 45번째 천체이며 플레이아데스의 별을 몇 개나 볼 수 있는지로 친구와 내기를 하면 누가 더 시력이 좋은지 알

수 있다. 쌍안경으로는 얼마나 보이는지 확인해보라. 플레이아데스의 가장 밝은 별은 황소자리 에타(3등급)이며 알키오네라고도 한다(광도에 대한 설명은 제1장에서 했다). 플레이아데스의 일본식 이름은 스바루이며 당신이 아는 그 자동차 이름도 거기서 따왔다. 주차장에서 스바루를 본다면 엠블럼을 한 번 자세히 보길 바란다.

» **히아데스** : 마찬가지로 황소자리에 있으며 맨눈으로 보일 만큼 밝다. 황소자리의 V 모양을 만드는 별 대부분이 히아데스에 속한다. 황소자리의 밝은 적색거성인 알데바란, 황소자리 알파(1등급) 옆에서 밝은 별들이 V자를 이루기 때문에 찾기 쉽다(그림 12-2). 알데바란은 황소의 눈으로도 부른다. 알데바란은 사실 히아데스 성단에서 아주 멀리 떨어져 있지만 지구에서 보면 가까이 있는 것처럼 보인다.

  히아데스 성단은 플레이아데스 성단보다 훨씬 크게 보이는데 거리 차이 때문이다. 각각 지구에서 150광년, 450광년 떨어져 있다.

» **페르세우스자리 이중 성단** : 페르세우스자리의 이 성단은 쌍안경으로도 볼 수 있지만, 망원경으로 봤을 때 특히 장관이다. NGC 869와 NGC 884로 이루어진 이중 성단이며 둘 다 지구에서 약 7,600광년 떨어져 있다. NGC는 1888년에 만들어진 엔지시 목록의 약자다.

» **벌집(프레세페) 성단** : 벌집 성단(메시에 44)은 어두운 별로 이루어진 게자리에서 가장 화려한 지역이다. 맨눈으로 보면 흐릿하게 보이지만 쌍안경으로 보면 아주 많은 별의 군락을 볼 수 있다. 이 성단은 지구에서 대략 600광년 떨어져 있다.

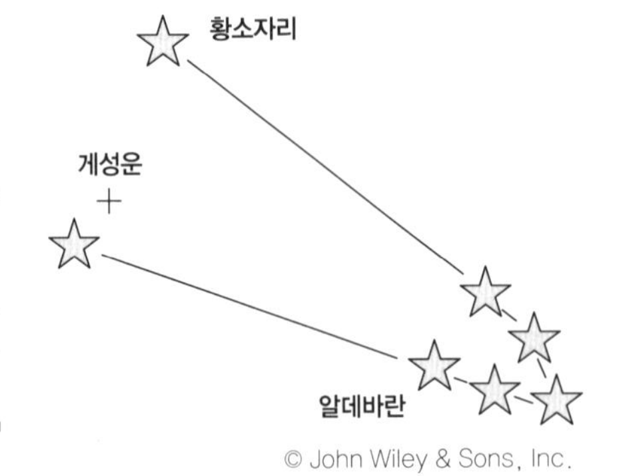

그림 12-2
적색거성 알데바란(황소자리 알파성)은 황소자리에 있다.

남반구에 있다면 다음의 산개 성단을 볼 수 있다.

- » NGC 6231 : 전갈자리에 있는 NGC 6231은 남쪽 하늘의 천체지만, 여름 동안은 대부분의 미국에서 쉽게 볼 수 있다. 대신 남쪽 수평선이 트인 어두운 곳으로 가야 한다. 로버트 버넘 주니어(세 권짜리 책 『천체 안내서(*Celestial Handbook*)』의 저자)는 '흑색 비단에 뿌려진 한 움큼의 다이아몬드'라고 표현했다.
- » NGC 4755('보석상자'라고도 부른다) : 남십자자리에 있는 보석상자 성단은 아주 오랫동안 남반구의 사람들에게 사랑받아왔다. 만약 남반구의 바다를 배로 지나갈 일이 있다면 천문학 교수와 꼭 함께 가도록 하자(나도 아마 시간이 될 것 같다). 아마 교수가 남십자성을 찾아내 줄 텐데 그러면 쌍안경을 가지고 보석상자의 아름다운 모습을 관찰하면 된다. 하지만 칠레의 파라날 천문대에서 대구경 망원경으로 찍은 모습과는 많이 다를 것이다(www.eso.org/public/images/eso0940a/). 그래도 직접 보면 사진과는 다른 전율이 느껴진다.

꽉꽉 눌러 담은 : 구상 성단

구상 성단은 은퇴한 별들이 모여 있는 곳이다. 거의 우주의 나이만큼이나 오래된 것으로 보이는 별들의 집단이다(어떤 전문가들은 구상 성단이 우리 은하에서 가장 먼저 만들어졌다고 생각한다). 많은 적색거성과 백색왜성처럼 오래된 별을 지니고 있으며 대형 망원경이 있다면 주황색이나 적색 주계열성을 볼 수 있다. 허블우주망원경이나 다른 아주 좋은 장비만이 구상 성단에 있는 희미한 백색왜성을 볼 수 있다.

일반적인 구상 성단은 수십만에서 수백만 개의 별로 이루어진다. 공 모양(이름이 '구상'인 이유)으로 뭉쳐 있으며 지름은 대략 60~100광년에 이른다. 중심으로 갈수록 별이 빽빽하게 뭉쳐 있다(그림 12-3). 높은 밀집도와 많은 별 덕분에 산개 성단과 구별하기 쉽다.

그 외에 산개 성단과의 차이점이라면 산개 성단은 은하 원반에 걸쳐서 납작한 모양으로 분포하는 데 반해 구상 성단은 우리 은하의 중심에 구형으로 존재한다. 대부분의 구상 성단은 은하의 중심에 집중되어 있지만 은하면 주변에도 많이 있으며 쉽게

그림 12-3
메시에 4번, 전갈자리의 구상 성단

Courtesy of ESO

볼 수 있다.

북반구에서 보기 좋은 구상 성단은 다음과 같다.

- » **메시에 13번** : 헤르쿨레스자리에 있는 구상 성단이다. 신화 속 인물의 이름을 따서 헤라클레스 구상 성단이라고도 한다.
- » **메시에 15번** : 페가수스자리에서 발견할 수 있다.

M13와 M15는 하늘이 어두우면 맨눈으로도 볼 수 있다. 하지만 혹시 모르니 쌍안경이나 소형 망원경을 챙겨간다면 별보다 훨씬 크고 흐릿하게 보이는 성단의 모습까지 볼 수 있을 것이다. 성도(앞에서 언급했던 『스카이 앤드 텔레스코프 포켓 스카이 아틀라스』)를 사용하면 성단을 쉽게 찾을 수 있다.

북반구에 있는 사람들은 조금 서운할지도 모르지만 가장 크고 밝게 빛나는 구상 성단은 먼 남반구의 하늘에서만 보인다.

> » **오메가 센타우리** : 센타우루스 자리에 있다.
> » **큰부리새자리 47** : 큰부리새자리에서 찾을 수 있다.

위의 성단들은 작은 쌍안경으로 봐도 장관이기 때문에 남미, 남아프리카, 오스트레일리아 등 남반구에 있는 여러 나라에서 쉽게 볼 수 있으니 가게 된다면 꼭 보기를 권한다. 친구 한 명을 데려 가서 큰부리새자리 47의 감상평을 나눠보도록 하자.

컬러 부록에 있는 구상 성단의 사진을 확인하길 바란다.

그동안 즐거웠어 : OB 성협

OB 성협은 O형과 B형의 스펙트럼형을 가진 수십 개의 별들이 느슨하게 모인 집단이다(주계열에서 가장 온도가 높다). 때로는 더 흐릿하고 차가운 별들도 발견되곤 한다(스펙트럼형은 제11장 참조). 구상 성단이나, 큰 산개 성단과는 달리 OB 성협의 별들은 서로를 중력으로 붙잡지 못해서 시간이 지남에 따라 별들이 서로에게서 멀어지며 해산한다. OB 성협은 은하면 근처에 있다.

오리온자리에 있는 대부분의 밝고 어린 별들은 오리온자리 OB 성협에 속한다(오리온자리는 제3장 참조).

성운에 반하다

성운은 우주에 있는 가스와 먼지로 이루어진 구름이다('먼지'는 미세한 고체 입자들로 규산염암, 탄소, 얼음과 이들의 다양한 혼합물을 말하며 '가스'는 수소, 헬륨, 산소, 질소 그리고 그 외 다양한 물질이 있지만 대부분은 수소로 되어 있다). 제11장에서 언급했듯이 어떤 성운은 별의 탄생에서 중요한 역할을 한다. 반면에 다른 성운들은 별이 죽어가면서 뱉는 한숨이다. 요람에서 무덤까지, 성운은 아주 다양한 역할을 한다(이 책의 컬러 부록에서 성운의 사진을 확인하라).

몇 가지 유명한 성운을 예로 들어 설명하겠다.

» **전리수소영역** : 발광성운의 일종으로 이온화된, 다시 말해 전자를 잃은 수소로 되어 있다(수소 원자는 하나의 양성자와 하나의 전자를 가진다). 전리수소영역의 가스는 뜨겁고, 이온화되었으며 빛을 내는데 이유는 근처의 OB 성협에서 오는 자외선 복사 때문이다. 쌍안경으로 보이는 모든 크고, 밝은 성운들은 전리수소영역이라고 생각하면 된다(전리수소는 성운 내에서 이온화된 상태의 수소를 의미한다). 컬러 사진에서 주로 붉은색이나 분홍색으로 보이는데 궁수자리의 석호성운이 좋은 예가 되겠다.

» **암흑성운** : 중성수소 영역으로도 알려져 있으며 쉽게 말해 먼지 뭉치인데 더 이상 빛나지 않는 가스와 먼지로 된 구름으로 되어 있다. 암흑성운의 수소는 중성, 즉 전자를 잃지 않은 상태다. 중성수소영역의 의미는 중성(이온화되지 않은) 상태의 수소를 가지고 있다는 뜻이다. 암흑성운은 대부분 뒤에서 밝은 빛이 비칠 때 쉽게 보이는데 빛을 흡수함으로써 자신의 모습을 드러낸다. 오리온자리의 말머리성운이 가장 유명한 암흑성운이다.

» **반사성운** : 먼지와 차가운 중성수소로 이루어져 있다. 근처의 별빛을 반사해서 빛난다. 빛나는 별이 근처에 없다면, 그저 어두운 성운일 뿐이다.
이따금 갑자기 반사성운이 나타나는 경우가 있는데 어쩌면 당신이 첫 번째 발견자가 될지도 모른다. 2004년 1월 아마추어 천문학자 제이 맥네일은 뒷마당에서 3인치짜리 굴절망원경을 사용해 오리온자리에서 새로운 반사성운을 발견했으며 전문가들은 이를 맥네일 성운이라고 부른다. 하지만 괜한 기대는 하지 않는 게 좋다. 이런 일은 거의 일어나지 않는다. 반사성운은 보통 사진에서 푸른색으로 나타나며 황소자리의 플레이아데스성단이나 유명한 반사성운의 사진을 보면 알 수 있다.

» **거대분자운** : 우리 은하에서 가장 거대한 물체이지만 차갑고 어둡다. 과학자들은 구름 속 일산화탄소 같은 분자가 내뿜는 희미한 전파를 감지하는 전파망원경을 이용해 위치를 알아낸다. 다른 성운들처럼 거대분자운 역시 대부분 수소로 되어 있으며 과학자들은 이들 속에 존재하는 일산화탄소 같은 미량가스의 흔적을 연구한다. 이 거대한 구름 속에 있는 수소는 분자로 존재하는데 다시 말해 각각의 분자는 중성수소 원자 2개를 가진다는 뜻이다.
20세기에서 가장 흥미 있는 성운의 발견은 오리온자리 성운 같은 빛나는

> 전리수소영역의 발견으로. 보이지 않는 거대분자운 주변의 뜨거운 지역이다. 수 세기 동안 사람들은 오리온자리 성운을 볼 수 있었지만 아무도 이 성운이 보이지 않는 거대한 분자 구름에 비하면 밝은 여드름 같은 존재에 불과하다는 사실을 몰랐다. 최근 연구에 따르면 분자 구름에서 새로운 별이 태어나고 충분히 열을 받으면, 주변 물질을 이온화하면서 전리수소영역으로 만든다고 한다. 이런 분자 구름에 있는 먼지가 구름 뒤의 별빛에서 오는 빛을 막을 만큼 어둡고 지구에서 그 모습을 볼 수 있다면, 암흑성운으로 부른다.

전리수소영역, 암흑성운, 거대분자운, 그리고 많은 반사성운들이 우리 은하원반 근처에 존재한다. 성운의 다른 흥미로운 두 가지 종류는 행성상성운과 초신성 잔해인데 다음에서 간략하게 다루겠다(제11장에서도 설명했다).

행성상성운을 알아보기

행성상성운은 늙은 별이 날려버린 가스로 인해 생성된다. 태양과 비슷한 별이지만 이들의 바깥 대기층은 날아가고 없다(태양 역시 먼 미래에 똑같은 일을 할 것이다. 제10장 참조). 별이 폭발하면서 날아간 바깥 대기는 중간에 있는 뜨겁고 작은 별에서 나오는 적외선을 받아 이온화되어 빛나면서 성운을 이룬다. 이 작은 별은 항성의 잔해이다. 행성상성운은 점점 커지면서 팽창하고 희미해져 간다. 전리수소영역과 달리 은하면 부근에서 많이 발견된다(행성상성운도 컬러 부록에서 볼 수 있다).

수십 년 동안 천문학자들은 많은 혹은 대부분의 행성상성운이 구형에 가까운 모습이라고 믿었다. 하지만 지금까지 밝혀진 바로는 거의 모든 행성상성운은 양극성, 즉 중심별의 양쪽 끝에서 형성된 가스 고리로 이루어져 있다. 거문고자리의 고리성운(그림 12-4) 같은 행성상성운도 구형으로 보이지만 실은 양극성으로 고리의 중심을 지나는 축이 지구를 향하고 있다(따라서 아령의 끝부분처럼, 동그랗게 보인다). 천문학자들은 이 사실을 알아내는 데 오랜 시간이 걸렸다.

궁금한 점 : **원시 행성상성운**은 천체물리학자들에게 연구의 대상이었다. 하지만 원시 행성상성운에는 두 가지 종류가 있는데 서로 아무런 관계가 없다. 하나는 행성상성운의 초기 단계, 다시 말해 별의 죽음을 말한다. 다른 하나는 태양계의 별과 행성이

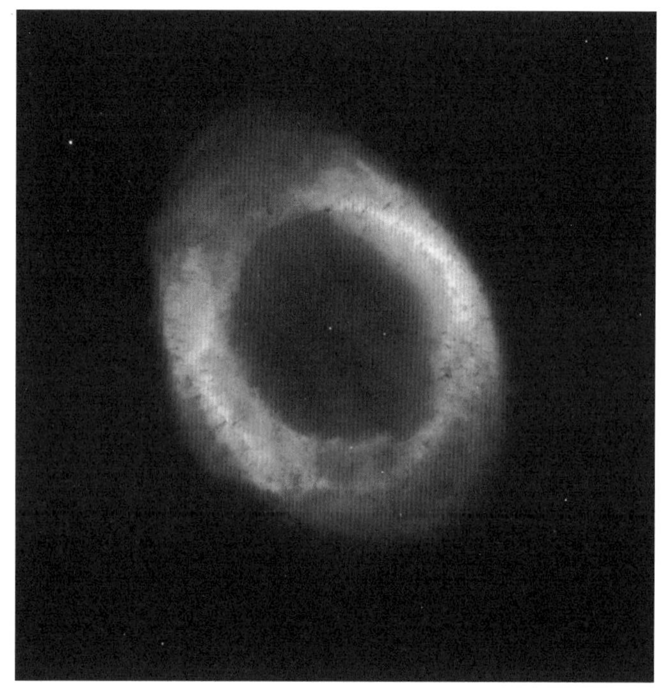

그림 12-4

거문고자리의 고리성운은 양극성이지만 지구에서는 구형으로 보인다.

Courtesy of NASA

【 은하 단위 실수 바로잡기 】

1950년대까지 천문학자들은 성운이라는 단어를 은하 대신에 썼다. 이유는 1920년대까지 천문학자들은 우리 은하 외의 은하는 우리 은하 안의 성운이라고 생각했기 때문이다. 다시 말해 천문학자들은 우주에 오직 우리 은하 하나만 있다고 생각했다.

천문학에서 사용하는 용어가 바뀌기까지 수십 년이 걸렸다. 따라서 천문학 책의 저자들은 안드로메다 성운을 안드로메다 은하로 바꿔 쓰기 시작한 지 얼마 되지 않았다.

에드윈 허블은 허블우주망원경 이름의 주인으로 『성운의 영역(*The Realm of the Nebulae*)』이라는 유명한 책을 썼다. 그 책은 처음부터 끝까지 은하에 관한 내용으로 지금 천문학자들이 사용하는 성운이라는 말은 찾아볼 수 없다. 허블은 안드로메다성운이 거대한 가스로 이루어진 구름이 아니라 별들로 가득한 은하라는 사실을 증명해냈다. 전직 복서이자 제1차 세계대전 참전 군인이었던 파이프 흡연자는 윌슨산 천문대에서 다른 동료 천문학자들과 사이가 좋지 않았다. 하지만 그의 발견만큼은 부정할 수 없었다.

태어난 구름을 칭한다. 그렇다. 천문학자들은 같은 단어를 완전히 다른 물체를 가리키는 데 쓴다. 하지만 세상에 완벽한 사람은 없으며 천문학자라고 예외는 아니다.

가볍게 통과하는 초신성 잔해

초신성 잔해는 질량이 큰 별의 폭발에서 뿜어져 나온 물질에서 생긴다. 어린 초신성 잔해는 대부분 폭발했던 별에서 튀어나온 물질로 이루어져 있다. 하지만 가스가 성간 공간으로 퍼져나가면서, 구르는 돌에 이끼가 끼기 시작한다. 팽창하는 초신성 잔해는 마치 제설기처럼 성간 공간에 있는 얇은 가스들을 밀면서 모은다(제11장 참조). 수천 년이 지나고 나면 초신성 잔해는 대부분 성간 가스로 이루어져 있는데 처음 폭발했던 별의 잔해는 흔적만 남아 있다. 초신성 잔해는 우리 은하의 은하면에 걸쳐서, 혹은 근처에서 볼 수 있다.

지구에서 보이는 멋진 성운 즐기기

성운은 소형 망원경으로 보이는 천체 중 가장 아름답다고 할 수 있다. 성운을 관측하기 위해서는 『스카이 앤드 텔레스코프 포켓 스카이 아틀라스』 같은 좋은 성도가 필요하다. 시작이 중요한데 관측하기 쉬운 대상으로는 오리온자리 성운이 있다. 오리온자리 성운은 망원경 없이 맨눈이나 쌍안경으로도 볼 수 있다. 오리온자리 성운의 전리수소영역을 보기 위해서는 낮은 f값을 가진 망원경, Orion Short Tube 80-A Equatorial Refractor가 아마 괜찮을 것이다(혜성 사냥에 적합한 망원경을 제4장에서 다뤘다. 더 자세한 정보를 알고 싶으면 제4장으로 가보자). 곧 목록에서 다루겠지만 고리성운처럼 더 작은 성운의 경우에는 Meade ETX90이 초심자용으로 좋다. Meade는 컴퓨터 제어 시스템이 있어서 맨눈으로 보이지 않는 천체를 자동으로 찾아준다.

다음 목록은 북반구에서 볼 수 있는 아름답고 밝은(암흑성운의 경우에는, 가장 어두운) 성운이며 남반구의 성운이 포함되어 있기는 한데 천구의 적도에서 멀지는 않다.

» **오리온성운**, 메시에 42(제1장 참조) 오리온자리
오리온성운의 전리수소영역은 맨눈으로도 보이는데 오리온이 들고 있는 칼의 흐릿한 부분이다. 쌍안경으로 보면 근사하고 소형 망원경으로 보면 장관을 이룬다. 망원경으로 보면 성운에 트라페지움이라는 밝은 사중성

(제11장 참조)이 보인다.

» **고리성운**, 메시에 57, 거문고자리

고리성운은 행성상성운으로 북위도 중간 지대의 여름 저녁에 높이 뜬다. 다른 행성상성운과 마찬가지로 Meade ETX-90(제3장 참조)처럼 자동으로 잡아주는 컴퓨터 망원경이 없다면 성도가 있어야 망원경으로 찾을 수 있다.

» **아령성운**, 메시에 27, 여우자리

아령성운은 고리성운처럼 소형 망원경으로 찾기 쉬운 편에 속한다. 가장 보기 좋은 시간은 여름과 가을이다.

» **게성운** 메시에 1, 황소자리

게성운은 1054년에 폭발한 초신성의 잔해이다. 초신성 폭발은 지구에서 관측할 수 있을 만큼 밝았으며 중국 천문학자들이 기록한 자료가 남아 있다. 소형 망원경으로 보면 흐릿한 점처럼 보이지만 대형 망원경을 사용하면 중심에 있는 두 별을 볼 수 있다. 한 별은 그저 근처에 있는 것처럼 보이는 별이고. 나머지 한 별이 펄서(제11장 참조)로 초신성 폭발의 잔해다. 게성운의 펄서는 초당 30회 자전하며 두 방향으로 나오는 빛이 지구를 초당 60번 비추며 이는 가정에서 사용하는 교류 전기의 주기와 같다(개인적으로 매우 효과적인 비유였다고 생각한다).

» **북아메리카성운** NGC 7000, 백조자리

북아메리카성운(성운의 모양을 따서 이름을 지었다)은 희미하지만 넓은 전리수소영역으로 달이 없는 어두운 저녁에 맨눈으로 볼 수 있다. 주변시, 시야의 외곽으로 관측하자.

» **북쪽 석탄자루**, 백조자리

백조자리 알파성이기도 한 수성 데네브 근처에 있다. 암흑성운의 일종으로 우리 은하의 밝은 빛에 비해서 어두운 얼룩으로 보이므로 쉽게 알아볼 수 있다.

다음의 성운들은 가까운 남반구의 하늘에 뜨는 성운이다. 남반구 어디서나, 그리고 북반구의 많은 곳에서 쉽게 관측할 수 있다.

» **석호성운**, M8, 궁수자리

» **삼렬성운**, M20, 궁수자리

석호성운과 삼렬성운 모두 크고 밝은 전리수소영역으로 쌍안경으로 본다면 한눈에 다 들어온다. 가장 좋은 관측 시간은 여름 저녁이다. 컬러 사진으로 보면 삼렬성운은 밝은 적색 지역과 더 희미한 푸른색 지역으로 나뉜 모습을 확인할 수 있다. 적색 지역은 전리수소영역이며 푸른색 지역은 반사성운이다.

먼 남반구에서 보이는 거대한 성운은 다음과 같다.

- **독거미성운**, 황새치자리
  독거미성운은 대마젤란 은하에 있다. 거대하고 밝은 전리수소영역으로 남반구 중위도와 고위도 지역에서 맨눈으로 볼 수 있을 정도로 선명하다. 독거미성운은 남반구의 바다를 여행한다면 남십자자리와 보석 상자 성단과 함께 반드시 봐야 할 천체 중 하나다. 이번 장의 '성단: 우주 단위의 성협 만나기' 참조).
- **용골자리성운**, 용골자리
  용골자리성운은 거대하고 불안정한 별인 용골자리 에타 옆에 있는 거대하고 밝은 전리수소영역이다.
- **석탄자루**, 남십자자리
  거대한 암흑성운으로 은하수에서 옆으로 몇 도 정도 떨어져 있다. 남반구 고위도 지방의 어둡고 깨끗한 밤하늘 아래라면 쉽게 볼 수 있다.
- **팔렬성운**, NGC 3132 돛자리
  팔렬성운은 행성상성운으로 남쪽고리성운으로 부르기도 한다. 앞에서 언급한 거문고자리의 고리성운과 닮았지만 팔렬성운이 더 희미하다.

다양한 성운의 질 좋은 사진을 찾고 싶다면(물론 은하나 깊은 우주 천체들 역시) 'Hubble Heritage Image Gallery'의 홈페이지 heritage.stsci.edu/gallery/gallery.html로 가보자.

APOD(Astronomy Picture of the Day)의 홈페이지 apod.nasa.gov에서도 성운과 다른 천체의 멋진 사진을 볼 수 있다. 내가 뽑은 최고의 사진은 apod.nasa.gov/apod/ap170203.html이다. 산에서 파노라마로 촬영한 은하수 사진인데 남십자자리, 화성, 토성, 대 · 소 마젤란 은하와 다른 수많은 천체들을 볼 수 있다. 가장 가까이 있는 산꼭대기를 보면 2개의 관측소 지붕의 모습도 보인다. 사진에 있는 게 뭐가 뭔지 모르겠다고? 사진 위에 커서를 올려두면 천체의 이름과 별자리의 모양이 나타난다(마젤란 은하는 '거대한 은하 바라보기'에서 설명하도록 하겠다).

은하의 본질 이해하기

대형 은하는 수천 개의 성단과 10억에서 1조 개의 별로 구성되어 있으며 서로의 중력으로 인해 대형을 유지한다. 우리 은하는 대형 나선 은하로 위의 조건을 만족한다. 하지만 다른 은하들의 크기와 형태는 가지각색이다(그림 12-5에서 몇 가지 은하의 모습을 그림으로 나타냈다).

은하는 형태와 크기를 기준으로 아래와 같이 분류한다.

- 나선
- 막대나선
- 렌즈
- 타원
- 불규칙
- 저표면 밝기

위의 여섯 가지 은하, 관측할 수 있는 거대 은하, 우리 은하가 속해 있는 국부 은하군, 그리고 더 큰 개념인 은하단과 초은하단을 다루도록 하겠다.

나선 은하, 막대나선 은하, 렌즈형 은하 살펴보기

나선 은하는 가운데 있는 은하원반에서 나선 모양의 팔이 뻗어 나오는 형태를 가진 은하다. 같은 나선 은하라도 나선 팔 사이 간격이 조금씩 다르다. 가운데 팽대부에 있는 별들이 나선팔에 있는 별보다 잘 보이지 않을 수도 있다. 그림 12-5에서 나선 은하를 허블 분류에 따라 Sa, Sb, Sc로 나누었다(에드윈 허블의 이름을 딴 분류 방법이다). Sa에서 Sc로 갈수록 (그림에는 없지만, Sd까지) 나선 사이 간격이 넓어지며 팽대부가 작아진다.

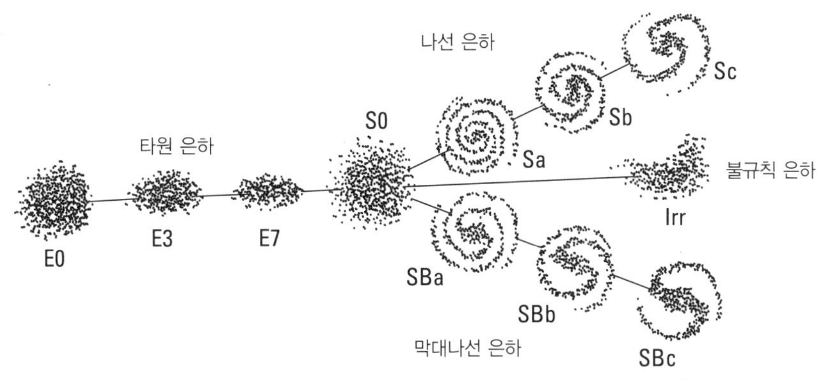

그림 12-5
은하의 크기와 형태는 가지각색이다.

Dinah L. Moché/Astronomy: A Self-Teaching Guide, Seventh Edition

나선 은하에는 성간가스, 성운, OB 성협, 산개 성단, 구상 성단이 풍부하게 존재한다. 컬러 부록에서 나선 은하의 사진을 찾아보자

막대나선 은하는 다른 나선 은하와는 다르게 중심에서 나선팔이 뻗어 나오는 것처럼 보이지 않는다. 대신 중심부을 가로지르는 막대 모양, 럭비 공 모양 구름의 끝부분에서 나선팔이 뻗어 나온다. 이 부분을 막대라고 한다. 은하의 바깥쪽에 있는 가스가 막대를 통해 중심으로 들어오는데 이 과정에서 새로운 별이 만들어지며 새로운 별의 생성이 팽대부를 더 부풀게 만든다. 이런 유형의 은하들은 그림 12-5의 SBa, SBb, 그리고 SBc가 있다. SBa에서 SBc(그림에는 없지만 SBd까지)로 갈수록 나선팔이 느슨하게 감겨 있으며 팽대부의 크기가 작아진다.

렌즈형 은하는 나선 은하처럼 은하면을 가지며 평평하게 생겼다. 렌즈형 은하는 가스와 구름으로 이루어져 있지만 나선팔이 없다. 역시 몇 가지 유형으로 나뉘는데 그림 12-5를 보자.

타원 은하 조사하기

타원 은하는 럭비공이나 축구공처럼 생겼다. 타원 모양으로 길게 생긴 은하는 럭비공을 닮았으며 구형에 다소 가까운 은하는 축구공을 닮았다. 타원 은하는 많은 늙은 별과 구상 성단으로 이루어져 있으며 그 외의 물질은 별로 없다. 그림 12-5를 보면 허블분류 E0에서 E7이 타원 은하에 속한다. 타원 은하의 모습은 E0에서 E7로 갈수록 원에서 타원에 가까워진다.

타원형 은하에서는 별의 탄생이 거의, 혹은 아예 일어나지 않는다. 전리수소영역, 젊은 성단, OB 성협이 없다. 오리온성운 같은 아름다운 성운도 없으며 별이 태어나지도 않는 이런 따분한 행성에 산다고 생각해보라. 분명히 텔레비전도 없을 것이다.

타원형 은하에서 새로운 별이 생겨나지 않는 이유는 이미 존재하는 별들을 만드느라 성간가스가 이미 고갈되었기 때문이다. 아니면 뭔가가 폭발하여 별을 만들어내기에 적합한 가스들을 날려버렸을지도 모른다. '적합한'이라고 말한 이유는 어떤 타원형 은하에서는 전리수소영역이나 어린 별들의 집합이 보이지 않지만, 밀도가 낮고 뜨거운 가스가 존재한다. 엑스선으로만 발견할 수 있으며 이런 가스들은 빠르게 별로 바뀌지 않는다. 사실, 일부 타원형 은하에서 다수의 푸른빛을 내는 성단들이 발견되었다. 이 성단들은 아주 어린 구상 성단으로 보이며 우리 은하보다 훨씬 어리다고 생각된다.

타원형 은하의 탄생에 대한 그럴듯한 이론, 다시 말해 일부 타원형 은하에 대한 그럴듯한 이론 중 하나는 타원형 은하가 작은 은하들의 충돌과 합병을 통해 만들어진다는 것이다. 예를 들어 두 나선 은하가 충돌하면 거대한 타원형 은하를 만들고, 충돌 때문에 발생한 충격파가 나선 은하에 있는 거대한 분자구름을 압박하면서 뜨거운 어린 별들이 모인 성단이 탄생한다. 아마 일부 타원 은하에서 보이는 푸른빛 성단이 위의 과정을 통해 만들어졌을지도 모른다. 어쩌면 크기가 다른 두 나선 은하 사이의 충돌은 일방적인 합병으로 이어지고 팽대부가 더 커지는 것 이외에는 이렇다 할 현상이 일어나지 않을지도 모른다.

천문학자들이 더 먼 우주를 조사함에 따라, 우리는 많은 은하의 충돌과 합병을 볼

【 은하는 은하고 은하다 】

은하를 여러 번 반복해서 써보자. 은하의 유의어는 뭐가 있을까? 잘 모르는 사람(혹은 그런 사람들의 편집자)들은 성단을 아주 다양한 의미로 쓰지만, 그래서는 안 된다. 은하들이 모인 집단은 은하 성단이 아니다. 은하 성단은 은하 내의 산개 성단과 같은 의미다. 대신에, 천문학자들은 은하들이 모인 집단을 은하단이라고 부른다.

수 있다. 더 먼 우주일수록(더 오래된 우주의 흔적을 들여다볼수록) 다른 은하를 흡수하는 은하가 많이 보인다. 분명히, 은하의 충돌은 초기 우주에서 흔한 일이었으며 오늘날의 여러 은하들의 탄생에 일조했을 것이다.

불규칙, 왜소, 저표면밝기 은하 보기

불규칙 은하는 형태가 있기는 하지만, 일정하지 않다. 나선 은하의 모습이 어렴풋이 보이는 것도 있지만, 그렇지 않은 경우도 있다. 보통은 차가운 성간가스가 풍부하며, 새로운 별들이 늘 탄생하고 있다. 일반적인 불규칙은하는 나선 은하나 타원 은하보다 크기가 작은 편이며, 별의 숫자도 적다. 그림 12-5에서 Irr이 불규칙 은하의 모습이다. 대 · 소 마젤란 은하가 대표적인 불규칙 은하다.

왜소 은하 역시 이름에 의미가 담겨 있다. 아주 작은 은하는 지름이 수천 광년도 되지 않는다. 종류에는 왜소 타원, 왜소 구형, 왜소 불규칙, 왜소 나선 은하가 있다. 백설 공주의 옆에는 일곱 난쟁이밖에 없었지만, 우주에는 수십억 개의 난쟁이 은하가 존재한다. 우리가 있는 국부 은하군에서 가장 흔한 종류의 은하가 왜소 은하다. 우리 은하에 있는 가장 흔한 별의 유형 역시 가장 작은 별인 적색왜성이다. 아마도 다른 지역의 우주 역시 마찬가지라고 짐작된다. 적색거성은 작고, 희미해서 가까이 있어도 잘 보이지 않는데 이는 왜소 은하도 마찬가지다.

왜소 은하는 종종 암흑물질이라고 불리는 신비한 물질(또는 물질들)이 비정상적으로 풍부하다. 암흑물질은 제15장에서 자세히 다루겠다. 그림 12-5에서는 왜소 은하를 볼 수 없다. 에드윈 허블이 원본 도표를 만들 때 왜소 은하를 넣지 않았다. 허블은 다음에 다루게 될 저표면밝기 은하 역시 포함하지 않았는데 이유는 그 당시에는 발견되지 않았기 때문이다. 다시 말하지만, 세상에 완벽한 사람은 없다.

저표면밝기 은하는 1990년대에는 주요 유형으로 인식되었다. 일부는 다른 대부분의 은하처럼 거대했지만, 거의 빛나지 않았다. 거대한 가스탱크를 가지고 있지만, 그 가스에서 그다지 많은 별들이 탄생하지 않았고, 따라서 밝게 보이지도 않는다. 천문학자들은 저표면밝기 은하를 수십 년 동안 발견하지 못했지만 최근 들어 첨단 전자 카메라를 사용해 조사하고 있다. 천문학자들은 아주 작은 저표면밝기 은하를 발견했는데 이때까지 발견된 은하를 통틀어 가장 어둡다. 나는 그 은하를 '흐릿한 은하'라고 부른다. 우주 너머에 우리가 발견하지 못한 천체들이 얼마나 많을까?

어떤 천체물리학자들은 우주 대부분의 질량을 우리 눈에 보이지 않는 저표면밝기 은하가 차지하고 있다고 생각한다. 마치 인구조사국에서 놓쳐버린 사람들처럼 말이다.

거대한 은하 바라보기

은하를 망원경으로 관측하고 싶다면, 이번 장의 '지구에서 보이는 멋진 성운들 즐기기'에서 추천했던 망원경을 사용하라. 안드로메다 은하나 삼각형자리 은하는 f값이 낮은 망원경으로 보는 게 가장 아름답다(제3장 참조). 더 작은 은하들은 좌표를 입력하면 자동으로 찾아주는 기능이 있는 망원경을 사용하는 걸 추천한다. 『스카이 앤드 텔레스코프 포켓 스카이 아틀라스』나 다른 성도를 보면 별자리를 배경으로 밝은 은하의 위치가 나타나 있다.

북반구에서 보기 좋은 은하들을 다음에서 다루었다. 설명에서 내가 말하는 관측하기 좋은 계절은 북반구 기준이다(기억하라. 북반구가 가을일 때 브라질 사람들은 따뜻한 봄을 즐기고 있다).

- **안드로메다 은하**(메시에 31, 제1장 참조), 안드로메다자리, 별자리의 이름은 그리스 신화에 나오는 에티오피아의 공주에서 따왔다.
  안드로메다 은하는 안드로메다 거대나선 은하, 안드로메다 성운으로도 불린다. 맨눈으로 보면 흐릿한 반점처럼 보인다. 가을 저녁 하늘에서 볼 수 있는데, 쌍안경으로 어두운 곳에서 관측하면 대략 3도, 보름달의 여섯 배 크기로 보인다. 보름달이 뜬 날이면 잘 보이지 않기 때문에 달빛이 없는 날, 아니면 달이 수평선 아래에 있을 때까지 기다리자. 어두운 밤일수록 더 선명하게 보인다.
- **NGC 205, 메시에 32** 안드로메다자리
  NGC 205와 메시에32는 둘 다 작은 타원형 은하로 안드로메다 은하의 동반 은하이다. 전문가들 사이에서 둘 다 왜소타원형 은하로 분류하는 게 맞는지에 대한 여부가 갈린다(이제 합의할 때도 되지 않았나 싶다). M32는 구형이고 NGC 205는 타원이다.
- **삼각형자리 혹은 바람개비 은하**(메시에 33), 삼각형자리

삼각형자리 은하는 바람개비 은하로도 부르는 크고 밝은 나선 은하이다. 역시 우리 은하 근처에 있으며 가을에 망원경으로 쉽게 볼 수 있다. 안드로메다 은하보다는 어두우며, 크기도 작다.

» **소용돌이 은하**(메시에 51) 사냥개자리(그림 12-6)
소용돌이 은하는 안드로메다 은하나 삼각형자리 은하보다 멀리 떨어져 있으며 더 어둡지만, 괜찮은 소형 망원경으로 보면 눈부시게 아름답다. 소용돌이 은하는 정면 은하인데, 다시 말해 우리의 시선과 은하의 면이 이루는 각이 거의 직각에 가깝다는 뜻이다. 별 축제(제2장 참조)에 가서 대형 망원경으로 바라보면 2,300만 광년 떨어진 나선 구조를 바라볼 수 있다. 1845년 로스 백작 3세가 메시에 51에서 소용돌이 은하를 발견했다(전 세계에서 가장 큰 망원경을 만들고 얼마 지나지 않아서였다). 날씨 좋은 날, 어두운 봄 하늘에서 관측하기 좋다.

» **솜브레로 은하**(메시에 104) 처녀자리(솜브레로 : 멕시코의 전통 모자, 챙이 아주 큰 갓처럼 생겼다-역주)
솜브레로 은하는 테두리가 지구 쪽을 보고 있는 밝은 나선 은하이며 이게 천문학자들이 현재까지 정의하는 방식이다. 하지만 어떤 천문학자들은 솜브레로 은하가 거대한 타원형 은하이며 어떤 이유에선가 속에 나선 은하를 닮은 구조를 가지고 있다고 생각한다. 솜브레로 은하의 '챙'은 나선 구조의 은하원반이다. 어두운 띠가 챙에 나타나는데 우리 눈에 보이는 가장자리에 암흑 성운이 있기 때문이다. 솜브레로 은하 역시 봄에 볼 수 있으며 소용돌이 은하보다 약간 멀리 있지만, 망원경으로 보기에는 부족함이 없다.

이제 남반구에서 볼 수 있는 아름다운 은하들을 설명하겠다.

» **마젤란 은하**(대마젤란, 소마젤란 은하)는 우리 은하를 공전하고 있는 불규칙 은하들이다. 대마젤란 은하는 소마젤란 은하보다 크고 지구에서 더 가깝다. 지구에서 약 16만 3,000광년 정도밖에 떨어지지 않은 거리에서 공전하고 있다. 사실, 과학자들은 오랫동안 대마젤란 은하가 우리 은하에서 가장 가까운 은하라고 생각했다(오늘날 과학자들은 3개의 흐릿하고 불행한 은하들, 궁수자리 왜소 은하, 큰개자리 왜소 은하, 큰곰자리 II 왜소 은하가 더 가깝다는 사실을 알고 있

다). 하지만 이들은 지금 우리 은하에 흡수당하고 있기 때문에 망원경 사진에서 찾아보기는 힘들다. 맨눈으로 밤하늘을 바라보면 마젤란 은하는 마치 구름처럼 보인다. 남극 가까이에서 돌고 있는데 다시 말해 남반구 고위도 지방에서는 마젤란 은하가 수평선 아래로 떨어지지 않는다. 당신이 남미 아래 지방이나 남반구 어딘가에 있다면, 깨끗한 밤에는 매일 볼 수 있다. 맨눈으로 마젤란 은하를 찾았다면 쌍안경을 써서 수많은 성단과 성운을 감상해보자.

» **조각가자리 은하**(NGC 253)는 크고 밝은 먼지투성이 나선 은하다. 혜성 8개를 발견한 천문학자인 캐롤라인 허셜이 1783년에 처음으로 관측했다. 남반구의 봄날에 어두운 밤하늘에서 쌍안경이나 망원경을 써서 찾을 수 있다. 미대륙에 있다면 가을에 남쪽에 트인 곳에서 낮은 하늘을 바라보자.

» **센타우루스 A**(NGC 5128)는 기묘하게 생긴 거대한 은하이다. 타원형이지만, 두껍고 어두운 먼지로 된 띠가 중심에 걸쳐 있다. 이곳에서 강한 전파와 엑

그림 12-6
갈렉스 위성에서 자외선으로 촬영한 소용돌이 은하

Courtesy of NASA/JPL/Caltech

스선이 감지되는데 궤도 위성의 전파망원경과 엑스선 망원경으로 오래전 부터 연구하고 있다. 이론가들은 센타우루스 A가 충돌 은하인지의 여부를 두고 논쟁 중이다. 어떤 천문학자들은 솜브레로 은하처럼 거대한 타원 은하 내부에 나선 구조를 안고 있는 형태라고 생각한다. 뭐가 맞든 간에 나는 센타우루스 A가 옛날에 더 작은 은하를 한두 개 잡아먹었다고 생각한다. 그러니 안전 거리에서 지켜보도록 하자. 이 은하는 남반구의 가을에 가장 아름답다.

국부 은하군 탐사하기

국부 은하군에 속하는 은하는 50개가 넘는다. 2개의 대형 나선 은하(우리 은하와 안드로메다 은하), 더 작은 나선 은하(삼각형자리 은하), 그리고 위성 은하(마젤란성운, M32, NGC205)와 수많은 왜소 은하가 국부 은하군을 이룬다.

국부 은하군은 다른 은하군만큼 크지 않지만, 우리의 고향이며 지구가 중력으로 결속되어 있는 가장 큰 구조물이다(우주가 팽창함에 따라 국부 은하군에서 튕겨 나가지 않는다는 의미이다). 태양의 중력이 행성들이 튀어나가지 않게 잡고 있어서 태양계가 더 커지지 않는 것과 같은 맥락으로 3개의 대형 은하와 더 작은 은하들 사이에 작용하는 중력으로 국부 은하군이 유지된다. 하지만 나머지 은하군, 은하단, 그리고 은하들은 허블의 법칙이라고 불리는 공식에 따라 국부 은하군에서 멀어지고 있다(누가 만든 법칙인지는 알겠지). 제16장에서 이러한 움직임을 더 자세히 다루겠다.

국부 은하군의 지름은 대략 3메가파섹이며 중심은 우리 은하 부근에 있다. 파섹은 길이 단위로, 1파섹은 3.26광년이며 메가는 '100만'을 의미한다. 따라서 국부 은하군의 끝에서 끝까지의 거리는 약 1,000만 광년이라고 말할 수 있겠다. 대단히 큰 은하라고 느껴지겠지만, 관측 가능한 우주의 방대함에 비하면 티끌만큼 작다.

은하단과 초은하단은 국부 은하군보다 훨씬 크며 수십억 광년 떨어져 있지만 대형 망원경으로 촬영할 수 있다. 대부분의 은하는 최소한 쉽게 볼 수 있는 은하들은 그렇게 큰 편은 아니다. 이들은 국부 은하군처럼 수십 개 혹은 그보다 더 적은 은하들이 모인 집단에 속해 있다(최근 계산에 따르면 국부 은하군에 속하는 은하는 대략 50개 정도 된다). 따라서 우리는 이웃들과 비교해 봤을 때 크지도, 작지도 않은 곳에 살고 있다고 할 수 있겠다.

은하단의 개념 확인하기

천문학자들이 전문 천문대 망원경으로 먼 우주를 조사한 결과 대부분의 은하가 일차적으로는 국부 은하군처럼 작은 집단에 속할지 몰라도 모여서 더 큰 개념, 은하단을 이룬다는 사실을 알아냈다. 가장 눈에 띄는 것은 소위 대규모 은하단인데 수백, 혹은 수천의 은하를 포함하며, 각각의 은하는 수십억의 별로 이루어져 있다.

가장 가까운 거대 은하단은 처녀자리 은하단이며 같은 이름의 별자리와 인근 별자리의 부근에 멀리 퍼져 있다. 이 은하단은 대략 5,400만 광년 떨어져 있으며 1,000개 이상의 은하를 가지고 있다.

처녀자리 은하단에 속하는 은하에서 밝고, 커다란 편에 속하는 은하들은 아마추어 망원경으로도 볼 수 있다. 그중 메시에 87은 손쉽게 관측할 수 있는 천체다. 이 거대한 타원 은하의 중심에는 강력한 제트를 뿜어내는 초대질량 블랙홀이 있다.

아마추어 장비로도 은하의 모습을 볼 수 있지만, 아주 숙련된 아마추어가 아니라면 중심의 제트 분출은 관측할 수 없다. 이 은하는 다른 작은 은하들을 잡아먹고 있는 것처럼 보이는데 어쩌면 거대한 크기의 이유일지도 모른다. 어떤 은하들은 처음은 아주 작았지만 다른 은하들을 흡수하면서 거대해진다. 메시에 49와 메시에 84는 당신이 관찰할 수 있는 다른 처녀자리 은하단에 속하는 거대 타원 은하이며 메시에 100은 거대 나선 은하이다. 북반구의 봄에 관찰 가능하며 어두운 저녁에 가장 잘 보인다. 컴퓨터 망원경을 쓰는 게 편하지만, 여건상 그렇지 않은 경우에는 은하의 위치가 잘 나타나 있는 성도를 사용하는 걸 추천한다.

현재 가장 성능 좋은 망원경으로도 은하단을 전부 관찰할 수는 없다. 21세기 초반 기준으로 관측 가능한 우주에 약 2조 개의 은하가 있는 것으로 추정되나, 정확한 수치는 아니다. 외계인이라면 답을 알지 않을까?

초은하단, 보이드, 장성의 정의 판단하기

어쩌면 300만 광년이라는 거대한 크기를 가진 은하단이 우주에서 가장 큰 단위라고 생각하고 있을지도 모르겠다. 하지만 깊은 우주를 조사한 결과 대부분, 혹은 모든 은하단이 모여서 초은하단을 이루고 있다는 사실을 알아냈다. 초은하단이 반드시 중력으로 결집하여 있지는 않지만, 서로 멀어지지도 않는다. 초은하단은 기다란 필라멘트 모양이며 마치 납작한 팬케이크처럼 생겼다. 초은하단은 수십의 혹은 수백의 은하단을 포함할 수 있으며 크기는 1~2억 광년이다.

지구는 국부 초은하단의 외곽에 있다. 이따금, 처녀자리 초은하단이라고 불리기도 하며 중심은 처녀자리 은하단 근처에 있다. 처녀자리 초은하단은 라니아케아 초은하단이라는 거대한 구조의 일부이다.

초은하단은 보이드라고 부르는 지역의 테두리에 위치한 것으로 보인다. 우주에서 상대적으로 비어 있는 거대한 공간을 보이드라고 한다. 가장 가까운 곳은 목동자리 보이드이며 크기는 3억 광년에 이른다. 보이드 공간 주변에는 많은 은하가 있지만, 공간 내부는 그렇지 않다.

목동자리 보이드를 발견한 사람은 천문학자 로버트 커시너이다. 전해 내려오기를 보이드의 발견하고 동료들의 축하를 받았을 때 로버트가 겸손하게 "사실, 이건 아무것도 아닙니다"라고 말했다는 설이 있다.

아주 큰 초은하단이나 초은하단 집단의 일부를 장성이라고 부른다. 처음 발견된 장성은 길이가 7억 5,000만 광년에 달했다(바뀔 수 있다). 더 멀리 있는 장성은 더 클지도 모른다. 천문학자가 아는 한, 우주의 거대 장벽에는 낙서 따위는 없지만, 우주에 있는 거대한 구조의 기원을 알아낼 증거들과 원시 우주의 흔적이 남아 있다. 물론 우리가 모두 해석해낸다는 전제하에 말이다.

재미와 과학을 둘 다 잡는 갤럭시 주 참여하기

앞에서 배운 은하의 유형을 바탕으로 천문학자들의 은하 분류작업을 도와주는 건 어떨까? 제11장에서 언급한 시민과학 프로젝트처럼, 인터넷이 연결된 컴퓨터와 머리만 있으면 된다.

갤럭시 주 홈페이지 www.galaxyzoo.org에서 등록하면, 지상이나 우주에 있는 망원경으로 찍은 은하의 사진을 연구하는 전문 천문학자들을 도울 수 있으며 전 세계에서 수십만의 사람들이 참여하고 있다.

등록이 끝났다면, 은하의 모습 몇 가지를 공부하고 예시에 맞춰서 어떻게 분간하는지 배운다. 그러고 나면 실제 은하의 사진을 보고 유형을 분류함으로써 천문학자들이 우주의 새로운 사실을 알아내는 걸 돕게 된다. 프로젝트 시작 후 1년 동안 거의 15만 명의 지원자가 몰렸으며 이들은 주아잇(zooite)으로 불린다. 주아잇들은 대략 5,000만 개의 은하를 나선 은하와 타원 은하로 분류했다. 주아잇들의 연구 결과를 통해 모든 타원 은하가 적색이라는 믿음이 뒤집혔다. 이들의 노력으로 어떤 타원 은하는 파란색이라는 사실을 알게 되었는데 이는 생긴 지 얼마 되지 않은 뜨거운 별들을 가지고 있다는 뜻이다.

한 갤럭시 주 봉사자, 독일의 학교 선생인 한니 반 아르켈이 작은사자자리에서 발견한 은하는 당시에 알려진 어떤 은하와도 닮지 않았다. 아르켈은 천문학 역사에 이 신비한 물체, 한니스 부어베르프(독일어로 '한니의 천체')를 발견한 사람으로 남았다. 아르켈은 천문학자들에게 유명인사가 되었다. 주아잇이 되면 누릴 수 있는 또 하나의 장점은, 수많은 은하의 사진들을 무료로 볼 수 있다는 점이다! 대부분의 유명한 천문대는 입장료를 내야 하지만, 갤럭시 주는 언제나 무료이다.

chapter 13

블랙홀과 퀘이사 파헤치기

제13장 미리보기

- 블랙홀의 신비를 알아본다.
- 퀘이사를 캐낸다.
- 활동성 은하핵의 종류를 분간한다.

블랙홀과 퀘이사는 현대 천문학에서 가장 흥미롭고 신비한 분야다. 운 좋게도, 두 물체는 서로 관련이 깊다. 이번 장에서 둘 사이의 관계를 설명하고 활동성 은하핵, 퀘이사에 대한 정보를 알려주겠다.

망원경으로는 블랙홀이 보이지 않는다. 하지만 장담하건대 당신이 주변 사람들에게 천문학자라고 밝힌다면, "블랙홀이 뭔데?"라고 물어보는 사람이 십중팔구 있다. 블랙홀은 제11장에서 짧게 언급했지만, 이번 장에서는 훨씬 자세히 다루겠다.

블랙홀 : 안전거리 유지하기

블랙홀은 우주에 있는 물체로 중력이 너무 강해서 빛조차 빠져나오지 못한다. 따라서 블랙홀은 눈에 보이지 않는다. 블랙홀로 들어가는 건 당신 마음이지만, 나갈 때는 아니다(간절히 원하겠지만). 집에 전화도 할 수 없으며 이티가 블랙홀이 아니라 캘리포니아에 떨어진 건 아주 큰 행운이라고 생각하게 될 것이다.

블랙홀에 발을 디딘 모든 물체가 밖으로 빠져나가기 위해서는 탈출속도 이상으로 빠르게 움직여야 한다. 로켓 과학자는 **탈출속도**를 로켓이나 어떤 물체가 지구의 중력에서 벗어나 우주 공간으로 진입하기 위해 요구되는 속도라는 의미로 사용한다. 천문학자 역시 우주에 있는 물체에 대해서 비슷한 뜻으로 사용한다.

지구의 탈출속도는 초속 11킬로미터다. 중력이 약한 곳에서는 탈출속도가 느리며(화성은 초속 5킬로미터) 중력이 강한 곳에서는 빨라진다. 목성의 탈출속도는 초속 61킬로미터다. 하지만 탈출속도 부문 우주 챔피언은 블랙홀이다. 블랙홀의 탈출속도는 빛보다 빠르다(빛의 속도는 초속 30만 킬로미터). 아무것도, 심지어 빛조차 블랙홀에서 빠져나오지 못한다(이유는 블랙홀에서 벗어나려면 빛보다 빠르게 움직여야 하는데 빛을 포함해서 아무것도 빛보다 빠르지 않기 때문이다).

2011년에 한 물리학자 팀이 발표한 실험 결과에 따르면 일부 중성미자(제10장에서 설명한 아원자 입자의 종류)는 빛보다 빠르다. 사실이라면 지금까지 알려진 물리학의 일부를 뒤집을 발견이었지만, 안타깝게도 그렇지 않았다. 전문가들은 나중에 커넥터 하나가 느슨하게 연결되어 있다는 사실을 알아차렸다. 물리학자들의 나사는 풀려 있지 않았지만, 상황은 굉장히 안 좋았다.

어떤 과학자들은 빛보다 빠른 가상의 입자, 타키온이라고 부르는 입자의 존재를 주장했다. 사실 만약 타키온이 존재한다면 빛보다 느릴 수가 없다. 하지만 이런 입자가 존재한다는 가설은 널리 받아들여지지 않았으며 아직 타키온을 발견하지 못했다.

블랙홀 명단 살펴보기

블랙홀은 눈에 보이지 않기 때문에 간접적인 방식을 이용해 관측한다. 대표적인 방법 세 가지만 소개하겠다. 첫째, 비정상적으로 높은 온도의 가스 소용돌이가 생길 때, 둘째, 제트라고 불리는 높은 에너지 입자가 블랙홀에서 탈출할 때(제트는 블랙홀 내부가 아니라 테두리에서 분출된다) 셋째, 항성이 마치 보이지 않는 엄청난 질량을 가진 물체의 영향을 받는 것처럼 아주 빠른 속도로 공전할 때이다.

과학자들은 블랙홀의 종류를 세 가지로 분류한다(제11장에서 언급했듯이).

- **항성질량 블랙홀** : 항성 블랙홀의 질량은 거대한 항성(대략 태양질량의 3~100배)과 비슷하며 이러한 별의 죽음에서 태어난다.
- **초대질량 블랙홀** : 태양질량의 10만~200억 배에 육박하며 은하의 중심에 존재한다. 밀집한 항성들의 합병이나 은하가 생겨날 때 붕괴한 거대한 가스 구름에서 생겨났을지도 모른다. 하지만 기원에 대해서 확실히 밝혀진 사실은 없다.
- **중간질량 블랙홀** : 얼마 없는 빈약한 증거들에 따르면 태양질량의 100배에서 만 배에 가깝다고 한다. 일부는 구상 성단(제11장 참조)의 중심에 존재할 가능성이 있다. 아직까지, 확실하게 발견된 중간질량 블랙홀은 없다.

블랙홀 내부 캐보기

블랙홀은 세 가지 부분으로 나뉜다.

- **사건의 지평선** : 블랙홀의 가장자리
- **특이점** : 블랙홀의 심장부. 물질이 극한의 압력을 받아 뭉쳐 있는 지점
- **낙하체** : 사건의 지평선을 지나 특이점을 향해 떨어져 내리는 물체

다음 절에서 이 부분을 더 자세히 설명한다.

사건의 지평선

사건의 지평선은 블랙홀의 형태를 정의하는 구형 테두리다. 물체가 사건의 지평선으로 들어가면(그림 13-1), 다시는 블랙홀 밖으로 나오지 못하며, 외부에서도 보이지 않는다.

사건의 지평선의 크기는 블랙홀의 질량에 비례한다. 한 블랙홀의 질량을 두 배로 키

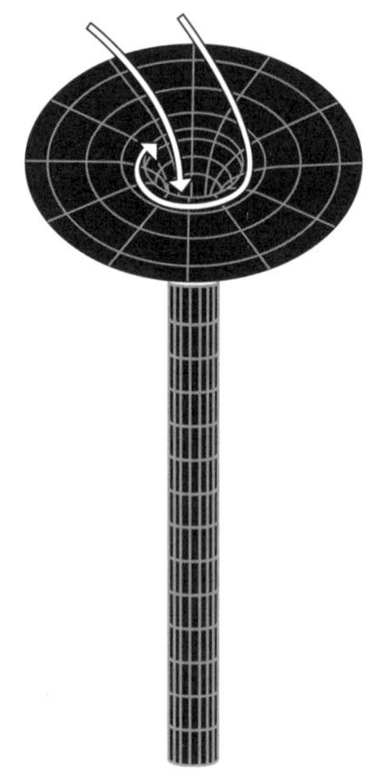
© John Wiley & Sons, Inc.

그림 13-1
블랙홀의 개념도, 화살표는 불행한 물체가 빠질 때 그리는 궤적

우면, 시간의 지평선의 크기도 두 배가 된다. 만약 과학자들이 지구를 찌그러뜨려서 블랙홀로 만들 수 있는 방법을 찾는다면(물론 그러지 않을 것이며, 내가 방법을 알고 있더라도 입을 다물 것이다), 대략 2센티미터 크기의 사건의 지평선을 가질 것이다.

표 13-1 블랙홀의 크기

질량(태양 기준)	블랙홀의 지름(마일)	블랙홀의 지름(킬로미터)	설명
3	11	18	가장 작은 항성질량 블랙홀
10	37	60	일반적인 항성질량 블랙홀
100	370	600	가장 큰 항성질량 블랙홀
1,000	3,700	6,000	중간질량 블랙홀
400만	1,500만	2,400만	우리 은하 중심의 초대질량 블랙홀
630억	230억	370억	처녀자리 은하단 M87의 초대질량 블랙홀
210억	770억	1,200억	머리털자리 은하단 NGC 4889의 초대질량 블랙홀

블랙홀에 빠지고 싶어 하는 독자를 위해서 표 13-1에 각 블랙홀의 크기를 적어놓았다. 표에서 가장 큰 두 블랙홀은 모두 거대 타원 은하의 중심에 있다. 두 블랙홀이 있는 거대 타원 은하들은 각 은하단에서 가장 밝고, 무거운 은하이다(은하단은 제12장에서 설명했다).

과학자들은 아직 지름이 18킬로미터보다 작거나 태양의 질량의 세 배 이하인 블랙홀은 찾지 못했다.

천문학자들은 처음으로 이벤트 호라이즌 망원경(EHT)을 사용해 사건의 지평선을 촬영하는 계획을 세우고 있다. 사실 EHT는 망원경이 아니라 지상 전파망원경의 묶음인데 이 실험 기간에만 연결해서 사용할 예정이며 우리 은하 중심의 초대질량 블랙홀이 위치한 궁수자리 A*를 촬영할 계획이다. 만약 성공한다면, 사건의 지평선의 사진으로 아인슈타인의 일반 상대성 이론을 실험할 수 있으며 블랙홀에 대해 새로운 사실을 캐내거나 어쩌면 블랙홀의 중력이 어떻게 성간 물질을 끌어당기는지 관측할 수 있을지도 모른다.

촬영에 성공한다면 사진은 아마 한쪽에만 초승달 모양으로 빛을 내는 검은 원의 형태로 보일 것이다. 검은 원은 사건의 지평선의 어두운 '그림자'다(사건의 지평선을 직접 볼 수는 없다). 2017년 4월에 위의 방식을 이용한 첫 번째 관측이 있었으나, 이 책이 출판될 때까지 결과가 나오지 않았다. 복잡한 실험에서는 첫 번째 혹은 두 번째 시도 만에 원하는 결과를 얻기 어렵다. 은하수의 블랙홀을 밝혀내고 나면, 같은 장비로 M87 촬영에 도전할 가능성이 높다. M87은 처녀자리 은하단에 속하는 거대 타원 은하로, 더 거대한 블랙홀을 품고 있지만, 지구에서 훨씬 멀리 떨어져 있다.

특이점과 낙하체

사건의 지평선 안으로 떨어지는 모든 물체는 특이점으로 향한다. 과학자들이 무한한 밀도를 가지고 있다고 생각하는 특이점이 물체를 집어삼킬 것이다. 아직까지 엄청난 밀도를 가진 물체에서 어떤 물리법칙이 작용하는지 모르기 때문에 특이점이 어떤 모습일지 묘사할 수 없다. 우리의 지식에 블랙홀이 있다고 말해도 좋다.

어떤 수학자들은 특이점에 어쩌면 웜홀, 블랙홀과 다른 우주를 잇는 통로가 존재할지 모른다고 생각한다. 많은 작가와 영화감독이 웜홀의 개념에서 영감을 받아 수많은 SF물을 만들어 냈다. 하지만 얼토당토않은 소리다. 거의 모든 전문가는 웜홀이 존재하지 않는다고 생각한다. 만약 존재한다고 하더라도 블랙홀 내부의 웜홀을 볼 방법이 없으며, 직접 안에 들어가서 확인할 수도 없다.

블랙홀 주변 돌아보기

과학자들이 블랙홀의 주변에서 관측한 내용이다.

1. **가스 물질이 블랙홀로 빨려 들어갈 때 주변에 소용돌이가 일어나면서 납작한 구름이 생기는데 이를 '강착원반'이라고 한다.**
2. **강착원반 내부의 가스가 블랙홀에 가까워질수록, 밀도가 높아지며 뜨거워진다.**

   블랙홀의 중력 때문에 가스의 밀도가 높아지면서 마찰이 일어나는데 이 과정에서 온도가 올라간다(에어컨과 냉장고의 원리와 비슷하다: 가스가 팽창하면, 온도는 낮아지고, 가스가 수축하면 온도는 높아진다).
3. **뜨거워지고 밀도가 높아진 가스가 블랙홀에 접근함에 따라, 밝게 빛난다. 다시 말해, 강착원반이 빛난다.**

   강착원반에서 나오는 복사선의 형태는 다양하다. 하지만 대부분의 항성질량 블랙홀은 엑스선을 분출한다. 엑스선 망원경, 예를 들면 나사의 찬드라 엑스선 관측소는 블랙홀에서 나오는 엑스선을 감지하며 과학자들이 블랙홀을 찾아낼 수 있게 돕는다. 찬드라가 찍은 엑스선 사진을 찬드라 엑스선 센터의 홈페이지(http://chandra.harvard.edu)에서 볼 수 있다. 주소로 들어가서 'Photo Album'을 클릭하면 된다.

따라서 망원경으로 실제 블랙홀의 모습을 보지 못하더라도 뜨거운 가스가 소용돌이치는 강착원반에서 나오는 복사선을 탐지하는 방식으로 존재를 알 수 있다. 하지만 항성질량 블랙홀의 경우 엑스선 망원경을 우주 위성에 실어 보내야 한다. 엑스선은 지구의 대기를 뚫지 못하며, 따라서 망원경은 지구 대기 밖에 있어야 하기 때문이다. 근처의 일부 은하에 위치한 초대질량 블랙홀의 강착원반은 자외선과 가시광선을 방출하는데, 지상에 있는 중간 크기의 망원경으로 관측이 가능할 수 있다. 신경 쓰지 않고 보면, 은하의 중심에 있는 밝은 별처럼 보인다.

가스를 집어삼키지 않는 벌거벗은 블랙홀이 어쩌면 존재할지도 모른다. 그렇다고 해도, 블랙홀이 관측 중이던 뒤의 별이나 은하를 우연히 가리지 않는 이상 천문학자들은 이들을 보지 못할 것이다. 이런 경우에는 블랙홀 뒤에 있는 물체의 모습에 작용하는 중력의 효과를 가지고 간접적으로 블랙홀의 존재를 추론해야 한다(아마 블랙홀 뒤의 물체가 잠깐 동안 더 밝게 보일 텐데 제11장에 설명한 중력 미세렌즈 현상과 같다). 하지만 이런 상황은 잘 일어나지 않는 우연의 일치다. 역시 잘 일어나지 않는 일이지만, 방심한 별이 그 근처를 지나다가 블랙홀에게 갈가리 찢기는 경우도 있다. 이때 임시적인 강착원반이 형성된다. 이런 현상을 조석 파괴라고 하며 보이지 않는 블랙홀의 존재를 알 수 있는 방법이다. 하지만 블랙홀이 저절로 모습을 드러내거나 당신에게 존재를 알리기 위해서 빛을 내뿜는 일은 거의 없으니 기대하지 않는 편이 좋다(조석 파괴 현상을 더 자세히 알고 싶다면 이번 장의 '별이 블랙홀로 빨려 들어가는 모습 바라보기'로 가보자).

시공간 비틀기

블랙홀을 시간과 공간이 왜곡되는 장소로 생각해도 좋다. 물리학에서는 빛이 진공에서 직선으로 나아간다고 생각하는데 블랙홀 부근에서는 빛이 휘게 된다. 물체가 블랙홀에 접근할수록 멀리 떨어진 관측자의 입장에서는 시간이 이상하게 흐르는 것처럼 보인다.

자, 가정을 하나 해보자. 당신은 블랙홀의 영향을 받지 않는 거리의 우주선에 타고 있으며 블랙홀을 향해 탐사정을 보냈다. 탐사정의 바깥에는 전광판이 하나 붙어 있는데 내부의 시계와 연결되어 있다.

모선에서 망원경으로 탐사정을 관찰한다. 탐사정이 달려가는 모습을 보면서 동시에 탐사정의 시간을 알 수 있다. 탐사정이 블랙홀에 가까워질수록 전광판의 시계가 점점 느리게 가는 모습을 볼 수 있다. 사실 당신은 탐사정이 블랙홀로 빠지는 모습을 볼 수 없다. 전광판의 빛은 강한 중력의 영향을 받아 점점 붉어진다. 도플러 효과(제11장에서 설명했다)가 아니라, **중력적색이동**이라고 불리는 현상 때문이다. 전광판의 빛은 더 긴 파장 쪽으로 이동하는데 도플러 효과 때문에 관측자에서 멀어지는 물체의 빛이 더 긴 파장으로 이동하는 것처럼 보이는 현상과 비슷하다. 잠시 후, 중력적색이동으로 인해 전광판의 빛은 눈이 감지할 수 없는 적외선으로 변한다.

다른 상황을 하나 만들어보자. 당신은 이제 블랙홀로 떨어지고 있는 탐사정 안에 있다(집에서 따라 해서는 안 된다. 사실 집이 아니라도 따라 하면 안 된다.). 내부에는 시계가 있으며, 창문으로 당신이 지나온 길을 볼 수 있다. 당신, 즉 탐사정 안의 불행한 관측자의 눈에는 시계가 정상적으로 움직인다. 시계가 느려지는 것 같지는 않다. 하지만 창문으로 모선과 별을 봤을 때 모두 푸른빛으로 보인다. 이제 다시는 집에 갈 수 없다는 사실에 기분이 좀 우울할 것이다. 당신은 보이지 않는 선(사건의 지평선)을 순식간에 지나간다.

모선에 있는 사람은 당신이 블랙홀 내부로 들어가는 모습을 절대 볼 수 없다. 그저 아주 천천히 블랙홀로 다가가는 것처럼 보인다. 하지만 탐사정 안에 있는 사람은 내부로 떨어지고 있다는 사실을 자각할 수 있다. 최소한, 당신이 살아 있다는 가정하에 말이다. 블랙홀에는 강한 중력의 영향을 받아 조석력이라는 힘이 작용하는데 블랙홀로 들어오는 모든 물질을 찢는다. 처음에는 한 방향(특이점이 있는 방향)으로 몸이 길게 늘어날 것이다. 설상가상으로 더 깊게 들어오면서 두 방향으로 힘이 작용하면, 자비없는 조석력이 몸을 찢어버린다.

만약 블랙홀에 발부터 떨어졌다면, 조석력은 당신이 NBA에서 센터로 뛰어도 될 만큼 길게 늘려준다(물론 아직 안 찢어졌다는 가정하에). 하지만 마치 석탄이 강한 압력을 받아 다이아몬드로 변하듯이 머리부터 발끝까지 강한 압력을 받아 찌그러진다. 더 안 좋은 소식은, 보석으로 변하지도 않는다는 거다.

항성질량 블랙홀은 가장 위험한 종류이다. 작은 거미가 타란툴라보다 더 독이 강한 것과 마찬가지다. 만약 항성질량 블랙홀 근처에 접근한다면, 블랙홀에 들어가기도 전에 찢어지면서 납작하게 찌그러진다. 천문학자들은 이 현상을 '스파게티화'라고 부르며 당신은 죽기 전까지 우주가 사라지는 모습을 영영 볼 수 없다. 하지만 초대질량 블랙홀로 떨어지는 물체의 경우는 조금 다르다. 사건의 지평선을 지나쳐 특이점으로 향하는 길에도 우주가 사라지는 모습을 보게 된다. 물론 조석력으로 죽는 건 마찬가지다.

많은 블랙홀이 우주 어딘가에 도사리고 있으며 아주 특이하고 매혹적인 특징을 가지고 있다는 사실을 생각해보면, 과학자들이 블랙홀을 연구하는 이유를 이해할 수 있을 것이다.

블랙홀 충돌 감지하기

두 블랙홀이 공통의 질량 중심을 공전할 때, 중력파를 방출하면서 점점 서로와 가까워진다. 이미 아인슈타인이 예측한 바 있는 중력파는 마치 돌을 연못에 던져서 나오는 파문과 유사하다. 하지만 물에서 일어나는 파동이 아니라 공간과 시간 자체가 교란되는 것이다. 두 블랙홀이 점점 공통 질량의 중심에 접근함에 따라, 더 빠르게 돌며, 마침내 하나로 합쳐져 더 큰 블랙홀 하나가 된다.

두 블랙홀이 합쳐지면서 생긴 새로운 블랙홀은 기존의 두 블랙홀의 질량의 합보다 약간 가볍다. 2015년 9월 14일에 감지된 첫 번째 블랙홀 충돌에서, 충돌한 두 블랙홀의 질량은 각각 태양의 36배, 29배였으며 합치면 65배가 된다. 하지만 새로 생겨난 블랙홀의 질량은 태양의 62배였다. 태양의 세 배에 달하는 질량이 중력파의 형태로 발산된 것이다. 이 중력파는 광속으로 우주를 가로질렀고 충돌이 일어나고 13억 년 뒤인 2015년, 지구에 도달했다. 제10장에서 설명했듯이 태양의 내부에서는 1초마다 500만 톤의 수소가 에너지로 바뀌고 있다. 블랙홀의 충돌은 태양보다 훨씬 많은 에너지를 낸다. 태양질량의 세 배에 달하는 에너지는 6 곱하기 10억, 10억, 10억 톤이다!

블랙홀의 관찰은 요행이 아니었다. 몇 달 뒤에 다른 충돌이 감지되었다. 각각 태양질량의 14배, 8배를 가진 블랙홀이었다. 새로 생겨난 블랙홀은 태양질량의 21배였으니 태양 하나만큼의 질량이 중력파의 형태로 우주로 뿌려진 셈이다.

처음으로 이 중력파의 존재를 감지한 곳은 레이저 간섭계 중력파 관측소(LIGO)인데 이번 장의 앞부분에 언급한 이벤트 호라이즌 망원경처럼 루이지애나와 워싱턴 두 곳에 관측소를 두고 있다. 중력파는 아마추어 장비로는 탐지할 수 없다. LIGO는 4킬로미터에서 광자 지름의 1만 분의 1밖에 되지 않는 길이 변화를 찾아내야 한다.

LIGO는 당신이 도와준다면 더 질 좋은 연구를 할 수 있다. 그래비티 스파이 시민과학 프로젝트(Gravity Spy citizen science project)에 등록하기만 하면 된다. www.

zooniverse.org/projects/zooniverse/gravity-spy에 들어가서 'Learn more'를 클릭하자. 요령을 터득하면, 중력 연구에 어느 정도 도움을 줄 수 있다.

별이 블랙홀로 빨려 들어가는 모습 바라보기

가끔씩 별이 은하의 중심에 있는 초대질량 블랙홀에 너무 가까이 가면, 블랙홀의 조석력이 별을 찢어버린다(앞에 '시공간 비틀기' 부분에서 설명했다). 이런 경우에 천문학자들은 조석 파괴 현상을 관찰할 수 있다. 조석 파괴 현상은 눈에 보이는 밝은 섬광, 자외선, 엑스선이나 전파를 방출하는 현상으로 몇 달까지 계속된다. 조석 파괴 현상이 일어나면 대략 별의 절반이 블랙홀 내부로 빨려 들어가며 나머지 반은 블랙홀 주변의 우주로 내동댕이쳐진다.

블랙홀의 중심으로부터 별이 부서지지 않고 접근할 수 있는 거리를 조석 파괴 영역이라고 한다. 그 이상 넘어오면 조석력으로 인해 파괴된다. 하지만 블랙홀의 중심으로부터 특정 지역까지는 추락체를 볼 수 없다. 이 길이가 사건의 지평선의 반지름이며 이번 장의 앞에서 정의했다.

가장 큰 블랙홀에서는 사건의 지평선이 조석 파괴 영역 외부에 있다 따라서 블랙홀에 가까이 접근하는 별은 파괴되기 전에 시야에서 사라져버린다. 따라서 우리는 조석 파괴 현상을 볼 수 없다. 하지만 대부분의 블랙홀에서는 조석 파괴 영역이 사건의 지평선보다 크다. 따라서 우리는 별이 블랙홀에 잡아먹힐 때 발생하는 강한 섬광을 볼 수 있다.

자세한 것은 떨어지거나 파괴되는 별의 종류와 블랙홀의 회전 속도에 따라 달라진다. 두 가지 간단한 예를 들어보겠다.

- 우리 은하의 중심에 존재하는 태양질량의 400만 배가 넘는 블랙홀의 경우는 태양 같은 별이 근처에 온다면 파괴될 것이다. 하지만 1AU(1억 5천만 킬로미터) 이상 접근해야 한다.
- 태양질량의 1억 배가 넘는 블랙홀의 경우에는 태양과 비슷한 별은 근처에 접근하여 우리가 볼 수 있는 조석파괴 현상을 만들지 못한다. 별은 파괴되기 전에 사건의 지평선 안으로 들어가 버린다.

두 예시는 블랙홀이 회전하지 않는 경우이다. 회전하는 블랙홀의 경우에는 더 격렬한 별의 붕괴가 일어나며 질량의 큰 블랙홀의 회전은 조석 파괴 영역을 넓힐지도 모른다. 따라서 별이 사건의 지평선 밖에서 파괴되는 모습을 볼 수도 있다.

지금까지 20개 이상의 조석 파괴 현상과 후보들을 관찰했으며 관측 방법의 발전에 따라 관측 횟수가 늘어나는 추세다.

퀘이사 : 정의하기 힘든 물체

과학자들은 퀘이사를 최소 두 가지로 정의한다.

» **기존 정의** : 퀘이사는 별처럼 보이는 전파원이라는 뜻의 'quasistellar radio source'의 약어이며 강한 전파를 방출하지만 일반적인 망원경으로 관측했을 때 별처럼 보이는 천체를 말한다(그림 13-2).
기존 정의는 바뀌었다. 우리가 현재 퀘이사라고 부르는 물체의 10퍼센트 가량만이 위의 정의에 부합한다. 나머지 90퍼센트는 강한 전파를 방출하지 않는다. 이들을 'radio-quiet quasars' 준항성체라고 한다.

» **현재의 정의** : 퀘이사는 활동성 은하핵이다. 다시 말해 응축 원반이 있는 초대질량 블랙홀이며 근처의 은하에서 물질을 빨아들인다.

퀘이사의 정의가 바뀐 이유는 수십 년 동안 퀘이사의 정체를 쫓은 결과, 천문학자들이 퀘이사가 은하의 중심에 도사리고 있는 거대 블랙홀과 관련이 있다는 결론을 내렸기 때문이다.

블랙홀로 떨어지는 물체들이 어마어마한 에너지를 분출하는데 이때 관측된 에너지원을 천문학자들은 퀘이사라고 부른다.

퀘이사가 있는 블랙홀로 들어가는 물질의 양은 달라질 수 있다. 블랙홀로 많은 물질이 들어갈 때 퀘이사는 태양이 초당 방출하는 에너지보다 10조 배 더 밝다. 하지만 반대로 먹어치울 물질이 얼마 없을 때는 천천히 희미해지다가 나중에 좋은 먹잇감이 나타나면 부활한다.

그림 13-2
조각가 자리에서 빛나고 있는 퀘이사. 사진의 가운데.

Courtesy of ESO, Digitized Sky Survey 2 and S. Cantalupo (UCSC)

퀘이사의 크기 측정하기

퀘이사는 모두 강한 엑스선, 가시광선, 적외선, 자외선을 방출한다. 전체에서 10퍼센트가량의 퀘이사는 강한 전파를 방출한다. 방출 강도는 시간에 따라서 달라지며 수 시간이나 하루 단위로 변하는 경우도 있다.

이따금 하루 사이에 급작스럽게 변하는 퀘이사의 밝기는 과학자들에게 뭔가 중요한 사실을 암시했다. 퀘이사는 1광일, 다시 말해 빛이 진공에서 하루 동안 가는 거리보다 크지 않다는 것이다. 1광일은 대략 260억 킬로미터인데 태양의 10조, 우리 은하의 100배가 넘는 빛을 우리 은하보다 작은 천체이자 우주의 티끌인 퀘이사가 낸다는 말이 된다.

퀘이사가 1광일보다 크다면 짧은 주기로 변동할 수가 없다. 벌새가 날갯짓하는 속도로 코끼리가 귀를 펄럭거리면서 하늘을 날아다니는 것과 다를 바가 없다.

제트의 속도 따라잡기

강한 전파를 방출하는 퀘이사 근처에서는 종종 제트를 볼 수 있다. 제트는 퀘이사에서 뿜어져 나오는 길고 얇은 광선으로 빠르게 움직이는 전자와 다른 고속의 물질도 포함된 형태이다. 이따금 제트에 몇 가지 물질 덩어리가 섞여 블랙홀 밖으로 뿜어져 나가기도 한다. 그런데 제트가 빛보다 빠르게 움직이는 것처럼 보일 때가 있다. 이런 초광속 운동은 제트가 지구를 거의 정확하게 향할 때 나타나는 착각으로 사실 제트 내부의 물질은 빛에 가까운 속도로 움직이지만, 빛보다 빠르지는 않다.

전파망원경으로 관측된 퀘이사의 제트 사진은 미국 국립전파천문대 홈페이지의 'Image Gallery'에서 확인할 수 있다(images.nrao.edu).

퀘이사의 스펙트럼 살펴보기

많은 책에서 퀘이사는 초속 1만 킬로미터로 격동하는 움직임에 상응하는 적색 편이와 청색 편이 때문에 아주 넓은 스펙트럼을 가진다고 한다. 사실, 언제나 맞는 말은 아니다. 퀘이사는 아주 다양한 종류가 있으며 일부는 스펙트럼이 넓지 않다(제11장에서 스펙트럼선을 다루었다).

하지만 넓은 스펙트럼선은 많은 퀘이사의 중요한 특징이며 다른 천체와의 관계를 알아낼 단서다. 자세한 얘기는 다음에 이어서 하겠다.

활동성 은하핵 : 퀘이사 가족에 오신 걸 환영합니다

퀘이사의 발견 이후 수년간, 천문학자들은 퀘이사가 은하 내부의 천체인지 아닌지를 놓고 논쟁을 벌였다. 기술이 발전하여 퀘이사와 주변의 은하를 같이 사진으로 찍을 수 있게 됨에 따라 퀘이사는 항상 은하 내부에 있었다는 사실을 알게 되었다. 퀘이사가 있는 은하를 **호스트 은하**라고 한다(퀘이사가 은하의 밝기보다 대략 100배, 혹은 그 이상 밝은 관계로, 옛날 망원경으로는 호스트 은하가 퀘이사의 빛에 묻혀서 관측이 어려웠다).

전자 카메라는 사진 필름보다 짧은 노출로 더 많은 빛을 담아낼 수 있는데 전자카메라의 발견으로 퀘이사의 위치에 대한 논쟁이 끝날 수 있었다.

퀘이사는 천문학자들이 **활동성 은하핵**(AGN)이라고 부르는 천체의 극단적인 형태이다. 은하의 중심에 있는 물체가 퀘이사의 특징을 가질 때 활동성 은하핵이라고 부른다. 예를 들면 밝은 별처럼 보이며 넓은 스펙트럼선을 가지고 밝기가 눈에 띄게 변하는 특징이 있다.

활동성 은하핵의 종류 파헤치기

과학자들은 활동성 은하핵을 세분화하기 위해 다음과 같은 용어를 사용한다.

- **준성선파원**(기존의 퀘이사), **준항성체**(90퍼센트 이상의 퀘이사) : 이 두 종류의 퀘이사는 서로 비슷하며 강한 전파 방출 여부에 따라 나뉜다. 나선 은하에서 자주 발견되지만 타원 은하에도 있을 수 있다(은하는 제12장에서 자세히 다루었다). 우리 은하에서 발견된 퀘이사는 없지만, 우리 은하의 중심에 태양 질량의 400만 배에 달하는 블랙홀이 있으며 궁수자리 A*로 부른다. 이 초대질량 블랙홀은 표 13-1에 실었다.
- **준항성상천체**(QSOs) : 어떤 천문학자들은 위의 두 퀘이사를 준항성상천체로 묶어서 부른다.
- **가시광격변퀘이사**(OVVs) : 제트를 지구 방향으로 내뿜는 퀘이사다. 이 퀘이사들은 다른 평범한 퀘이사들과 다르게 밝기가 확연하게 변한다. 옷에 불이 붙은 사람에게 호스로 물을 뿌리는 소방관을 생각해보자. 계속 물을 뿌림에 따라 수압이 변할 것이다. 옆에 있는 구경꾼의 입장에서 볼 때는 물이 일정하게 나가는 것 같지만 물줄기에 계속 얻어맞고 있는 사람은 물의 수압이 바뀌는 것을 느낄 수 있다. 이 종류의 퀘이사가 가장 강하게 물을 내뿜는 호스라고 볼 수 있겠다.
- **도마뱀자리 BL형 천체**(BL Lac) : 도마뱀자리 BL형 천체와 비슷한 활동성 은하핵을 통틀어 부르는 말이다. 도마뱀자리 BL형 천체는 밝기가 변하는데 몇 년 동안 과학자들은 도마뱀자리에 있는 평범한 변광성으로 알고 있었다(사진으로 보면 마치 별처럼 생겼다). 나중에 이 천체에서 강한 전파가 발생한

다는 사실을 알아차렸고 후에 활동성 은하핵으로 분류했다. 앞서 언급했던 사진 기술이 발달하기 전까지 호스트 은하는 도마뱀자리 BL형 천체의 빛에 가려서 눈에 띄지 않았다.

다른 퀘이사들과 다르게 도마뱀자리 BL은 스펙트럼선이 넓지 않다. 그리고 다른 준성전파원에 비해 편광이 심하다(가시광격변퀘이사는 빼고, 도마뱀자리 BL의 극단적인 형태일지도 모른다). 편광은 우주를 나아가면서 어느 한 방향으로 진동하는 경향을 띤다는 것이다. 편광되지 않은 파동은 움직이면서 모든 방향으로 진동한다. 야구장에서 점수판을 보지 않고 선수를 나무라지 말라는 말이 있는 것처럼, 천문대에서는 준성전파원과 도마뱀자리 BL형을 구별하기 위해서 편광 상태를 확인해야 한다.

» **블레이자** : 가시광격변퀘이사와 도마뱀자리 BL형 천체를 포괄하는 말이다. 이 둘은 서로 많이 닮아 있다. 둘 다 밝기 변화가 심하며, 제트의 방향이 지구를 향하며, 준성전파원이다.

다른 활동 은하핵과 다르게 블레이자는 아주 밝게 빛나며 어떨 때는 높은 감마선 분출이 일어난다. 블레이자가 드문 천체이긴 하지만, 외부 은하에서 발생하는 감마선의 상당수가 블레이자에서 생성된다(감마선은 가장 큰 에너지를 가진 빛의 형태로, 엑스선보다 더 큰 에너지를 가진다).

가시광격변퀘이사와 도마뱀자리 BL형 천체를 포괄하는 용어가 꼭 필요할까? 잘 모르겠다. 내 친구 홍 이 치우 박사는 퀘이사에 이름을 지어준 과학자로 유명하다. 몇 년 후 그의 지인 에드워드 스피겔 교수는 다른 천체에 블레이자라는 이름을 붙였다. 만약 새로운 종류의 천체를 발견하거나 그에 관한 가설을 세우게 된다면 당신도 이름을 붙여야 할 것이다.

» **전파 은하** : 이 은하들은 상대적으로 희미한 활동성 은하핵을 가지고 있지만 강한 전파를 방출한다. 강한 전파를 방출하는 은하는 대부분 거대 타원 은하다. 종종 활동성 은하핵에서 호스트 은하 너머로 뻗어 나온 제트가 거대한 로브를 만드는데 이곳에서 강한 전파가 방출된다. 보통 은하의 한쪽에 로브가 있으면 반대쪽에 다른 로브가 있다.

» **시퍼트 은하** : 시퍼트 은하의 중심에는 활동성 은하핵이 있다. 시퍼트의 활동성 은하핵은 퀘이사와 비슷하고 넓은 스펙트럼선을 가지며 밝기가 빠르게 변한다. 호스트 갤럭시와 비슷하게 빛날 때도 있지만, 퀘이사처럼 100

배가 넘을 정도로 빛나지는 않으므로 시퍼트 은하핵의 섬광에 호스트 은하가 가려지는 일은 없다.

활동성 은하핵의 힘의 원천 찾기

모든 활동성 은하핵은 공통점이 하나 있다: 모두 중심에 있는 초대질량 블랙홀의 부근에서 생성되는 에너지에서 힘을 얻는다.

초대질량 블랙홀 부근에서, 별과 가스는 호스트 은하의 중심을 빠르게 돈다. 이 성질을 이용해 천문학자들은 블랙홀의 질량을 측정한다. 허블우주망원경 같은 장비로 별이나 가스에서 오는 빛의 도플러 편이를 측정함으로써 천문학자들은 이들의 공전 속도를 알아낼 수 있다(도플러 효과는 제11장에서 설명했다). 공전 속도는 블랙홀의 질량과 관련이 깊다. 질량이 더 작은 블랙홀에 있는 물체의 경우 같은 거리에 있더라도 더 느리게 돈다.

퀘이사 혹은 거대 타원형 전파 은하의 안에 있는 초대질량 블랙홀은 종종 태양질량의 10억 배가 넘어간다. 시퍼트형 은하 안에 있는 블랙홀은 태양질량의 100~1,000만 배 정도 된다.

활동성 은하핵이 빛나는 이유는 블랙홀 덕분이다. 하지만 블랙홀에 실제로 떨어지는 물체가 있어야 빛을 낼 수 있다. 퀘이사가 빛나기 위해서는 매해 태양질량의 열 배가량의 물질이 블랙홀에 떨어져야 한다.

만약 블랙홀에 물체가 떨어지지 않는다면, 활동성 은하핵은 스스로 빛을 내지 못하며 전파 방출, 제트 혹은 강한 엑스선 역시 방출할 수 없다. 학생들이 점심을 먹지 못하면 수업시간에 힘을 낼 수 없는 것과 마찬가지다. 블랙홀은 물질을 충분히 잡아먹어야만 빛을 낼 수 있다. 퀘이사나 다른 활동성 은하핵이 아주 일부 은하에서만 보이는 이유가 어쩌면 초대질량 블랙홀은 거의 모든 은하에 숨어 있지만, 대부분 굶주려서 빛을 내지 못하고 있기 때문일 수도 있다.

활동성 은하핵의 통일 모델 제안하기

활동성 은하핵의 유형을 통일하자는 이론은 많은 종류의 활동성 은하핵이 사실 같

【 무엇이 먼저인가 : 블랙홀일까, 은하일까 】

퀘이사에 관심 있는 사람들이 기뻐할 만한 중요한 발견이 일어났다. 전문가들은 초대질량 블랙홀과 초대질량 블랙홀을 둘러싸고 있는 은하 사이에 간단한 수학적 관계를 알아냈다. 대부분의 은하 중심에는 팽대부라고 불리는 지역이 있다. 심지어 상대적으로 납작한 나선 은하에도 중심에 팽대부가 있을 수 있으며 크기는 은하마다 천차만별이다. 타원형 은하는 모두 팽대부가 있다고 생각된다. 천문학자들은 팽대부의 중심에 있는 블랙홀의 질량이 전체 팽대부 질량의 0.2퍼센트에 해당한다는 사실을 알아냈다. 다시 말해 모든 은하는 블랙홀에 0.2퍼센트를 세금으로 내야 한다는 것이다(내 세금도 이 정도만 싸면 좋겠다). 예외도 존재하는데 작거나 팽대부가 없는 나선 은하 중에는 은하 중심에 확인 가능한 블랙홀이 없는 경우도 있다. 예를 들면 제12장에서 설명했던 삼각형자리 혹은 바람개비 은하가 있다. 질량이 몹시 큰 블랙홀은 0.2퍼센트 법칙보다 더 큰 질량을 가진다.

블랙홀과 팽대부의 질량 사이에 발견된 이 뜻밖의 관계는 이들의 탄생과 관련 있는 게 분명하지만, 천문학자들은 확실하다고는 생각하지 않는다. 은하가 블랙홀 주변에서 생겨나는 걸까? 아니면 블랙홀이 은하의 내부에서 생겨나는 걸까? 천문학자들은 여전히 합의점을 찾지 못하고 있으며 나는 이 논쟁을 '살과의 전투'라고 부른다. 아마도 생성된 지 얼마 지나지 않은 은하의 팽대부가 커지면서 블랙홀이 생겨났을 것이다.

은 물체이며 다른 각도로 보았기 때문에 달라 보인다는 주장에 근거를 두고 있다. 주장에 따르면, 활동성 은하핵을 다른 각도에서 보면, 강착원반과 제트 역시 다르게 보인다. 마치 같은 사람이라도 앞에서 본 모습과 옆에서 본 모습이 다른 것과 같다. 활동성 은하핵의 밝기가 다른 이유 역시 블랙홀마다 물체를 빨아들이는 속도가 다르며 따라서 활동성 은하핵의 밝기도 제각각이라고 주장한다(많은 물체를 먹을수록 밝아진다). 수십의 천문학자들은 매년 통일 모델에 관한 논문을 쓴다. 일부는 이론의 근거를 제출하는 사람이며, 나머지는 이에 반하는 근거를 제출하는 사람이다.

내가 볼 때, 몇 가지 증거는 활동성 은하핵의 유형마다 차이점이 있다는 사실을 나타낸다. 하지만 역시 서로 많은 공통점이 있다. 천문학자들은 통일 모델이나 다른 활동성 은하핵 이론으로 의견을 모으기 전에 다른 정보가 더 필요하다. 그나저나 당신의 생각은 어떤가? 거의 모든 선진국에서 관련 연구가 진행되고 있으며 당신의 세금으로 지원을 받는다. 당신은 의견을 낼 자격이 충분하다.

PART

4

놀라운 우주 사색하기

제4부 미리보기

- 천문학자가 세티 프로젝트에서 어떤 일을 하는지 그리고 어떤 식으로 외계 행성을 연구하는지 알아본다.
- 암흑물질과 반물질이라는 기이한 존재를 탐구한다.
- 우주의 기원, 모양 그리고 미래를 생각해본다.

chapter

14

거기 누구 있나요? 세티와 외계 행성

제14장 미리보기

- 드레이크 방정식을 이해한다.
- 세티 프로젝트를 알아본다(그리고 참여한다).
- 외계 행성을 수색하고 특징을 알아본다.

우주는 광활하며 다양한 물질을 품고 있다. 하지만 이 찬란한 지역을 통틀어 생각하는 존재는 우리밖에 없을까? 스타트렉 애청자나 영화관을 자주 가는 사람이라면 할리우드식 답을 알고 있을 것이다. 우주는 외계인들로 바글거린다(그리고 대부분은 아주 완벽한 영어를 구사한다).

하지만 과학자들의 의견은 어떨까? 정말 외계인은 존재할까? 많은 연구자들의 답은 "그렇다"이며 증거를 찾기 위해 노력하고 있다. 이들의 연구는 세티(SETI)로 알려져 있는데 외계 지적 생명체 탐사(Search for Extraterrestrial Intelligence)의 줄임말이다. 다른 과학자들은 화성에서 원시 생명체의 흔적을 찾고 있으며 어떤 전문가들은 유로파와 엔켈라두스(각각 목성과 토성의 위성)에 미생물의 은신처가 있다고 생각한다. 하지만 세티는 우주로 자신의 존재를 알릴 수 있는 선진 문명을 찾는 프로젝트다(유로파와 엔켈라두스가 궁금하다면 제8장을 보라. 화성은 제6장에서 다루었다).

왜 이렇게 많은 과학자들이 외계인이 존재한다고 생각할까? 이 긍정적인 태도는 사실 우리가 사는 지구가 우주 단위로 봤을 때 아주 평범한 지역이라는 사실에서 착안한다. 태양은 우리에게 없어서는 안 될 존재일지 몰라도 우주 전체에서는 그저 비중 없는 조연일 뿐이다. 우리 은하에는 태양과 비슷한 별이 수십억 개가 있다. 이 숫자에 감명을 받지 못했다면 망원경으로 관측할 수 있는 은하가 수천억 개가 된다는 걸 생각해보라. 지구에 있는 풀잎보다 많은 태양과 비슷한 별이 관측 가능한 우주에 흩어져 있다. 우리의 태양 근처에서만 뭔가 흥미로운 일이 일어난다고 생각하는 건 아주 순진한 생각이다. 자존심이 상할 수도 있겠지만, 지구는 어쩌면 우주에서 지적생명체가 사는 유일한 행성이 아닐지도 모른다.

그렇다면 어떻게 우리의 똑똑이 친구들을 찾을 수 있을까? 외계인의 행성을 직접 방문할 수는 없다. 로켓을 쏘아 올려 항성계로 떠나는 건 과학 소설에서 식상하고도 중요한 설정이지만, 현실에서는 어렵다. 지구에서 발사한 로켓의 속도가 시속 5만 킬로미터라고 생각해보자. 아주 빠르다고 느끼겠지만 이 속도로 센타우리 알파, 우리 여정의 첫 번째 목적지에 닿으려면 10만 년이 걸린다는 걸 생각해 보면 꼭 그렇지만도 않다. 더 빠른 로켓을 만들면 시간을 단축할 수 있지만, 더 많은 에너지, 아니 훨씬 더 많은 에너지를 공급해야 한다(나중에 '프록시마를 찾아서 : 적색왜성에 집중하기'에서 가능성 있는 답을 설명하겠다).

천문학자 프랭크 드레이크가 처음으로 외계인들과 접촉하기 위한 반석을 세운 지 거의 60년이 지났다. 지금까지 우리는 전혀 소득이 없다. 하지만 지금까지의 연구가 끝이 아니다. 기술이 발전함에 따라 성공 확률은 올라간다. 어느 날, 천문학자들이 우주의 차가운 심연으로부터 날아온 외계인의 신호에 깜짝 놀랄 날이 올 것이다. 아마도 우리가 알지 못하는 어떤 물리학 법칙의 요약본이거나 외계 생명체의 신호일 수도 있다. 확실한 건 하나다: 이 신호가 온다면, 우리가 넓디넓은 우주에 홀로 남은 미아가 아니라는 것이다.

세티 프로젝트에 드레이크 방정식 사용하기

우리가 멀리 떨어져 있는 문명을 직접 방문할 수는 없지만, 전파를 사용해 기술적으로 진보한 외계인을 수색할 수 있다. 1960년대에 프랭크 드레이크는 웨스트버지니아에서 지름 26미터 전파망원경을 사용해 우주에서 오는 전파를 들으려고 했다. 만약 〈콘택트〉라는 영화를 봤다면 전파망원경이 마치 거대한 위성방송 안테나처럼 생겼다는 사실을 알 것이다(그림 14-1). 드레이크는 새로 개발한 감도 높은 수신기에 안테나를 연결한 뒤 1,420MHz(전자기파 스펙트럼에서 마이크로파에 해당하는 주파수)에 맞추고 근처의 태양과 비슷한 두 별에서 나오는 신호를 수신하기 시작했는데 이를 오즈마 계획이라고 한다.

드레이크는 오즈마 계획이 종료될 때까지 어떤 외계인의 신호도 받지 못했지만, 과학계에 외계인에 대한 큰 관심을 유발했다. 1년 뒤 1961년에 처음으로 세티를 주제

그림 14-1 전파망원경과 특별한 수신기로 천문학자들은 다른 사회에서 보내는 신호를 받는다.

Courtesy of Seth Shostak

【 드레이크 방정식 속으로 】

과학자들은 프랭크 드레이크의 훌륭하고도 간단한 방정식을 세티와 인류가 다른 지적 외계생명체와 접촉할 확률을 논의하는 자리에서 사용한다. 공식은 간단하며 중학교 2학년 수학 과정을 익혔다면 그 이상의 수학적 지식은 필요하지 않다.

방정식은 N을 좌변에 놓는다. N은 우리 은하에서 인류가 찾아낼 수 있을 만큼 자신의 존재를 알리는 문명의 숫자이다. 마치 한 서류에 서명하면서 이름을 세 번 다르게 쓴 셰익스피어처럼, 드레이크 방정식의 종류도 여러 가지가 있지만 가장 적당한 것 하나만 다루겠다.

$$N = R^{*} f_{p} n_{e} f_{l} f_{i} f_{c} L$$

- R^{*}은 우리 은하에서 주변 행성에 생명체가 번성할 만큼 오래 사는 별이 생성되는 확률이다. 어떤 전문가들은 1년에 하나나 둘이라고 생각하지만, 한 연구에서는 7개까지 탄생한다는 결과를 얻어내기도 했다.
- f_{p}는 이 별이 실제로 행성을 가질 확률이다(보통 퍼센트로 표현한다). 천문학자들은 정확한 값을 찾아내지 못하지만 최근 연구 결과에 따르면 50~100퍼센트 사이라고 한다.
- n_{e}는 각 태양계에서 생명을 품을 만한 행성의 수이다. 우리 태양계에서는 최소 하나(지구) 이상이며 목성이나 토성의 몇몇 위성과 화성을 포함할 수 있다. 하지만 외부 태양계의 경우 누가 알겠는가? 보통 하나로 넣지만, 최근에 7개의 외계 행성을 가진 별을 발견했으며 이 중 3개의 행성에 생명이 존재할지도 모른다고 밝혔다. 아마도 n_{e}는 1보다 클 것이다.
- f_{l}은 생명체가 살 수 있는 행성에서 실제로 생명이 탄생할 확률이다. 우리가 합리적으로 생각해봤을 때 제법 높을 수 있겠지만, 어떤 천문학자들은 아주 낮은 확률이라고 생각한다.
- f_{i}는 행성의 생명체가 지적생명체로 진화할 확률이다. f_{i}값은 논란이 많다. 물론 지성은 생물의 진화에서 아주 드문 확률로 나오기 때문이다.
- f_{c}는 지적 문명이 기술을 발명할 확률(예를 들면 무선 송신기, 레이저)이다. 아마 많은 경우가 그럴 것이다.
- L은 마지막으로, 기술을 사용하는 문명이 존재할 수 있는 시간이다. L값은 천문학이 아니라 사회학의 문제다. 따라서 당신의 추측도 나만큼이나 정확할 수 있으며, 심지어 더 날카로울 수 있다.

N값은 당신이 미지수에 어떤 값을 대입하느냐에 따라 달라진다. 비관주의자들은 N값이 1이라고 생각한다(우리가 은하의 유일한 지적생명체라는 얘기다). 칼 세이건은 수백만이 나왔다. 방정식의 주인인 드레이크의 값은 어땠을까? 답은, "대략 1만"이었다. 매사에 중용을 지켜야 한다. 당신의 추측은 프랭크 드레이크만큼이나 괜찮을 수 있으며 나만큼이나 예리할 수 있다. 미국 공영방송(PBS)에서 온라인 드레이크 방정식 계산기를 사용하여 당신만의 값을 계산해볼 수 있다. 변수마다 원하는 값을 집어넣기만 하면 된다. www.pbs.org/lifebeyondearth/listening/drake.html에서 계산해보자.

로 대규모 회의가 열렸다. 드레이크는 알아내야 할 모든 값을 미지수로 넣은 한 방정식을 가지고 회의를 진행했는데 이를 드레이크 방정식이라고 한다(수학을 좋아하는 사람들을 위해, 방정식을 '드레이크 방정식 속으로'에서 자세히 다루었다). 논리는 간단하다. 우리 은하에서 전파를 보낼 줄 아는 문명의 수를 N으로 둔다. N은 우리 은하에 있는 적합한 항성의 수와 상관이 있고 여기에 항성이 행성을 가질 확률을 곱하고 그리고…음, 자세한 내용은 뒤에서 다시 다루도록 하자.

언뜻 보기에 드레이크 방정식은 간단명료하다. 하지만 과학자들이 몇 가지 변수를 알거나, 조심스럽게 추측할 수 있다 하더라도(예를 들면 행성을 가질 수 있는 항성이 태어나는 비율이나 아니면 항성이 실제로 행성을 가질 확률이라던가), 행성의 생명체가 지적 생명체로 진화할 확률이나 기술 문명이 존재할 수 있는 시간에 대해서는 전혀 아는 바가 없다. 따라서 우리는 드레이크 방정식의 답을 구할 수 없다. 하지만 이 방정식은 우리 은하에 있는 문명에 대한 당신의 생각을 표현하는 데 좋은 도구가 된다.

세티 프로젝트 : 이티의 목소리 듣기

최근에 진행되는 이티 프로젝트는 대부분 프랭크 드레이크의 발자취를 따르고 있다. 다시 말해 거대한 전파망원경을 사용해 외계 문명을 도청하려고 든다는 말이다.

왜 전파일까? 전파는 빛의 속도로 움직이며 성간에 있는 가스와 먼지로 된 구름을 쉽게 뚫어버릴 수 있다. 게다가 천문용 전파 수신기는 아주 민감하다. 별끼리 통신하는 데 필요한 에너지는(외계인이 최소 3센티미터 이상의 송신 안테나를 쓴다는 가정하에) 지역 방송국에서 방출하는 에너지보다 낮다.

주석 : 세티 프로젝트는 대개 태양 같은 별을 대상으로 해왔다, 하지만 최근에 적색왜성 근처를 공전하는 지구와 유사한 행성이 발견되었다. 세티 관계자들은 이제 수천 개의 적색왜성을 조사하고 있다. 곧 후술하겠다(적색왜성은 제11장 참조).

연구원들이 우주에서 날아온 메시지를 받았다고 치자, 대체 무슨 수로 이게 외계인의 메시지인지 알아볼까? 이들은 외계인이 파이값이나 중학교를 졸업했다는 증명서를 보낼 것이라고 예상하지는 않을 것이다. 세티 연구원들은 협대역 신호를 찾고 있다.

당신이 제일 좋아하는 AM이나 FM 라디오 채널처럼, 협대역 신호는 라디오 다이얼을 정확하게 맞춰야만 들을 수 있다. 그리고 오로지 전파 송신기만이 이런 협대역 신호를 방출한다. 퀘이사, 펄서, 그리고 다른 자연적인 전파원 역시 전파를 방출하지만, 주파수 대역이 넓다. 협대역 신호는 송신기의 증거이며 송신기는 지성을 가진 생명체가 있다는 증거이다. 송신기를 만들려면 지능이 필요하다(납땜인두는 말할 것도 없고).

세티 연구자들이 외계 방송을 들었다고 주장하기 전에 알아둬야 할 다른 기준은 신호가 지속적이어야 한다는 것이다. 다시 말해, 찾아낸 전파원에 언제든지 전파망원경을 들이밀어도 신호가 잡혀야 한다. 만약 신호가 한 번만 잡혔다면, 확인할 방법이 없다. 통신위성의 간섭이나, 프로그램 버그, 어쩌면 질 나쁜 장난일 수도 있다. 다음에서 몇 가지 세티 프로젝트를 다루며 당신이 어떻게 참가할 수 있는지 알려주겠다.

프로젝트 피닉스의 비상

1995년부터 2004년까지 진행된 피닉스 프로젝트는 약 750개의 항성에서 나오는 전파 신호를 찾기 위해 푸에르토리코에 있는 아레시보 관측소(그림 14-2)의 지름 300미터 망원경을 포함하여 여러 전파망원경을 동원했던 프로젝트다. 표적을 정해놓고 수색하는 방식은 문명이 있을 가능성이 높은 지역에 시간을 많이 투자한다. 하지만 추측이 틀렸을지도 모르기 때문에, 다른 연구자들은 전혀 예상치 못한 행성에서 신호가 날아올 희망과 그 신호가 충분히 강해서 바로 알아차릴 가능성을 염두에 두고 가능한 한 모든 우주를 수색하는 것을 목표로 한다. 우리는 둘 중 하나가 성공할 때까지 어떤 방식이 옳다고 단정 지을 수 없다.

피닉스와 다른 세티 실험은 마이크로파로 진행되었다. 전자레인지로 먹다 남긴 음식을 데우는 데 썼다는 말이 아니다. 세티 과학자들의 주 사냥터가 마이크로파 대역인 이유는 다음과 같다.

» 우주는 마이크로파 대역을 잘 방출하지 않는다. 따라서 잡음이 별로 없으며 우리의 이티 역시 알고 있어야 할 내용이다.

그림 14-2
푸에르토리코에 있는 거대한 아레시보 전파망원경의 모습. 프로젝트 피닉스에 사용했다.

Courtesy of Seth Shostak

> » 수소가스에서 발생하는 신호는 마이크로파 대역인 1,420MHz이다. 수소는 우주에서 가장 풍부한 원소이며 모든 외계인 전파 천문학자들은 이 사실에 주목해야 한다. 어쩌면 수소와 비슷한 주파수로 신호를 보내서 우리(아니면 우주의 다른 문명)의 관심을 끌고 싶어 할지도 모른다.

현실을 직시해보자면, 과학자들은 외계생명체들이 어떤 파장으로 신호를 방출하고 있는지 알 수 없다. 최대한 가능성을 높이기 위하여 프로젝트 피닉스는 한 번에 100만 개의 채널을 검토했다.

결국, 피닉스 프로젝트가 끝날 때까지 조건에 맞는 외계 신호를 발견하지 못했다. 하지만 이 프로젝트를 통해 연구자들은 더 효율적인 결과를 얻기 위해 어떤 식으로 장비를 설계해야 하는지 알 수 있었다. 그 예가 바로 앨런 망원경 집합체다(다음을 보라).

다른 세티 프로젝트와 함께 우주 수색하기

오늘날에도 몇 가지 세티 프로그램이 진행 중이다.

» 브레이크스루 리슨 프로젝트는 2015년에 시작했고 예상 진행 기간은 10년이다. 미국 웨스트버지니아주의 100미터 지름의 그린뱅크 망원경과 오스트레일리아의 파크스 전파망원경(둘 다 제2장에서 설명했다)을 사용한다. 의심되는 근처의 별과 우리 은하의 별 100만 개가 대상이다. 우리 은하 외부에서 문명을 발견할 확률은 거의 없기는 하지만 근처 은하의 중심 지역도 조사 대상이다. 버클리 세티 연구 센터의 홈페이지(seti.berkeley.edu)에서 브레이크스루 리슨이 뭘 발견했는지 실시간으로 알 수 있다. 홈페이지에 접속한 뒤에 'breakthrough listen'을 클릭하고 스크롤을 내려서 'check the status of our main telescopes'로 들어가면 된다.

» APF(Automated Planet Finder)는 미국 캘리포니아의 해밀턴산에 있는 릭 천문대의 지름 91센티미터짜리 자동 망원경이다. 이름에서 알 수 있듯이 외계 행성을 찾기 위해 만들어졌다(이 부분은 '외계 행성 찾기'에서 자세히 설명하겠다). 브레이크스루 리슨도 마찬가지로 외계 지적생명체가 보내는 레이저 신호를 찾기 위해 APF를 사용한다. 어쩌면 외계인은 구닥다리 라디오보다 적외선 통신을 선호할지도 모른다. APF가 어쩌면 이 의문의 답을 줄지도 모르겠다.

» 캘리포니아 마운틴 뷰에 있는 세티 연구소는 2만 개의 적색왜성 주변을 도는 작고 차가운 행성들에서 나오는 전파신호를 관측하고 있다(제11장에서 적색왜성을 다루었으며 새로 밝혀진 외계 행성 탐색에서 가지는 중요성을 이번 장의 '외계 탐험하기'에서 다루겠다). 북부 캘리포니아 햇크릭 전파천문대에 있는 42개의 접시 안테나(대략 지름 6미터)의 앨런 망원경 집합체를 이용해 관측 중이다. 'SETI Signal Searching' 페이지 setiquest.info에서 집합체의 최근 발견을 찾아볼 수 있다. 홈페이지에서 이 집합체가 뭘 수신하는지 공부하거나 웹캠에서 집합체가 찍은 사진을 보거나 관측 환경이 어떤지 아니면 관측에 별 차질(전파 간섭 같은)이 없는지 알 수 있다.

» 아스트로펄스(Astropulse)는 캘리포니아의 버클리대학교에서 운영하며, 아마 100만 분의 1초 짧기로 보낼지 모르는 펄스 전파의 모습을 한 외계인의 신

호를 찾고 있다. 펄서나 다른 천체에서 나오는 전파도 수색 범위에 들어가기 때문에 관계자들은 외계문명이 보냈을 법한 인공적인 전파와 구별하는 방법을 익혀야 한다. 이 프로젝트는 푸에르토리코에 있는 지름 300미터짜리 아레시보 전파망원경을 사용한다(그림 14-2).

» SERENDIP 역시 캘리포니아의 버클리대학교에서 운영하며 아르시보와 그린뱅크 망원경에 '빈대' 붙는다. 망원경들이 보고 있는 방향에서 자료를 얻는다는 뜻이다. 따라서 SERENDIP 연구원들은 다른 천문학자들이 펄서나 퀘이사 같은 세티의 대상에 포함되지 않은 물체를 보고 있을 때도 세티를 위해 사용할 수 있다. 물론 가장 시끄러운 외계인들은 아마도 남반구에서만, 혹은 남반구에서 가장 잘 관측할 수 있을지도 모른다. 따라서 남반구에도 SERENDIP이 있는데 웨스턴 시드니대학교의 세티 오스트레일리아 센터에서 운영하며 이 지점은 파크스 전파망원경을 빌려 쓴다.

» 패스트는 중국 귀주성에 있는 전파망원경이며 세티에서 두 번째로 중요한 역할을 한다. 아레시보 전파망원경과 비슷하지만, 훨씬 크다(지름 500미터). www.skyandtelescope.com에서 볼 수 있는 데이비드 딕슨의 글에 따르면 "물을 담아서 니미츠급 항공모함을 띄워도 공간이 남는다." 패스트 망원경에 대해 궁금한 게 있다면 fast.bao.ac.cn/en/FAST.html으로 가보자.

세티에게 인기 많은 천체

세티 프로젝트는 아무 별이나 조사하는 게 아니다. 알려진 외계 행성(태양이 아닌 항성이 가지는 행성이다. 나중에 '외계를 탐험하다'에서 다루겠다)이 있는 항성을 대상으로 한다. 어쨌든, 우리는 외계문명이 행성에 있다고 생각한다. 구체적으로 말하면 주 타깃은 단단한 표면이 존재한다고 여겨지며(지구 같은) 표면 온도가 물이 액체 상태로 존재하기에 적절한 행성(역시 지구 같은)이다. 이에 해당하는 수많은 행성을 나사의 케플러 위성으로 찾아냈다. 트라피스트 프로젝트에서 칠레와 모로코에 있는 60센티미터 자동망원경으로 다른 외계 행성들을 찾아내고 있다. 트라피스트는 벨기에의 트라피스트 수도원에서 만든 유명한 맥주의 이름이기도 하다(벨기에의 리에주대학교가 트라피스트 프로젝트를 운영한다). 트라피스트에 대해 궁금한 점이 있다면, www.trappist.ulg.ac.be/cms/c_3300885/en/trappist-portail로 가보자.

세티는 당신이 필요합니다!

세티 홈 프로젝트의 과학자들은 외계 전파신호를 찾는 데 당신의 도움을 바라고 있다. 구체적으로 말하면, 당신이 컴퓨터를 쓰지 않고 있을 때 잠시 빌리고 싶다는 뜻이다. 세티 홈프로젝트는 거대한 데이터를 당신 같은 시민의 컴퓨터로 나누어 처리한다. 참여하면, 당신이 컴퓨터를 켜놓고 쓰지 않을 때, 자동으로 세티의 데이터를 분석한다. 컴퓨터를 켜놓고 자러 가도 좋지만 당신의 컴퓨터는 아마 밤샘 야근을 할 것이다.

연구에 참여하고 싶다면 setiathome.berkeley.edu에 들어가서 간단한 지시사항에 따라 무료 프로그램을 내려 받으면 된다. 그 순간부터 컴퓨터를 사용하지 않을 때 세련된 세티 화면보호기가 나타난다. 컴퓨터가 관측 데이터를 처리하고 있다는 뜻이다. 가끔 버클리나 캘리포니아의 서버에 자동으로 접속해서 계산 결과를 전송한다.

세티 홈 프로젝트 시작 후 10년 동안 전 세계 500만 명이 넘는 사람이 참여했다. 컴퓨터가 쉬고 있을 때 데이터를 처리하여 본사로 보냈으며, 어떨 때는 의심스러운 신호를 발견하기도 했다. 세티의 과학자들은 보고서들을 전부 확인했으나 현재까지 이티가 존재한다는 증거를 찾지 못했다. 하지만 언젠가 이티가 전화할지도 모르며 당신의 컴퓨터에서 신호를 감지할 수도 있다!

외계 탐험하기

외계 행성(태양계 밖 행성)은 태양이 아닌 다른 항성 주변을 공전하는 행성이다. 한때, 천문학자들은 외계 행성을 단 하나도 몰랐다. 하지만 1990년부터 지금까지, 꽤 많은 외계 행성을 발견했다. 알려진 외계 행성은 우리 태양계의 여덟 행성을 훌쩍 뛰어넘는다. 2017년 3월 2일 기준으로, 온라인 외계 행성 백과사전에는 2,691개의 행성계와 3,586개의 외계 행성이 올라 있으며 만약 외계 행성으로 추정되는 행성까지 더하면, 5,071개의 행성계에 있는 6,207개의 외계 행성을 발견한 셈이 된다(행성계라는 말은 하나의 항성을 도는 행성들을 통틀어 말한다. '태양계'는 태양 주변으로 도는 우리 행성계의 이름이다). 백과사전은 exoplanets.eu/catalog에서 확인할 수 있다.

이제, 외계 행성에 대한 인식 변화와 천문학자들이 외계 행성을 찾는 방식을 설명하겠다. 그리고 외계 행성의 대표적인 종류와 각 종류별 예시를 소개하며 외계 행성에서 생명체가 존재할 가능성을 조사하는 학문인 우주생물학을 알아보도록 하자.

외계 행성에 대한 인식 변화

과학자들과 다른 학자들은 수 세기 동안 다른 별에도 행성이 존재하는지 궁금해했다. 1990년대까지는 아무 근거가 없었기 때문에 알 방법이 없었으며 소수만이 외계 행성의 존재를 믿었다. 그중 가장 유명한 사람은 조르다노 브루노로 르네상스 이탈리아의 철학자다. 조르다노는 태양도 별이라는 사실이 알려지기 훨씬 전부터 하늘의 별들이 태양과 비슷하다고 주장했다. 또한 다른 별들도 지구처럼 생명이 존재하는 행성을 가진다는 이론을 제시했다. 이들은 조르노의 대중적이지 않은 생각의 일부일 뿐이다(조르노는 카톨릭 교회의 기본적인 가르침을 부정하여 마법사로 몰렸다). 결국 1600년에 브루노는 화형당했다.

브루노 이후, 20세기가 거의 다 지나가고 나서야 천문학자들은 많은(혹은 하나쯤은) 외계행성이 존재할 가능성이 있다고 추론했다. 이들은 근처로 지나가던 별이 우연히 태양과 충돌해서 우리 태양계의 행성이 생성되었다고 생각했다. 아마도, 지나가던 별의 조석력이 태양의 가스를 밖으로 끌어냈으며, 그중 일부가 응축되어 행성이 되었을 것이다. 하지만 이런 종류의 충돌은 거의 일어나지 않는다. 이유는 별들은 서로 수 광년씩 떨어져 있기 때문이다. 별끼리 충돌할 확률이 아주 낮다는 뜻은, 외계 행성 역시 없거나 거의 없다는 말이 된다.

【 윈스턴 처칠, 외계 행성의 예언자 】

영국 총리 윈스턴 처칠은 과학자는 아니었지만, 다른 항성 주변의 행성에도 생명이 존재할 거라고 생각했다. 1939년에 처칠은 태양과 지구는 우주에서 특이한 존재가 아니며 천문학자들이 밝혀내지 못한 방법으로 행성이 만들어진다고 판단했다. 또한 일부 행성(오늘날 외계 행성이라고 부르는)이 항성에서 적절한 거리에 존재한다면 생명이 살 수 있다고 주장했다. 처칠의 생각은 천문학 교과서에 인용될 만했지만, 극히 일부만 언급되거나 곧 잊혔다.

외계 행성의 존재 가능성에 대한 천문학자들의 생각은 1990년대에 바뀌었다. 허블 우주망원경과 다른 도구를 사용해서 새로 태어난 별들(제11장에서 설명했던 젊은 항성체)이 원반처럼 생긴 가스와 먼지로 이루어진 구름에 둘러싸인 모습을 확인했다. 이러한 구름 속은 행성이 탄생하기에 적당한 환경이었다. 다시 말해 행성의 탄생은 별의 생성에서 흔한 과정이며, 잘 일어나지 않는 충돌은 행성의 발생 원인이 아니라는 뜻이다. 하지만 천문학자들은 다른 외계 행성을 찾아서 정말 이 이론이 맞는지 확인하고 싶어 했다.

시간이 흐르면서, 외계 행성을 발견했다고 주장하는 천문학자들이 나타났다. 하지만 확인이 불가능했거나, 틀린 주장이었다. 1992년에 처음으로 진짜 외계 행성이 발견되었다. 전파 천문학자들이 펄서 주변에서 두 행성을 발견했다(펄서는 제11장에서 설명했다). 그다음 1995년에, 항성을 공전하는 첫 외계 행성을 발견했다. 많은 천문학자가 외계 행성 사냥에 나섰고, 더 좋은 최신 장비들이 투입되었다. 2012년 2월까지, 과학자들은 760개의 외계 행성과 2,000개의 후보 행성을 찾아냈다. 나사의 케플러위성으로 많은 외계 행성을 찾았으며, 케플러 프로젝트의 전문가들은 우리 은하에 대략 1,000억 개의 행성이 있다고 판단했다. 이 글을 쓰는 시점에서, 확인된 외계 행성은 3,586개이며 천문학자들은 더 많은 외계 행성이 있다고 생각한다.

외계 행성 찾기

외계 행성은 항성보다 어둡기 때문에 행성의 모습은 거의 보이지 않는다. 따라서 천문학자들은 행성을 직접 관측하는 방법은 쓰지 않는다. 대신 항성의 모습에서 숨겨진 행성의 실마리를 찾는다.

외계 행성의 존재를 알 수 있는 중요한 단서들은 다음과 같다.

» **항성의 반복되는 흔들림** : 만약 천문학자들이 조금씩, 규칙적으로 흔들리는 별을 찾았다면, 숨겨진 동반자가 있다는 뜻이다. 항성과 동반자는 쌍성처럼 공통의 질량중심 주변을 회전한다. 하지만 만약 동반자가 보이지 않는다면, 항성보다 훨씬 작고, 희미하다는 뜻이며 따라서 행성일 것이라고 유추할 수 있다. 천문학자들은 시간의 흐름에 따른 스펙트럼의 변화를 관측해서 이런 별들을 찾는다. 도플러 효과(제11장 참조)를 이용하면 앞뒤로

왔다 갔다 하는 별들을 찾을 수 있다.

릭 천문대의 APF(이번 장의 '다른 세티 프로젝트와 함께 우주 수색하기'에서 다루었다)는 이런 흔들림을 감지하는 방법을 사용한다(과학자들은 시선속도 법이라고 부른다). 이 망원경은 아주 정교하며 사람이 걷는 속도만큼 미세한 항성의 흔들림도 알아낼 수 있다. 같은 거리에 있다면, 더 작은(질량이 작은) 행성일수록 중력에 의해서 흔들리는 속도가 느려진다. 다른 조건이 같다면, 미세한 움직임에 반응하는 정도가 클수록 더 작은 행성도 찾아낼 수 있다.

» **주기적인 별의 광도 변화** : 관측자가 별의 광도를 정확하게 알고 있는 상황에서 밝기가 약간 어두워진다면, 어쩌면 항성 앞을 행성이 지나가고 있을 가능성이 있다. 수성의 통과(제6장을 보라)를 생각해보자. 행성이 공전하면서 항성 앞을 지나면 항성의 밝기가 어두워진다. 통과 동안 사라진 밝기를 조사하면 항성 대비 행성의 상대적 크기를 알아낼 수 있다(행성이 클수록, 가리는 면적이 커지고 더 많이 어두워진다). 통과와 통과 사이의 간격을 알아내면 행성이 항성 주변을 도는 주기, 즉 행성의 '년(year)'을 알아낼 수 있다. 케플러 위성과 프랑스의 코로트 위성은 통과를 측정하는 방식으로 외계 행성을 찾아냈으며 이들이 찾아낸 행성 중 일부를 표 14-1에 실었다(코로트는 2006년부터 2012년까지 운용했으며 케플러는 2009년부터 현재까지 임무를 수행하고 있다. 하지만 예전만큼 상태가 좋지는 않다).

칠레와 모로코에 있는 트라피스트('세티에게 인기 많은 천체' 참조) 망원경이나 다른 지상 망원경은 통과측정법으로 다른 외계 행성을 찾고 있으며 2018년에 발사 예정인 나사의 테스 역시 같은 방법을 사용할 계획이다. 유럽우주국과 스위스우주국에서 개발한 CHEOPS는 시선속도법을 사용해 발견한 외계 행성을 관측하거나 광도 변화를 측정하여 외계 행성의 지름을 계산할 예정이다. 일정에 차질이 없다면, CHEOPS는 2018년에 발사될 것이다(테스는 발사했으며 CHEOPS의 발사는 2019년으로 연기되었다-역주).

» **순간적으로 증가하는 밝기, 따라오는(앞서가는) 또 다른 일시적인 밝기 상승** : 어떤 천문학자들은 망원경으로 한 번에 1,000개의 별을 관측하기도 한다. 이는 잘 일어나지 않는 현상을 관측하기 위해서인데 이따금 한 별의 밝기가 갑자기 밝아졌다가 몇 주에 걸쳐서 다시 어두워질 때가 있다. 그런데 밝기가 감소하다가 수 시간에서 며칠 동안 두 번째 밝기 상승이 발

생하기도 한다. 첫 번째 밝기 변화는 미세중력렌즈 현상 때문이다(제11장에서 설명했다). 이 과정에서 앞에 있는 희미한 별의 중력이 뒤에 있는 별의 밝기를 몇 주 동안 더 확대하며 더 밝아 보이게 만든다. 두 번째 밝기 상승이 일어나는 원인은 별 근처에서 움직이는 행성의 중력으로 인해 나타나는 현상이다.

광학중력렌즈실험(OGLE) 프로젝트에서 미세중력렌즈 현상을 이용해 6개의 외계 행성을 찾았다. 폴란드의 바르샤바대학교에서 운영하며 칠레에 있는 라스캄파나스 천문대의 지름 130센티미터짜리 망원경을 사용하고 있다. 많은 별을 한 번에 바라볼 수 있다면 당신도 외계 행성의 통과를 관측할 수 있으며 OGLE는 지금까지 33개의 외계 행성을 찾아냈다. 하지만 이 프로젝트의 주 목적은 외계 행성 자체를 찾는 게 아니라 암흑물질(제15장에서 설명하겠다)에 대한 연구이다.

표에 사용한 단위를 설명하겠다. 행성의 질량을 나타낸 단위에서 M_E는 지구의 질량, M_J는 목성의 질량이며 지름은 지구의 지름 D_E 그리고 목성의 지름 D_J이다. ?는 알 수 없다는 뜻이다. 행성의 '년'은 행성이 항성 주변을 한 바퀴 돌 때 걸리는 시간을 지구의 시간 단위로 나타냈다. 명칭은 특징에서 볼 수 있다.

외계 행성 대다수가 시선속도 법, 통과 현상 관측, 미세중력렌즈 현상 관측으로 발견된다. 하지만 위의 세 방법이 전부는 아니며 특이한 외계 행성 몇 개를 발견한 두 가지 방법은 다음과 같다.

» **직접관측** : 이따금 천문학자들은 모항성의 빛에 가려지지 않은 외계 행성을 발견할 때도 있다. 이러한 행성들은 망원경으로 찍힌 사진으로 봤을 때 항성 옆에 있는 아주 작은 점으로 보인다. 시간을 두고 찍은 사진에서 이런 '점'이 움직인다면, 그저 희미한 배경이 아니라 행성이라는 뜻이다. 제미니 행성 영상기(GPI)는 칠레의 체로 파촌 꼭대기에 있는 8미터짜리 망원경과 함께 사용하는 성능 좋은 적외선 카메라이자 분광기다. 어린 목성형 외계 행성은 생성 당시의 열기를 가지고 있으며 적외선으로 빛이 난다. 2015년에 GPI를 사용해 51 Eridani b를 발견했다.

이 방식은 점점 발전하고 있다. 한 가지 큰 진보는 적외선 관련 연구에 사

표 14-1 유명한 외계 행성

행성	질량	지름	'년'	거리	특징
PSR 1719-14 b	$1M_J$	$0.4D_J$	2.2시간	3,900광년	펄서 행성, 다이아몬드 행성
Kepler-138 b	$0.07M_E$	$0.6D_E$	10일	220광년	외계 지구형 행성
Kepler-20b	$9.7M_E$	$1.9D_E$	3.7일	950광년	질량이 큰 슈퍼지구
GJ 1214b	$6.6M_E$	$2.7D_E$	1.6일	47광년	미니 해왕성
55Cancri e	$8.3M_E$	$2.0D_E$	18시간	40광년	바위투성이 슈퍼지구, 화산지역으로 추정
J 1407b	$20M_J$	?	10년	430광년	거대한 고리를 가진 질량이 큰 외계 목성형 행성
CoRoT-9b	$0.8M_J$	$0.9D_J$	95일	1,500광년	일반적인 외계 목성형 행성
WISE 0855-0714	$6M_J$	?	해당 없음	7광년	떠돌이 행성
Kepler-16b	$0.3M_J$	$0.8D_J$	229일	200광년	2개의 차가운 왜성을 도는 행성, 타투인 행성
WASP-17b	$0.5M_J$	$2.0D_J$	3.7일	1,000광년	역행하는 행성, 뜨거운 목성
Gliese 436b	$22M_E$	$4D_E$	2.6일	33광년	거대한 가스 꼬리를 가진 뜨거운 해왕성
TRAPPIST-1 f	$0.7M_E$	$1.0D_E$	9.2일	39광년	골디락스 외계 지구형 행성

용되는 칠레의 초거대망원경(VLT)을 이루는 4개의 반사망원경 중 하나의 개조이다. 알파 센타우리 A(리길 센타우루스)와 알파 센타우리 B는 태양에서 가장 가까운 세 별 중 둘인데 이 둘의 행성을 관측하기 위해서 망원경을 개조했다. 개조를 통해 적응광학기술(상의 흐려짐을 유발하는 대기의 교란을 바로잡음으로써 상을 선명하게 만드는 기술)의 적용과 코로나그래프 망원경을 장착했다. 코로나그래프는 항성의 빛을 차단하여 근처에 있는 어두운 물체들을 쉽게 볼 수 있게 해준다. 비슷한 장비가 곧 세계에서 가장 큰 망원경이 될 지름 32미터짜리 E-ELT에 장착될 예정이다(www.eso.org/public/usa/teles-instr/paranal/에서 VLT 관측소의 웹캠을 통해 실시간 영상을 볼 수 있다). VLT와 E-ELT 모두 유럽 남방 천문대의 프로젝트다.

» **펄서 타이밍** : 전파 천문학자들은 펄서, 제11장에서 설명했던 일종의 별의 시체에서 나오는 펄스의 도착 시간을 측정한다. 일반적으로 펄스는 일정

한 간격으로 관측된다. 하지만 드문 경우 같은 주기로 예정보다 늦게, 혹은 빠르게 나타나며 이런 현상이 반복된다. 이 패턴에서 펄서의 자전이 펄서 주변의 행성의 중력 때문에 방해받는다는 사실을 확인할 수 있다. 펄서가 공전함에 따라 지구와의 거리가 가까워지면 펄스가 더 빨리 도착한다. 반대로 펄서와 지구 사이의 거리가 멀어지면 더 많은 거리를 거쳐서 오기 때문에 느리게 도착한다. 대부분의 외계 행성은 자신의 항성과 같이 태어났지만, 펄서 행성은 아마도 초신성 폭발 이후에 생겼을 것으로 짐작된다. 펄서 주변에 있는 행성은 극히 드물지만, 우리 태양계 밖에서 발견된 첫 번째 행성이 펄서 행성이다.

(외계) 행성 만나기

천문학자들은 아마도 모든 종류의 외계 행성을 발견할 수는 없을 텐데 이유는 현재의 관측 기술로는 볼 수 없는 아주 작거나 드문 행성들이 있기 때문이다. 따라서 오늘날 우리가 알고 있는 외계 행성에 대한 정보는 불완전하다. 현재까지 천문학자들이 알아낸 많은 흥미로운 사실들에 따르면, 대부분은 우리 태양계에 있는 어떤 행성과도 다르다.

현재까지 알려진 외계 행성의 주 유형은 다음과 같다.

- **탄소 행성** : 지구보다 많은 탄소와 지구보다 적은 규산염암과 물로 이루어진 암석 행성이다. 아마도 표면 대부분이 그래파이트(연필의 심, 흑연)로 이루어져 있을 것이며 지하는 탄소가 다이아몬드의 층(다이아몬드 행성이라고도 부른다)을 이루고 있으리라고 짐작된다.
- **외계 지구형 행성**(외계 지구) : 지구와 비슷한 크기와 질량을 가진 암석으로 이루어진 행성을 말한다.
- **슈퍼지구** : 외계 지구형 행성보다 크기와 질량이 크지만, 해왕성과 비슷하거나 더 작은 외계 행성이다. 슈퍼지구는 지구의 질량보다 2~10배가량 크다. 슈퍼지구는 암석 행성, 가스 행성, 천왕성이나 해왕성보다 더 작은 얼음 행성(제9장을 보라), 탄소 행성, 혹은 물로 된 행성(후에 설명하겠다)일지도 모른다.

- **골디락스 행성** : 외계 지구라고도 부르며 행성의 표면에 물이 존재하기 적합한 환경을 가지며 암석으로 된 슈퍼지구를 말한다. 서식 가능 지역, 다시 말해 모항성과의 거리가 적당하여 표면의 물이 얼지도, 증발하지도 않는 거리에 있어야 한다. 서식 가능 지역에 있는 두꺼운 대기를 가진 외계 암석 행성이라고 다 골디락스 행성은 아닌데 두꺼운 대기가 열을 가두어 버리면 표면 온도가 끓는점 이상으로 올라갈지도 모르기 때문이다(제6장에서 설명한 금성을 생각해보자).
- **뜨거운 목성** : 목성(제8장 참조)처럼 가스로 이루어진 행성이며 태양과 가까이에 있다. 많은 뜨거운 목성들은 수성과 태양 사이의 거리보다 더 모항성에 가까이 있다. 그림 14-3은 뜨거운 외계 목성의 렌더링이다.
- **목성형 외계 행성** : 외계에 있는 거대 가스 행성으로 모항성과의 거리가 멀어 온도가 낮으며 우리의 목성과 비슷한 특징이 있다. 나는 이런 외계 행성을 '흔해 빠진 외계 행성'이라고 부른다. 지금까지 천문학자들은 뜨거운 목성을 차가운 목성보다 훨씬 많이 찾아냈다. 모항성에서 먼 목성형 외계 행

그림 14-3
페가수스자리 51을 공전하는 뜨거운 목성의 상상도

Courtesy of Seth Shostak

성이라도 아직 어리고, 덜 식은 상태라면 우리의 목성보다 더 뜨거울지도 모른다.

» **떠돌이, 혹은 성간 행성** : 이 외계 행성은 항성을 공전하지 않는다. 아마 공전하던 항성계에서 어떤 이유로 튕겨 나오거나 혹은 별들이 태어나듯이 성간가스와 먼지의 구름에서 만들어졌을지도 모른다.

» **타투인 행성** : 쌍성을 공전하는 행성으로 따라서 2개의 태양을 가진다. 2개의 태양과 사막으로 이루어진 가상의 행성 타투인에서 이름을 따왔는데 영화 스타워즈에 등장하는 주인공 루크 스카이워커의 고향 행성이다.

» **기조력 금성** : 외계 지구형 행성이며 서식 가능 지대에 있지만(금성처럼) 너무 뜨거워서 액체 상태의 물을 가지지 못하는 행성을 말한다. 우리의 금성은 두꺼운 대기가 태양의 열을 가두기 때문에 온도가 올라갔다. 하지만 기조력 금성은 모항성의 기조력이 암석 지표면과 일으키는 마찰로 인해 뜨거워진다.

» **물로 된 행성** : 대부분 물로 이루어진 슈퍼지구이다. 암석과 철 그리고 표면에 있는 바다로 이루어진 우리의 지구와 비교해보자. 물로 된 행성은 반 이상이 물로 되어 있으며 보트를 댈 자리도 없다.

» **역행 행성** : 역행 행성은 모항성의 자전 방향과 반대 방향으로 공전하는 행성이다. 우리 태양계의 여덟 행성(명왕성까지도)은 모두 순행 궤도를 따른다. 다시 말해 태양이 도는 방향으로 공전 운동을 한다는 뜻이다. 태양의 북극 한참 위에 있는 가상의 점에서 본다면 모두 시계 반대 방향으로 공전하고 있다. 역행 행성은 마치 유명한 비행사 '역주행' 더글라스 코리건과 비슷하다. 1938년에 뉴욕에서 출발하여 캘리포니아의 롱비치로 가기로 되어 있었지만, 나침반의 고장으로 정 반대 방향인 아일랜드로 갔다.

표 14-1에 각 유형의 대표적인 예가 될 만할 외계 행성을 실었다. 알려진 외계 행성들 대다수가 더 큰 계에 속해 있는데 예를 들면 트라피스트-1 행성계의 7개의 행성이 있다.

프록시마를 찾아서 : 적색왜성에 집중하기

2016년 8월, 적색왜성 프록시마 센타우리를 돌고 있는 외계 행성의 발견은 천문학자들과 우주에 관심 있는 사람들을 흥분시켰다. 이유는 다음과 같다.

» 프록시마 센타우리는 우리 태양계에서 가장 가까운 항성이며 지구와의 거리는 4.24광년밖에 되지 않는다.
» 프록시마 b라고 불리는 이 행성은 지구와 몹시 유사한 행성이며 지구 질량보다 약 30퍼센트 더 가볍다.
» 프록시마 b는 프록시마 센타우리에서 서식 가능 지역에 위치한 암석 행성으로 액체 상태의 물이 존재할 가능성이 충분히 있다.

다시 말해 프록시마 b는 생명이 살 수 있는 조건을 가진 지구와 비슷한 행성이다. 하지만 다음과 같은 이유로 생명이 있다는 확신을 할 수 없다.

» 프록시마 b는 서식 가능 지대에 있지만, 모항성과의 거리는 지구와 태양 사이 거리인 1억 5,000만 킬로미터의 5퍼센트밖에 되지 않는다. 공전주기, 즉 '년'의 길이는 지구 기준으로 11.2일밖에 되지 않으며 행성의 한 면은 항상 모항성을 바라보며 나머지 면은 모항성을 등지고 있을 확률이 높다(우리의 달과 같다. 우리와 가까운 면은 항상 지구를 보고 있지만 반대쪽 면은 언제나 지구를 등지고 있다. 궁금하다면 제5장으로 가보자).
» 프록시마 센타우리는 섬광성(제11장을 보라)이다. 흑점이 있으며 7년의 자기장 주기를 가진다. 마치 태양의 22년의 자기장 주기와 태양 활동, 흑점 등을 만드는 것과 비슷하다(제10장 참조).
» 계산 결과 프록시마 센타우리가 항성풍을 방출할 것으로 보이는데 태양의 태양풍과 비슷하지만 더 강하다(제10장 참조).
» 만약 프록시마 b의 질량이 지구 질량의 1.3배를 넘어간다면, 아마 암석 행성이 아니라 작은 해왕성과 비슷한 모습을 한 가스 행성일 것이다(해왕성은 제9장에서 다루었다).

앞의 네 가지 이유 외에도 과학자들은 프록시마 b가 이 중 하나의 모습을 하고 있으리라고 생각한다.

» 26~32도 사이의 기온, 생명이 살기에 충분한 물(탄생하기에도), 프록시마 센타우리의 플레어에서 날아오는 위험한 자외선과 엑스선에서 행성의 표면

을 막아주는 멋진 대기, 그리고 자기권을 만드는 강한 자기장을 가진 훈훈하고 쾌적한 행성. 또한 항성을 향하고 있는 면이 받은 열을 반대편 면으로 분산시켜주는 바람이 부는 대기가 있어야 한다. 그렇지 않으면 행성의 반대편은 아주 추울 것이다. 자기권은 항성풍 대부분을 막아서 대기가 쓸려나가지 않게 잡아주어야 하며 표면을 지켜야 한다(지구의 자기권이 어떻게 우리를 지켜주는지 제5장에서 설명했다).

» 차갑고 암석으로 가득하며 표면에 물 한 방울 없는 행성. 화성처럼 대기가 거의 없는 행성(화성은 제6장에서 설명했다).

» 암석 행성이며 두꺼운 대기로 인해 강한 온실효과가 일어나는 지독하게 뜨거운 행성. 마치 우리의 금성과 비슷하다(제6장 참조).

» 작은 해왕성처럼 가스로 가득한 행성(해왕성은 제9장에서 설명했다. 우리 태양계에는 해왕성과 비슷한 작은 행성이 없지만 우리 은하에는 다른 항성 주변을 돌고 있는 해왕성 같은 행성이 존재한다).

물론 가능성일 뿐이며 오직 더 많은 연구를 통해서만 이 가설들의 사실 여부를 밝힐 수 있다. 하지만 쉽지는 않을 것이다. 앞서 말했던 항성의 주기적인 밝기 변화를 이용해서 프록시마 센타우리 앞을 지나가는 프록시마 b의 통과를 관측할 수 있다면, 그보다 더 좋은 기회는 없다. 외계 행성의 크기와 질량, 밀도를 알아낼 수 있으며 이를 통해 어떤 종류의 행성인지까지 조사할 수 있다. 하지만 지구에서 통과를 관측할 수 있는 궤도를 가진 외계 행성은 아주 드물다. 추측에 따르면 프록시마 b가 모항성을 통과할 확률은 2퍼센트가 채 되지 않는다. 지금까지 프록시마 b의 통과를 관측한 천문학자는 없다.

프록시마 b 또는 프록시마 센타우리의 가능성 있는 다른 행성 혹은 이웃 항성인 알파 센타우리 A나 B를 더 자세히 알기 위한 다른 방법은 알파 센타우리계에 직접 탐사정을 보내는 것이다(프록시마는 아마도 알파 센타우리계에 속하거나, 최소한 인접해 있다. 프록시마는 또한 알파 센타우리 C로도 알려져 있다). 이번 장의 처음에서 설명했듯이 현재의 과학기술로 만들 수 있는 로켓으로는 알파 센타우리까지 가는 데 대략 10만 년이 걸리며 우리 중 누구도 이 시간을 기다릴 수 없다. 하지만 더 빠른 성간 비행체가 개발 중에 있다. 자세한 내용은 '성간 비행의 새로운 방법 개발하기'를 보자.

트라피스트-1을 도는 외계 지구 찾기

행성을 가지는 다른 적색왜성의 발견에 천문학자들은 흥분했다. 트라피스트-1이라는 이름의 항성은 프록시마보다 가깝지는 않지만(프록시마 : 4.24광년, 트라피스트-1 : 39광년), 최소 7개의 지구형 행성이 있으며 일부는 액체 상태의 물이 존재할 가능성이 있다! 이 중 하나를 표 14-1의 맨 아랫부분에 실었다.

프랭크 드레이크가 현대 세티 프로그램을 시작했을 때 드레이크와 다른 전문가들은 태양과 비슷한 항성에 집중했다. 이유는 당시 알려진 행성이라고는 우리 태양계의 행성뿐이었으며 유일한 생명체가 그중 하나에 있었기 때문이었다. 하지만 프록시마와 트라피스트-1의 7개 행성 그리고 그 외의 경우를 봤을 때 적색왜성이 생명이 살

【 성간 비행의 새로운 방법 개발하기 】

새로운 우주 계획인 브레이크스루 스타샷은 성간 비행의 혁신적인 방법이다. 계획대로라면 지구에서 보낸 탐사정이 프록시마 b에 도착하는 데 겨우 20년밖에 걸리지 않는다(이 계획은 억만장자 자선가 유리 밀러가 후원한다. 유리 밀러는 앞서 말했던 브레이크스루 리슨 프로젝트의 후원자이기도 하다 '다른 세티 프로젝트와 함께 우주를 수색하다'에서 설명했다). 미안하지만, 탐사정에 당신이 탈 자리는 없다. 작은 탐사정들은 1인치도 안 되는 크기며 첨단 기술이 축약된 초소형 칩 탐사정이다. 당신의 스마트폰에 들어 있는 칩과 비슷하지만, 더 진보된 기술이며 사진 촬영과 전송 그리고 과학적 측정값을 지구로 보내는 기능이 있다(로밍 요금은 생각하지 않도록 하자).

우선 로켓을 사용해서 수백 대의 스타샷 탐사정을 지구 대기권 위에 풀어놓는다. 각각의 칩에는 '라이트 세일', 다시 말해 4미터 크기의 초경량 돛이 달려 있다. 돛은 거의 반사체로 만들 계획이며 아직 연구가 더 필요하다. 지구에서 강한 레이저를 짧은 시간 동안 돛에 발사한다. 레이저에 맞은 돛은 앞으로 나아가게 되고 빛의 속도의 20퍼센트까지 가속한다(대략 초속 6만 킬로미터). 가속이 시작되면 레이저를 끈다. 그래도 탐사정은 엄청난 속도로 나아갈 것이다.

스타샷 프로젝트를 성공시키기 위해서는 과학기술과 재료의 혁신적인 발전이 필수적이다. 많은 최고의 과학자와 공학자들이 도움을 약속했다. 발사하기까지 최소 20년이 걸리며, 프록시마 b까지 도착하는 데 20년이 더 걸린다. 그리고 사진과 데이터가 지구에 도착하는 데는 또 4년이 넘게 걸린다. 이 책의 많은 젊은 독자들이 2061년에 프록시마에서 온 사진을 꼭 볼 수 있기를 바란다. 만약 스타샷 프로젝트가 그때까지 성공하지 못한다면(어떤 이들은 모든 기술적 요건이 갖춰지고 탐사정을 발사할 준비가 끝나는데 40년 혹은 50년이 걸린다고 생각한다), 1년을 더 기다려서 2062년에 오는 핼리 혜성으로 아쉬움을 달래보자.

수 있는 지구형 행성을 가진다는 사실은 명확하다. 천문학자들은 적색왜성을 조사하는 데 더 많은 시간을 투자해야 한다.

만약 트라피스트-1의 행성 중에 2개 이상의 선진 문명이 있다면(어디까지나 내 가정이다) 지금 서로 교류, 무역, 전쟁하고 있을 수도 있다. 이들이 지구를 공격하기 위해 연합군을 결성하는 일은 없었으면 좋겠다. 하지만 우리가 그들을 찾아가던가, 그들이 우리를 찾아와서 만나기 전에는 아무것도 확정 지을 수 없다(세티 과학자들이 트라피스트-1이 있는 방향에 귀를 기울이고 있다).

재미도 있고 과학도 공부하는 행성 조사

케플러 위성이 지금까지 발견한 외계 행성의 수를 나사의 홈페이지 kepler.nasa.gov에서 확인할 수 있다. 오픈 엑소플래닛 카탈로그에서 외계 행성의 숫자와 각각의 특징을 가끔 찾아보도록 하자(www.openexoplanetcatalogue.com). 나사의 엑소플래닛 아카이브(exoplanetarchive.ipac.caltech.edu)도 괜찮다.

「스카이 앤드 텔레스코프」의 외계 행성 뉴스 페이지에서 최근에 발견된 외계 행성의 자세한 소식을 볼 수 있다(www.skyandtelescope.com/astronomy-news/exoplanets/).

당신 같은 일반인들도 예일대학교에서 운영하는 플래닛 헌터 프로젝트에 참가해서 외계 행성 탐사에 도움을 줄 수 있다. 주 유니버스 역시 마찬가지다(www.planethunters.org). 이들은 케플러 위성에서 보내오는 데이터를 조사하는 데 중요한 역할을 하고 있다.

이 책을 쓰는 지금, 프로젝트가 일시적으로 종료되었으며 시민 과학자들이 연구할 만한 새로운 데이터가 들어올 때까지 잠정 중단이다. 시간이 될 때마다 한 번씩 들어가서 혹시 당신이 할 일이 있는지 확인해보자.

우주생물학 : 다른 세상의 삶은 어떤가요?

우주생물학은 우주에서 생명이 존재할 가능성을 연구하는 과학이다. 만약 은하에 수십 억의 왜소 행성이 있다면, 그중 일부는 생명이 탄생하고 번창하기에 적당한 환경을 가질 것이다. 과학자들은 지금까지 수십 억의 행성 중 아주 일부만 찾았으며 심지어 찾아낸 가장 가까운 행성은 수 광년 밖에 있다. 대형 망원경으로 외계 행성의 클로즈업 사진을 찍어서 공룡 떼를 찾거나 센타우루스 자리의 장성을 찾아볼 수는 없다는 얘기다.

외계생명체가 존재할 가능성을 확인하는 생산적인 방법 두 가지는 다음과 같다.

- 극한 생물을 연구한다. **극한 생물**은 지구의 극한 환경에서 존재하는 생명체다. 일반적인 생물은 대부분 죽어버리는 환경이 외계 행성에서는 평범한 조건일 수도 있다.
- 우리 태양계에 있는 근처 천체를 탐사정과 망원경을 사용해 살아있거나 죽은 생명의 흔적을 찾는다.

연구자들이 이 방식을 어떻게 사용하는지 다음에서 설명하겠다.

극한 미생물 : 힘든 삶을 사는 생명체

극한생물 대부분은 박테리아 같은 미생물이다. 물론 영하 18도 아래로 떨어지는 남극에서도 살아가는 식물도 많다. 아주 낮은 온도를 좋아한다면, 당신은 **저온 생물**이다. 반면에 어떤 박테리아는 다른 어떤 생물도 살아남지 못하는 뜨거운 물에서 잘 자란다. 이런 **극호열균**은 93도까지 올라가는 뜨거운 간헐천에서 살며(옐로스톤 국립공원에 있는 간헐천처럼) 심해에 있는 더 높은 온도의 열수구에서도 살 수 있다. 심해의 경우 물의 온도가 끓는점인 100도를 넘어가지만 강한 수압 때문에 끓지 않는다.

많은 과학자는 바다 깊은 곳에서 찾아볼 수 있는 열수구 근처에서 지구의 생명이 시작되었다고 생각한다. 2017년에 발표한 세계에서 가장 오래된 화석은 오늘날 심해의 열수구 근방에서 살아가는 박테리아의 모습과 유사하다.

우리가 아는 극호열균은 표면온도가 465도가 넘어가는 금성에서 살아남지 못한다(금성에 대한 설명은 제6장을 보라). 하지만 상대적으로 덜 뜨거운 외계 행성에서는 충분히 살 수 있다.

당신이 정원사라면, 키우고 싶은 식물에 맞춰서 흙의 산도를 확인해야 할 것이다. 흙이 지나치게 염기성(혹은 산성)이면 거의 모든 생명체가 살 수 없다. 하지만 어떤 극한생물은 강한 염기성에서도 살아남거나(호알칼리성균) 해를 입지 않고 산성 액체 속을 유유히 헤엄쳐 다니기도 한다(호산성균). 사해에 물고기를 빠뜨리면 죽는다(이름에서도 알 수 있듯이). 하지만 어떤 세균(호염균)에게는, 사해 역시 다디단 물일 뿐이다.

지하 5킬로미터보다 더 깊은 곳에 있는 단단한 암석의 공극에 사는 극한생물도 있다. 이런 박테리아는 태양에서 에너지를 얻지 못한다. 대신 근처 환경에서 화학적 에너지를 얻는다. 광산 깊은 곳에 사는 어떤 종은 심지어 바위 안에 있는 우라늄의 방사성 붕괴에서 에너지를 얻는다. 호압균은 바다 깊은 곳에 사는데 이곳의 압력은 바다 표면의 대기압보다 수천 배 높다. 과학자들은 심지어 당신의 머리 위에 있는 구름에 사는 박테리아와 알려진 어떤 박테리아와도 다른 동굴에 사는 신기한 종류도 발견했다.

극한생물이 우리에게 말하는 건 삶은 선택하기에 달렸다는 것이다. 이들은 우리가 존재하지 못하는 환경에서 살아남는 법을 발견했다. 어쩌면 그곳에서 태어났을 수도 있겠다. 지구에서 일어난 일이 외계 행성에서 일어나지 말라는 법은 없다. 역으로 다른 행성에 있는 생명체가 지구의 생명체와 같다고 생각하는 것도 틀렸다. 예를 들면 생명체가 탄소가 아니라(지구의 생명체는 탄소를 기반으로 한다) 다른 원소를 기반으로 한다면, 우리의 상상을 뛰어넘는 비현실적인 환경에서 살 수도 있다.

태양계에서 생명체 찾기

지구 외의 다른 곳에서 확실한 생명의 증거를 찾는 일은 굉장히 어렵다. 하지만 시도하지 않으면 영원히 진실을 알 수 없다. 천문학자들은 우리 태양계 내에서 다음의 장소들에 생명이 존재할 가능성이 가장 높다는 사실을 알아냈다(지구 제외).

- 화성
- 목성의 위성인 유로파
- 토성의 위성인 타이탄과 엔켈라두스

현재 진행 중인 화성인 탐사

제6장에서 설명했듯이 과학자들은 화성에서 온 암석에 미생물 화석이 있다는 주장을 반박했다. 천문학자들이 망원경으로 화성을 연구한 결과 화성에 메탄가스가 이따금 존재했다는 반대 결론을 내렸다. 메탄은 박테리아에서 나올 수 있다(지구의 어떤 종은 메탄을 만들며, 다른 종은 다시 메탄을 먹는다). 하지만 화성에 메탄가스가 실제로 존재했다고 하더라도 지구의 화산처럼 지질학적 과정에서 생성되었을 것이다. 나사의 탐사정은 마치 말라버린 지 오래된 것처럼 보이는 화성의 바다의 밑바닥과 방수로의 모습을 한 지형을 조사했다. 로봇 탐사정은 물이 마를 때 생성되는 암석과 광물질을 발견했으며 한때 물이 있었다면 생명이 화성에 존재했을지도 모르는 일이다. 대부분의 화성은 영구동토로 이루어져 있다. 이 얼음층 밑은 더 따뜻할 것이며 어쩌면 액체 상태의 물이 존재할지도 모른다. 만약 미생물이 화성에 있다면, 무인 탐사정의 흙 숟가락이 닿지 않는 지하에 존재할 것이다. 우리의 호기심은 그 한 숟가락을 바라고 있다.

가장 최근에 화성에 도착한 탐사 로봇은 2012년에 착륙한 나사의 큐리오시티호이며 여전히 화성 여기저기를 누비며 탐사하고 있다. 큐리오시티호는 토양의 화학적 성분을 분석하고 지형적 특징을 조사하는 장비로 중무장한 무인 탐사 로봇이다. 한때 물이 풍부했을 오래된 표면이 미생물이 살기에 적합한지 확인하는 임무를 띤다. 옐로우 나이프 만이라는 지역에서 한때 액체 상태의 물이 흘렀으며 암석의 파편과 침전물이 퇴적되어 있었다는 사실을 밝혀냈다. 로봇이 발견한 내용은 다음과 같다.

- 식토가 존재한다. 일부 이론에 따르면 생물이 자라기에 아주 적합한 토양이다.
- 고대 물의 산성도는 생명이 살기에 적합했다.
- 토양에 있는 질산염을 포함해서 생물이 살아가는 데 필요한 화학물질이 존재했다.

큐리오시티는 화성에 때때로 존재했던 메탄의 증거를 찾았지만, 우리는 이 메탄이 어디서 왔는지 알아내지 못했다. 어쨌든 나는 대략 40억 년 전에 화성의 표면에 생명체가 존재했다고 믿는다. 하지만 우리는 이를 증명하는 어떠한 증거도 없다.

유로파, 베일에 싸인 행성

유로파는 목성의 암석 위성으로 표면은 얼음으로 덮여 있다(제8장 참조). 얼음 아래에는 액체 상태의 물(아마도 소금물)이 온 행성을 뒤덮고 있다. 과학자들은 이 바다에 미생물이 살고 있다고 믿는다. 하지만 표면의 얼음의 두께는 16킬로미터에 이른다. 나사나 다른 우주국이 아무리 돈이 많다고 하더라도 유로파의 두꺼운 얼음층을 뚫고 들어갈 기술력은 없다. 하지만 일부 전문가들은 얼음과 바다 사이에 때때로 반전이 일어난다고 생각한다. 그렇다면 물의 일부가 표면으로 올라오면서 얼어붙을 것이다. 사실이라고 쳤을 때 대변동이 일어나면 바닷속 생명체의 흔적이 표면으로 올라올 것이고 나사의 미래 착륙 탐사정(아직 계획 단계다)이 채취할 수 있을지 모른다.

엔켈라두스의 얼음 분출

엔켈라두스는 토성의 위성이다. 얼음으로 덮여 있으며 얼음 밑에는, 최소한 남극의 얼음 밑에는 많은 양의 물이 존재한다. 극지방의 표면을 통해 많은 양의 물이 우주로 빠져나가는 동시에 작은 얼음 파편으로 얼어붙는다. 유로파의 물은 두꺼운 얼음 밑에 있지만, 엔켈라두스의 물은 표면 가까이에 있다. 이 특징 때문에 과학자들이 샘플을 찾아서 생명의 자취를 쫓기 편하다.

세스 쇼스탁 박사는 캘리포니아 마운틴 뷰의 세티 연구소에서 근무하는 천문학자이며 초기 인쇄판의 제14장을 쓰는 데 도움을 주었다. 저자 스티븐 마렌은 제4판에서 제14장을 재집필했다. 이번 장에 있는 모든 견해는 필자 본인의 것이다.

【 외계인의 존재 곱씹기 】

유로파나 타이탄 그리고 엔켈라두스 같은 위성에 어쩌면 생명체가 존재할지도 모른다는 사실은 우주생물학에 큰 의미가 있다. 천문학자들이 한 외계 행성에 생명이 존재할지 생각해볼 때 위성 역시도 고려해야 한다는 뜻이다. 외계 행성이 있는 곳에는 외계 위성도 존재할 수 있기 때문에 천문학자들은 외계 위성의 수색을 시작했다. 일부 가능성 있는 외계 위성을 발견했다는 주장은 있지만, 아직 확실하지는 않다. 만약 한 행성이 서식 가능 지대에 있지만 다른 이유로 생명이 살기 어려운 환경이라면(예를 들면 열기가 빠져나가지 못하는 두꺼운 대기가 있다던가), 어쩌면 생명이 살기 적당한 위성이 있을지도 모른다.

chapter

15

암흑물질과 반물질 알아보기

제15장 미리보기

- 암흑물질의 개념을 알아본다.
- 암흑물질이 존재한다는 증거를 찾는다.
- 반물질의 매력에 빠져본다.

별과 은하는 밤하늘을 환하게 수놓는다. 하지만 이 눈부신 보석들은 우주에서 아주 작은 부분을 차지하고 있을 뿐이다. 눈에 보이는 게 다가 아니다. 특히 우주에서는.

이번 장에서는 암흑물질의 개념을 소개하며, 왜 천문학자들이 암흑물질이 존재한다고 생각하는지 설명하며, 이 보이지 않는 신비한 물질의 정체를 밝혀줄 실험에 관해 얘기하겠다. 또한 우주에 있는 아주 특이한 종류의 물질, 반물질에 대한 설명도 남아 있다. 맞다. 반물질은 상상 속에서만 존재하는 물질이 아니며 공상과학소설, 텔레비전, 영화에 나오는 것 못지않게 매혹적이다.

암흑물질 : 우주의 접착제 이해하기

1930년대의 천문학자들은 우주 질량의 대부분을 차지하는 물질이 빛을 방출하지도, 반사하지도, 흡수하지도 않는다는 사실을 알아냈다.

보이지 않는 물질, 암흑물질로 알려진 이 물질은 우주에서 중력 접착제 역할을 한다. 암흑물질은 빠르게 자전하는 은하가 여러 조각으로 흩어지지 않게 해주며 은하단 안에서 움직이는 은하들이 서로 떨어지지 않게 결속시킨다. 암흑물질은 또한 현재 우리가 알고 있는 우주의 모습으로 발전하는 데 중요한 역할을 했던 것으로 보인다. 우리가 알아낸 우주는 많은 은하들로 이루어진 거대한 초은하단들끼리 거미줄 같은 선으로 촘촘히 이어져 있는 모습이며 사이사이에 거대한 공허가 있다(제12장 참조).

천문학자들은 우주를 이루는 물질의 약 85퍼센트가 암흑물질이라고 결론 내렸다. 아주 겸손한 생각이다. 당신이 망원경으로 보는 우주나 밤하늘은 별과 은하로 가득 차 있지만, 사실 진짜 그곳에 있는 물질에 비하면 극히 일부라는 뜻이다. 항해로 비유한다면, 은하는 바다 거품이고 암흑물질은 은하가 떠 있는, 보이지 않는 넓은 바다라고 할 수 있겠다.

암흑물질이 존재한다는 증거 모으기

우주에 암흑물질이 존재한다는 첫 번째 단서는 1933년에 발견되었다. 캘리포니아 공과대학교의 천문학자 프리츠 츠비키는 거대한 머리털자리 은하단에 속하는 은하들의 움직임을 연구한 결과 몇몇 은하들이 비정상적으로 빠르게 움직인다는 사실을 알아냈다. 머리털자리 은하단의 은하들은 아주 빨리 움직여서 우리가 알고 있는 물리학 법칙대로라면 성단 내에 있는 가시 가능한 별과 가스들이 은하들을 서로 묶어줄 수 없었다. 하지만 이 은하단은 멀쩡하게 존재한다(머리털자리 은하단은 지구에서 3억 2,000만 광년에 있다. 은하단에 대해 궁금한 점이 있다면 제13장을 확인해보자).

츠비키는 머리털자리 은하단에 끌어당기는 힘을 가진 'dunkle Mateire'('암흑물질'의 독일어, 츠비키의 연구 결과는 독일어로 발표되었다)이 존재한다고 결론 내렸다.

과학자들은 한 사람이나 팀이 뭔가 믿기 힘든 발견을 했을 때 잘 인정해주지 않는 경향이 있다. 이들은 새로운 발견을 받아들이기 전에, 중립인 위치에 있는 다른 전문가들에게 더 많은 증거를 얻고 싶어 한다. 따라서 츠비키의 연구 이후 수십 년이 지날 때까지 과학자들이 암흑물질의 개념을 받아들이지 않았다는 사실은 그렇게 놀랍지만은 않다. 많은 천문학자들은 츠비키의 주장을 무시하거나 직접 은하의 움직임을 살펴본 뒤에 이 보이지 않는 물질이 존재한다는 증거는 곧 사라질 거라고 생각했다.

1970년대에 천문학자들은 암흑물질이 존재한다는 주목할 만한 다른 증거를 찾아내기 시작했다. 은하단만이 암흑물질을 가지는 게 아니라, 각각의 은하에도 암흑물질이 존재하는 것처럼 보였다. 다음에서 암흑물질이 존재한다는 몇 가지 주장에 대해 설명하겠다.

암흑물질은 별의 공전에 이상을 일으킨다

카네기 연구소의 천문학자 베라 루빈과 켄트 포드는 새로 개발한 분광기를 사용하여 수백 개의 나선 은하에 있는 별의 움직임을 관찰하던 중에 일반적인 물리학에 위배되는 결과를 얻었다(분광기는 별이나 다른 광원에서 나오는 빛을 색이나, 파장으로 나눠주는 기구다). 전형적인 나선 은하는 납작한 계란 후라이처럼 생겼으며 눈에 보이는 물질 대부분은(별이나, 밝은 성운) 노른자에 몰려 있는 것처럼 보인다. 천문학자들은 이 지역을 **팽대부**라고 한다(제12장에서 설명했다). 연구 결과 나선 은하의 눈에 보이는 물질들은 팽대부에서 멀어질수록 급격하게 수가 줄어든다는 사실을 알 수 있었다.

천문학자들은 우리 태양계에서 행성이 태양 주변을 도는 것과 같은 방식으로, 나선 은하의 별들이 은하의 중심을 돈다고 생각했다. 뉴턴의 중력 법칙에 따라 천왕성이나 해왕성 같은 외행성은 수성이나 금성 같은 내행성보다 느리게 태양 주변을 돈다. 따라서 나선 은하의 변두리에 있는 별들도 은하의 중심에 가까운 별들보다 더 느린 속도로 공전해야 한다. 하지만 로빈과 포드가 발견한 사실은 그게 아니었다.

많고 많은 은하들을 대상으로 조사한 결과, 로빈과 포드의 관측에 따르면 바깥쪽에 있는 별과 안쪽에 있는 별의 속도가 같았다. 바깥 지역에 보이는 물질은 거의 없는데 저렇게 빨리 돌면서 어떻게 은하에 머무를 수 있는 걸까? 속도를 봐서는 은하 밖으로 튕겨 나가야만 한다. 루빈은 연구 초기에 이 예상 밖의 움직임에 대한 중요한 단서를 찾았지만, 많은 천문학자들을 납득시켜야만 했다(탈출 속도는 제13장 참조).

【 암흑물질의 정체를 밝힌 천문학자들 】

천문학자들은 프리츠 츠비키와 베라 루빈이 몇십 년 간격으로 발견한 암흑물질의 증거를 부정했지만, 오늘날 암흑물질이 존재하지 않는다고 믿는 전문가는 거의 없다. 암흑물질의 개척자인 츠비키와 루빈은 각각 1974년과 2016년에 세상을 떠났다. 츠비키는 또한 초신성(사실 츠비키가 만든 이름이다)과 우주선의 연구에 기여하기도 했다.

루빈은 천문대에서 여성이라는 이유로 차별을 당하면서도, 은하의 정체를 밝히는 데 수많은 공헌을 했다. 후에 젊은 여성 천문학자들의 본보기와 멘토가 되었으며 직업에 있어서 남녀평등을 주장하는 캠페인의 수장을 맡기도 했다. 루빈이 사망할 당시에 암흑물질을 발견한 공로로 노벨물리학상을 받아야 한다는 진정서가 빗발쳤으나, 노벨상은 살아 있는 사람에게만 주는 상이기 때문에 불행히도 루빈은 노벨상을 받지 못했다.

켄트 포드는 전기 센서를 개발했는데 이는 나중에 포드와 루빈의 발견에 쓰인 ITS의 핵심 부품이 되었다. ITS는 스미스소니언에서 만든 '미국을 만든 101가지의 물건'에 이름을 올렸으며 워싱딘의 미국 국립 항공우주 박물관에 전시되어 있다.

루빈과 포드의 발견이 알려진 뒤, 천문학자들은 가시물질, 즉 망원경으로 보이는 별과 발광 가스는 나선 은하의 질량에서 아주 일부만을 차지한다고 결론 내렸다.

눈에 보이는 물질은 사실 중심에 밀집해 있지만, 눈에 보이지 않는 물질 대부분은 외곽으로 뻗어 있다. 모든 나선 은하 주변에는 암흑물질이 헤일로 형태로 존재하는데 은하 외곽에 있는 별이 관측된 속도로 돌기 위해서는 암흑물질은 가시물질의 열 배 이상의 질량을 가져야 한다. 타원 은하나 불규칙 은하를 포함한 다른 은하에도 암흑물질 헤일로가 존재한다. 왜소 은하(제12장 참조)는 큰 은하들보다 가시물질에 비해 암흑물질이 차지하는 비율이 높다.

우리 은하의 지름은 대략 10만 광년이다(나선팔을 포함해 끝에서 반대편 끝까지 거리다). 하지만 우리 은하를 덮고 있는 암흑물질 헤일로는 구형으로 지름은 최소 60광년에 이른다. 다시 말해 대마젤란 은하(16만 3000광년)나 소마젤란 은하(20만 광년) 같은 소형 은하들은 암흑물질 속에 있다는 얘기다(이런 은하들은 제12장에서 다루었다).

1990년대부터 ROAST 위성이나 찬드라 엑스선 망원경을 사용해 은하단을 관측한 천문학자들은 은하단의 안이나 주변에 엑스선으로 관측했을 때 밝게 빛나는 거대한 지역이 있다는 사실을 알아냈다. 이 광채는 은하단 내부매질이라고 하는 흐릿하고 아주 뜨거운 가스에서 나오는데 거대한 지역을 채우는 이 뜨겁고 희미한 가스의 질량은 은하단에 속하는 모든 은하의 질량을 합친 것보다 더 컸다.

이 흐릿하고 뜨거운 가스는 팽창했지만, 자신의 질량과 은하단의 질량을 합친 것보다 더 큰 질량을 가진 물질에서 나오는 중력 때문에 제자리에 머물렀다. 이 강력한 중력의 근원은 바로 은하단의 암흑물질이다. 이 사실은 1933년에 은하단 내부에 많은 양의 비가시 물질(오늘날, 암흑물질이라고 부른다)이 존재한다고 말했던 프리츠 츠비키가 옳았다는 또 다른 증거이다.

중력렌즈 효과를 만드는 암흑물질

암흑물질은 아인슈타인이 예측한 중력렌즈 현상, 즉 거대한 질량으로 인해 우주 공간에서 빛이 휘는 현상으로도 찾아낼 수 있다. 천문학자들은 다음과 같은 경우에 중력렌즈 현상을 관측할 수 있다.

- 2개, 혹은 그 이상으로 보이는 퀘이사가 사실 하나인 것으로 밝혀졌을 때. 빛이 휘기 때문에 지구에서 볼 때 2개(혹은 그 이상)로 보인다.
- 거대한 질량을 가진 물체가 멀리 떨어진 퀘이사나 은하의 앞을 지날 때 중력렌즈 현상으로 발생하는 빛나는 원(아인슈타인 링)이나 원의 일부(호)를 발견했을 때. 이 고리나 원호는 중력렌즈 현상에 의해 왜곡된 물체의 형태다. 보통 은하단 내부에 존재하는 암흑물질의 질량이 빛을 휘게 만든다(은하단 내부에 있는 가시물질들은 암흑물질보다 질량이 아주 작기 때문에 중력렌즈 현상에 거의 기여하지 않는다).
- 하늘에 있는 많은 은하들의 크기, 모양, 방향에서 뭔가 이상한 점을 발견할 때. 방향이 이상하다는 말의 의미는 여러 은하들이 한쪽으로 기우는 경향이 있다는 뜻이다. 천문학자들은 은하들의 정확한 모습, 크기, 방향을 알 수 없지만 통계를 통해서 이 현상을 찾아낸다. 이 현상을 약한 중력렌즈 현상이라고 한다. 약한 중력렌즈 현상은 은하단의 암흑물질처럼 질량이 큰 물질에 의해 발생하는 게 아니라 우리와 관측 대상이 되는 은하 사이에 있는 여러 물질의 질량에 의해 발생한 왜곡이 조금씩 누적되어 약한 중력렌즈 효과가 나타난다.

다시 말해 당신이 먼 우주를 볼 때 눈에 보이는 물체들은 모두 실제와 조금씩(약한 중력렌즈) 다르며 이따금 밝은 점처럼 보여야 할 퀘이사가 아인슈타인 링으로 나타나는 강한 중력렌즈 현상이 일어나기도 한다. 먼 우주를 볼 때 실제와 똑같이 보이는 물체는 없다. 모두 암흑물질이 만드는 중력렌즈 현상으로 인해 다소 왜곡되어 보인다.

차가운 암흑물질이 우주의 형태를 만들었다

우주론자(우주에 있는 거대한 구조를 연구하는 과학자)들은 암흑물질을 우주 기원의 수수께끼를 풀어줄 열쇠라고 생각한다. 빅뱅(제16장 참조) 이후의 균일한 소립자 수프에서 은하단과 초은하단으로 이루어진 현재의 모습이 되기까지 어떤 과정을 거쳤을까?

우주가 탄생한 이후 137억 년이 흘렀지만, 과학자들은 이 짧은 시간 동안 가시물질들이 뭉쳐져서 현재 우리 눈에 보이는 우주 거대구조를 이루었다는 사실을 믿지 못하고 있다.

이 우주의 난제를 풀기 위해서 어떤 전문가들은 우주는 특별한 종류의 암흑물질, 차가운 암흑물질로 이루어져 있다고 주장했다. 차가운 암흑물질은 가시물질보다 더 천천히 움직이지만, 뭉치는 속도는 더 빠르다. 이 특이한 물질의 인력에 의해 가시물질들은 빽빽한 암흑물질의 영향을 받아 별과 은하를 만들었다. 차가운 암흑물질 이론은 우리 눈에 보이는 은하들이 암흑물질 헤일로 속에 박혀 있는 것처럼 보이는 이유를 설명할 수 있다.

그렇다면 차가운 암흑물질 이론이 맞을까? 과학자들이 우주에서 알아낸 사실 대부분에 맞아떨어지는 것처럼 보이기는 한다. 하지만 완벽하지는 않다. 예를 들어 차가운 암흑물질 이론은 수백 개의 작은 위성 은하들이 우리 은하 같은 대형 은하를 둘러싸고 있다고 예측했다. 하지만 우리 은하 주변을 도는 위성 은하는 아직 발견되지 않았다. 이론에 수정이 필요하거나 아니면 다른 암흑물질 이론이 필요할지도 모른다. 어쩌면 눈에 보이지 않는 작고 희미한 은하들이 우리 은하를 둘러싸고 있지만, 아직 우리가 발견하지 못했을 수도 있다.

많은 왜소은하가 공전 대상이 되는 큰 은하에게 흡수당한다는 사실을 생각해보면 아직까지 우리 주변의 위성은하를 발견하지 못한 것도 설명이 되기는 한다. 궁수자리 왜소은하나 큰개자리 왜소은하는 현재 우리 은하에게 잡아먹히고 있다(제12장 참조).

암흑물질은 우주의 밀도에 중요한 역할을 한다

천문학자들이 암흑물질의 존재를 믿는 이유가 하나 더 있다. 크게 보면 우주는 어느 방향에서 보든 똑같이 생겼으며 평균적으로 평탄하다. 이 두 가지가 의미하는 바는 우주는 정확히 임계밀도에 있다는 것이다(제16장에 참조). 우주에서 우리 눈에 보이는 가시물질의 질량만으로는 임계밀도에 도달하지 못한다. 암흑물질이 나머지를 채워야 한다.

암흑물질의 구성에 관한 논란

좋다, 앞에 설명했듯이 천문학자들은 암흑물질이 존재해야 한다는 많은 이유를 밝혀냈다. 하지만 대관절 이 물질의 정체가 뭘까? 천문학자들은 암흑물질을 크게 두 종류로 나눈다. 바리온 암흑물질과, 괴짜 암흑물질이다.

바리온 암흑물질 : 우주의 덩어리

어떤 암흑물질은 태양, 행성 그리고 사람을 이루는 물질과 같은 성분으로 이루어져 있을지도 모른다. 이런 종류의 암흑물질은 바리온의 일종일 것이다. 바리온은 소립자의 한 종류로 원자핵에서 발견할 수 있는 양성자와 중성자를 포함한다. 하지만 앞 장에서 설명한 차가운 암흑물질과는 다르다.

바리온 암흑물질은 소행성, 갈색왜성, 백색왜성 같은 천체를 이루는 보기 드문 물질을 포함한다. 그렇다, 과학자들은 우리 태양계에서 소행성을 찾아낼 수 있으며 백색왜성과 갈색왜성은 우리 은하 근처에 있다. 하지만 은하 헤일로 저 먼 곳에 있는 물체들은 현재의 장비로 탐지가 불가능할지도 모른다. 한 이론의 말에 따라, 마초(massive compact holo objects, MACHO)라고 부르는 이러한 가상의 물체가 충분히 존재한다면, 각각의 은하들을 감싸고 있는 암흑물질 헤일로를 설명할 수 있다. 하지만 우리 은하 주변의 암흑물질 헤일로에는 마초가 거의 발견되지 않았다. 따라서 다른 은하의 상황 역시 크게 다르지 않을 것이다. 개인적인 생각이지만, 이 이론은 틀렸으며 이론을 제안한 과학자는 비판을 받아야 한다.

괴짜 암흑물질 : 여전히 풀리지 않은 비밀

어쩌면 암흑물질은 하나 이상의 특이한 아원자입자로 구성되어 있으며 이 아원자입자는 바리온과 거의, 혹은 전혀 닮은 점이 없을지도 모른다. 이런 종류의 입자는 실제로 존재하는 중성미자(제10장에서 설명했다), 증거는 없지만 물리학자들이 실재한다고 생각하는 액시온, 스쿼크, 포티노, 뉴트랄리노 같은 작은 입자를 포함한다. 실험이 계속 진행 중이지만, 아직까지 액시온이나 다른 어떤 가상의 암흑물질 입자들을 찾아내지 못했다. 정확히 말하면 다른 과학자들이 수긍할 만한 실험 결과를 만들어내지 못했다는 뜻이며, 암흑물질의 정체는 여전히 암흑 속에 있다.

빅뱅이 일어나는 동안(제16장 참조), 기묘한 암흑물질 입자들이 생겨났을 것이며 어쩌면 그중 일부가 아직 남아 있을지도 모른다. 의심되는 입자 중에서 대표적인 물질은 액시온인데 블랙홀의 일종이며 전자보다 1,000억 배 가볍다. 액시온의 질량은 아주 작지만(실재한다는 가정하에) 충분히 많은 수가 존재한다면 우주의 질량에서 의미 있는 비중을 차지할 것이다. 최근 실험 결과는 중성미자(한때 과학자들이 질량이 없다고 생각했던 입자)가 거의 없기는 하지만, 미세하게나마 질량이 있다는 사실을 보여준다. 따라서 중성미자가 암흑물질의 일부분을 차지하고 있을지도 모른다.

다른 괴짜 암흑물질의 후보는 양성자의 질량보다 열 배가량 무겁고 우주에 많은 수가 존재하는 물질이다. 하지만 중성미자와 마찬가지로 암흑물질의 작은 부분만을 차지한다. 이들은 알려진 아원자 분자인 쿼크나 광자의 숨겨진 동반자이다. 이 상상의 암흑물질은 스쿼크와 포티노에 각각 대응한다. 이 상상의 암흑물질 입자들에 대한 많은 이론이 있는데 이들에게 아주 특이한 이름을 지어주었다. 과학자들은 이들을 통틀어서 약한 상호작용을 하는 입자들 혹은 윔프(WIMP)라고 부른다(이번 장의 뒤에서 다루겠다).

일단 찍어보자 : 암흑물질 탐색

전 세계에서 물리학자들은 발견하기 어렵지만 숨기려야 숨길 수 없는 암흑물질의 신호를 찾기 위해 정교한 탐지기를 설계하거나 운영하고 있다. 일부 탐지기는 아원자 입자의 잔해를 분석해낼 수 있다. 아원자 입자의 잔해는 입자 충돌기에서 만들어지는데 초기 우주의 극도로 뜨겁고, 높은 에너지와 밀도를 가진 환경을 짧은 시간 재현

할 수 있는 기계이다.

탐지기술은 혁신적이어야 한다. 결국 과학자들은 암흑물질의 정의상으로 중력을 발휘한다는 점 외에는 보이지도 않으며 다른 물질과 상호작용하지도 않는 물질을 찾는 것이기 때문이다.

실험실에서 암흑물질을 직접 탐지하고, 측정하는 방법은 굉장히 어렵다. 하지만 암흑물질의 존재를 확인하고 이해하려는 시도는 충분히 가치가 있다. 우주에서 많은 부분을 차지하는 물질로서 암흑물질은 과거 우주의 발전에 지대한 영향을 끼쳤으며, 미래에도 마찬가지일 것이다.

윔프와 다른 작은 암흑물질 찾아보기

천문학자들은 은하를 관측함으로써 암흑물질을 발견했다. 오늘날 물리학자들은 실험을 통해서 암흑물질의 입자를 찾고, 성질을 알아낸다.

현재 진행 중인 암흑물질 관련 실험 몇 가지를 소개하겠다.

- 거대 입자 탐지기는 지하 깊은 실험실에 위치한다. 시설을 둘러싼 암석이 우주선(우주에서 오는 전하를 띤 빠른 속도의 입자)이 일으키는 교란을 막아준다. 지구가 우리 은하의 암흑물질을 뚫고 지나가게 되면 일부가 탐지기에 걸릴지도 모른다.
- 감마선 망원경은 나사 페르미 감마선 천문 위성 같은 인공위성에 장착되어 있다. 감마선의 특이한 스펙트럼은 어쩌면 우주의 암흑물질이 붕괴하면서 방출하는 신호일지도 모른다.
- 지상의 여러 망원경을 모으면 우주 감마선이 대기와 충돌할 때 나타나는 섬광을 관측할 수 있다. 나미비아의 HESS 망원경이 대표적이다. 페르미나 HESS의 데이터를 분석해서 감마선의 스펙트럼 형태를 밝혀낼 수 있고 이들의 근원인 암흑물질을 추적할 수 있다.
- AMS-02는 국제 우주 정거장에서 운영하고 있다. AMS는 암흑물질 입자의 후보 중 하나인 뉴트랄리노에서 발생하는 특별한 우주선을 감지하는 기구다. 우주에 있는 뉴트랄리노끼리 서로 충돌하면, AMS가 찾고 있는 우주선

을 만들어낼 것이다.

기술의 발전은 다른 암흑물질에 대한 다른 실험을 가능하게 만든다.

» 성능 좋은 입자 충돌기, 예를 들어 스위스 제네바에 있는 대형 강입자 충돌기(LHC)는 높은 에너지를 가해 아원자 입자를 충돌시킬 수 있으며 연구소 안에서 암흑물질 입자를 만들어낼 수 있다.
» 지하 중성미자 관측소(제10장 참조)를 태양에서 오는 중성미자를 더 정확하게 관측할 수 있도록 만들면, 태양 중심부 근처의 물리학적 상태를 밝혀낼 수 있다. 만약 가능하다면, 태양에 많은 암흑물질이 축적되어 있으며 중심으로 갈수록 암흑물질이 밀집되어 있다는 이론이 맞는지 확인할 수 있을 것이다.

암흑물질 실험에 대한 자세한 내용이 궁금하다면 다음의 주소로 들어가 보자.

» **나사의 페르미 감마선 천문 위성 홈페이지**(www.nasa.gov/content/fermi-gamma-ray-space-telescope) : 암흑물질 탐색과 다른 페르미의 발견 관련 소식을 볼 수 있다.
» **알파자기 분광기**(ams.nasa.gov) : 왼쪽 아래에 있는 전광판에 2011년 5월에 우주 정거장에 설치된 이후로 현재까지 측정한 우주선의 숫자가 나타난다.
» **HESS 망원경 홈페이지**(www.mpi-hd.mpg.de/hfm/HESS) : 우주 감마선의 근원에 대한 HESS의 많은 발견을 읽어볼 수 있다.
» **거대입자 충돌기**(home.cern/topics/large-hadron-collider) : 유럽원자핵공동연구소에서 운영하는 공식 홈페이지다.

마초 : 더 밝은 상 만들기

마초는 윔프보다 큰 입자이기 때문에 더 찾기 쉽다. 가장 많이 쓰이는 방법은 아인슈타인의 일반 상대성 이론의 중력렌즈 현상을 사용하는 것이다. 즉 질량은 빛의 파동이 지나가는 공간을 뒤트는데(제11장에서 설명했다) 지구와 멀리 있는 별 사이에 질량이 큰 물체가 우연히 지나가면, 빛이 물체의 중력에 이끌리면서 별이 잠깐 밝아진다는 사실을 이용하는 것이다. 물체, 이 경우에서는 마초의 질량이 클수록 일직선상에 있는 별이 더 밝아 보인다.

사실, 마초는 미세한 중력렌즈 현상을 만들어내는데 뒤에 보이는 별의 빛을 왜곡시키며, 더 밝게 만든다(제11장에서 미세중력렌즈 현상을 자세히 설명했다).

마초를 찾기 위해서 천문학자들은 우리 은하의 가까운 이웃인 대마젤란 은하에 있는 많은 별의 밝기를 동시에 감시한다. 대마젤란 은하의 별빛이 지구에 도달하기 위해서는 우리 은하의 헤일로를 거쳐야 하는데 헤일로 안 마초의 중력은 빛의 밝기에 의미 있는 영향을 미친다.

대마젤란 은하의 많은 별을 한꺼번에 감시하다 보면 별이 갑자기 밝아졌다가 다시 희미해지는 현상을 관측할 수 있는데, 이는 별과 지구 사이를 지나가는 헤일로 속 마초로 인해 일어나는 중력렌즈 현상처럼 보인다. 하지만 이런 현상이 일어나는 일은 거의 없어서 마초(이름이 뭐든)가 은하 헤일로에서 의미 있는 비율을 차지하지 않는다는 사실을 알 수 있다. 짐작건대 다른 은하도 사정은 마찬가지일 것이다.

중력렌즈 현상을 이용해 암흑물질 찾기

더 큰 규모로 과학자들은 은하, 은하단, 그리고 더 거대한 지역에서 발생하는 중력렌즈 현상을 이용해 암흑물질을 찾는다.

만약 은하와 지구 사이에 은하단이 있다면, 앞에 '중력렌즈 효과를 만드는 암흑물질'에서 설명했던 대로 배경의 은하에서 나오는 빛의 궤적을 왜곡하여 상을 여러 개로 만들 것이다. 지구에서 봤을 때 이 가짜 상은 은하단의 안이나, 둘레에서 나타난다. 천문학자들은 허블우주망원경을 사용하여 특정 은하단 주변에서 나타나는 더 멀리 있는 은하의 여러 가짜 상을 촬영했으며 이러한 상은 조각나고 밝은 호의 모습으로 나타난다.

눈에 보이는 뚜렷한 가짜 상을 만들어 내기 위해서는 사이에 있는 은하단의 질량 분포가 특정한 방식으로 이루어져야 한다. 은하단 질량의 대부분이 암흑물질로 이루어져 있기 때문에, 중력렌즈 현상을 통해 만들어진 상을 관찰하면 은하단 내의 암흑물질 분포를 알 수 있다.

천문학자들은 몇 차례의 총알 은하단의 관측에서 얻어낸 정보를 종합하여 차가운 암흑물질(CDM)에 관한 이론을 증명하는 중요한 실험을 감행했는데 이 실험의 핵심은 중력렌즈 현상이었다. 여기서 '총알 은하단'은 서로 충돌하는 것처럼 보이는 한 쌍의 은하단을 칭하는 별명이다. 은하가 충돌할 때, 한 은하 속에 있던 대부분의 별들은 다른 은하로 들어가 반대 방향으로 나간다. 은하의 크기에 비해 별들은 아주 작으며 서로 부딪칠 일이 거의 없기 때문이다. 다시 말해, 은하는 아주 넓기 때문에 별이 수백만이든 수십억이든 있어 봐야 거의 빈 곳이나 다름없다는 얘기다. 성단끼리의 충돌도 똑같다. 두 은하단은 서로를 뚫고 지나가며, 거의 부딪히지 않는다. 그리고 무사히 자리를 뒤바꾼다. 하지만, 엑스선을 방출하는 뜨거운 가스('암흑물질은 별의 공전에 이상을 일으킨다' 참조)로 채워진 은하단은 달랐다. 물론 츠비키가 예상한 대로, 이곳에 암흑물질이 있었다.

차가운 암흑물질 이론의 핵심은 암흑물질 입자가 중력 외에는 다른 어떤 힘의 영향을 받지 않으며, 받는다고 하더라도 아주 미세하다는 것이다. 천문학자들은 이 총알들을 우주와 지상의 망원경으로 관측하며 다음과 같은 결과를 얻었다.

- 엑스선으로 촬영한 사진에서 두 은하단 속에 있는 뜨거운 가스가 충돌 이후 어떻게 되는지 알 수 있었다.
- 적외선과 가시광선으로 촬영한 사진에서 두 은하단이 충돌 이후에 어떻게 변하는지 알 수 있었다. 또한 이 사진에서 총알 은하단 뒤에 있는 많은 은하를 총알 은하단 암흑물질의 중력렌즈 현상을 통해 볼 수 있었다.

이 사진을 통해 천문학자들은 다음과 같은 결론을 유추해냈다.

- 충돌에서 두 은하단은 서로를 뚫고 지나간다.
- 은하단 '속에' 있던 뜨거운 가스는 충돌이 끝나고 두 은하단 '사이'에 머무른다.
- 은하단 속에 있던 암흑물질은 충돌 이후에도 여전히 은하단을 따라 움직인다.

천문학자들은 두 은하단에 있던 뜨거운 가스 구름이 서로 부딪치며 램 압력으로 인해 속도가 느려졌고, 은하단이 전진하는 속도를 따라가지 못했다는 결론을 내렸다.

램 압력은 물체가 유체 사이를 움직일 때 가해지는 힘을 말한다(유체는 액체와 기체를 말하며 이 상황에서는 뜨거운 성간 가스를 의미한다). 반대로 암흑물질은 그대로 은하단 속에 남아 있는데, 차가운 암흑물질 이론에서 주장한 대로 다른 물체와 마찰하지 않으며, 램 압력 같은 다른 힘의 대상이 되지 않기 때문이다.

반물질의 결투 : 서로 다르면 끌리는 법

암흑물질만큼이나 이상한 물질, 어쩌면 더 이상할 수도 있는 물질을 알아보기 전에 마음의 준비를 하도록 하자. 바로 반물질이다.

영국인 물리학자 폴 디락은 1929년에 반물질의 존재를 예측했다. 디락은 양자역학, 전자기학, 그리고 아름다운 상대론적 수식인 디락방정식을 결합했다(디락의 이론을 더 알고 싶다면 다른 곳을 찾아보자, 이 책에서는 천문학적인 부분만 다룬다).

디락은 모든 아원자 입자에 거울에 비친 모습처럼 질량은 같지만 반대 전하를 가지는 쌍둥이 입자가 존재한다고 생각했다. 따라서 양성자는 반양성자를 가지고 전자는 반전자를 가져야 한다.

한 입자와 상응하는 반입자가 만나면, 두 입자는 서로를 소멸시킨다. 전하는 서로 상쇄되며 질량은 에너지로 전환된다.

천문학자들은 깊은 우주에서 오는 우주선에서 전자와 양성자의 반입자를 탐지해왔다. 전자의 반입자는 **양전자**라고 부르며, 양성자의 반입자는 그냥 **반양성자**로 부른다. 이번 장의 앞부분에서 설명한 국제 우주정거장의 알파 자기 분광계(AMS-02)는 우주선에 존재할지도 모르는 반헬륨을 찾고 있다. 조사 5년이 지난 2016년 12월까지 900억 개 이상의 우주선을 조사했지만, 단 하나도 발견하지 못했다. 물리학자들은 실제로 실험실에서 반입자, 혹은 반수소 같은 반원자를 만들어냈다. 의사들은 반입자를 암을 진단하거나 치료하는 데 사용한다.

물리학자들은 반양성자의 연구에서 더 많은 성과를 냈다. 이들은 지구의 밴 알렌 복사대(제5장 참조)에서 반양성자를 발견했다. 이탈리아를 포함한 여러 나라의 연구원들은 러시아의 Resurs DK1 위성에 있는 PAMELA 입자 탐지기를 사용해 2011년에 반양성자 지대를 찾아냈다.

우주에서 날아오는 고에너지 방사선을 연구하는 천문학자들은 소멸 방사선으로 알려진 감마선을 주기적으로 관측한다. 전자와 전자의 반입자인 양전자가 만나면 소멸하면서 감마선을 뿜어내는데, 알려진 바로는 에너지가 511킬로전자볼트(keV)에 달한다. 이 모르려야 모를 수 없는 이 광선은 우리 은하의 중심 주변의 넓은 지역을 포함하여 은하의 여러 지역에서 탐지되고 있다(유럽우주국의 인테그랄 위성이 만든 소멸방사선 지도를 sci.esa.int/integral/45328-integral-maps-the-galaxy-at-511-kev.에서 확인할 수 있다). 소멸 방사선은 일부 강력한 태양 플레어에서도 나타난다(태양 플레어를 자세히 알고 싶다면 제10장을 보자).

우주에서 입자가 반입자보다 많은 이유는 아직 밝혀지지 않았으며 답을 찾기 위한 실험이 진행 중이다. 많은 물리학자들이 빅뱅에서 생성된 입자와 반입자의 수는 같다고 생각한다. 만약 그렇다면 우리가 모르는 어떤 물리학적 과정이 기존의 입자와 반입자 사이의 균형을 깨뜨리고 있다는 말이 된다. 반면에 최근 연구에 따르면 원래부터 입자와 반입자의 수는 달랐으며 반입자의 상대적 결핍은 자연스러운 현상이다.

최소한 우리는 우주가 종말을 맞이하기 전까지 반물질의 상대적 결핍에 얽힌 수수께끼를 풀 수 있는 수십억 년의 시간이 있다. 확실히 나는 반물질의 존재를 믿는다.

많은 천문학과 우주 관련 서적을 집필한 론 코웬은 기존의 제15장을 쓰는 데 도움을 주었다. 저자 스티븐 마렌은 이 책의 제2판에서 제15장을 재집필했다. 이번 장에 있는 모든 견해는 필자 본인의 것이다.

chapter

16

빅뱅과 우주의 진화

제16장 미리보기

- 빅뱅 이론의 증거를 평가한다.
- 우주의 팽창을 이해한다.
- 암흑 에너지를 알아본다.
- 우주배경복사의 의미를 탐색한다.
- 우주의 나이를 측정한다.

옛날 옛날 먼 옛날 138억 년 전에, 우리가 살고 있는 우주는 존재하지 않았다. 물질도, 원자도, 빛도, 광자도 없었으며 공간과 시간의 개념도 없었다.

갑자기, 빛으로 가득하며 높은 밀도를 가진 작은 알갱이의 형태로 우주가 생겨났다. 1초와는 비교도 안 되게 짧은 시간 사이에, 우주를 이루는 모든 물질과 에너지가 탄생했다. 어린 우주는 원자보다 작았으며 지독하게 뜨거웠다. 이 불덩어리는 급격하게 커졌으며 빠르게 식어갔다.

천문학자들과 전 세계의 사람들은 위와 같은 우주 탄생 이론을 빅뱅 이론이라고 부른다.

빅뱅은 어딘가에서 터지는 폭탄과는 다르다. 빅뱅이 일어나기 전까지 공간이라는 개념이 존재하지 않았다. 빅뱅은 우주의 기원이며 빠르게 팽창하는 우주 그 자체였다. 1초의 1조의 1조의 1조도 안 되는 시간에 우주는 1조x1조x1조 배보다 더 커졌다. 방사선과 아원자 입자가 잘 섞인 덩어리에서 은하들의 집합, 즉 오늘날 밤하늘에 보이는 은하, 은하단, 초은하단이 태어났다. 우주에서도 가장 큰 구조물들, 수억 광년에 이르는 거대한 은하들의 집합이 어린 우주의 원자보다 작은 에너지 변화로부터 시작되었다고 믿기는 솔직히 힘들다.

이번 장에서는 빅뱅 이론의 타당성을 뒷받침하는 증거와 우주의 팽창을 다루며 암흑 에너지, 우주배경복사, 허블 상수, 그리고 표준촛불에 관한 사실도 알려주겠다.

이번 장에서 다루는 개념에 대해 더 자세한 내용을 알고 싶다면 캘리포니아 로스앤젤레스대학교 우주론 사이트 FAQ를 확인해보자(www.astro.ucla.edu/~wright/cosmology_faq.html). 담당자는 네드 라이트 교수로 당신에게 필요한 정보를 알려줄 것이다.

빅뱅이론의 증거

왜 우주가 펑 하고 생겨났다고 생각하는가?

천문학자들은 세 가지 발견을 빅뱅 이론의 설득력 있는 증거로 제시한다.

» **팽창하는 우주** : 아마도 빅뱅 이론의 가장 신뢰성 있는 증거는 1929년에 에드윈 허블이 발견한 우주의 팽창일 것이다. 그 전까지 대부분의 과학자들은 우주가 정적이라고, 다시 말해 전혀 바뀌지 않는다고 생각했다. 하지만 허블은 우주가 팽창한다는 증거를 찾아냈다. 은하군은 마치 폭발에서 튕겨 나가는 것처럼 서로에게서 멀어지고 있는 것처럼 보인다. 하지만 은하군이 우주 안에서 흩어지는 게 아니라 우주 그 자체가 팽창하면서 은하군 사이의 간격을 넓히고 있다.
천문학자이자 카톨릭 성직자인 조르주 르메르트는 "우주가 서로 멀어지고 있다면, 한때 하나로 뭉쳐 있지는 않았을까"라는 의문을 품은 첫 번째 사람이다. 천문학자들이 망원경과 우주 관측소를 사용하여 우주의 팽창을 추적한 결과는 놀라왔다. 138억 년 전에(약 1억 년의 오차는 있을 수 있다), 우주는 온도와 밀도가 아주 높은 점이었으며, 엄청난 폭발과 함께 대규모의 에너지를 방출했다.

» **우주 마이크로파 배경복사** : 1940년대에, 물리학자 조지 가모브는 빅뱅에서 강한 복사가 방출되었다는 사실을 알아냈다. 가모브의 동료들은 어쩌면 우주가 팽창하면서 방출한 복사 일부가 아직 남아 있을지도 모른다고 생각했다. 마치 집에 난 불이 꺼지고 나서도 피어오르는 연기처럼 말이다. 1964년, 벨 연구소의 연구원인 아노 펜지어스와 로버트 윌슨은 희미하지만, 규칙적으로 잡히는 신호를 감지하고 전파 수신기로 원인을 찾고 있었다. 연구원들은 처음에 잡음이라고 생각했던 전파가 실은 빅뱅에서 방출된 흔적이라는 사실을 밝혀냈다. 우주 마이크로파 배경복사는 천문학자들이 계산한 온도와 맞아떨어졌다(만약 빅뱅 이후로 서서히 식었다면 절대 영도보다 2.73K 높아야 한다. 절대 영도는 -273.15 섭씨온도 또는 -459.67 화씨온도다). 이 역사적인 발견 덕분에 펜지어스와 윌슨은 1978년 노벨 물리학상을 공동 수상했다(더 자세한 내용을 알고 싶다면 '우주 마이크로파 배경복사에서 알아낸 사실'로 가보자).

» **우주에 있는 풍부한 헬륨** : 천문학자들은 우주에 있는 모든 바리온 물질의 질량에서 헬륨이 24퍼센트를 차지한다는 사실을 알아냈다(나머지 바리온 물질은 대부분 수소이며 철, 탄소, 산소 그리고 기타 물질은 수소와 헬륨에 비하면 거의 없다시피 한 수준이다). 항성 내 핵반응(제11장 참조)으로 이 모든 헬륨을 만들었다고 보기에는 헬륨이 너무 많다. 하지만 빅뱅으로 만들어졌다고 생각하고 계산해보면 우리가 발견한 헬륨의 양이 딱 들어맞는다. 나사의 윌킨슨 마이크로파 비등방성 탐지기(WMAP)는 항성이 존재하기 전, 초기 우주에서도 헬륨이 존재했다는 사실을 밝혀냈다.

천문학자들은 위의 세 가지 발견 외에도 우주가 팽창했으며 시간에 따라 변하고 있다는 사실을 입증하는 다른 증거를 발견했다. 예를 들어 허블우주망원경으로 촬영 가능한 가장 깊은 우주의 사진을 통해 초기 우주의 은하들은 현재보다 더 작거나 불규칙한 모양이었으며 은하끼리 충돌할 확률이 높았다는 사실을 알 수 있다. 과거의 우주는 현재보다 작았으니 은하끼리의 간격도 좁았고 따라서 충돌할 가능성도 높을 것이라는 빅뱅 이론의 추측과 일치한다. 만약 빅뱅이 최근에 일어났다면, 은하는 더 어리고 작았을 것이다.

이런 증거들을 보면 우주가 변화하고 있다는 것은 명확한 사실이다. 이 또한 우주가 빅뱅에서 탄생했으며 시간이 갈수록 점점 커지고 있다는 빅뱅 이론과 일치한다.

표준 빅뱅 이론은 우주의 관측을 통해 증명되었지만, 아직 초기 우주의 모습을 설명하지는 못한다. 예를 들어 대폭발의 도화선에 불이 붙은 원인이 무엇인지 빅뱅 이론은 제시하지 못한다.

급팽창 : 우주의 전성기

빅뱅 이론은 팽창을 일으킨 폭발의 원인을 설명하지 못하는 것 이외에도 다른 몇 가지 맹점이 있다. 특히 우주에서 아주 유사하게 보이는 두 지역이 어째서 빛으로도 소통할 수 없을 만큼 넓은 거리에 있는지 알 수 없었다.

1980년에, 물리학자 앨런 구스는 자칭 급팽창이론이라고 하는 이론을 만들었는데, 이 문제점을 해결할 수 있었다. 앨런은 빅뱅이 일어나고 찰나의 시간 뒤에 우주가 엄청난 속도로 팽창했다고 주장했다. 10^{-32}초(1억×1조×1조 분의 1) 안에 우주는 138억 년 사이 그 어떤 때보다 비교도 할 수 없는 속도로 팽창했다.

급팽창이 일어나는 동안 아주 가까웠던 지역이 우주의 반대편 구석으로 이동했다. 결과로 우주는 크게 보면 당신이 망원경으로 어디를 보던 간에 보이는 모습은 똑같다(반죽으로 만든 크고 울퉁불퉁한 공을 생각해보자. 밀방망이를 가지고 밀고 또 민다면 언젠가 모든 덩어리가 펴지고 반죽은 얇고 넓어진다). 사실 급팽창으로 인해 우주의 아주 작은 지역도 천문학자들이 관측할 수 없을 만큼 넓어졌다. 이 사실은 어쩌면 당신의 망원경 너머에 급팽창으로 만들어진 또 다른 우주가 있을 수도 있다는 가능성을 열어준다. 우리가 사는 하나의 우주 외에도 어쩌면 다중우주가 존재할지도 모른다. 하지만 개인적으로 반대의 입장이다. 하나의 우주만도 이해하기 벅차다!

급팽창은 또 다른 효과를 낳았다. 빅뱅 이후, 찰나의 순간에 우주가 어마어마하게 커

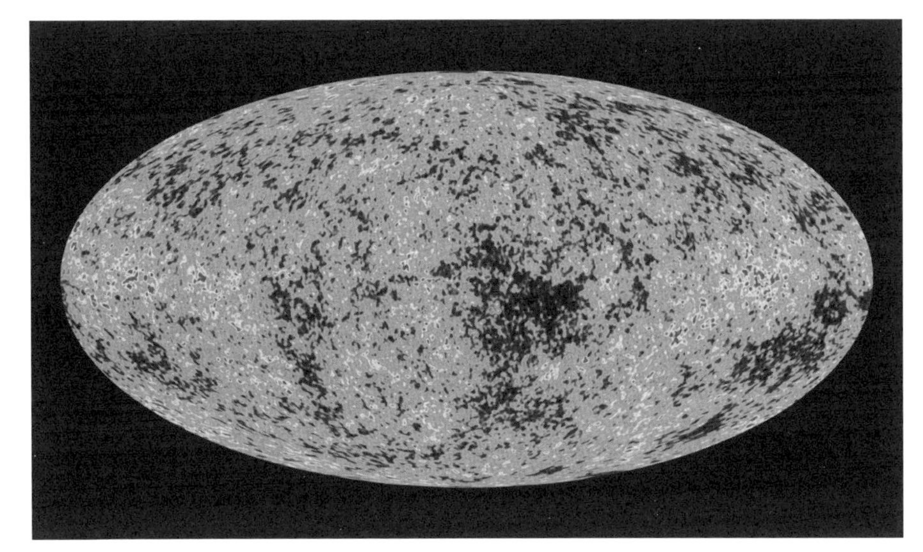

그림 16-1
윌킨슨 마이크로파 비등방성 탐색기가 촬영한 우주의 '아기 사진'

Courtesy of NASA/WMAP Science Team

지면서 미시적인 에너지 변동이 거시적으로 바뀌었다. 우주가 팽창함에 따라 소위 양자적 요동이라고 부르는 이 현상의 영향이 점점 커지면서 에너지 차이를 만들어냈고 이는 곧 온도 차로 이어졌다.

다시 말해 급팽창과 양자적 요동은 미세하게나마 우주에서 밀도가 서로 다른 지역을 만들었다. 그리고 결과적으로 우주 마이크로파 배경복사(그림 16-1)에서 차가운 지역과 뜨거운 지역이 생겨났다. 제12장에서 설명했듯이 시간이 지나면서 이 작은 온도 차이에서 중력의 영향을 받아 거미줄같이 얽힌 은하단과 거대 보이드가 생겨나 우리의 우주를 채우게 되었다. 이번 장의 뒤에 나오는 '우주 마이크로파 배경복사에서 알아낸 사실'에서 더 자세한 내용을 알아보자.

급팽창과 양자 거품 때문에 우주의 일부 지역은 다른 지역보다 더 많은 물질과 에너지를 가지게 되었다. 결과적으로 우주 마이크로 배경복사의 온도에서 차가운 지역과 뜨거운 지역이 생겨난다(그림 16-1). 시간이 지나면서 중력은 이러한 지역들을 제12장에서 설명한 오늘날의 우주를 채우고 있는 거미줄 모양의 은하단과 거대 보이드로 만들었다. 더 자세한 정보를 얻고 싶다면 '우주 마이크로파 배경복사에서 얻어낸 우주의 정보'를 참조하라.

다음에서 급팽창의 다른 두 가지 흥미로운 사실을 다루겠다. 급팽창이 힘을 얻는 진공과 급팽창과 우주의 모양 사이의 관계를 알아보도록 하자.

무에서 온 무언가 : 우주 급팽창과 진공

역설적이지만, 우주 급팽창을 일으킨 에너지의 출처는 아무것도 없는 공간, 바로 진공이었다. 양자론에 따르면, 우주의 진공은 비어 있지 않다. 진공은 끊임없이 만들어지고 파괴되는 입자와 반입자들로 들끓고 있다. 양자론자들은 진공의 에너지를 기반으로 빅뱅 당시의 폭발적인 에너지와 복사선이 방출되었다고 생각한다.

그 외에 진공은 한 가지 특이한 성질이 있다. 진공은 척력을 가한다. 중력처럼 서로 떨어져 있는 물체를 끌어당기는 게 아니라 척력은 서로를 밀어낸다. 진공의 척력은 어쩌면 순간적이지만, 강력한 급팽창을 만들어냈을지도 모른다.

급팽창, 즉 인플레이션은 경제뿐 아니라 우주에서도 굉장히 흥미로운 현상이다. 하지만 통화와는 다르게 우주의 팽창은 결코 멈추지 않는다.

완전히 실패하다 : 급팽창과 우주의 형태

상상할 수 있는 가장 간단한 형태의 급팽창 과정에서 우주는 어쩌면 평평한 모습이었을지도 모른다. 이 급속한 팽창은 마치 거대하게 커진 풍선처럼 우주의 곡률을 0에 가깝게 만들었다.

우주가 평평해지기 위해서, 우주는 특정 밀도, 임계 밀도에 도달해야 한다. 만약 우주의 밀도가 임계 밀도보다 크다면, 중력으로 인해 팽창이 멈추고 수축하기 시작한다. 결국 우주는 붕괴하게 되는데 천문학자들은 이를 대붕괴라고 부른다.

대붕괴가 일어나면, 우주는 마치 구체처럼 한정된 부피를 가진 닫힌 우주의 모습으로 변한다. 닫힌 우주에서 우주선을 발사하여 일직선으로 나아가다 보면, 처음 출발했던 자리로 돌아올 것이다. 수학자들은 이럴 때 양의 곡률을 가진다고 말한다.

만약 우주의 밀도가 임계 밀도보다 낮다면, 중력은 팽창을 막을 수 없으며 우주는 영원히 뻗어나간다. 이런 우주는 음의 곡률을 가지며, 마치 말안장처럼 생겼다.

급팽창 이론은 우주는 평평하다고 주장하지만, 여러 종류의 관측에서 우주가 임계 밀도에 이를 만큼 충분한 물질(일반적인 물질과 암흑물질 포함, 둘의 정의는 제15장을 참조)을 가지고 있지 않다는 사실이 드러났다.

따라서 우주가 평평하다면, 우리가 아는 물질이든, 아직 찾지 못한 물질이든 물질만으로는 이 문제를 풀 수가 없다. 하지만 마이티 마우스의 주제가처럼, 에너지가 우리를 구한다! 실제로, 에너지는 전 우주를 구할 수 있으며 최근 연구는 실제로 그러하다는 걸 나타낸다. 그림 16-1은 '우주의 어린 모습'인데 WMAP 위성이 측정한 우주배경복사 자료를 사용해 그려낸 우주의 지도이다. 이 지도는 모든 우주론자가 우주가 평평하며, 한 에너지가 이 상태를 유지하는 데 아주 중요한 역할을 하고 있다는 사실을 믿게 만들었다. 하지만 이 에너지는 우리가 이때까지 알던 에너지와는 다르며 이 우주의 영웅을 암흑 에너지라고 부른다. 우주의 어두운 면을 알고 싶다면 계속 읽어보자.

암흑 에너지 : 우주의 액셀

암흑 에너지는 아주 놀라운 물질이다. 이 에너지는 우주 전 지역에서 척력을 발휘한다. 하지만 과학자들이 아는 것은 이게 전부다. 암흑물질이 정확히 뭔지 모르기 때문에 유일하게 관측할 수 있는 힘인 척력을 이용해 정의한다. 빅뱅과 급팽창 이후, 중력은 우주의 팽창을 늦췄다. 하지만 우주는 점점 더 커졌고 중력의 영향을 덜 받게 되면서 물질들은 우주 전역으로 퍼져나갔다. 얼마 후(수십억 년 후), 암흑 에너지의 척력이 우주의 팽창을 가속했다. 이 기이한 현상은 허블망원경과 다른 망원경의 관측 결과로 입증되었다.

우주의 팽창이 빨라지고 있다는 사실을 보여줌으로써 암흑 에너지의 존재를 밝혔던 주인공은 멀리 떨어진 은하의 Ia형 초신성이었다(Ia형 초신성과 다른 초신성에 관한 내용은 제11장에서 읽을 수 있다). 모든 초신성은 아주 밝아서 멀리 있는 은하에서도 보이는데, Ia형 초신성은 다른 초신성과 다른 특징이 있다. 천문학자들은 같은 와트에서 사용하는 백열등의 밝기가 같은 것처럼 모든 Ia형 초신성의 본질적인 밝기가 같다고 생각한다('먼 은하계 저편에: 표준 촛불과 허블 상수'를 참조하라).

먼 은하에서 나오는 빛은 지구에 도착할 때까지 수억 년 이상 걸리기 때문에 어쩌면 우리 눈에 보이는 은하 속에 먼 옛날에 폭발한 초신성의 모습이 남아 있을지도 모른다. 만약 우주의 팽창이 빅뱅 이후로 느려지고 있다면, 우주가 일정한 속도로 팽창했다고 가정했을 때보다 지구와 은하 사이의 거리는 짧아지며, 은하에서 나온 빛이 지구에 도달하는 시간도 줄어든다. 따라서 팽창 속도가 느려지고 있다면, 멀리 떨어져 있는 은하에 있는 초신성은 더 밝게 보여야 한다.

1988년에 두 팀의 천문학자들이 알아낸 결과는 완전히 반대였다. 멀리 있는 초신성의 밝기가 예상보다 약간 더 어두웠는데 마치 초신성이 속해 있는 은하가 천문학자의 계산보다 더 빠른 속도로 멀어지는 것 같았다. 우주의 팽창 속도가 점점 더 빨라지고 있는 것처럼 보였다. 제11장에서 설명한대로 이 연구에서 암흑 에너지의 정체를 밝혀냈고 연구를 이끌었던 세 명의 천문학자인 솔 펄머터, 애덤 리스, 브라이언 슈밋은 노벨 물리학상을 받았다.

우주 마이크로파 배경복사에서 알아낸 사실

우주 마이크로파 배경복사(빅뱅부터 지금까지 남아 있는 희미한 전파)를 통해 빅뱅에서 37만 9,000년 뒤 우주의 모습을 간략하게 알 수 있다. 그 전의 우주는 전자의 구름으로 가득 차 있었다. 자유롭게 돌아다니는 전자 때문에 빅뱅에서 생성된 광자는 직진할 수 없었다. 이 음전하를 띤 입자들은 광자를 흡수하고 흩뿌리기를 반복했다.

우주가 37만 9,000년째 생일을 맞이할 무렵, 전자가 원자핵과 결합할 만큼 우주의 온도가 내려감에 따라 광자의 움직임을 방해할 만한 입자들이 없어졌다. 전자의 구름이 걷힌 것이다. 오늘날 우리는 바로 이때 37만 9,000년 전에 우주가 방출한 복사를 보고 있으며 우주가 팽창함에 따라 파장이 길어져 마이크로파와 원적외선의 형태로 나타난다.

우주 마이크로파 배경복사 건더기 찾기

1960년대에 펜지아스와 윌슨이 처음으로 우주배경복사를 발견했을 때, 우주 전 지역의 온도가 완전히 똑같은 것처럼 보였다. 어떤 지역도 다른 곳에 비해서 조금도 뜨겁거나, 차갑지 않았다. 최소한, 당시의 측정장비로는 그랬다는 말이다. 이 온도의 균일함은 난제로 남았는데 이유는 우주라는 부드러운 입자의 수프에 은하와 항성 그리고 행성이라는 건더기가 생기려면 아주 조금의 온도 차이라도 있어야 했기 때문이다.

이론에 따르면, 초기 우주는 완전히 균일한 상태는 아니었다. 마치 흰죽에 있는 건더기의 크기가 제각각 다르듯이, 미세한 밀도 차이, 단위 면적당 원자 수가 조금씩 달랐다는 말이다. 이런 곳 근처에서 물질이 뭉치기 시작했으며 은하를 형성했다. 과학자들은 이제 밀도의 변화를 우주 마이크로파 배경복사에서 나타나는 우주의 비등방성을 이용해 관측할 수 있다(비등방성은 온도나, 밀도 같은 우주의 물리적 성질이 방향에 따라서 달라지는 성질을 말한다).

1992년, 나사의 우주배경복사탐사선(COBE)은 불과 3년 전에 우주 마이크로파 배경복사의 온도를 전례 없는 정확도로 측정했음에도, 또다시 많은 과학자들이 아주 대단하다고 여기는 업적을 이룩했다. 이 위성은 우주배경복사를 통해 상대적으로 뜨겁고, 차가운 지역을 탐지해냈다. COBE의 우주배경복사 측정으로 2006년에 나의 나사 동료이자 캘리포니아 버클리대학교의 존 매더와 조지 스무트가 노벨 물리학상을 받았다(나는 노벨상 근처에도 가지 않았지만(못했지만), 몇 년간 존 매더의 사무실은 내 사무실과 같은 복도였으며 몇 발자국 떨어져 있지도 않았다. 세상 참 좁다.

온도 변화는 사실 아주 미세한데 평균온도인 2.73K에서 플러스마이너스 0.002K이다. 전래동화 『공주와 완두콩』에 나오는 수십 겹의 매트리스 아래에 깔린 콩 하나 때문에 불편해서 잠을 설치는 공주도 이 정도 차이는 느낄 수 없다. 하지만 이 작은 온도 차는 우주의 구조물이 자라날 만큼 의미 있는 값이다.

우주배경복사로 우주지도 만들기

우주의 모양이 말안장 모양인지, 다시 말해 평탄한지 알아보는 연구에서 과학자들은 우주배경복사를 통해 답을 찾았다. 평탄한 우주는 온도 변화에서 특정한 패턴이 나타난다. 대량의 풍선망원경과 지상망원경을 사용하면 우주배경복사에서 이 패턴이 나타날지도 모른다.

2003년에 나사는 WMAP가 우주배경복사를 그 어느 때보다 정확하게 측정했으며, 측정 결과로 지도를 만들었다고 발표했다. 찰스 베넷이 이끄는 WMAP 팀은 이 지도를 바탕으로 빅뱅에 대한 거의 모든 의문을 풀었다. 하지만 빅뱅이 왜 발생했는지, 그리고 암흑 에너지의 정체가 무엇인지는 설명하지 못했다. 여기서 주목해야 할 점은 WMAP 팀이 우주는 평탄하다는 사실을 발견했다는 것이다(앞의 '완전히 실패하다 : 급팽창과 우주의 형태'에서 평탄한 우주를 설명했다). 역시 앞에서 설명했던 빅뱅 초기에 있었던 급팽창 이론과 일치한다.

2009년부터 2013년까지 활약한 유럽우주국 소속의 플랑크 위성의 측정값도 WMAP와 비슷했다(일부는 플랑크가 더 정확했다). 급팽창 이론이 맞다는 사실을 재확인하는 것 외에, 두 위성은 다음과 같은 사실을 알려준다.

- 우주의 나이는 138억 년이다. 이 수치는 이 책 내내 볼 수 있다.
- 우주배경복사는 37만 9,000살 우주의 흔적이다.
- 빅뱅 발생 2억 년 뒤에 첫 번째 항성이 빛을 내기 시작했다.
- 우주는 평탄하다. 이는 급팽창 이론과 일치한다('급팽창 : 우주의 전성기' 참조).
- 우주의 질량 에너지를 차지하는 비율은 다음과 같다.
  - 일반물질(지구에서 발견되는 것과 같은 바리온 물질) : 4.9퍼센트
  - 암흑물질(제15장 참조) : 26.8퍼센트
  - 암흑 에너지 : 68.3퍼센트

  과학자들이 과거에는 대략적으로 예측했던 수치이지만, 지금은 정확한 값을 알고 있다.

WMAP가 발견한 내용은 고더드 우주 비행센터의 홈페이지(map.gsfc.nasa.gov)에서 확인할 수 있다. 우주의 진화를 담은 애니메이션을 감상하거나 다른 우주 관련 자료를 찾아보도록 하자.

먼 은하계 저편에 : 표준 촛불과 허블 상수

천문학에서 가장 오래된 질문은 아마도 "우주는 몇 살인가요?"일 것 같다. WMAP, 허블우주망원경, 그리고 다른 장비들 덕분에 우리는 138억 년이라는 답을 알아냈다.

과학자들은 우주의 나이를 어떻게 알았을까? 이 문제를 풀기 위해 우주의 팽창과 밀접한 관련이 있는 정보가 필요하다. 표준 촛불은 천문학자들이 은하와 지구 사이의 거리를 측정할 때 사용하며 허블 상수는 우주의 팽창에 대한 은하의 거리와 관련이 있다. 이제 이 두 가지 주제를 가지고 얘기하겠다.

표준 촛불 : 과학자들은 어떻게 은하와 지구 사이의 거리를 잴까?

우주에서 거리를 측정하는 주 방식은 표준 촛불, 즉 백열전구의 와트에 해당하는 우주 물질을 사용한다.

예를 들어 어떤 종류의 항성이 내는 실제 밝기, 절대 광도를 안다고 가정하자. 빛의 밝기는 거리의 제곱에 반비례한다. 따라서 은하에 있는 그 항성의 겉보기 밝기를 조사하면 은하와 지구 사이의 거리를 알 수 있다.

세페이드 변광성은 옅은 노란빛을 띠고 맥동하는 별이며 가까운 은하와 지구 사이 거리를 측정하는 데 있어 가장 신뢰성 있는 표준 촛불로 사용되고 있다. 이 젊은 항성은 주기적으로 밝기가 변한다. 1912년, 하버드 천문대의 헨리에타 리비트는 세페이드 변광성의 주기와 절대 밝기 사이에 직접적인 관련이 있다는 사실을 밝혀냈다. 밝기가 변하는 주기가 길어질수록, 더 밝아진다. 리비트의 발견 후 100년이 지난 지금도, 천문학자들은 여전히 세페이드 변광성을 이용해 거리를 측정한다.

Ia형 초신성(제11장 참조)은 또 다른 종류의 표준 촛불이다. 초신성은 세페이드 변광성보다 밝기 때문에, 더 먼 은하에 있어도 관측할 수 있다. 최근 허블 상수의 계산에서는 이 두 가지 촛불을 다 사용하며 변광성, 초신성, 그리고 WMAP 위성의 측정값과 거의 일치한다.

허블 상수 : 은하의 속도는 얼마인가?

우주 나이 추정은 수십 년간 천문학자들의 관심을 한 몸에 받아온 숫자, 허블 상수에 달려 있다. 허블 상수는 우주의 팽창률을 나타낸다. 이 상수의 이름은 우리가 팽창하고 있는 우주에서 살고 있다는 사실을 밝혀낸 에드윈 허블의 이름을 따서 지었다. 허블은 외부 은하(국부 은하군에 속하지 않는 은하, 제12장에서 설명했다)들이 하나같이 우리 은하에서 멀어지고 있다는 놀라운 발견을 한 천문학자다.

허블은 더 멀리 떨어진 은하일수록 더 빨리 후퇴한다는 사실을 알아냈다. 이 관계를 허블의 법칙이라고 한다. 예를 들어 두 은하가 있다고 가정하자. 한 은하는 다른 은하보다 지구로부터 두 배 멀리 떨어져 있다. 그렇다면 지구로부터 더 멀리 떨어져 있는 은하가 다른 은하보다 두 배 더 빨리 멀어진다는 얘기다(알버트 아인슈타인의 일반 상대성 이론에 따르면, 은하 자체는 움직이지 않는다. 대신 은하가 있는 우주가 팽창한다).

은하 사이의 거리와 후퇴 속도 사이에는 비례관계가 있는데 이를 허블 상수, H_0라고 한다. 은하의 후퇴 속도는 H_0에 은하까지의 거리를 곱한 값이다. 따라서 H_0는 우주의 팽창률을 의미하며 이를 이용해 우주의 나이를 알아낼 수 있다(만약 현재 특정 은하까지의 거리와 은하의 후퇴 속도를 알고 있다면, 은하가 이동한 시간을 알아낼 수 있다. 빅뱅 이론에 따르면, 우주는 한때 아주 작은 한 점이었으며, 팽창하기 시작하여 지금과 같은 모습이 되었다. 우주에서 우리가 지금 있는 지점과 특정 은하가 있던 곳은 과거에 서로 아주 가까웠다는 말이다. 하지만 시간이 흐르면서 서로 멀어졌다. 서로 간의 거리만큼 멀어지는 데 걸리는 시간이 곧 우주의 나이다).

허블 상수의 단위는 (km/Sec/Mpc)이다(1메가파섹은 326만 광년이다). 한때 두 가지 요인 때문에 허블 상수의 값이 전문가들끼리 갈렸다. 그 뒤 오랜 연구 끝에 천문학자들은 허블우주망원경을 사용하여 70이라는 허블 상수값을 발표했다. 허블 상수가 70이라면 지구에서 30메가파섹(대략 1억 광년) 떨어진 은하가 지구에서 초당 2,100킬로미터의 속도로 멀어져 간다는 뜻이다. 하지만 최근 관측 결과는 8퍼센트 정도 오차가 있다. 수정된 허블 상수는 67~73 사이이다. 이상한가? 어떤 천문학자들은 허블 상수가 우주의 구역마다 다르다고 생각한다. 개인적으로 모든 측정값이 서로 10퍼센트 이상 차이 나지 않는다는 사실에 기뻐해야 한다고 본다.

표준 촛불과 허블 상수 덕분에, 천문학자들은 믿을 만한 우주 팽창률 값을 알게 되었고 팽창률을 높이는 매체가 암흑 에너지라는 사실도 찾아냈다. 하지만 암흑 에너지의 정체는 여전히 깊고 어두운 암흑 속에 있다.

우주의 운명

암흑 에너지의 영향으로 우주의 팽창 속도는 점점 빨라지고 있다. 따라서 허블 상수는 고정된 값을 가질 수가 없다. 점점 커진다는 얘기다. 다시 말해 허블 상수는 '허블 변수'에 더 가깝다.

우주가 점점 더 빠른 속도로 팽창하면서 결국 다른 은하들도 우리로부터 빛보다 더 빠른 속도로 멀어져갈 것이다. 방금 문장을 읽고 아마 이렇게 생각할지도 모르겠다. "잠깐만! 제13장에서 빛보다 더 빠른 속도로 움직이는 물질은 타키온뿐이고 그마저도 존재하는지 안 하는지 밝혀지지도 않았다면서, 저 은하들은 어떻게 된 건데?"

답은 이렇다. 1조 년이 지난 미래에서는 은하들이 빛보다 빠른 속도로 멀어지고 있겠지만, 은하 자체가 움직이는 게 아니다. 이번 장을 시작할 때 빅뱅은 "우주 자체의 맹렬한 팽창이자 기원이다"라고 말했다. 빠른 속도로 움직이는 은하들은 사실 실제로 움직이는 게 아니라, 공간의 팽창으로 인해 움직이는 것처럼 보이는 것이다. 공간은 물질이 아니며, 암흑 에너지의 힘으로 얼마든지 빠르게 팽창할 수 있다.

외부 은하의 움직이는 속도가 빛보다 빨라지면, 빛이 더 이상 우리 은하에 도달하지 않는다. 태양은 아마 한참 전에 죽었을 것이다. 태양 핵의 수소는 앞으로 40억 년 정도 탈 것이며 그 뒤로는 외부층을 날려버리고 적색거성으로 성장하여 천천히 백색왜성으로 늙어갈 것이다. 하지만 우리 은하에는 여전히 많은 수의 뜨거운 항성이 존재할 것이며, 어쩌면 이들에게 딸린 행성 일부에 지적 생명체가 존재할지도 모른다. 이런 외계인들은 빛이 닿지 않는 곳에 있는 은하들을 보지 못할 것이다. 외계인들의 시야 밖의 우주는 암흑 속에서 잊혀진다.

한때 천문학자들은 우리가 예측할 수 있는 미래까지는 우주가 존재할 수 있을 거라고 생각했다. 하지만 암흑 에너지의 발견은 이 생각을 뒤집었다. 요기 베라가 말했듯이 "미래는 바뀌는 것이다."

많은 천문학과 우주 관련 서적을 집필한 론 코웬은 기존의 제16장을 쓰는 데 도움을 주었다.

저자 스티븐 마렌은 이 책의 제2판에서 제16장을 재집필했다. 이번 장에 있는 모든 견해는 필자 본인의 것이다.

PART

5

10으로 알아보는 사실들

제5부 미리보기

- 친구들에게 강한 인상을 남길 때 써먹을 수 있는 우주의 신기한 사실 열 가지를 알아본다.
- 사람들이나 미디어에서 천문학에 대해 얘기할 때 흔히 저지르는 열 가지 실수의 내막을 파헤친다.

chapter

17

천문학과 우주의 열 가지 이상한 사실

제17장 미리보기

- 천문 관측에 도움이 될 만한 동호회, 인터넷 사이트, 앱을 찾아본다.
- 천문대와 천체투영관을 구경한다.
- 별 축제, 일식 여행, 망원경 모텔, 밤하늘 공원을 즐긴다.

천문학, 특히 지구와 우리 태양계에 관해 개인적으로 흥미로운 몇 가지 사실들을 담았다. 이번 장에 나오는 열 가지 재밌는 사실들을 알아놓는다면, 퀴즈 방송에 나오는 천문학 문제나 친구와 가족이 묻는 말 정도는 쉽게 대답할 수 있다.

당신 머리에 작은 운석이 있어

유성진은 우주에서 끊임없이 떨어지는 작은 입자인데 현미경으로만 확인이 가능하다. 당신이 오늘 집 밖을 돌아다니는 사이에 머리 위에 떨어졌을지도 모른다. 하지만 첨단 연구 시설이나 분석 기술 없이는 볼 수 없다. 거대한 양의 꽃가루, 매연 입자, 집 먼지 그리고 (언급하기 불편하지만) 정수리에 있는 비듬과 뒤섞여서 찾아내기도 힘들다

(여러 가지 크기의 운석을 확인하고 싶다면 제4장을 보도록 하자).

혜성의 꼬리가 길을 안내할 때

말의 꼬리는 언제나 말이 달려가는 방향을 따라간다. 하지만 혜성의 꼬리는 다르다. 혜성의 꼬리는 항상 태양의 반대 방향을 향한다. 태양에 근접하는 혜성의 꼬리는, 혹은 꼬리들은 진행 방향의 반대쪽에 생긴다. 역으로 혜성이 태양계 바깥으로 나갈 때는 꼬리가 진행 방향쪽으로 생긴다(제4장에서 혜성에 대해 다루었다).

지구는 귀하고 특별한 물질로 이루어졌다

우주 대부분을 차지하고 있는 물질은 흔히 암흑물질이라고 불리는 것으로, 눈에 보이지 않기 때문에 천문학자들이 직접 찾아낼 수 없다(제15장을 보자). 관측 가능한 물질 대부분은 플라스마거나 (뜨겁고 전하를 띤 가스로 태양 같은 일반적인 항성을 이룬다) 축퇴물질이다(원자 혹은 원자핵이 상상할 수 없을 정도의 밀도로 모여 있는 경우를 말하며 백색왜성이나 중성자별에서 발견된다. 제11장 참조). 암흑물질과 축퇴물질 그리고 플라즈마는 지구 내부에서 존재하지 않는다. 우주가 거대하다는 점을 생각해봐도, 지구와 지구인들은 특별한 존재다(지구의 특별한 점을 더 알고 싶다면 제5장을 보자).

만조는 지구의 양쪽에서 동시에 일어난다

지구와 달이 마주 보는 면에서 일어나는 해양 조수는 같은 시간에 발생하는 지구 반대편의 조수와 크게 다르지 않다. 이 현상은 어쩌면 상식을 깰지 모르지만, 물리학과 수학적 분석에 반하지는 않는다(태양에 의해 일어나는 비교적 작은 조수 역시 마찬가지다). 달을 더 자세히 알고 싶다면 제5장을 보도록 하자.

금성, 우산이 필요 없는 행성

사실, 금성에는 늘 비가 오지만, 어디에도 내리지 않는다. 금성의 비는 순도 높은 산성이며, 땅에 닿기 전에 증발한다(이런 현상을 미류운이라고 한다. 금성은 제6장에 정리해두었다).

지구 여기저기에 있는 화성의 돌

사람들은 지금껏 화성의 지각 성분으로 이루어진 운석을 대략 100개 정도 발견했다. 아마도 소행성대에서 왔음 직한 거대한 충돌체가 화성에 부딪혀서 깨져나간 조각으로 예상된다(운석과 소행성이 궁금하다면 각각 제4장과 제7장을 보자). 통계적으로 보면, 찾아내지 못한 화성 운석들이 많을 것이며 대부분은 바다나, 개척되지 않은 외딴곳에 떨어졌을 것이다(화성은 제6장에서 자세히 다루었다).

명왕성은 잘못된 이론 덕분에 발견되었다

퍼시벌 로웰은 오늘날 명왕성이라고 부르는 행성의 존재와 대략적인 위치를 예측했다. 클라이드 톰보가 해당 구역을 조사하여, 명왕성을 발견했다. 로웰의 이론에 따르면 천왕성의 움직임을 관측한 결과 아홉 번째 행성이 존재하며 천왕성에 중력적 영향을 미친다는 것이었다. 하지만 오늘날 과학자들은 로웰의 이론이 틀렸다는 사실을 알고 있다. 사실, 명왕성은 너무 작아서 천왕성에 '눈에 띌 만큼' 큰 영향을 줄 수가 없다. 게다가, '중력적 영향'은 천왕성의 움직임을 측정하는 과정에서 발생한 실수였다(해왕성의 움직임을 관측하면 명왕성의 존재를 예측할 수 있지만, 당시에는 정보가 많지 않았다). 명왕성의 발견은 순전히 행운이었다. 그리고 로웰이 행성의 존재를 예측하고 이름까지 붙여줬지만, 국제천문연맹은 명왕성의 지위를 왜소행성으로 강등했다(제9장에서 명왕성의 모든 것을 볼 수 있다).

흑점은 어둡지 않다

대부분 사람들이 흑점을 태양에 있는 '어두운' 부분으로 알고 있다. 사실, 흑점은 주변 지역보다 상대적으로 온도가 낮은 부분일 뿐이다(제10장에서 더 자세하게 다루었다). 더 뜨거운 부분에 비해 비교적 어두워 보이는 것뿐이며, 흑점 자체는 밝다.

밝게 빛나는 별은 이미 폭발했을지도 모르지만, 모를 일이다

용골자리 에타는 우리 은하에서 질량이 크고, 맹렬하게 타오르는 별 중 하나다. 천문학자들은 이 별이 언제 초신성 폭발을 일으켜도 이상할 게 없으며, 어쩌면 이미 폭발했을지도 모른다고 생각한다. 용골자리 에타의 빛이 지구까지 오는 데 대략 8,000년이 걸리기 때문에 그 안에 폭발이 일어났다면 아직 우리 눈에 보이지 않는다(제11장에서 항성의 진화 과정을 실었다).

구형 TV에서 빅뱅을 봤을지도 모른다

드라마 '빅뱅 이론'은 2007년에 처음으로 방송했지만, 어쩌면 진짜 빅뱅은 그 전에 TV에 출연했을지도 모른다. 노이즈는 전파 혼선이 일어나면 흑백 TV에서 가끔 볼 수 있었던 하얀색 점이나 선이 나타나는 화면이다. 사실, 이 화면은 TV 안테나가 잡아낸 우주배경복사, 빅뱅의 여파가 남아 있던 초기 우주의 메아리다(제16장 참조). 이 복사가 처음으로 관측된 곳은 벨 전화연구소인데 과학자들은 전파 수신기에서 나타나는 이 '잡음'의 원인이 뭔지 고민했다. 처음에는 과학적 용어로 '백색 유전체', 일상적인 말로 하면 비둘기 똥이 원인이라고 생각했지만, 나중에 진실을 밝혀내게 된다.

chapter

18

천문학과 우주 분야에서 흔히 보이는 열 가지 실수

제18장 미리보기

- 천문학의 대표적 오개념을 찾아본다.
- 뉴스나 방송에서 나오는 흔한 실수들을 고쳐본다.

우리의 일상, 신문을 읽거나, 뉴스를 보거나, 인터넷을 하거나, SNS 활동 혹은 친구들과 얘기하면서 천문학에 대한 수많은 오해를 발견할 수 있다. 이번 장에서는, 가장 흔한 사례에 관해 설명하도록 하겠다.

"저 별에서 오는 빛이 지구에 도착하기까지 1,000광년이 걸려요"

많은 사람들이 광년을 일, 월, 년과 같은 시간의 단위라고 착각한다. 하지만 광년은 길이 단위이며 빛이 진공에서 1년 동안 나아간 거리를 의미한다(제1장 참조).

방금 떨어진 따끈따끈한 운석

사실, 방금 떨어진 운석은 차갑다. 꽁꽁 언 서리가(공기 중의 수분과 결합하여 생긴다) 운석에 달라붙어 땅에 떨어질 때쯤이면 보통 운석은 얼음 돌멩이가 되어 있다. 운석이 떨어지는 장면을 목격했다고 주장하는 사람이 운석이 땅에 떨어지면서 튄 파편에 손가락을 데었다고 증언한다면, 거짓말을 하고 있다는 것이다(운석에 관한 자세한 설명은 제4장을 보도록 하자). 지구 대기를 지나는 짧은 여행은 머나먼 우주에서 수백만 년 동안 얼어 있던 운석을 데우기에는 턱없이 모자라다.

지구가 태양에 가장 가까워질 때가 바로 여름이죠

지구와 태양 사이가 가장 가까워지는 때가 여름이라는 믿음은 가장 흔한 오개념이다. 상식만 있다면 말이 안 된다는 걸 눈치챌 수 있다. 하지만 미국이 여름일 때 호주는 겨울이다. 1년 내내 미국과 태양 사이의 거리는 호주와 태양 사이의 거리와 같다. 사실, 지구는 1월에 태양과 가장 가깝고 7월에 가장 멀어진다(제5장에서 지구 자전축의 기울기가 어떻게 계절을 만드는지 설명했다).

달의 뒷편은 어둡습니다

어떤 사람들은 달의 뒤편, 지구를 등지고 있는 쪽 면이 어둡다고 생각한다. 심지어 '어두운 면'이라고 부르는 사람도 있다. 물론 달의 뒤편이 어두울 때도 있겠지만, 밝을 때도 있다. 대부분, 밝은 부분과 어두운 부분이 섞여 있다. 달의 앞쪽이 빛과 어둠이 공존하듯이 뒤편도 마찬가지다. 우리가 보름달을 볼 때, 달의 앞부분 전체가 빛나고 뒤편은 완전히 어둡다. 반대로 달의 앞부분이 완전히 빛을 잃을 때, 뒷면은 환하게 빛난다. 이때 달의 뒤를 볼 수 있다면 보름달처럼 보일 것이다. 달과 상변화에 대해 더 궁금한 게 있다면 제5장을 보자.

‘샛별’은 별이야

‘샛별’은 별이 아니다. 언제나 행성이었다. 그리고 이따금 아침에 별이 2개 뜰 때가 있는데 이는 수성과 금성이다(제6장 참조). ‘저녁별’ 역시 마찬가지다. 당신은 항성이 아니라 행성을 보고 있으며 수성도 비슷한 시간에 보이기 때문에 저녁별도 2개가 뜰 때도 있다. ‘별똥별’ 역시 부적절한 이름이다. 이 ‘별’들은 실은 유성이며 지구 대기를 가로지르며 떨어지는 작은 유성체가 내는 섬광이다(제4장을 보라).

소행성대로 여행을 떠나면 엄청나게 많은 소행성을 볼 수 있답니다

우주여행을 배경으로 하는 모든 영화에서, 한 용감무쌍한 조종사가 우주선을 능숙하게 몰면서 사방팔방에서, 한 번에 네댓 개씩 들이닥치는 수백의 소행성 사이로 빠져나가는 장면이 나온다. 영화 제작자들은 태양계가 얼마나 넓은지 이해를 못 했거나, 영화적 연출을 위해 무시했거나 둘 중 하나일 것이다. 만약 화성과 목성 사이의 소행성대에서 가장 밀집도가 높은 지역의 정면을 바라본다면, 눈에 보이는 소행성은 많아야 한둘일 것이다. 물론, 맨눈으로 볼 수 있다면 말이지만(소행성은 7장에서 자세히 다루었다). 우주 공간은 대부분 비어 있으며 소행성대 역시 마찬가지다.

지구를 구하기 위해서라면 접근하는 ‘킬러 소행성’을 핵으로 쏴야지

많은 사람이 소행성에 대해 잘못 알고 있다. 다양한 할리우드 지구 멸망 영화, 매체에서 다루는 ‘킬러 소행성’들은 대중의 이러한 오개념을 강화하는 충분하고도 불행한 도구다.

지구로 다가오는 소행성을 수소 폭탄으로 날려버리는 계획은 어쩌면 그저 더 위험하고 작은 여러 개의 소행성을 만들 뿐이며 경로가 바뀌리라는 보장 역시 없다. 더욱 더 안전한 계획은 로켓을 발사해 소행성의 궤적을 바꾸어 다시는 지구와 부딪칠 일이 없게 만드는 것이다. 더 좋은 생각은 중력 견인 위성이라고 불리는 장치를 발사해 소행성의 궤도를 바꿔버리는 방법이다(중력 견인 방법은 제7장에서 설명했다).

태양은 많고 많은 항성 중 하나일 뿐이야

태양이 평범한 항성이라는 얘기를 자주 들어봤을 것이다. 사실, 대부분의 항성은 우리의 태양보다 더 작고, 희미하고, 차갑고, 질량이 작다(제10장 참조). 우리의 태양을 자랑스럽게 여기자. 모든 아이가 '표준 이상'인 신비의 호수 워비곤에서 온 아이와 같다(개리슨 케일러가 만든 가상의 공간, 워비곤 호수 근처에 사는 사람들은 다른 지역 출신보다 모든 면에서 우수하다. -역주).

허블우주망원경은 밀착취재의 대가지

허블우주망원경은 성운, 성단, 그리고 은하 사이를 돌아다니면서 아름다운 사진을 찍는 게 아니다. 허블망원경은 지구 근처를 공전하면서 사진을 찍는다. 지상 망원경의 성능을 저해하는 주된 이유인 난기류의 영향을 받지 않으며 첨단 광학장비로 무장했기 때문에 굳이 멀리 여행할 필요가 없다.

빅뱅은 틀렸어

천문학자들이 현재 우주론의 내용과 일치하지 않는 발견을 발표하면, 매체가 "빅뱅은 틀렸다"라는 식으로 보도하는 경향이 있다(제16장에서 빅뱅을 설명했다). 하지만 천문학자들은 관측된 우주의 팽창과 일부 수학적 증명 사이에 불일치를 발견한 것 뿐이다. 새롭게 발표한 데이터에 맞는 이론을 포함한 경쟁 이론 역시 빅뱅 이론과 대부분 일치하며, 그저 일부분만 다르다. 1987년에 발표된 마크 트웨인의 거짓 죽음을 생각해보자. 빅뱅이 잘못됐다는 뉴스는 많이 과장된 것이다.

PART

6

부록과 용어해설

제6부 미리보기

- 별자리표를 보고 직접 밤하늘에서 찾아본다.
- 모르는 천문학 단어가 있다면 용어해설을 살펴보자.

별자리표

부록 A는 8개의 별자리표로 이루어져 있다. 북반구와 남반구 각각 4개씩으로, 관측 지역에 맞게 사용하면 된다.

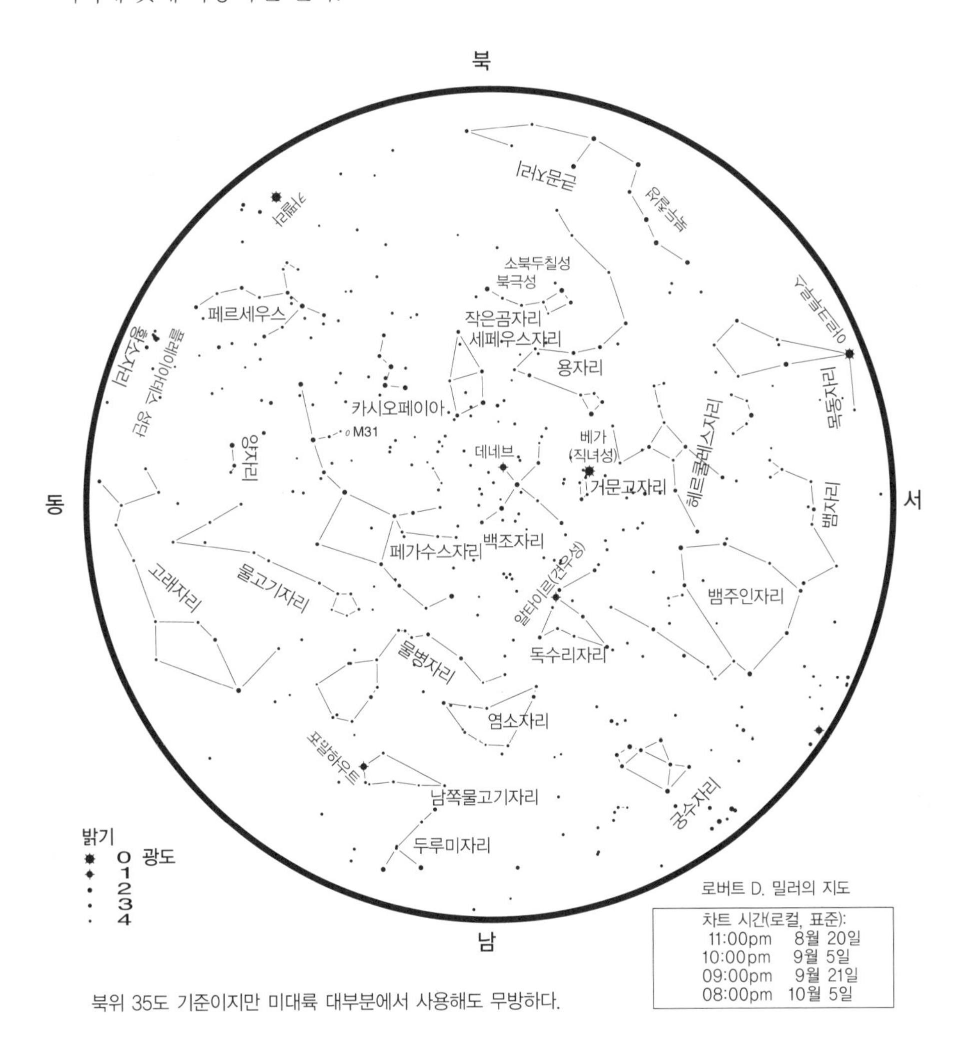

북위 35도 기준이지만 미대륙 대부분에서 사용해도 무방하다.

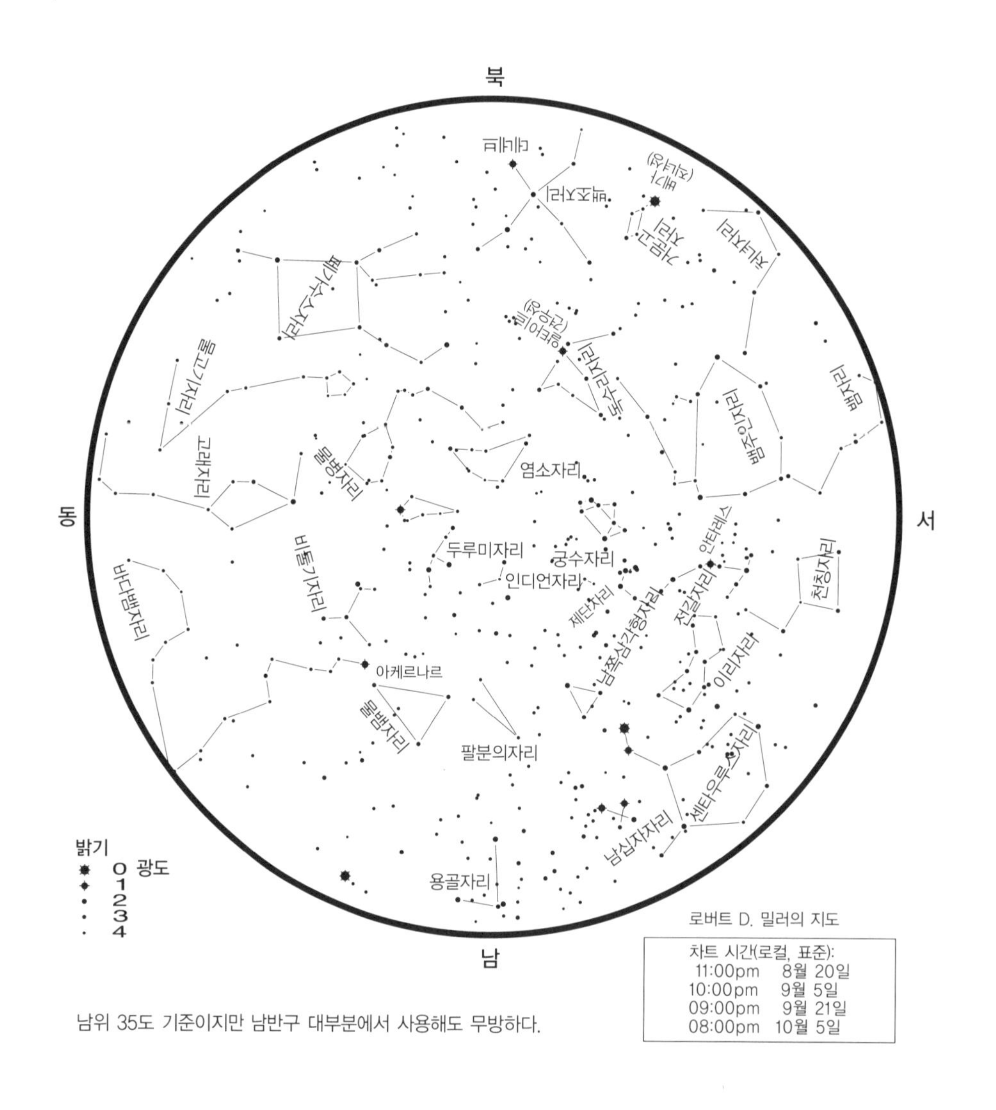

차트 시간(로컬, 표준):	
11:00pm	8월 20일
10:00pm	9월 5일
09:00pm	9월 21일
08:00pm	10월 5일

남위 35도 기준이지만 남반구 대부분에서 사용해도 무방하다.

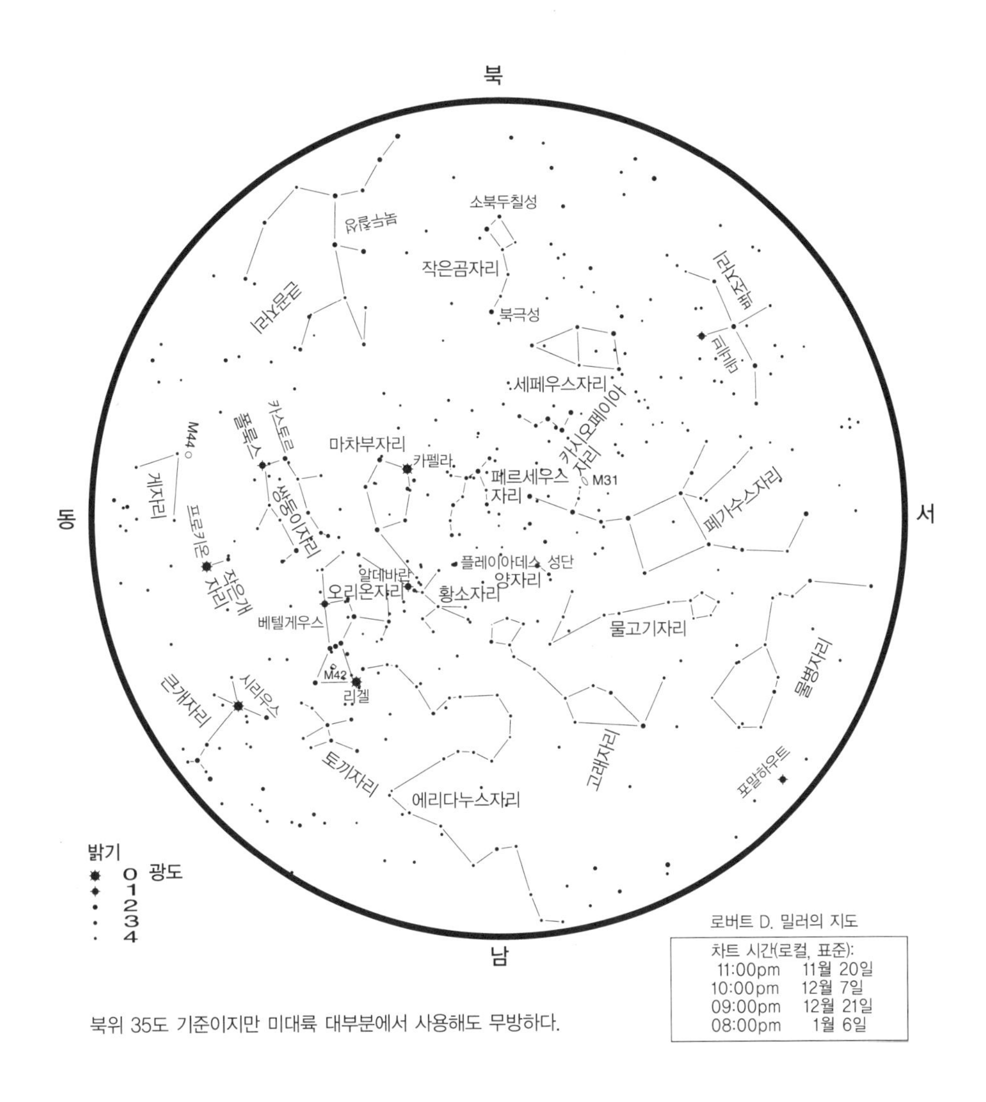

북위 35도 기준이지만 미대륙 대부분에서 사용해도 무방하다.

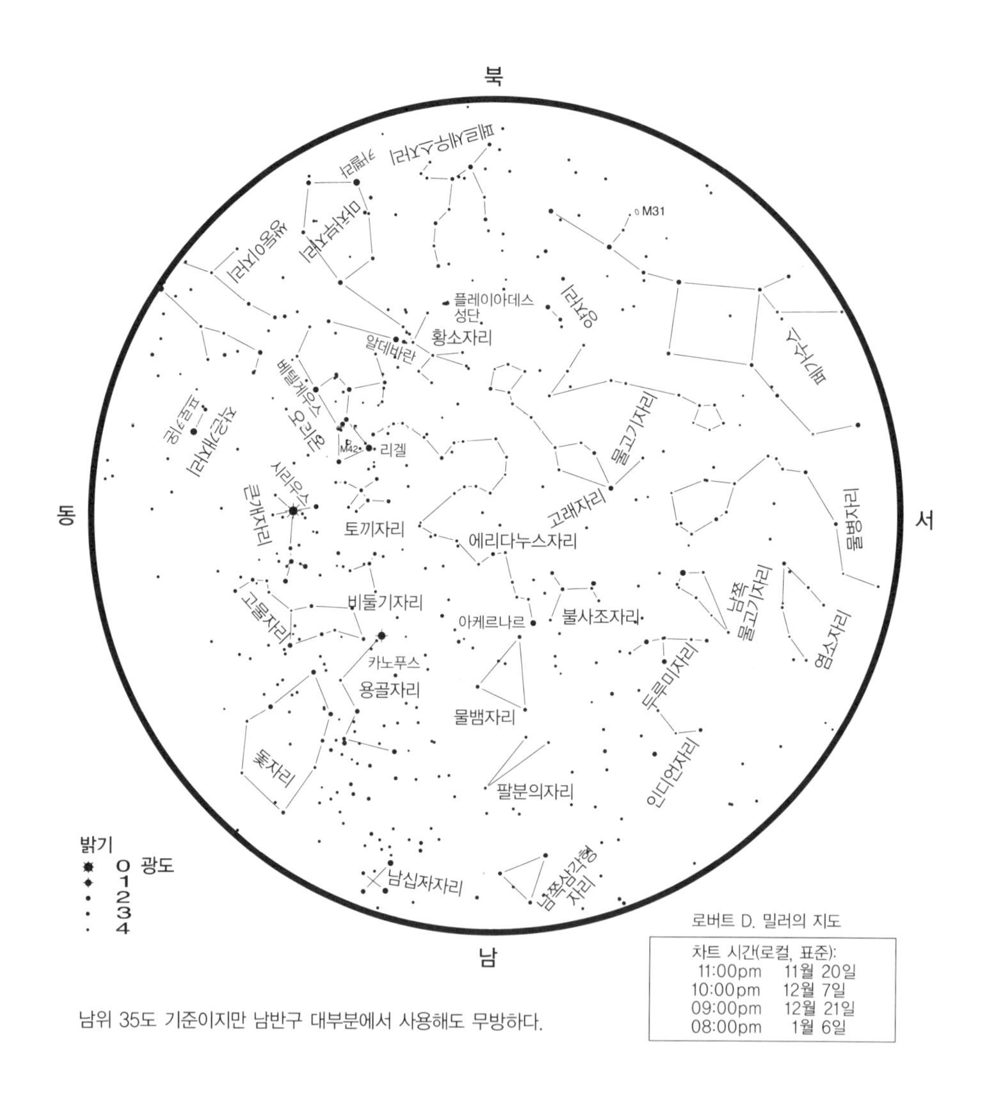

남위 35도 기준이지만 남반구 대부분에서 사용해도 무방하다.

차트 시간(로컬, 표준):	
11:00pm	11월 20일
10:00pm	12월 7일
09:00pm	12월 21일
08:00pm	1월 6일

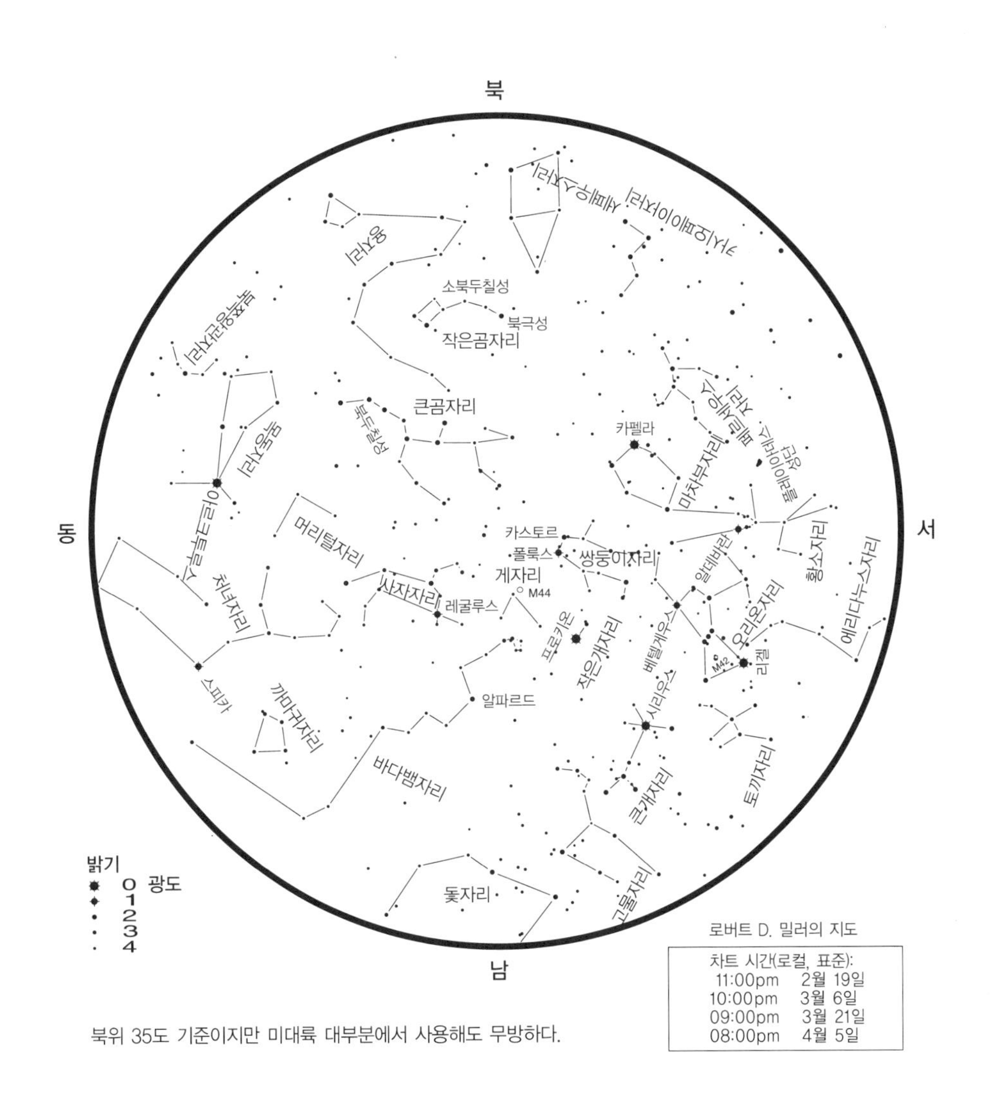

북위 35도 기준이지만 미대륙 대부분에서 사용해도 무방하다.

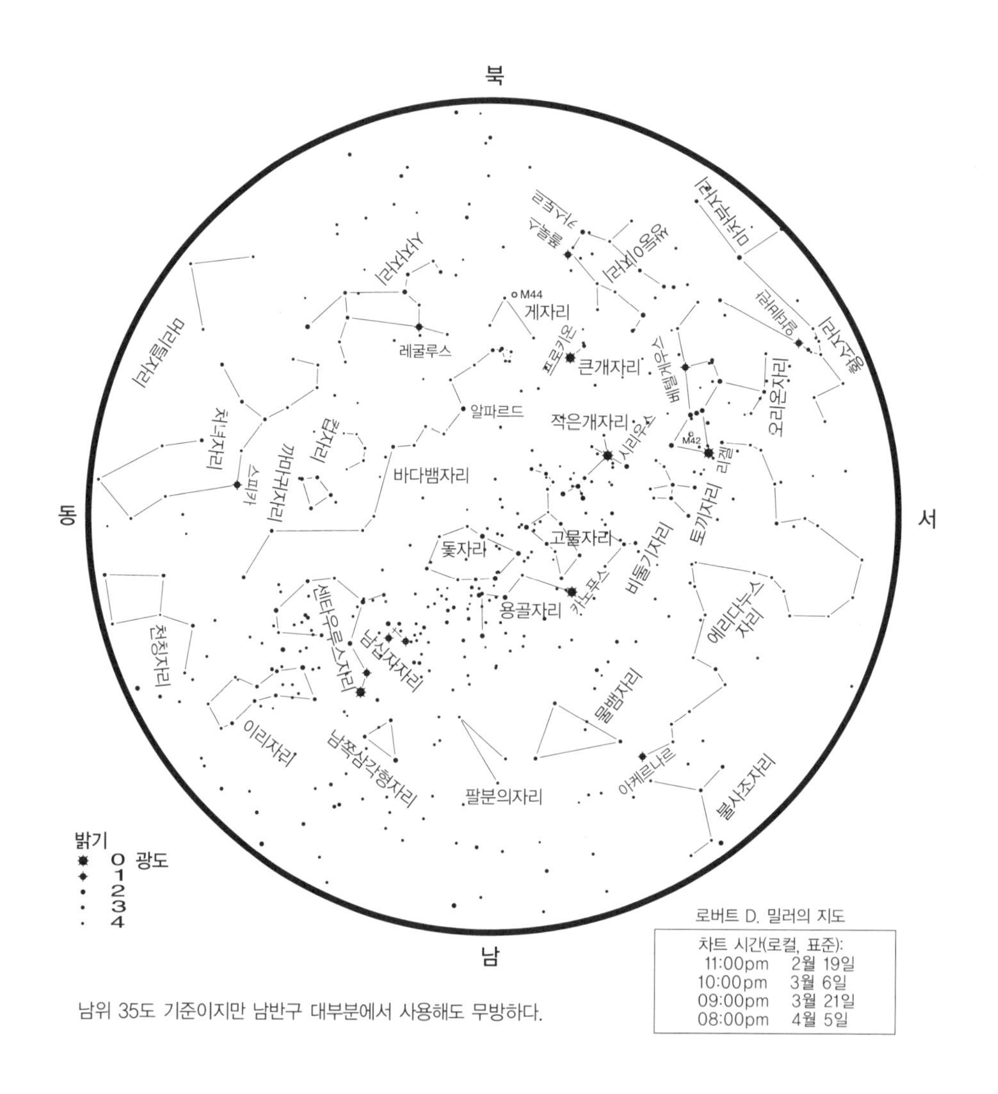

남위 35도 기준이지만 남반구 대부분에서 사용해도 무방하다.

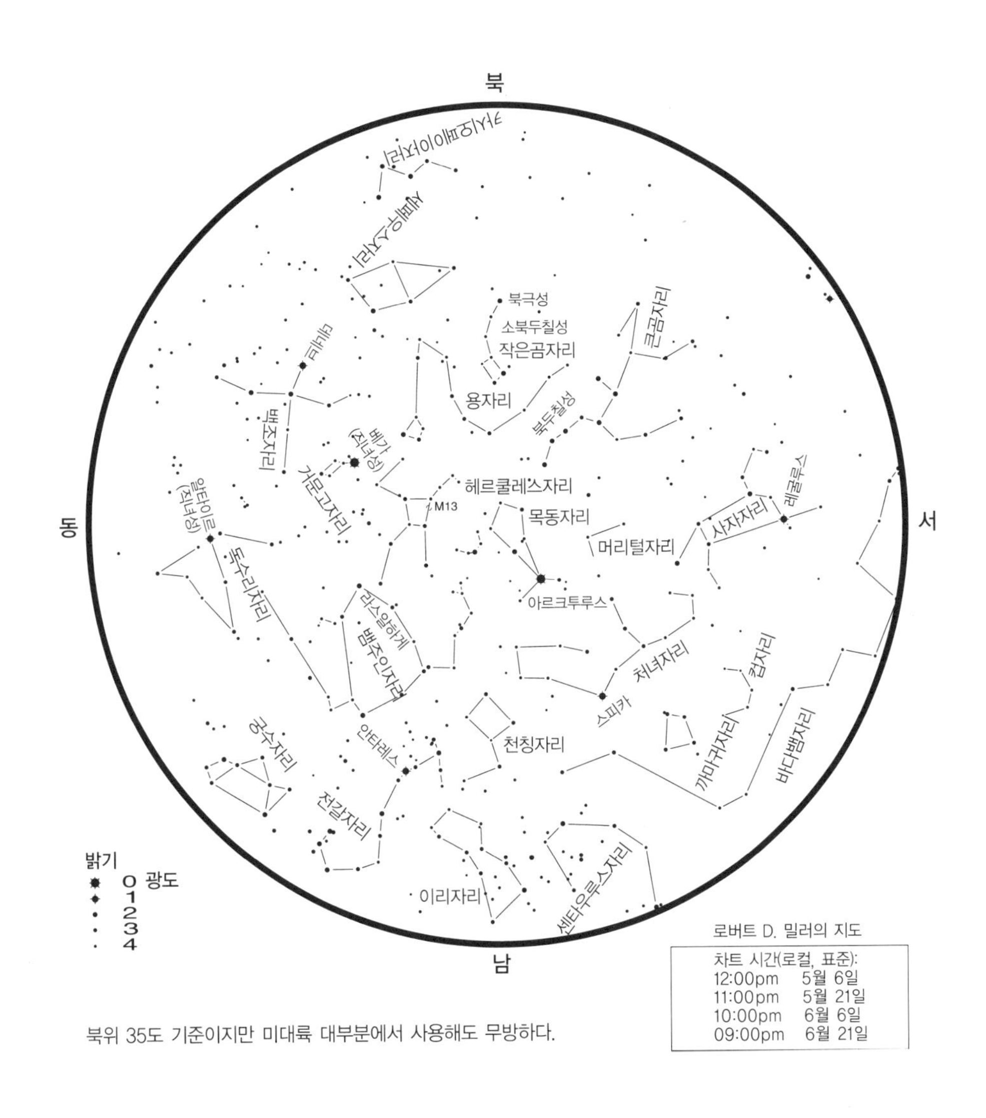

북위 35도 기준이지만 미대륙 대부분에서 사용해도 무방하다.

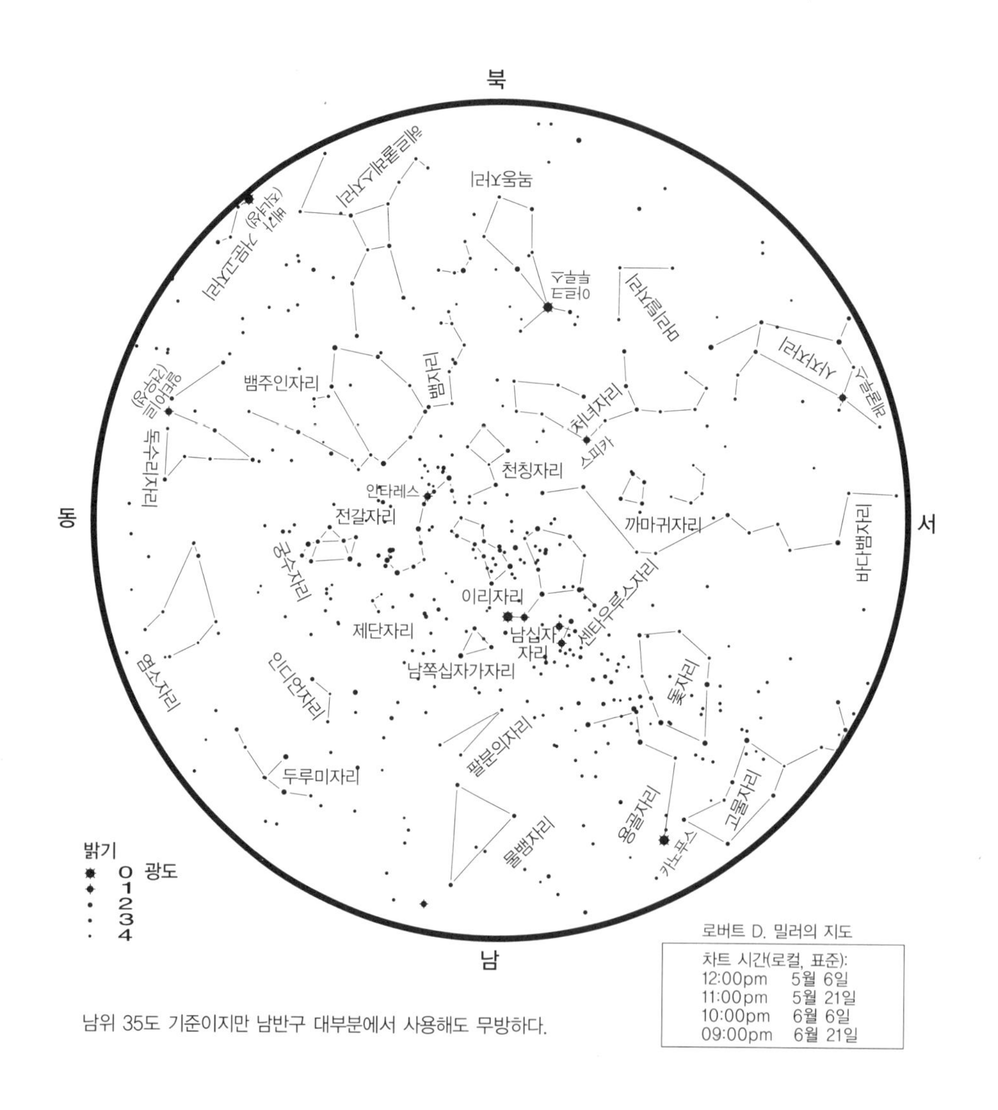

남위 35도 기준이지만 남반구 대부분에서 사용해도 무방하다.

부록

B

용어해설

반물질 반입자로 이루어진 물질이다. 반입자는 입자와 질량이 같지만 반대 전하를 띤다.

성좌 별자리처럼 별을 이어서 이름을 붙인 것. 공식 88개 별자리에는 들어가지 않으며 북두칠성이 성좌에 속한다.

소행성 태양 주변을 도는 작은 천체. 암석질이나 금속 성분으로 이루어져 있다.

오로라 지구나 다른 행성의 상층 대기에서 나타나는 다채로운 색상의 빛으로, 전하를 띤 입자와 공기 분자 사이의 충돌로 발생한다.

쌍성 우주에서 공동 질량의 중심을 공전하는 두 별, 쌍성계라고도 한다.

블랙홀 중력이 아주 강해 빛조차 흡수해버리는 물체

폭발 유성 아주 밝은 유성으로 폭발하는 것처럼 보이거나 큰 소리를 낸다.

혜성 태양을 공전하는 작은 천체. 얼음이나 먼지로 되어 있다.

별자리 동물, 사물, 고대 신화(예 : 큰곰자리)에서 이름을 따 명명한 임의 별들의 집합. 총 88개의 별자리가 있으며 별자리끼리 같은 별을 공유하지 않는다.

우주선 태양, 우리 은하, 외부 은하에서 방출하는 높은 에너지의 아원자. 방출원에 따라 각각 태양 우주선, 은하 우주선, 은하 외 우주선으로 부른다.

크레이터 행성, 위성, 소행성의 표면에 나타난 원형으로 패인 자국. 충돌체나 화산 폭발, 혹은 지형 붕괴로 인해 나타난다.

암흑 에너지 척력을 가진 것으로 보이는 신비스러운 힘. 우주가 시간이 지날수록 빠르게 팽창하는 원인이다.

암흑물질 우주 공간에 존재하는 한 종류 이상의 미확인 물질, 천체 사이에 인력을 행사하는데 이 성질을 이용해 천문학자들이 암흑물질의 존재를 발견했다.

도플러 효과 빛이나 소리의 파원과 관측자 사이의 거리가 변함에 따라 관측자가 느끼는 진동수나 파장이 변하는 것처럼 느껴지는 현상

이중성 지구에서 볼 때 아주 가까이 붙어 있는 것처럼 보이는 두 별. 실제로 물리적 연관성이 있는 경우(쌍성)도 있지만 서로 관계도 없으며 서로 간에 거리도 먼 이중성도 있다.

왜소행성 태양을 중심으로 공전하며, 다른 행성의 위성이 아니어야 하며, 구의 형태를 유지할 수 있을 정도의 중력을 가질 만큼 질량이 커야 하고, 궤도 주변의 다른 작은 천체들을 끌어당기지 못해야 한다.

식 한 천체가 다른 천체의 그림자로 진입하거나 천체 앞을 지나가는 물체에 의해 천체의 부분(부분식)이나 전체(개기식)가 보이지 않는 현상을 의미한다.

황도 태양이 별을 배경으로 진행하는 궤도

태양계 외 행성 다른 태양계에 존재하는 행성. 외계 행성이라고도 한다.

불덩어리 유성 아주 밝은 유성

은하 100만에서 수십억의 항성이 모인 거대한 체계, 가스와 먼지가 풍부하며 방대한 넓이의 암흑물질(헤일로)이 은하를 감싸고 있다.

감마선 폭발 먼 우주의 한 지점에서 예고 없이 발생하는 현상으로 격렬하게 분출되는 감마선의 섬광을 의미한다.

유성 유성체가 지구의 대기와 마찰하면서 발생하는 섬광. 유성이라는 단어를 유성체를 언급할 때 잘못 사용하는 경우가 많다.

운석 지표면에 떨어진 유성체

유성체 우주의 암석으로 돌 또는 금속으로 이루어져 있고 아마도 소행성의 조각이다.

지구 근접 천체 지구의 공전궤도에 근접하면서 태양 주변을 도는 소행성이나 혜성

성운 우주에 존재하는 가스나 먼지로 이루어진 구름이며 빛을 방출, 반사, 흡수하는 성질이 있다.

중성미자 질량이 거의 없으며 전하를 띠지 않는 아원자 입자. 행성, 심지어 태양을 뚫고 지나가기도 한다.

중성자별 지름은 대략 16킬로미터에 불과하지만, 태양보다 더 큰 질량을 가진 물질(모든 펄서는 중성자별이지만, 중성자별이라고 다 펄서는 아니다).

OB 성협 어리고 뜨거운 별들이 성기게 모여 있는 집단

엄폐 한 천체의 앞을 다른 천체가 지나가면서 관측자의 시야를 가리는 과정

궤도 천체나 우주선이 진행하는 경로

행성 크고 둥근 물체로 항성 주변에 있는 원반 형태의 구름에서 탄생한다. 항성과는 다르게 핵 반응으로 에너지를 만들지 않는다.

행성상성운 태양과 같은 항성의 죽음에서 태어난 반짝이는 대형 가스 구름

펄서 빠르게 회전하며 작고 극도로 높은 밀도를 가진 물질이다. 등대가 빛을 쏘아 보내는 것처럼 펄서는 빛, 전파나 X선을 뿜어낸다.

퀘이사 작고, 아주 밝은 물체로 먼 은하의 중심에 존재한다. 거대 블랙홀 주변에서 많은 양의 에너지를 방출한다.

적색거성 크고 아주 밝은 항성으로 표면 온도가 낮다. 태양과 같은 별들의 미래 모습이기도 하다.

적색편이 빛이나 소리의 파장이 늘어나 보이는 현상으로 도플러 효과, 우주의 팽창으로 인한 먼 은하에서 나오는 빛에서 관측된다.

자전 물체가 자신의 몸체를 지나는 축을 중심으로 회전하는 현상

시상 천문학적 관측이 이루어지는 장소의 대기 안정도(시상이 좋으면, 망원경으로 보이는 물체의 선명도가 높아진다).

세티 외계 지적생명체 탐사계획(The Search for Extraterrestrial Intelligence)의 줄임말. 우주 어딘가에서 외계문명이 보내는 메시지를 찾는 전파 관측 프로젝트다.

태양 활동 태양에서 초, 분, 시, 년 단위로 일어나는 현상. 태양 플레어나 코로나 질량 분출 같은 폭발 현상이나 흑점과 같은 외부에서 나타나는 특징을 포함한다.

스펙트럼형 스펙트럼에서 나타나는 특징에 따라 별을 분류한 것. 보통 별 대기의 온도에 따라 달라진다.

별 자체 중력으로 인해 뭉친 뜨거운 가스. 높은 질량을 가지며 핵 반응으로 빛을 낸다.

성단 거의 동시에 만들어진 별들의 집단(예를 들면 구상 성단과 산개 성단). 상호 간에 중력이 작용함에 따라 흩어지지 않고 한데 모여 있다.

흑점 태양의 표면에서 자기력으로 인해 생기는 비교적 온도가 낮고 어두운 지역

초신성 별 전체가 폭발하면서 에너지를 방출하는 현상. 블랙홀이나 중성자별이 생기는 경우도 있다.

명암 경계선 천체에서 빛을 반사해 빛나는 부분과 그렇지 않은 부분 사이의 경계선. 낮과 밤을 나누는 선이라고 보면 된다.

통과 수성처럼 상대적으로 작은 천체가 태양과 같은 큰 천체의 앞으로 지나가는 현상

변광성 눈에 띄게 밝기가 변하는 별

백색왜성 쌓아둔 열을 이용해 빛나기 때문에 갈수록 희미해지는 작고 밀도 높은 천체. 태양과 같은 별이 진화하는 과정에서 마지막 종착점

천정 관측자를 지나는 직선이 위쪽에서 천체와 교체하는 점

하늘의 단위

각분/각초 하늘에 있는 물체의 크기를 측정하는 단위. 하늘을 한 바퀴 도는 원은 360도이며 1도는 60각분, 1각분은 60각초와 같다.

천문단위(AU) 우주에서 사용하는 거리 단위. 지구와 태양 사이의 거리와 같으며 약 1억 5,000만 킬로미터에 해당한다.

적위 지구의 위도에 대응하는 좌표로 천구의 적도를 기준으로 남북으로 나타낸다.

광년 빛이 진공(우주 공간)에서 나아가는 거리, 대략 9.46×10^{12} 킬로미터

광도 빛의 상대적인 밝기의 측정하는 기준으로 광도가 낮을수록 밝은 별이다. 예를 들어 1등성은 6등성보다 100배 밝다.

적경 천구에서 사용하는 좌표로 지구의 경도에 대응한다. 춘분점(천구의 적도가 황도와 교차하는 한 지점으로 북반구에서 봄이 시작하는 날이다)을 기준으로 동서쪽으로 나타낸다.

지은이

스티븐 마랜(Stephen. P. Maran. PhD)

우주 프로그램에 36년을 종사한 베테랑으로 나사 특별 공로상과 '대중 과학 이해 부문에서의 지대한 공헌과 천문학에 대한 높은 이해도'로 태평양 천문학회의 클룸프-로버츠 상, '천문학에 대한 장기적이고 비범하며 헌신적인 공헌'으로 미국 천문학회에서 조지 반 비스브룩 상, '문화적 · 예술적 · 인류적 차원에서 물리학에 바친 지대한 공헌'으로 미국 물리학 연구소에서 앤드루 지먼트 상을 수상했다. 2000년도에는 국제천문연맹이 왜소행성 9768에 마랜 박사의 이름을 따서 '스티븐마랜'이라고 명명했다.

마랜 박사는 브루클린에서 태어났으며 브루클린 칼리지를 졸업했다. 미시간대학교에서 석사와 박사 학위를 취득했다. 졸업 이후 미국의 키트피크 국립천문대를 비롯한 여러 천문대에서 근무했다. 또한 허블우주망원경과 국제 자외선 탐사선에 탑재되는 제품을 연구했으며, 허블우주망원경의 부품을 직접 설계하고 개발했다. 캘리포니아대학교 로스엔젤레스 캠퍼스, 메릴랜드대학교 칼리지 파크 캠퍼스에서 천문학을 가르쳤다.

미국 천문학회의 홍보담당자로서 수년간 근무했으며 전 세계에 천문학적 발견을 알리는 뉴스 브리핑을 주재했다. 나사의 TV방송 브리핑 의장이었고 2015년에 은퇴하고 과학 서적 작가로 활동했으며 나사의 뉴호라이즌스호가 명왕성과 명왕성의 위성을 탐험하는 동안 나사에 도움을 주었다.

천문학을 널리 알리기 위해 마랜은 타히티섬의 바에서 블랙홀에 대한 강의를 열었고 NBC의 쇼에서 일식을 설명했다. 크루즈 투어의 천문학 강사로 활동했으며 일식과 핼리혜성을 관측했다. 시애틀 도심 학교의 어린이부터 애서턴, 캘리포니아, 걸스카우트, 워싱턴의 미국공학한림원, 유엔 대기권 외 우주의 평화적 이용에 관한 위원회에 이르기까지 다양한 사람들에게 천문학을 가르쳤다.

옮긴이

박지웅

울산과학대학교 화학공업과 중퇴 후 사이버한국외대 영어통번역학과에 재학 중이며, 현재 번역에이전시 엔터스코리아에서 과학 분야 전문 번역가로 활동하고 있다.

주요 역서로는 『청소년이 읽을 만한 양자 물리학(출간 예정)』, 『자급자족 생활을 시작하기 위한 DIY 프로젝트(출간 예정)』가 있으며, 명상 관련 애플리케이션을 번역하였다.